Python 数据分析与数据可视化

微课版

董付国 ◎ 著

清華大学出版社
北京

内容简介

本书详细讲解Python扩展库NumPy、Pandas、Matplotlib在数据分析与数据可视化领域的应用。全书共3章，第1章讲解基于NumPy的数组运算、矩阵运算、多项式计算及傅里叶变换等内容；第2章讲解基于Pandas的数据读写、生成、访问、修改、删除、分析与处理等内容；第3章讲解基于Matplotlib的折线图、散点图、柱状图、饼状图、雷达图、箱线图、小提琴图、风矢量图、等高线图、树状图、三维图形等各种图形绘制技术以及绘图区域切分、轴域属性设置、坐标轴属性设置、图例属性设置、动态图形绘制、交互式图形绘制等内容。

本书可以作为数据科学与大数据、计算机科学与技术、统计、信息管理、数字媒体技术、办公自动化以及相关专业研究生、本科生、专科生的教材，也可以作为相关从业人员的工具书或Python爱好者的进阶自学用书。

图书在版编目（CIP）数据

Python 数据分析与数据可视化 : 微课版 / 董付国著 . —北京：清华大学出版社，2023.3
ISBN 978-7-302-62420-2

Ⅰ. ① P… Ⅱ. ①董… Ⅲ. ①软件工具 – 程序设计 Ⅳ. ① TP311.561

中国国家版本馆 CIP 数据核字（2023）第 016204 号

责任编辑：白立军
封面设计：刘 键
责任校对：郝美丽
责任印制：杨 艳

出版发行：清华大学出版社
网 址：http://www.tup.com.cn, http://www.wqbook.com
地 址：北京清华大学学研大厦 A 座 **邮 编：**100084
社 总 机：010-83470000 **邮 购：**010-62786544
投稿与读者服务：010-62776969, c-service@tup.tsinghua.edu.cn
质量反馈：010-62772015, zhiliang@tup.tsinghua.edu.cn
课件下载：http: //www.tup.com.cn, 010-83470236
印 装 者：三河市龙大印装有限公司
经 销：全国新华书店
开 本：185mm × 260mm **印 张：**23.75 **字 数：**537 千字
版 次：2023 年 5 月第 1 版 **印 次：**2023 年 5 月第 1 次印刷
定 价：69.80 元

产品编号：094456-01

前　　言

习近平总书记在党的二十大报告中指出：教育、科技、人才是全面建设社会主义现代化国家的基础性、战略性支撑。必须坚持科技是第一生产力、人才是第一资源、创新是第一动力，深入实施科教兴国战略、人才强国战略、创新驱动发展战略，这三大战略共同服务于创新型国家的建设。报告同时强调：推动战略性新兴产业融合集群发展，构建新一代信息技术、人工智能、生物技术、新能源、新材料、高端装备、绿色环保等一批新的增长引擎。近些年来，数据采集、数据存储、数据处理、数据分析、数据挖掘、数据可视化等相关理论与技术都得到了飞速发展，数据科学与大数据技术相关学科知识广泛应用于各行各业，这些应用反过来又促进了技术发展，同时也对相关技术提出了更高的要求。

数据分析与数据可视化是数据科学与大数据技术整个流程中的重要环节，数据分析用于从海量数据中发现背后隐藏的规律并预测未来趋势，数据可视化则是数据分析与数据挖掘过程中的重要辅助技术。虽然有多种编程语言和工具都可以完成相关任务，但基于Python语言是成本最低也是最灵活的方案之一，扩展库NumPy、Pandas、Matplotlib是目前非常流行非常成熟的组合，同时也是其他解决方案的重要基础。

本书详细讲解扩展库NumPy、Pandas、Matplotlib在数据分析与数据可视化方面的应用，没有介绍Python基础语法、开发环境搭建和扩展库安装方法等内容，而是假设读者已经掌握或者至少之前已经学习过“Python程序设计基础”之类的课程。如果读者不具备这些基础知识，那么可能需要一边阅读本书一边查阅大量资料，或者先从作者的另外几本教材中选择一本然后用1~2周快速阅读前面几章。开发环境可以优先考虑使用Anaconda3中的Jupyter Notebook或Spyder，也可以使用IDLE、PyCharm、VS Code等，只要安装和配置好Python解释器与扩展库，都可以正常使用本书中的全部代码。作为建议，应优先考虑使用3.9/3.10/3.11或更高版本的Python解释器。

为节约篇幅，书中部分代码略去了用到的原始数组的值。例如，代码中可能会直接使用数组np.arange(12).reshape(3,4)，如果读者不能瞬间脑补这个数组的具体形式，可以自己增加代码在交互模式中直接查看数组或者在程序中使用Python内置函数print()输出数组帮助理解。另外，同样是为了节约篇幅，有些代码输出结果的格式进行了微调，有的地方把多行合并为一行，有的地方删除了输出结果中的空行，有的地方略去了中间一部分输出结果，建议亲自运行书上的代码查看更直观、更完整的结果以帮助理解。为方便教学，在配套的教学PPT上所有输出结果都忠实地保留了原始的格式。

本书采用双色印刷，所有可视化结果的彩图见配套PPT，或关注微信公众号“Python小屋”发送消息“彩图”查看。

本书配套习题的全部客观题和前两章的编程题都放在了配套在线练习软件中，任课教师可以联系作者获取软件并导入学生名单后实时查看学生练习情况，个人读者可以关注作者微信公众号发送消息“小屋刷题”获取下载方式并免费注册正式账号。在软件界面上有按钮可以查看本书相关的习题，如图 1 所示。

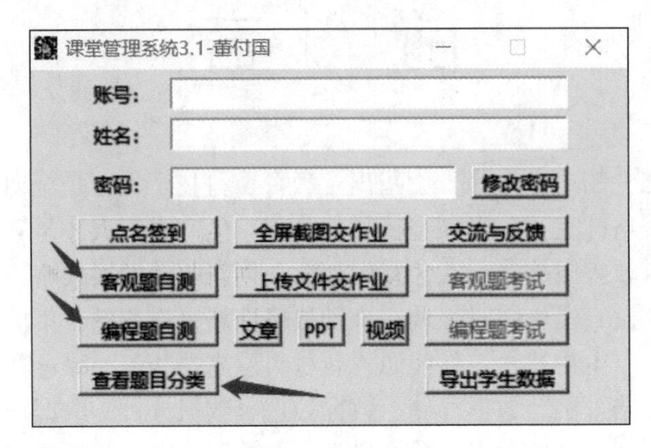

图 1　软件界面

本书为任课教师提供教学大纲、课件、源码、习题答案、考试系统等教学资源，部分知识点和例题还提供了微课视频，可以使用微信扫描二维码观看。任课教师可以通过清华大学出版社官方渠道获取这些资源，也可以通过作者的个人微信公众号“Python 小屋”联系作者获取资源和交流。公众号中推送的 1300 多篇原创技术文章和 700 多节微课视频都可以作为本书内容的扩展和补充，在阅读本书过程中遇到任何问题都可以通过微信公众号或者微信、QQ、电子邮箱联系作者，期待您的反馈。

董付国

2023 年 1 月

目　　录

第 1 章

NumPy数组运算与矩阵运算

本章学习目标

（1）掌握创建不同维数数组的用法。
（2）掌握访问、修改、增加、删除数组元素的用法。
（3）掌握数组与标量以及数组与数组的算术运算规则。
（4）理解并掌握广播的要求和应用。
（5）理解并掌握点积运算的规则与应用。
（6）理解并熟练运用函数对数组的运算。
（7）理解函数向量化的用法。
（8）掌握数组的布尔运算语法与应用。
（9）理解矩阵与数组的区别。
（10）掌握创建矩阵的方法。
（11）理解并掌握矩阵转置和乘法运算。
（12）掌握相关系数、方差、协方差、标准差的计算方法。
（13）理解并能够计算矩阵特征值与特征向量。
（14）理解可逆矩阵并能够计算矩阵的逆。
（15）理解并熟练求解线性方程组。
（16）掌握向量和矩阵的范数的计算方法。
（17）理解并熟练计算矩阵奇异值分解。
（18）理解并熟练计算 QR 分解。

配套资源下载

1.1 数组运算与相关操作

NumPy 是 Python 科学计算领域的重要扩展库，也是众多其他扩展库所依赖的扩展库，其官方网址为 https://numpy.org/。在使用之前，首先使用下面的命令安装扩展库 NumPy。

```
pip install numpy
```

如果需要使用 Intel 的数学核心库，可以从下面的地址下载合适版本的 whl 文件。

```
https://www.lfd.uci.edu/~gohlke/pythonlibs/#numpy
```

然后使用下面的命令进行离线安装。

```
pip install numpy-1.22.4+mkl-cp310-cp310-win_amd64.whl
```

安装成功之后，按 Python 社区惯例，使用下面的方式导入扩展库 NumPy，本章所有交互式代码（以 IDLE 为例，同样适用于其他开发环境）中都假设已按此方式导入。

```
>>> import numpy as np
```

扩展库 NumPy 提供了一些用于数学计算的常量，可以直接使用。

```
>>> np.Inf                    # 正无穷大，与np.Infinity等价
inf
>>> np.NINF                   # 负无穷大
-inf
>>> np.NAN, np.NaN            # 非数字、缺失值
(nan, nan)
>>> np.MAXDIMS                # 数组最大维数
32
>>> np.PZERO, np.NZERO        # 正0、负0
(0.0, -0.0)
>>> np.e                      # 自然常数、欧拉常数
2.718281828459045
>>> np.pi                     # 圆周率
3.141592653589793
>>> np.euler_gamma            # 伽马常数
0.5772156649015329
```

1.1.1 创建数组

视频二维码：1.1.1

NumPy 函数 array() 可以把 Python 列表、元组等类型的数据转换为数组，也可以把众多标准库或扩展库提供的类似数据转换为数组，同时还提供了大量函数用来根据特定的规则创建不同形式的数组。

```
>>> np.array([1, 2, 3, 4, 5])          # 把列表转换为一维数组
array([1, 2, 3, 4, 5])
>>> np.array([1, 2, 3], ndmin=2)       # 转换为二维数组
array([[1, 2, 3]])
>>> np.array((1, 2, 3, 4, 5))          # 把元组转换为一维数组
array([1, 2, 3, 4, 5])
# 把嵌套列表转换为二维数组，这里是二维数组的默认显示格式
# 为节约篇幅，本章后面大部分二维数组和多维数组的显示格式都进行了微调
>>> np.array([[1, 2, 3], [4, 5, 6]])
array([[1, 2, 3],
       [4, 5, 6]])
>>> np.array(range(5))                 # 把range对象转换为一维数组
array([0, 1, 2, 3, 4])
>>> np.array(range(5), ndmin=3)        # 转换为三维数组
array([[[0, 1, 2, 3, 4]]])
>>> print(np.array(range(5)))          # 注意显示格式的不同
[0 1 2 3 4]
>>> from PIL import Image              # 需要安装图像处理扩展库pillow
>>> im = Image.new('RGB', size=(5,5), color=(0,0,0))
>>> frame = np.array(im)               # 把彩色图像数据转化为数组
>>> frame                  # 5行5列共25像素，每像素的颜色有红、绿、蓝三分量
array([[[0, 0, 0], [0, 0, 0], [0, 0, 0], [0, 0, 0], [0, 0, 0]],
       [[0, 0, 0], [0, 0, 0], [0, 0, 0], [0, 0, 0], [0, 0, 0]],
       [[0, 0, 0], [0, 0, 0], [0, 0, 0], [0, 0, 0], [0, 0, 0]],
       [[0, 0, 0], [0, 0, 0], [0, 0, 0], [0, 0, 0], [0, 0, 0]],
       [[0, 0, 0], [0, 0, 0], [0, 0, 0], [0, 0, 0], [0, 0, 0]]],
       dtype=uint8)
>>> frame.shape                        # shape属性的长度为3，表示是三维数组
(5, 5, 3)
>>> x = np.array([(1,2),(3,4)], dtype=[('a','<i4'),('b','<i4')])
                                       # dtype参数中每个元组指定一列的名字和类型
                                       # 元组第二项'<i4'表示4字节小端有符号整数
                                       # 'b'表示字节，原始字节顺序
                                       # '>H'表示大端无符号短整数
                                       # '<f'表示小端单精度实数
                                       # 'd'表示双精度浮点数
```

```
                                        # 'i4'表示32位有符号整数
                                        # 'f8'表示64位浮点数
                                        # 'c16'表示128位复数，其他可用类型还有很多
>>> x['a']                              # 访问a列
array([1, 3])
>>> x['b']                              # 访问b列
array([2, 4])
>>> np.array((1,2,3), dtype='i2')              # 2字节整数，16位，有符号
array([1, 2, 3], dtype=int16)
>>> np.array((1,2,3), dtype='i4')              # 4字节整数，32位，有符号
array([1, 2, 3])
>>> np.array((1,2,3), dtype='i8')              # 8字节整数，64位，有符号
array([1, 2, 3], dtype=int64)
>>> np.array((1,2,3), dtype='f4')              # 4字节实数，32位，有符号
array([1., 2., 3.], dtype=float32)
>>> np.array((1,2,3), dtype='b')               # 1字节有符号整数
array([1, 2, 3], dtype=int8)
>>> np.array((1,2,-3), dtype='B')              # 1字节无符号整数
array([  1,   2, 253], dtype=uint8)
>>> np.array((1,2,3), dtype=np.uint8)          # 8位无符号整数，与上一行代码等价
array([1, 2, 3], dtype=uint8)
>>> np.array((1,2,-3), dtype='h')              # 16位有符号整数
array([ 1,  2, -3], dtype=int16)
>>> np.array((1,2,3), dtype='H')               # 16位无符号整数
array([1, 2, 3], dtype=uint16)
>>> np.array([8888**88])                # 自动推断数值类型，超大整数类型为object
array([31243238356334740275630727137889384632620978009648603079170108289473629
991338144351237334712178641424068844165046718736669728884690173040111003853763411
753160090914246935398743745378215454988171117073168149868126164228475757367406857
288564887282059866401065322064763148104328512520691236387179218224488584478598019
8037253985579995509995673323831296], dtype=object)
>>> 2 ** np.array(range(32))            # 自动推断数组元素类型为32位有符号整数
                                        # 计算结果太大时溢出，结果错误
array([         1,          2,          4,          8,         16,
               32,         64,        128,        256,        512,
             1024,       2048,       4096,       8192,      16384,
            32768,      65536,     131072,     262144,     524288,
          1048576,    2097152,    4194304,    8388608,   16777216,
         33554432,   67108864,  134217728,  268435456,  536870912,
       1073741824, -2147483648], dtype=int32)
>>> 2 ** np.array(range(32), dtype=object)  # 指定dtype=object，结果正常
array([1, 2, 4, 8, 16, 32, 64, 128, 256, 512, 1024, 2048, 4096, 8192,
       16384, 32768, 65536, 131072, 262144, 524288, 1048576, 2097152,
```

```
        4194304, 8388608, 16777216, 33554432, 67108864, 134217728,
        268435456, 536870912, 1073741824, 2147483648], dtype=object)
>>> np.r_[1:10:2]                     # 创建一维数组，等价于np.arange(1, 10, 2)
                                      # 也等价于np.linspace(1, 9, 5)
array([1, 3, 5, 7, 9])
>>> np.c_[1:10:2]                     # 创建二维数组
array([[1], [3], [5], [7], [9]])
>>> np.arange(8)                      # 类似于内置函数range()
                                      # 返回指定区间内均匀间隔的数值组成的数组
                                      # 只指定stop参数时，start默认为0、step默认为1
array([0, 1, 2, 3, 4, 5, 6, 7])
>>> np.arange(0, 10)                  # 只指定start和stop时，step默认为1
array([0, 1, 2, 3, 4, 5, 6, 7, 8, 9])
>>> np.arange(1, 10, 2)               # 同时指定start、stop、step参数
array([1, 3, 5, 7, 9])
>>> np.arange(0, np.pi, 0.1)          # 三个参数都可以是实数
array([0. , 0.1, 0.2, 0.3, 0.4, 0.5, 0.6, 0.7, 0.8, 0.9, 1. , 1.1, 1.2,
       1.3, 1.4, 1.5, 1.6, 1.7, 1.8, 1.9, 2. , 2.1, 2.2, 2.3, 2.4, 2.5,
       2.6, 2.7, 2.8, 2.9, 3. , 3.1])
>>> np.linspace(0, 10, 11)            # 等差数组，包含11个数，包含终点
                                      # 参数分别为start、stop、number
                                      # step=(10-0)/(11-1)
array([  0.,   1.,   2.,   3.,   4.,   5.,   6.,   7.,   8.,   9.,  10.])
>>> np.linspace(0, 10, 11, endpoint=False)     # 不包含终点，step=(10-0)/11
array([ 0.        , 0.90909091, 1.81818182, 2.72727273, 3.63636364,
        4.54545455, 5.45454545, 6.36363636, 7.27272727, 8.18181818,
        9.09090909])
>>> np.linspace(0, 10, 11, endpoint=False, retstep=True)
                                      # 同时返回步长step
(array([0.        , 0.90909091, 1.81818182, 2.72727273, 3.63636364,
        4.54545455, 5.45454545, 6.36363636, 7.27272727, 8.18181818,
        9.09090909]), 0.9090909090909091)
>>> np.linspace([0,5], [3,10], num=10, retstep=True)
                                      # start和stop参数可以是数组
                                      # axis默认为0，纵向扩展
                                      # 第一列从0到3，第二列从5到10
(array([[ 0.        ,  5.        ], [ 0.33333333,  5.55555556],
        [ 0.66666667,  6.11111111], [ 1.        ,  6.66666667],
        [ 1.33333333,  7.22222222], [ 1.66666667,  7.77777778],
        [ 2.        ,  8.33333333], [ 2.33333333,  8.88888889],
        [ 2.66666667,  9.44444444], [ 3.        , 10.        ]]),
 array([0.33333333, 0.55555556]))
>>> np.linspace([0,5], [3,10], num=10, retstep=True, axis=1)
```

```
                                         # 横向扩展，第一行从0到3，第二行从5到10
(array([[ 0.        ,  0.33333333,  0.66666667,  1.        ,  1.33333333,
          1.66666667,  2.        ,  2.33333333,  2.66666667,  3.        ],
        [ 5.        ,  5.55555556,  6.11111111,  6.66666667,  7.22222222,
          7.77777778,  8.33333333,  8.88888889,  9.44444444, 10.        ]]),
 array([0.33333333, 0.55555556]))
>>> np.logspace(0, 100, 10)              # 相当于10**np.linspace(0,100,10)
array([1.00000000e+000,   1.29154967e+011,   1.66810054e+022,
       2.15443469e+033,   2.78255940e+044,   3.59381366e+055,
       4.64158883e+066,   5.99484250e+077,   7.74263683e+088,
       1.00000000e+100])
>>> np.logspace(1, 6, 5, base=2)         # 相当于2**np.linspace(1,6,5)
array([  2.,   4.75682846,  11.3137085 ,  26.90868529,  64. ])
>>> np.logspace(1, 6, 5, base=np.e)      # 以自然常数e为底
array([  2.71828183,   9.48773584,  33.11545196, 115.58428453,
       403.42879349])
>>> np.logspace([0,1,2,3], [3,2,1,0], num=5)            # 纵向扩展
array([[   1.        ,   10.        ,  100.        , 1000.        ],
       [   5.62341325,   17.7827941 ,   56.23413252,  177.827941  ],
       [  31.6227766 ,   31.6227766 ,   31.6227766 ,   31.6227766 ],
       [ 177.827941  ,   56.23413252,   17.7827941 ,    5.62341325],
       [1000.        ,  100.        ,   10.        ,    1.        ]])
>>> np.logspace([0,1,2,3], [3,2,1,0], num=4, axis=1)    # 横向扩展
array([[   1.        ,   10.        ,  100.        , 1000.        ],
       [  10.        ,   21.5443469 ,   46.41588834,  100.        ],
       [ 100.        ,   46.41588834,   21.5443469 ,   10.        ],
       [1000.        ,  100.        ,   10.        ,    1.        ]])
>>> np.geomspace(1, 1000, num=4)
array([   1.,   10.,  100., 1000.])
>>> 10 ** np.linspace(0, 3, 4)           # 与上一行代码等价
array([   1.,   10.,  100., 1000.])
>>> np.geomspace(1000, 1, num=4)         # 10**3、10**2、10**1、10**0
array([1000.,  100.,   10.,    1.])
>>> np.geomspace([1000, 1000], [1,1], num=4)
                                         # 为节约篇幅，输出格式略有调整
                                         # 本章还有多处类似的处理，不再赘述
array([[1000., 1000.], [ 100.,  100.], [  10.,   10.], [   1.,    1.]])
>>> np.geomspace([1000, 1000], [1,1], num=4, axis=1)
array([[1000.,  100.,   10.,    1.], [1000.,  100.,   10.,    1.]])
>>> np.ones(3)                           # 全1一维数组，等价于np.ones((3,))
array([ 1.,  1.,  1.])
>>> np.ones((3,3))                       # 全1二维数组，3行3列
array([[ 1.,  1.,  1.], [ 1.,  1.,  1.], [ 1.,  1.,  1.]])
```

```
>>> np.ones((1,3))                               # 全1二维数组，1行3列
array([[ 1.,  1.,  1.]])
>>> np.ones_like(range(10))                      # 生成和指定数组形状相同的全1数组
array([1, 1, 1, 1, 1, 1, 1, 1, 1, 1])
>>> np.ones_like(range(10), shape=(2,5))         # 指定全1数组的形状
array([[1, 1, 1, 1, 1], [1, 1, 1, 1, 1]])
>>> np.ones_like(np.arange(24).reshape(4,6))     # 与指定数组形状相同的全1数组
array([[1, 1, 1, 1, 1, 1], [1, 1, 1, 1, 1, 1],
       [1, 1, 1, 1, 1, 1], [1, 1, 1, 1, 1, 1]])
>>> np.ones_like(np.arange(24), shape=(6,4))     # 与指定数组的元素数量相同
                                                 # 通过参数指定新数组形状
array([[1, 1, 1, 1], [1, 1, 1, 1], [1, 1, 1, 1],
       [1, 1, 1, 1], [1, 1, 1, 1], [1, 1, 1, 1]])
>>> np.zeros(3)                             # 全0一维数组，等价于np.zeros((3,))
array([ 0.,  0.,  0.])
>>> np.zeros((3,1))                         # 全0二维数组，3行1列
array([[ 0.], [ 0.], [ 0.]])
>>> np.zeros((1,3))                         # 全0二维数组，1行3列
array([[ 0.,  0.,  0.]])
>>> np.zeros((3,3))                         # 全0二维数组，3行3列
array([[ 0.,  0.,  0.], [ 0.,  0.,  0.], [ 0.,  0.,  0.]])
>>> data = np.zeros(5,                      # 5行数据
                                            # 每行两个元素的名字、类型和大小
                    dtype=[('position', float, (2,)),
                           ('color', float, (4,))])
>>> data
array([([0., 0.], [0., 0., 0., 0.]), ([0., 0.], [0., 0., 0., 0.]),
       ([0., 0.], [0., 0., 0., 0.]), ([0., 0.], [0., 0., 0., 0.]),
       ([0., 0.], [0., 0., 0., 0.])],
       dtype=[('position', '<f8', (2,)), ('color', '<f8', (4,))])
>>> data['position']                             # 每行第一个元素
array([[0., 0.], [0., 0.], [0., 0.], [0., 0.], [0., 0.]])
>>> data['position'][:,0]                        # 每行第一个元素的第一列
array([0., 0., 0., 0., 0.])
>>> np.zeros_like([[1,2,3],[4,5,6]])             # 生成与指定数组形状相同的全0数组
array([[0, 0, 0], [0, 0, 0]])
>>> np.zeros_like([[1,2,3],[4,5,6]], shape=(3,2))      # 指定新数组形状
array([[0, 0], [0, 0], [0, 0]])
>>> np.zeros_like([[1,2,3],[4,5,6]], shape=(3,5))      # 可以和原数组形状不同
array([[0, 0, 0, 0, 0], [0, 0, 0, 0, 0], [0, 0, 0, 0, 0]])
>>> np.zeros_like(range(24), shape=(4,6))
array([[0, 0, 0, 0, 0, 0], [0, 0, 0, 0, 0, 0],
       [0, 0, 0, 0, 0, 0], [0, 0, 0, 0, 0, 0]])
```

```
>>> np.identity(3)                      # 二维单位数组，3行3列
array([[ 1.,  0.,  0.], [ 0.,  1.,  0.], [ 0.,  0.,  1.]])
>>> np.identity(5)                      # 二维单位数组，5行5列
array([[1., 0., 0., 0., 0.], [0., 1., 0., 0., 0.],
       [0., 0., 1., 0., 0.], [0., 0., 0., 1., 0.],
       [0., 0., 0., 0., 1.]])
>>> np.eye(3)                           # 只提供一个参数时创建二维单位数组
array([[1., 0., 0.], [0., 1., 0.], [0., 0., 1.]])
>>> np.eye(3, 4)                        # 行、列的大小可以不一样
array([[1., 0., 0., 0.], [0., 1., 0., 0.], [0., 0., 1., 0.]])
>>> np.eye(3, 4, k=1)                   # 主对角线右侧第一根平行线元素为1，其他为0
array([[0., 1., 0., 0.], [0., 0., 1., 0.], [0., 0., 0., 1.]])
>>> np.eye(3, 4, k=2)                   # 主对角线右侧第二根平行线元素为1，其他为0
array([[0., 0., 1., 0.], [0., 0., 0., 1.], [0., 0., 0., 0.]])
>>> np.full((3,5), 5)                   # 3行5列的二维数组，所有元素都为5
array([[5, 5, 5, 5, 5], [5, 5, 5, 5, 5], [5, 5, 5, 5, 5]])
>>> np.full((2,3,4), 8)                 # 全8三维数组
array([[[8, 8, 8, 8], [8, 8, 8, 8], [8, 8, 8, 8]],
       [[8, 8, 8, 8], [8, 8, 8, 8], [8, 8, 8, 8]]])
>>> np.full_like([[1,2,3], [4,5,6]], 8)
array([[8, 8, 8], [8, 8, 8]])
>>> np.full_like([[1,2,3], [4,5,6]], (7,8,9))
array([[7, 8, 9], [7, 8, 9]])
>>> np.full_like([[1,2,3], [4,5,6]], [[7],[8]])
array([[7, 7, 7], [8, 8, 8]])
>>> np.random.randint(1, 10)            # 生成一个在[1,10)区间的随机整数
7
>>> np.random.randint(0, 50, 5)         # 一维数组，5个在[0,50)区间的随机整数
array([13, 47, 31, 26,  9])
>>> np.random.randint(0, 50, (3,5))     # 3行5列，15个在[0,50)区间的随机整数
array([[44, 34, 35, 28, 18], [24, 24, 26,  4, 21], [30, 40,  1, 24, 17]])
>>> np.random.randint(5, size=(2,5))    # 2行5列，10个小于5的整数
array([[4, 3, 3, 2, 4], [1, 1, 3, 3, 4]])
>>> np.random.randint([3, 5, 7], 10)    # 3个随机数，一维数组
                                        # 分别介于[3,10)、[5,10)和[7,10)区间
array([9, 5, 8])
>>> np.random.randint(3, [10,100,5])    # 3个随机数，一维数组
                                        # 分别介于[3,10)、[3,100)和[3,5)区间
array([ 7, 89,  3])
>>> np.random.randint([3,50,1], [10,100,5])  # 3个随机数，一维数组
                                        # 分别介于[3,10)、[50,100)和[1,5)区间
array([ 8, 82,  2])
>>> np.random.randint([1, 3, 5, 7], [[10], [20]])
                             # 2行4列，8个随机整数
                             # 第一行数字分别介于[1,10)、[3,10)、[5,10)、[7,10)区间
```

```
                    # 第二行数字分别介于[1,20)、[3,20)、[5,20)、[7,20)区间
array([[ 1,  9,  6,  9], [17, 10,  9, 18]])
>>> np.random.choice(5, 10)          # 从小于5的非负整数中随机选择10个
array([0, 2, 1, 0, 1, 4, 1, 4, 2, 3])
>>> np.random.choice(5, (3,5))       # 从小于5的非负整数中随机选择15个
array([[1, 0, 1, 4, 4], [2, 1, 0, 3, 2], [0, 4, 1, 3, 4]])
>>> np.random.choice(list('abcd'), (3,5))   # 从字符串中随机选择15个字符
array([['c', 'c', 'a', 'c', 'b'], ['d', 'c', 'd', 'b', 'c'],
       ['b', 'd', 'c', 'b', 'c']], dtype='<U1')
>>> np.random.choice(50, 8, replace=False)  # replace=False时不重复
array([16,  9, 41, 35,  7, 49, 36, 13])
>>> np.random.choice([80, 70, 60, 10, 50, 40], (3,5))
                                            # 从指定的数据中随机选择15个
array([[10, 70, 80, 60, 60], [70, 80, 70, 40, 60],
       [10, 80, 40, 60, 10]])
>>> np.array([[[10]], [[20]]]).shape        # 查看数组形状，三维数组
(2, 1, 1)
>>> np.array([1, 3, 5, 7]).shape            # 一维数组
(4,)
>>> arr = np.random.randint([1, 3, 5, 7], [[[10]], [[20]]])
>>> arr                              # 分别在[1,10)、[3,10)、[5,10)、[7,10)区间
                                     # 以及[1,20)、[3,20)、[5,20)、[7,20)区间
                                     # 在第二个数组的最后一个维度上广播
array([[[ 8,  7,  8,  8]], [[ 4, 14,  8, 10]]])
>>> arr.shape
(2, 1, 4)
>>> x = np.arange(12).reshape((4,3))
>>> x
array([[ 0,  1,  2], [ 3,  4,  5], [ 6,  7,  8], [ 9, 10, 11]])
>>> np.random.shuffle(x)             # 沿第一个轴的方向随机打乱顺序，原地修改
                                     # 每次结果会不一样
>>> x
array([[ 6,  7,  8], [ 3,  4,  5], [ 9, 10, 11], [ 0,  1,  2]])
>>> a = np.array([[1, 3, 5], [5, 8, 1]])    # 形状为(2, 3)的数组
>>> b = np.array([[[10]], [[20]]])          # 形状为(2, 1, 1)的数组
>>> c = np.random.randint(a, b)             # 得到形状为(2, 2, 3)的数组
                                            # 在最后两个维度上进行广播
>>> c
array([[[ 7,  9,  6], [ 8,  8,  3]], [[14, 19,  8], [12, 11, 13]]])
>>> np.random.rand(10)               # 一维数组，10个在[0,1)区间的随机数
array([ 0.58193552,  0.11106142,  0.13848858,  0.61148304,  0.72031503,
        0.12807841,  0.49999167,  0.24124012,  0.15236595,  0.54568207])
>>> np.random.rand(3, 5)             # 二维数组，3行5列，15个在[0,1)区间的随机数
array([[0.41161752, 0.96292567, 0.40534143, 0.5951857 , 0.75261036],
       [0.20774706, 0.35994851, 0.5172915 , 0.77224994, 0.68877543],
```

```
       [0.4181327 , 0.56297261, 0.63265984, 0.15938896, 0.90996424]])
>>> np.random.rand(2, 2, 3)          # 三维数组
array([[[0.55962693, 0.44154974, 0.45138169],
        [0.50239356, 0.58465095, 0.05458278]],
       [[0.21069926, 0.08420011, 0.28004313],
        [0.53364595, 0.87574252, 0.54945788]]])
>>> np.random.standard_normal(5)    # 从标准正态分布中随机采样5个数字
                                    # 标准正态分布特点是均值为0且标准差为1
array([2.82669067, 0.9773194, -0.72595951, -0.11343254, 0.74813065])
>>> np.random.standard_normal(size=(3,4,2))
array([[[-1.01657274, -0.85060882], [-0.78935868, -0.29818476],
        [ 0.89601457, -1.69226497], [-1.3559048 ,  0.20252018]],
       [[-0.83569142,  0.95608339], [ 1.9291407 , -0.26740826],
        [-1.19085956, -1.73426315], [ 1.61165702,  0.67174114]],
       [[-1.83787046, -0.34155702], [ 1.45464713, -0.10771871],
        [-2.40401755, -0.1555286 ], [-0.08968989, -1.18995504]]])
>>> np.random.normal(5, 0.3, (3,5))          # 标准正态分布/高斯分布
                                             # 设置均值为5，标准差为0.3
array([[5.13829711, 5.36882066, 4.59541714, 4.72121624, 4.59980508],
       [4.64397793, 5.03283221, 4.74648595, 4.70276456, 5.28322803],
       [4.56078231, 5.1723705 , 4.97341305, 5.05341624, 4.42272073]])
>>> np.random.uniform(3, 5, (3,5))           # 从均匀分布中随机选择元素
array([[4.753091  , 4.40631118, 4.92447851, 4.31939082, 3.9840669 ],
       [4.92413317, 3.00763838, 4.15729145, 3.11047353, 4.50719303],
       [4.54924088, 4.09569279, 3.67999742, 4.57286117, 3.64607115]])
>>> np.random.permutation(range(10))         # 随机全排列
array([0, 3, 6, 7, 4, 2, 1, 5, 8, 9])
>>> np.random.poisson(size=(3,5))            # 从泊松分布中随机选择元素
                                             # 参数lam默认值为1.0
array([[2, 0, 0, 0, 0], [1, 1, 1, 1, 0], [0, 2, 2, 1, 1]])
>>> np.random.poisson(lam=3.5, size=(3,5))
array([[5, 3, 2, 3, 3], [6, 5, 2, 0, 1], [5, 7, 4, 3, 3]])
>>> np.random.triangular(-3, 0, 8, 10)       # 辛普森分布或三角形分布
                                             # -3表示最小值，8表示最大值
                                             # 0表示众数，10表示结果数组的形状
array([ 2.6619576 ,  3.8433532 , -0.33895281,  2.15435831, -0.82242627,
        4.45925408,  7.32355426,  3.89152029,  0.65924641, -0.34026418])
>>> np.random.triangular(-5, 2, 8, (3,5))
array([[-0.67681549,  0.6993563 ,  1.37377602,  0.44056924,  4.04146726],
       [ 0.65067647, -0.1330311 ,  3.02750471, -1.07688444, -1.24247852],
       [-0.35021867,  3.00508863,  2.37001225,  4.41468799,  5.9097767 ]])
>>> np.hamming(10)                           # 返回hamming窗口数组
array([0.08      , 0.18761956, 0.46012184, 0.77      , 0.97225861,
       0.97225861, 0.77      , 0.46012184, 0.18761956, 0.08      ])
>>> np.hamming(20)                           # 窗口形状如图1-1所示
```

```
array([0.08      , 0.10492407, 0.17699537, 0.28840385, 0.42707668,
       0.5779865 , 0.7247799 , 0.85154952, 0.94455793, 0.9937262 ,
       0.9937262 , 0.94455793, 0.85154952, 0.7247799 , 0.5779865 ,
       0.42707668, 0.28840385, 0.17699537, 0.10492407, 0.08      ])
```

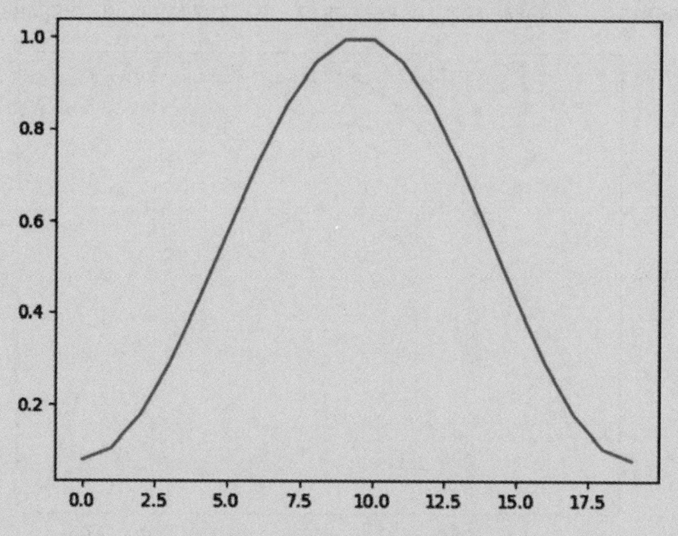

图 1-1　hamming 窗口示意图

```
>>> np.blackman(20)                           # blackman窗口，形状如图1-2所示
array([-1.38777878e-17,  1.02226199e-02,  4.50685843e-02,  1.14390287e-01,
        2.26899356e-01,  3.82380768e-01,  5.66665187e-01,  7.52034438e-01,
        9.03492728e-01,  9.88846031e-01,  9.88846031e-01,  9.03492728e-01,
        7.52034438e-01,  5.66665187e-01,  3.82380768e-01,  2.26899356e-01,
        1.14390287e-01,  4.50685843e-02,  1.02226199e-02, -1.38777878e-17])
```

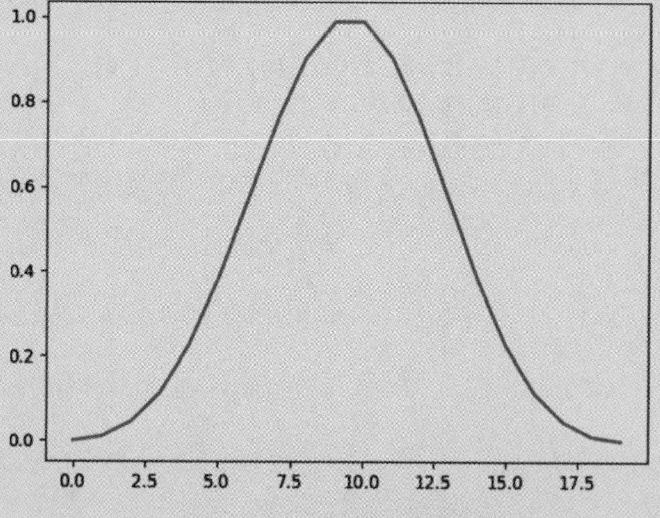

图 1-2　blackman 窗口示意图

```
>>> np.kaiser(20, beta=1)             # kaiser窗口，形状如图1-3所示
array([0.78984831, 0.82972499, 0.86600847, 0.89841272, 0.92668154,
       0.95059088, 0.96995085, 0.98460744, 0.99444391, 0.99938183,
       0.99938183, 0.99444391, 0.98460744, 0.96995085, 0.95059088,
       0.92668154, 0.89841272, 0.86600847, 0.82972499, 0.78984831])
```

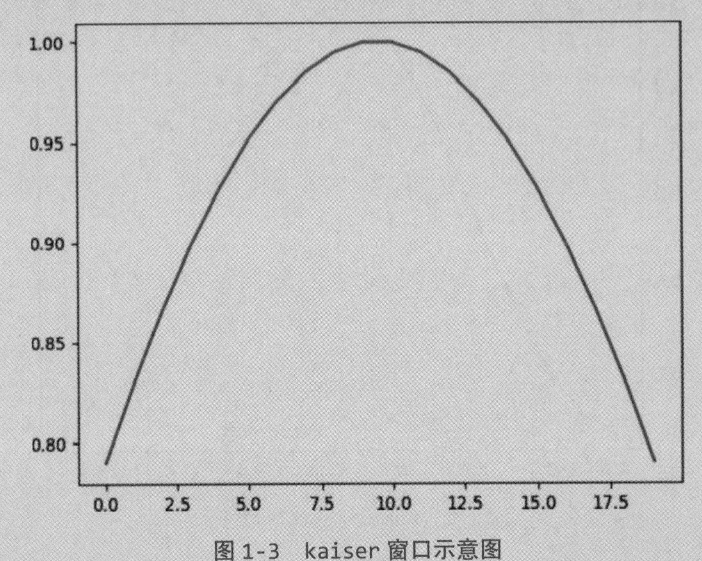

图 1-3　kaiser 窗口示意图

```
>>> np.bartlett(12)                   # bartlett窗口，可参考第3章内容自行绘制图像
array([0.        , 0.18181818, 0.36363636, 0.54545455, 0.72727273,
       0.90909091, 0.90909091, 0.72727273, 0.54545455, 0.36363636,
       0.18181818, 0.        ])
>>> np.diag([1,2,3,4])                # 参数为一维数组时生成对角数组
array([[1, 0, 0, 0], [0, 2, 0, 0], [0, 0, 3, 0], [0, 0, 0, 4]])
>>> np.diag([1,2,3,4,5])
array([[1, 0, 0, 0, 0], [0, 2, 0, 0, 0], [0, 0, 3, 0, 0],
       [0, 0, 0, 4, 0], [0, 0, 0, 0, 5]])
>>> x = np.arange(9).reshape((3,3))  # 请自行查看或脑补数组的值
>>> np.diag(x)                        # 参数为二维数组时返回对角线上的元素
array([0, 4, 8])
>>> np.diag(x, k=1)                   # 主对角线上方第一条平行线上的元素
array([1, 5])
>>> np.diag(x, k=2)                   # 主对角线上方第二条平行线上的元素
array([2])
>>> np.diag(x, k=-2)                  # 主对角线下方第二条平行线上的元素
array([6])
>>> np.diag(x, k=-1)                  # 主对角线下方第一条平行线上的元素
array([3, 7])
>>> np.mgrid[1:10:2]                  # [1,10)区间，以2为步长，返回一维数组
array([1, 3, 5, 7, 9])
```

```
>>> np.mgrid[-1:1:5j]                    # [-1,1]区间，5个数字，包括终点1
array([-1. , -0.5,  0. ,  0.5,  1. ])
>>> np.mgrid[5:10:2, 1:10:2]             # 三维数组，最后的2表示步长，不包括终点
array([[[5, 5, 5, 5, 5], [7, 7, 7, 7, 7], [9, 9, 9, 9, 9]],
       [[1, 3, 5, 7, 9], [1, 3, 5, 7, 9], [1, 3, 5, 7, 9]]])
>>> np.mgrid[5:10:2j, 1:10:2j]           # 三维数组，最后的2表示个数，包括终点
array([[[ 5.,  5.], [10., 10.]], [[ 1., 10.], [ 1., 10.]]])
>>> x, y, z = np.mgrid[1:5:3j, 0:3:3j, 0:2:5j]
>>> x
array([[[1., 1., 1., 1., 1.], [1., 1., 1., 1., 1.], [1., 1., 1., 1., 1.]],
       [[3., 3., 3., 3., 3.], [3., 3., 3., 3., 3.], [3., 3., 3., 3., 3.]],
       [[5., 5., 5., 5., 5.], [5., 5., 5., 5., 5.], [5., 5., 5., 5., 5.]]])
>>> y
array([[[0. , 0. , 0. , 0. , 0. ], [1.5, 1.5, 1.5, 1.5, 1.5],
        [3. , 3. , 3. , 3. , 3. ]],
       [[0. , 0. , 0. , 0. , 0. ], [1.5, 1.5, 1.5, 1.5, 1.5],
        [3. , 3. , 3. , 3. , 3. ]],
       [[0. , 0. , 0. , 0. , 0. ], [1.5, 1.5, 1.5, 1.5, 1.5],
        [3. , 3. , 3. , 3. , 3. ]]])
>>> x, y = np.ogrid[5:10:2, 1:10:2]      # 返回网格数据的另一种表示形式
                                         # 返回形状分别为(m,1)和(1,n)的二维数组
>>> x
array([[5], [7], [9]])
>>> y
array([[1, 3, 5, 7, 9]])
>>> x + y                                # 广播，见1.1.7节
array([[ 6,  8, 10, 12, 14], [ 8, 10, 12, 14, 16], [10, 12, 14, 16, 18]])
>>> np.meshgrid([1,2,3], [4,5,6])        # 根据2个一维数组创建2个二维数组
[array([[1, 2, 3], [1, 2, 3], [1, 2, 3]]),
 array([[4, 4, 4], [5, 5, 5], [6, 6, 6]])]
>>> np.meshgrid([1,2], [3,4], [5,6])      # 使用3个一维数组创建3个三维数组
[array([[[1, 1], [2, 2]], [[1, 1], [2, 2]]]),
 array([[[3, 3], [3, 3]], [[4, 4], [4, 4]]]),
 array([[[5, 6], [5, 6]], [[5, 6], [5, 6]]])]
>>> np.atleast_1d(1)                     # 把参数至少转换为一维数组
array([1])
>>> np.atleast_1d([[1,2], [3,4]])        # 如果数据实际维度大于1，以实际维度为准
array([[1, 2], [3, 4]])
>>> np.atleast_2d(1)                     # 把参数至少转换为二维数组
array([[1]])
>>> np.atleast_2d([1,2,3])               # 可用于数组升维
array([[1, 2, 3]])
>>> np.atleast_3d(1)                     # 把参数至少转换为三维数组
```

```
array([[[1]]])
>>> np.atleast_3d([[1],[2]])         # 在最后增加一个维度
array([[[1]], [[2]]])
>>> np.tri(5, 5, 2, dtype=int)       # 下三角数组，所有元素要么为1要么为0
                                     # 主对角线右侧第2根平行线右上方元素为0
                                     # 可调整格式或运行代码查看输出结果方便理解
array([[1, 1, 1, 0, 0], [1, 1, 1, 1, 0], [1, 1, 1, 1, 1],
       [1, 1, 1, 1, 1], [1, 1, 1, 1, 1]])
>>> np.tri(3, 5, 2, dtype=int)
array([[1, 1, 1, 0, 0], [1, 1, 1, 1, 0], [1, 1, 1, 1, 1]])
>>> np.tri(3, 5, -2, dtype=int)
array([[0, 0, 0, 0, 0], [0, 0, 0, 0, 0], [1, 0, 0, 0, 0]])
>>> np.empty((3,5))                  # 创建空数组，只申请内存空间，不初始化
                                     # 保留内存空间中原有的内容
                                     # 数组中的值是不确定的，什么值都有可能
array([[ 3.5 ,  1.5 ,  1.  ,  1.5 , -1.  ],
       [ 0.  ,  0.25, -0.75,  0.5 , -1.  ],
       [-3.5 , -1.  , -2.5 , -0.5 , -1.  ]])
>>> np.empty_like(range(10))         # 申请与指定数组形状相同的空数组
array([         0, -1071906816,          0, -1073741824,          0,
       -1072431104,          0, -1074790400,          0, -1073741824])
>>> np.linspace(1, 10, 12)
array([ 1.        ,  1.81818182,  2.63636364,  3.45454545,  4.27272727,
        5.09090909,  5.90909091,  6.72727273,  7.54545455,  8.36363636,
        9.18181818, 10.        ])
>>> np.set_printoptions(precision=6, linewidth=70)
                                     # 设置显示选项，最多6位小数，每行最多70个字符
>>> np.linspace(1, 10, 12)           # 注意输出格式与修改显示选项之前的区别
array([ 1.      ,  1.818182,  2.636364,  3.454545,  4.272727, 5.090909,
        5.909091,  6.727273,  7.545455,  8.363636, 9.181818, 10.      ])
>>> arr = np.arange(12).reshape(3,4)
>>> arr
array([[ 0,  1,  2,  3], [ 4,  5,  6,  7], [ 8,  9, 10, 11]])
>>> np.roll(arr, 1)                  # 循环移位，返回新数组
array([[11,  0,  1,  2], [ 3,  4,  5,  6], [ 7,  8,  9, 10]])
>>> np.roll(arr, 3)
array([[ 9, 10, 11,  0], [ 1,  2,  3,  4], [ 5,  6,  7,  8]])
>>> np.roll(arr, -2)
array([[ 2,  3,  4,  5], [ 6,  7,  8,  9], [10, 11,  0,  1]])
>>> np.roll(arr, 1, axis=0)          # 循环下移一行
array([[ 8,  9, 10, 11], [ 0,  1,  2,  3], [ 4,  5,  6,  7]])
>>> np.roll(arr, 1, axis=1)          # 循环右移一列
array([[ 3,  0,  1,  2], [ 7,  4,  5,  6], [11,  8,  9, 10]])
```

```
>>> np.roll(arr, (1,2), axis=(0,1))                # 循环下移一行、右移两列
array([[10, 11,  8,  9], [ 2,  3,  0,  1], [ 6,  7,  4,  5]])
>>> np.vander([1,2,3,5])                            # 创建范德蒙矩阵，默认创建方阵
array([[  1,   1,   1,   1], [  8,   4,   2,   1],
       [ 27,   9,   3,   1], [125,  25,   5,   1]])
>>> np.vander([1,2,3,5], 3)                         # 只返回前3列
array([[ 1,  1,  1], [ 4,  2,  1], [ 9,  3,  1], [25,  5,  1]])
>>> np.vander([1,2,3,5], 5)                         # 返回前5列
array([[  1,   1,   1,   1,   1], [ 16,   8,   4,   2,   1],
       [ 81,  27,   9,   3,   1], [625, 125,  25,   5,   1]])
>>> np.vander([1,2,3,5], 5, increasing=True)        # 升序，第一列是0次方
                                                    # 第二列是1次方，以此类推
array([[  1,   1,   1,   1,   1], [  1,   2,   4,   8,  16],
       [  1,   3,   9,  27,  81], [  1,   5,  25, 125, 625]])
```

1.1.2 访问数组中的元素

视频二维码：1.1.2

```
>>> a = np.arange(10)               # 创建一维数组
>>> a[7]                            # 下标为7的元素
7
>>> a.item(6)                       # 下标为6的元素，对于一维数组等价于a[6]
6
>>> a[[0,1,8]]                      # 下标为0、1、8的元素
array([0, 1, 8])
>>> a[[0,1,8,1]]                    # 下标为0、1、8、1的元素
array([0, 1, 8, 1])
>>> a[::-1]                         # 反向切片，得到元素逆序的数组
array([9, 8, 7, 6, 5, 4, 3, 2, 1, 0])
>>> a[::2]                          # 隔一个取一个元素
array([0, 2, 4, 6, 8])
>>> a[:5]                           # 前5个元素
array([0, 1, 2, 3, 4])
>>> b = np.array(([1,2,3], [4,5,6], [7,8,9]))      # 创建二维数组
>>> b[0]                            # 行下标0的所有元素
array([1, 2, 3])
>>> b[0][0]                         # 行下标0、列下标0的元素
1
>>> b[0, 2]                         # 行下标0、列下标2的元素，等价于b[0][2]的形式
3
>>> b.item(6)                       # 平铺为一维数组之后下标6的元素
7
```

```
>>> b.item((2,0))              # 行下标2、列下标0的元素
7
>>> b[[0,1]]                   # 行下标0、1的所有元素
                               # 只指定行下标，不指定列下标，表示所有列
array([[1, 2, 3], [4, 5, 6]])
>>> b[[0,2,1], [2,1,0]]        # 行下标0列下标2、行下标2列下标1、行下标1列下标0
                               # 第一个列表为行下标，第二个列表为列下标
array([3, 8, 4])
>>> b[:, 1]                    # 所有行，下标1的列
array([2, 5, 8])
>>> b[:, 1:]                   # 所有行，下标1以及后面所有列
array([[2, 3], [5, 6], [8, 9]])
>>> b[:2, 1:]                  # 前两行，下标1以及后面所有列
array([[2, 3], [5, 6]])
>>> np.ix_([0,2,1], [2,0])               # 创建二维网格数组
(array([[0], [2], [1]]), array([[2, 0]]))
>>> b[np.ix_([0,2,1], [2,0])]            # 根据网格下标获取元素
array([[3, 1], [9, 7], [6, 4]])
>>> b[...]                               # 返回原数组的浅复制
array([[1, 2, 3], [4, 5, 6], [7, 8, 9]])
>>> b[0, ...]                            # 第一个轴下标为0的数组
array([1, 2, 3])
>>> b[..., 0]                            # 最后一个轴下标为0的数组
array([1, 4, 7])
>>> b[0, ..., 0]                         # 第一个轴下标为0、最后一个轴下标为0的元素
array(1)
>>> b[..., ::-1]                         # 前面维度保持不变，最后一个维度逆序、翻转
                                         # 对于二维数组来说，就是行不变、列翻转
array([[3, 2, 1], [6, 5, 4], [9, 8, 7]])
>>> b[1:, ...]                           # 沿第一个轴的方向切片，剩余维度全部返回
array([[4, 5, 6], [7, 8, 9]])
>>> np.arange(8).reshape(2,2,2)
array([[[0, 1], [2, 3]], [[4, 5], [6, 7]]])
>>> np.arange(8).reshape(2,2,2)[0,...,0]
                                         # 第一个轴下标为0、最后一个轴下标为0的元素
array([0, 2])
>>> np.arange(8).reshape(2,2,2)[0,...,1]
                                         # 第一个轴下标为0、最后一个轴下标为1的元素
array([1, 3])
>>> np.arange(8).reshape(2,2,2)[1,...,1]
                                         # 第一个轴下标为1、最后一个轴下标为1的元素
array([5, 7])
>>> c = np.arange(25).reshape(5,5)
```

```
>>> c[0, 2:5]                          # 行下标0中下标在[2,5)区间的元素值
array([2, 3, 4])
>>> c[2:5, 2:5]                        # 行下标和列下标都在[2,5)区间的元素值
array([[12, 13, 14], [17, 18, 19], [22, 23, 24]])
>>> c[[1,3], 2:4]                      # 行下标1、3行的第2、3列
array([[ 7,  8], [17, 18]])
>>> c[:, [2,4]]                        # 列下标2、4的所有元素
                                       # 对行下标进行切片，冒号表示所有行
array([[ 2,  4], [ 7,  9], [12, 14], [17, 19], [22, 24]])
>>> c[:, 3]                            # 列下标3的所有元素
array([ 3,  8, 13, 18, 23])
>>> x = np.random.randint(0, 3, (3,5))
>>> x
array([[2, 1, 1, 0, 0], [0, 2, 1, 1, 1], [0, 2, 2, 0, 1]])
>>> rows, cols = x.nonzero()           # 非0元素的行下标和列下标
>>> rows
array([0, 0, 0, 1, 1, 1, 1, 2, 2, 2], dtype=int64)
>>> cols
array([0, 1, 2, 1, 2, 3, 4, 1, 2, 4], dtype=int64)
>>> x[rows, cols]                      # 所有非0元素
array([2, 1, 1, 2, 1, 1, 1, 2, 2, 1])
>>> rows, cols = np.where(x)           # 获取非0元素的行下标和列下标
>>> x[rows, cols]
array([2, 1, 1, 2, 1, 1, 1, 2, 2, 1])
>>> np.where([1, 2, 0, 0, 3])          # 一维数组中非0元素下标
(array([0, 1, 4], dtype=int64),)
>>> np.extract(x>1, x)                 # 等价于x[x>1]
array([2, 2, 2, 2])
>>> np.extract(x>=1, x)
array([2, 1, 1, 2, 1, 1, 1, 2, 2, 1])
>>> x = np.random.randint(0, 2, (2,2,2))
>>> x
array([[[0, 0], [1, 0]], [[0, 1], [1, 0]]])
>>> p, r, c = np.where(x)              # 数组中非0元素三个维度的下标
>>> x[p, r, c]                         # 返回所有非0元素
array([1, 1, 1])
>>> x = np.random.randint(0, 5, (4,5))
>>> x
array([[2, 4, 0, 3, 3], [3, 0, 2, 0, 1], [0, 3, 2, 3, 2], [1, 3, 1, 0, 0]])
>>> np.unique(x)                       # 返回数组中的唯一元素
array([0, 1, 2, 3, 4])
>>> np.unique(x, return_index=True)    # 返回唯一元素以及首次出现的下标
(array([0, 1, 2, 3, 4]), array([2, 9, 0, 3, 1], dtype=int64))
```

```
>>> np.unique(x, return_counts=True) # 返回每个唯一元素以及出现的次数
(array([0, 1, 2, 3, 4]), array([6, 3, 4, 6, 1], dtype=int64))
>>> np.unique(list('aaabbcccccccab'), return_counts=True)
(array(['a', 'b', 'c'], dtype='<U1'), array([4, 3, 6], dtype=int64))
>>> dict(zip(*np.unique(list('aaabbcccccccab'), return_counts=True)))
{'a': 4, 'b': 3, 'c': 6}
>>> x = np.array([[6, 3, 4], [7, 4, 5]])
>>> x.take([0,4])                    # 平铺为一维数组后的第1个和第5个元素，行优先
array([6, 4])
>>> x.take([0,1], axis=0)            # 前两行
array([[6, 3, 4], [7, 4, 5]])
>>> x.take([0,1], axis=1)            # 前两列，等价于x[:, [0,1]]
array([[6, 3], [7, 4]])
>>> np.take(x, [0,1], axis=1)        # 与上一行代码等价
array([[6, 3], [7, 4]])
>>> np.choose([3,2,0,1,4], [8,9,10], mode='clip')
                 # 以第一个数组中的元素作下标，访问第二个数组中的元素
                 # 小于0的下标都变成0，大于或等于第二个数组长度N的下标都变成N-1
array([10, 10,  8,  9, 10])
>>> np.choose([-3,2,0,1,4], [8,9,10], mode='clip')
array([ 8, 10,  8,  9, 10])
>>> np.choose([3,2,0,1,4], [8,9,10], mode='wrap')
                                     # 下标i变为i%N
array([ 8, 10,  8,  9,  9])
>>> np.choose([-3,2,0,1,4], [8,9,10], mode='wrap')
array([ 8, 10,  8,  9,  9])
>>> np.choose([-3,2,0,1,4], [8,9,10], mode='raise')
                                     # 遇到无效下标，抛出异常
ValueError: invalid entry in choice array
>>> arr = np.array([[1, 0, 1], [0, 1, 0], [1, 0, 1]])
>>> choices = [-10, 10]
>>> np.choose(arr, choices)          # 结果数组与arr形状相同
                                     # arr中数字作为choices中的下标
                                     # 等价于arr.choose(choices)
array([[ 10, -10,  10], [-10,  10, -10], [ 10, -10,  10]])
>>> arr = np.array([0, 1]).reshape((2,1,1))
>>> arr
array([[[0]], [[1]]])
>>> c1 = np.array([1, 2, 3]).reshape((1,3,1))
>>> c1
array([[[1], [2], [3]]])
```

```
>>> c2 = np.array([-1, -2, -3, -4, -5]).reshape((1,1,5))
>>> c2
array([[[-1, -2, -3, -4, -5]]])
>>> np.choose(arr, (c1, c2))                    # 结果数组形状为(2, 3, 5)
                                                # res[0,:,:]=c1, res[1,:,:]=c2
array([[[ 1,  1,  1,  1,  1], [ 2,  2,  2,  2,  2], [ 3,  3,  3,  3,  3]],
       [[-1, -2, -3, -4, -5], [-1, -2, -3, -4, -5], [-1, -2, -3, -4, -5]]])
>>> x = np.array([3+4j, 5+6j, 7+8j])            # 复数数组
>>> x.imag                                      # 虚部
array([4., 6., 8.])
>>> x.real                                      # 实部
array([3., 5., 7.])
>>> x.conjugate()                               # 共轭复数
array([3.-4.j, 5.-6.j, 7.-8.j])
>>> x.conj()                                    # 共轭复数
array([3.-4.j, 5.-6.j, 7.-8.j])
>>> np.real([3+4j, 5+6j, 7+8j])                 # 实部
array([3., 5., 7.])
>>> np.imag([3+4j, 5+6j, 7+8j])                 # 虚部
array([4., 6., 8.])
>>> np.conj([3+4j, 5+6j, 7+8j])                 # 共轭复数
array([3.-4.j, 5.-6.j, 7.-8.j])
>>> np.compress([False,True,False], [1,2,3,4]) # 获取True对应的元素
array([2])
>>> x = np.random.randint(1, 10, (3,5))
>>> x
array([[8, 8, 5, 5, 6], [7, 3, 4, 1, 4], [6, 2, 6, 4, 6]])
>>> x.compress([False,True,False], axis=0)      # 返回True对应的行
array([[7, 3, 4, 1, 4]])
>>> x.compress([False,True,False], axis=1)      # 返回True对应的列
array([[8], [3], [2]])
>>> np.compress([False,True,False], x, axis=1) # 功能与上一行代码等价
array([[8], [3], [2]])
>>> x = np.random.randint(1, 10, (3,5))
>>> x
array([[3, 4, 2, 8, 5], [8, 6, 8, 6, 1], [3, 8, 7, 3, 6]])
>>> np.triu(x)                             # 主对角线及右上方的元素
                                           # 可调整格式或运行代码查看结果方便理解
array([[3, 4, 2, 8, 5], [0, 6, 8, 6, 1], [0, 0, 7, 3, 6]])
>>> np.triu(x, 3)                          # 主对角线右边第3根平行线右上方的元素
array([[0, 0, 0, 8, 5], [0, 0, 0, 0, 1], [0, 0, 0, 0, 0]])
```

```
>>> np.tril(x)                   # 下三角
array([[3, 0, 0, 0, 0], [8, 6, 0, 0, 0], [3, 8, 7, 0, 0]])
>>> np.tril(x, 2)                # 主对角线右侧第2根平行线右上方元素为0
array([[3, 4, 2, 0, 0], [8, 6, 8, 6, 0], [3, 8, 7, 3, 6]])
>>> np.tril(x, -1)               # 主对角线左侧第1根平行线右上方元素为0
array([[0, 0, 0, 0, 0], [8, 0, 0, 0, 0], [3, 8, 0, 0, 0]])
>>> np.random.choice(range(10), (3,5), replace=False)
                                 # 不允许重复使用，数量不够，出错
ValueError: Cannot take a larger sample than population when 'replace=False'
>>> np.random.choice(range(10), (3,5))       # 随机选择元素，允许重复
array([[0, 2, 8, 9, 7], [9, 1, 8, 3, 9], [8, 1, 6, 4, 7]])
>>> prob = np.random.randint(1, 10, 10)
>>> prob
array([6, 2, 2, 4, 9, 8, 1, 9, 8, 6])
>>> np.random.choice(range(10), (3,5), p=prob/prob.sum())
                                             # 指定每个元素被选择的概率
array([[7, 6, 9, 7, 7], [5, 2, 4, 9, 4], [7, 7, 8, 7, 5]])
>>> data = np.array([[[1,2],[3,4]], [[5,6],[7,8]]])
>>> data
array([[[1, 2], [3, 4]], [[5, 6], [7, 8]]])
>>> for element in np.nditer(data):          # 遍历数组中每个数值
    print(element, end=' ')

1 2 3 4 5 6 7 8
>>> list(np.nditer(data))
[array(1), array(2), array(3), array(4), array(5), array(6),
 array(7), array(8)]
>>> list(map(int, np.nditer(data)))
[1, 2, 3, 4, 5, 6, 7, 8]
>>> arr1 = np.array([1, 2, 3])
>>> arr2 = np.array([4, 5, 6])
>>> list(np.nditer([arr1,arr2]))             # 两个等长数组中对应位置上的元素
[(array(1), array(4)), (array(2), array(5)), (array(3), array(6))]
>>> arr1 = np.array([[1], [2], [3]])
>>> arr2 = np.array([4, 5])
>>> for element in np.nditer([arr1, arr2]): # 两个可广播的数组中对应位置的元素
    print(element, end=',')

(array(1), array(4)),(array(1), array(5)),(array(2), array(4)),(array(2),
 array(5)),(array(3), array(4)),(array(3), array(5)),
>>> list(np.nditer([arr1, arr2]))
[(array(1), array(4)), (array(1), array(5)), (array(2), array(4)), (array(2),
  array(5)), (array(3), array(4)), (array(3), array(5))]
```

1.1.3　修改数组中的元素值

视频二维码：1.1.3

```
>>> x = np.arange(8)
>>> x[3] = 8                    # 使用下标的形式原地修改元素值
>>> x[:3] = 6                   # 前 3 个元素都改成 6
                                # 等价于 x[:3] = [6] 或 x[:3] = [6,6,6]
>>> x[-3:] = [8, 9, 10]         # 最后 3 个元素修改为不同的数字
>>> x
array([6,  6,  6,  8,  4,  8,  9, 10])
>>> x.put(0, 8)                           # 下标 0 的元素值修改为 8，原地修改
>>> x
array([8,  6,  6,  8,  4,  8,  9, 10])
>>> x = np.array([[1,2,3], [4,5,6], [7,8,9]])
>>> x[0, 2] = 4                           # 修改行下标 0、列下标 2 的元素值
>>> x[1:, 1:] = 1                         # 切片，把行下标大于或等于 1，
                                          # 且列下标也大于或等于 1 的元素值都设置 1
>>> x
array([[1, 2, 4], [4, 1, 1], [7, 1, 1]])
>>> x[1:, 1:] = [[1,2], [3,4]]            # 同时修改多个元素值
>>> x
array([[1, 2, 4], [4, 1, 2], [7, 3, 4]])
>>> x[1:, 1:] = [1, 2]                    # 纵向广播
>>> x
array([[1, 2, 4], [4, 1, 2], [7, 1, 2]])
>>> x[1:, 1:] = [[1], [2]]                # 横向广播
>>> x
array([[1, 2, 3], [4, 1, 1], [7, 2, 2]])
>>> x = np.arange(25).reshape(5,5)
>>> x[x>20] = 0                           # 大于 20 的元素都设置为 0
>>> x
array([[ 0,  1,  2,  3,  4], [ 5,  6,  7,  8,  9],
       [10, 11, 12, 13, 14], [15, 16, 17, 18, 19], [20,  0,  0,  0,  0]])
>>> x.fill(0)                             # 使用 0 填充和替换所有元素
>>> x
array([[0, 0, 0, 0, 0], [0, 0, 0, 0, 0], [0, 0, 0, 0, 0],
       [0, 0, 0, 0, 0], [0, 0, 0, 0, 0]])
>>> np.fill_diagonal(x, 666)              # 填充对角线元素
>>> x
array([[666,   0,   0,   0,   0], [  0, 666,   0,   0,   0],
       [  0,   0, 666,   0,   0], [  0,   0,   0, 666,   0],
       [  0,   0,   0,   0, 666]])
```

```
>>> frame = np.random.randint(0, 256, (3,3,3))
>>> frame                                  # 模拟一个 3 行 3 列的 RGB 彩色图像数据
                                           # 每个像素的颜色由红、绿、蓝三个分量决定
array([[[186,  63,  11], [212,   0, 149], [127, 160, 208]],
       [[217,  87,  48], [203, 206,  24], [119,  93,  41]],
       [[170, 164, 200], [147, 254, 152], [198, 105,  94]]])
>>> frame[frame.sum(axis=2)>500]           # RGB 三原色分量之和大于 500 的
array([[170, 164, 200], [147, 254, 152]])
>>> frame[frame.sum(axis=2)>500] = [255,255,255]
                                           # 把 RGB 之和大于 500 的像素设置为白色
>>> frame
array([[[186,  63,  11], [212,   0, 149], [127, 160, 208]],
       [[217,  87,  48], [203, 206,  24], [119,  93,  41]],
       [[255, 255, 255], [255, 255, 255], [198, 105,  94]]])
>>> x = np.array([3+4j, 5+6j, 7+8j])
>>> x.real = [8,9,10]                      # 修改复数的实部
>>> x
array([ 8.+4.j,  9.+6.j, 10.+8.j])
>>> x.imag = 6                             # 所有虚部统一设置为 6
>>> x
array([ 8.+6.j,  9.+6.j, 10.+6.j])
>>> x.fill(666)                            # 使用指定的值填充整个数组中所有元素
                                           # 不改变数组中元素类型
>>> x
array([666.+0.j, 666.+0.j, 666.+0.j])
>>> x = np.arange(16).reshape(4, 4)
>>> np.tril_indices(4)                     # 生成下三角元素的下标
(array([0, 1, 1, 2, 2, 2, 3, 3, 3, 3]), array([0, 0, 1, 0, 1, 2, 0, 1, 2, 3]))
>>> x[np.tril_indices(4)] = 666            # 修改下三角元素的值
>>> x
array([[666,   1,   2,   3],
       [666, 666,   6,   7],
       [666, 666, 666,  11],
       [666, 666, 666, 666]])
>>> x = np.arange(16).reshape(4, 4)
>>> x[np.tril_indices(4,1)] = 666          # 填充到对角线右上方一条平行线
>>> x
array([[666, 666,   2,   3],
       [666, 666, 666,   7],
       [666, 666, 666, 666],
       [666, 666, 666, 666]])
>>> x = np.arange(16).reshape(4, 4)
>>> x[np.triu_indices(4,2)] = 666          # 填充对角线右上方第二条平行线右侧的元素
```

```
>>> x
array([[  0,   1, 666, 666],
       [  4,   5,   6, 666],
       [  8,   9,  10,  11],
       [ 12,  13,  14,  15]])
>>> x[np.triu_indices(4)] = 666                # 修改上三角元素的值
>>> x
array([[666, 666, 666, 666],
       [  4, 666, 666, 666],
       [  8,   9, 666, 666],
       [ 12,  13,  14, 666]])
>>> x = np.array((0, 0, 0, 1, 2, 3, 0, 2, 1, 0))
>>> np.trim_zeros(x)                           # 删除一维数组或序列两端的0
array([1, 2, 3, 0, 2, 1])
>>> np.trim_zeros(x, 'b')                      # 只删除后面的0
array([0, 0, 0, 1, 2, 3, 0, 2, 1])
>>> np.trim_zeros(x, 'f')                      # 只删除前面的0
array([1, 2, 3, 0, 2, 1, 0])
>>> np.trim_zeros([0,0,1,1,0,1,0,0,0])         # 返回列表，与参数的数据类型一致
[1, 1, 0, 1]
>>> np.trim_zeros((0,0,1,1,0,1,0,0,0))         # 返回元组，与参数的数据类型一致
(1, 1, 0, 1)
>>> x = np.array([-1.7, -1.5, -0.2, 0.2, 1.5, 1.7, 2.0])
>>> np.trunc(x)                                # 截断，返回更接近于0的第一个整数
array([-1., -1., -0.,  0.,  1.,  1.,  2.])
>>> x = np.array([-1.7, -1.5, -0.2, 0.2, 1.5, 1.7, 2.0, 2.1]).reshape(2,4)
>>> x
array([[-1.7, -1.5, -0.2,  0.2], [ 1.5,  1.7,  2. ,  2.1]])
>>> np.trunc(x)
array([[-1., -1., -0.,  0.], [ 1.,  1.,  2.,  2.]])
>>> np.unwrap(np.array([0, 0.1234, 0.9, 1.5707, 5.6789, 6.28318531]))
                     # 卷绕，如果相邻两个数值的差大于max(discont, period/2)
                     # 则对后面的值加/减period，period默认值为6.283185307179586
array([ 0.00000000e+00,  1.23400000e-01,  9.00000000e-01,  1.57070000e+00,
       -6.04285307e-01,  2.82041412e-09])
>>> np.unwrap(np.array([0, 1, 2, 3, -1, 0, 1]), period=4)
array([0, 1, 2, 3, 3, 4, 5])
>>> np.unwrap(np.array([0, 1, 2, 3, -1, 0, 1]), period=9)
array([ 0,  1,  2,  3, -1,  0,  1])
>>> np.unwrap(np.array([0, 1, 2, 3, -1, 0, 1]), discont=3, period=4)
array([0, 1, 2, 3, 3, 4, 5])
>>> np.unwrap(np.array([0, 1, 2, 3, -1, 0, 1]), discont=5, period=4)
array([ 0,  1,  2,  3, -1,  0,  1])
```

```
>>> phase_deg = np.mod(np.linspace(0 ,720, 19), 360) - 180
>>> phase_deg                          # 测试数据，模拟一些角度
array([-180., -140., -100.,  -60.,  -20.,   20.,   60.,  100.,  140.,
       -180., -140., -100.,  -60.,  -20.,   20.,   60.,  100.,  140.,
       -180.])
>>> np.unwrap(phase_deg, period=360)   # 对角度数据进行卷绕处理
array([-180., -140., -100.,  -60.,  -20.,   20.,   60.,  100.,  140.,
        180.,  220.,  260.,  300.,  340.,  380.,  420.,  460.,  500.,
        540.])
>>> x = np.arange(6).reshape(2, 3)
>>> np.putmask(x, x>2, x**3)           # 修改符合条件的元素值
                                       # 功能类似于 x = np.where(x>2, x**3, x)
>>> x
array([[  0,   1,   2], [ 27,  64, 125]])
>>> x = np.arange(9).reshape(3, 3)
>>> np.putmask(x, x%3==0, [33, -44])   # 循环使用给定的值
>>> x
array([[ 33,   1,   2], [-44,   4,   5], [ 33,   7,   8]])
>>> x = np.arange(9).reshape(3, 3)
>>> np.putmask(x, x%3!=0, [33, -44])
>>> x
array([[  0, -44,  33], [  3,  33, -44], [  6, -44,  33]])
>>> x = np.arange(9).reshape(3, 3)
>>> np.putmask(x, x>4, [33, -44])
>>> x
array([[  0,   1,   2], [  3,   4, -44], [ 33, -44,  33]])
>>> x = np.arange(16).reshape(4, 4)
>>> def func(m, k):
    m[[1,2,0,2,1,3,3], [0,3,2,3,2,2,1]] = False
    return m

>>> index = np.mask_indices(4, func)   # 先生成 (4,4) 的全 1 数组
                                       # 然后由函数 func 把其中某些元素设置为 0
                                       # 再返回非 0 元素的下标
>>> index
(array([0, 0, 0, 1, 1, 2, 2, 2, 3, 3], dtype=int64),
 array([0, 1, 3, 1, 3, 0, 1, 2, 0, 3], dtype=int64))
>>> x[index]                           # 访问指定下标的元素
array([ 0,  1,  3,  5,  7,  8,  9, 10, 12, 15])
>>> x[index] = 666                     # 修改指定下标的元素值
>>> x
array([[666, 666,   2, 666],
```

```
       [  4, 666,   6, 666],
       [666, 666, 666,  11],
       [666,  13,  14, 666]])
>>> x = np.array([np.inf, -np.inf, np.nan, -128, 128])
>>> np.nan_to_num(x)              # nan 的默认值为 0.0
                                  # inf 默认为实数最大值，-inf 默认为实数最小值
array([ 1.79769313e+308, -1.79769313e+308,  0.00000000e+000,
       -1.28000000e+002,  1.28000000e+002])
>>> np.nan_to_num(x, nan=-9999, posinf=33333333, neginf=33333333)
                                  # 通过参数设置 nan、inf、-inf 要替换的值
array([ 3.3333333e+07,  3.3333333e+07, -9.9990000e+03, -1.2800000e+02,
        1.2800000e+02])
>>> x = np.array([complex(np.inf, np.nan), np.nan, complex(np.nan, np.inf)])
>>> x
array([inf+nanj, nan +0.j, nan+infj])
>>> np.nan_to_num(x, nan=-9999, posinf=33333333, neginf=33333333)
array([ 3.3333333e+07-9.9990000e+03j, -9.9990000e+03+0.0000000e+00j,
       -9.9990000e+03+3.3333333e+07j])
```

1.1.4 增加与删除元素

视频二维码：1.1.4

```
>>> x = np.arange(8)
>>> np.append(x, 8)               # 返回新数组，在尾部追加一个元素，不影响原数组
array([0, 1, 2, 3, 4, 5, 6, 7, 8])
>>> np.append(x, [9,10])          # 返回新数组，在尾部追加多个元素
array([0, 1, 2, 3, 4, 5, 6, 7, 9, 10])
>>> np.insert(x, 1, 8)            # 返回新数组，插入元素
array([0, 8, 1, 2, 3, 4, 5, 6, 7])
>>> x = np.array([[4, 9, 9], [7, 7, 1]])
>>> np.tile(x, 2)                 # 横向平铺，默认沿最后一个轴的方向
array([[4, 9, 9, 4, 9, 9], [7, 7, 1, 7, 7, 1]])
>>> np.tile(x, (2,1))             # 纵向平铺 2 次，横向平铺 1 次
array([[4, 9, 9], [7, 7, 1], [4, 9, 9], [7, 7, 1]])
>>> np.tile(x, (2,3))             # 两个方向平铺，纵向平铺 2 次，横向平铺 3 次
array([[4, 9, 9, 4, 9, 9, 4, 9, 9], [7, 7, 1, 7, 7, 1, 7, 7, 1],
       [4, 9, 9, 4, 9, 9, 4, 9, 9], [7, 7, 1, 7, 7, 1, 7, 7, 1]])
>>> x = np.array([[[200,0,0], [0,200,0]], [[0,0,200], [200,0,200]]])
>>> plt.imshow(x)                 # 根据数组的值绘制图像
<matplotlib.image.AxesImage object at 0x000001EC62540910>
>>> plt.show()                    # 运行结果如图 1-4 所示
```

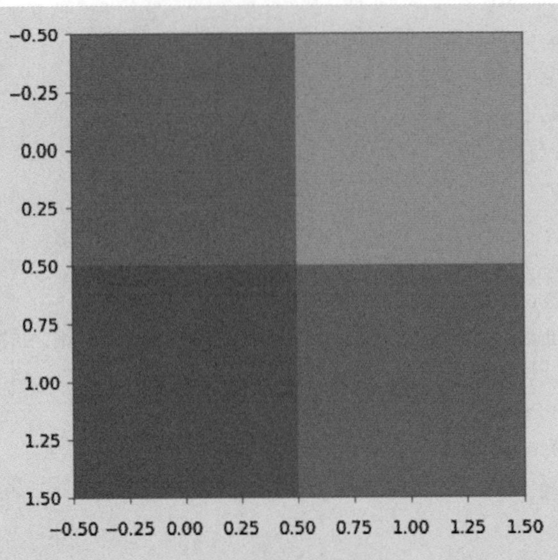

图 1-4　数组可视化结果

```
>>> plt.imshow(np.tile(x, (2,1)))              # 沿倒数第二个轴平铺
<matplotlib.image.AxesImage object at 0x000001EC625B83A0>
>>> plt.show()                                 # 结果略，自行运行程序查看结果
>>> plt.imshow(np.tile(x, (2,2,1)))            # 沿倒数第二个和倒数第三个轴平铺
<matplotlib.image.AxesImage object at 0x000001EC6268DEB0>
>>> plt.show()                                 # 结果略，自行运行程序查看结果
>>> x = np.array([[4, 8, 4], [6, 3, 2]])
>>> x.repeat(2)                                # 所有元素重复 2 次，返回一维数组
array([4, 4, 8, 8, 4, 4, 6, 6, 3, 3, 2, 2])
>>> x.repeat(2, axis=1)                        # 每个元素横向重复 2 次
array([[4, 4, 8, 8, 4, 4], [6, 6, 3, 3, 2, 2]])
>>> x.repeat(2, axis=0)                        # 纵向重复
array([[4, 8, 4], [4, 8, 4], [6, 3, 2], [6, 3, 2]])
>>> x.repeat([2,3], axis=0)                    # 第一行重复 2 次，第二行重复 3 次
array([[4, 8, 4], [4, 8, 4], [6, 3, 2], [6, 3, 2], [6, 3, 2]])
>>> np.arange(3).repeat([1,2,3])               # 第一个元素重复 1 次
                                               # 第二个元素重复 2 次
                                               # 第三个元素重复 3 次

array([0, 1, 1, 2, 2, 2])
>>> np.arange(4).reshape(2,2).repeat([1,2,3,4])
array([0, 1, 1, 2, 2, 2, 3, 3, 3, 3])
>>> np.c_[[1,2,3], [4,5,6], [7,8,9]]           # 列扩展
array([[1, 4, 7], [2, 5, 8], [3, 6, 9]])
>>> np.r_[[1,2,3], [4,5,6], [7,8,9]]           # 行扩展
array([1, 2, 3, 4, 5, 6, 7, 8, 9])
>>> x = np.array([[1,2,3], [4,5,6]])
>>> y = np.array([[7,8,9], [10,11,12]])
```

```
>>> np.r_[x, y, y]                          # 纵向扩展
array([[ 1,  2,  3], [ 4,  5,  6], [ 7,  8,  9],
       [10, 11, 12], [ 7,  8,  9], [10, 11, 12]])
>>> np.c_[x, x, y]                          # 横向扩展
array([[ 1,  2,  3,  1,  2,  3,  7,  8,  9],
       [ 4,  5,  6,  4,  5,  6, 10, 11, 12]])
>>> np.insert(x, 0, y, axis=0)              # 在x中下标0的行前插入y，返回新数组
array([[ 7,  8,  9], [10, 11, 12], [ 1,  2,  3], [ 4,  5,  6]])
>>> np.insert(x, 1, y, axis=0)              # 在x中下标1的行前插入y，返回新数组
array([[ 1,  2,  3], [ 7,  8,  9], [10, 11, 12], [ 4,  5,  6]])
>>> np.insert(x, 1, [8,9])                  # 不指定axis参数时平铺为一维数组
array([1, 8, 9, 2, 3, 4, 5, 6])
>>> np.insert(x, 1, [8,9], axis=1)          # 在x中下标1的列前插入一列
array([[1, 8, 2, 3], [4, 9, 5, 6]])
>>> np.insert(x, 1, [[8,9],[10,11]], axis=1)
array([[ 1,  8, 10,  2,  3], [ 4,  9, 11,  5,  6]])
>>> np.random.seed(1977102600)
>>> data = np.random.randint(1, 100, (8,5))
>>> data
array([[53, 18, 40, 69,  3], [89, 74, 90, 69, 79], [71, 47, 13, 37, 67],
       [69, 61, 92, 24, 88], [ 2, 74,  5, 22, 82], [ 3, 49, 36,  4, 36],
       [15, 42, 46, 50, 80], [52, 89,  1, 69, 46]])
>>> np.delete(data, 0, axis=0)              # 删除下标为0的行，返回新数组
array([[89, 74, 90, 69, 79], [71, 47, 13, 37, 67], [69, 61, 92, 24, 88],
       [ 2, 74,  5, 22, 82], [ 3, 49, 36,  4, 36], [15, 42, 46, 50, 80],
       [52, 89,  1, 69, 46]])
>>> np.delete(data, 3, axis=1)              # 删除下标为3的列，返回新数组
array([[53, 18, 40,  3], [89, 74, 90, 79], [71, 47, 13, 67],
       [69, 61, 92, 88], [ 2, 74,  5, 82], [ 3, 49, 36, 36],
       [15, 42, 46, 80], [52, 89,  1, 46]])
>>> np.delete(data, 3)                      # 删除按行存储下标为3的元素，返回一维数组
array([53, 18, 40,  3, 89, 74, 90, 69, 79, 71, 47, 13, 37, 67, 69, 61, 92,
       24, 88,  2, 74,  5, 22, 82,  3, 49, 36,  4, 36, 15, 42, 46, 50, 80,
       52, 89,  1, 69, 46])
>>> np.delete(data, [0, 2, 6, 7])           # 删除下标为0、2、6、7的元素
array([18, 69,  3, 89, 69, 79, 71, 47, 13, 37, 67, 69, 61, 92, 24, 88,  2,
       74,  5, 22, 82,  3, 49, 36,  4, 36, 15, 42, 46, 50, 80, 52, 89,  1,
       69, 46])
>>> np.delete(data, np.arange(0,len(data),2))        # 删除偶数下标的元素
array([18, 69, 89, 90, 69, 79, 71, 47, 13, 37, 67, 69, 61, 92, 24, 88,  2,
       74,  5, 22, 82,  3, 49, 36,  4, 36, 15, 42, 46, 50, 80, 52, 89,  1,
       69, 46])
```

1.1.5 测试两个数组的对应元素是否足够接近

视频二维码：1.1.5

```
>>> x = np.array([1, 2, 3, 4.001, 5])
>>> y = np.array([1, 1.999, 3, 4.01, 5.1])
>>> np.allclose(x, y)                      # 测试是否所有位置对应的元素都足够接近
False
>>> np.allclose(x, y, rtol=0.2)            # 设置相对误差范围
True
>>> np.allclose(x, y, atol=0.2)            # 设置绝对误差范围
True
>>> np.isclose(x, y)                       # 判断对应位置上的元素是否足够接近
array([True, False,  True, False, False])
>>> np.isclose(x, y, atol=0.2)
                              # absolute(a - b) <= (atol + rtol * absolute(b))
                              # isclose(a, b)的结果可能不同于isclose(b, a)
array([True,  True,  True,  True,  True])
>>> np.isclose([1, np.NaN], [1, np.NaN], equal_nan=True)
                                           # 参数equal_nan=True表示认为缺失值相同
array([True,  True])
```

1.1.6 数组与标量的运算

视频二维码：1.1.6

```
>>> x = np.array((1, 2, 3, 4, 5))
>>> x + 2                                  # 数组中每个数值与标量相加，返回新数组
array([3, 4, 5, 6, 7])
>>> x - 2                                  # 数组中每个数值与标量相减
array([-1,  0,  1,  2,  3])
>>> x * 2                                  # 数组中每个数值与标量相乘，返回新数组
array([ 2, 4, 6, 8, 10])
>>> x / 2                                  # 数组中每个数值与标量相除
array([ 0.5, 1. , 1.5, 2. , 2.5])
>>> x // 2                                 # 数组中每个数值与标量整除
array([0, 1, 1, 2, 2], dtype=int32)
>>> x ** 3                                 # 幂运算，1**3、2**3、3**3、4**3、5**3
array([1, 8, 27, 64, 125], dtype=int32)
>>> x % 3                                  # 余数
array([1, 2, 0, 1, 2], dtype=int32)
>>> 2 ** x                                 # 标量与数组中每个数值进行幂运算
                                           # 分别计算2**1、2**2、2**3、2**4、2**5
```

```
                                          # 注意数组在前与在后的区别
array([2, 4, 8, 16, 32], dtype=int32)
>>> 2 / x                                 # 分别计算 2/1、2/2、2/3、2/4、2/5
array([2. ,1. ,0.66666667, 0.5, 0.4])
>>> 63 // x                               # 分别计算 63//1、63//2、63//3、64//、64//5
array([63, 31, 21, 15, 12], dtype=int32)
```

1.1.7　数组与数组的运算

视频二维码：1.1.7

```
>>> x = np.array((1, 2, 3))
>>> x + x                                 # 等长数组之间的加法运算，对应元素相加
array([2, 4, 6])
>>> x * x                                 # 等长数组之间的乘法运算，对应元素相乘
array([1, 4, 9])
>>> x - x                                 # 等长数组之间的减法运算，对应元素相减
array([0, 0, 0])
>>> x / x                                 # 等长数组之间的除法运算，对应元素相除
array([ 1.,  1.,  1.])
>>> x ** x                                # 等长数组之间的幂运算，对应元素乘方
array([ 1,  4, 27], dtype=int32)
>>> np.array([[1,2], [3,4]]) ** 2         # 数组中每个元素的平方
array([[ 1,  4], [ 9, 16]])
```

NumPy 数组与类似于数组的对象（array-like object，包括 Python 列表、元组和 NumPy 数组）相乘（同样适用于加、减、真除、整除和幂运算），需要满足广播的条件：两个数组的 shape 属性的元组右对齐之后，两个元组对应位置上的数字要么相等、要么其中一个为 1、要么其中一个对应位置上没有数字（数组没有对应的维度），结果数组中该维度的大小与二者之中最大的一个相等。例如，(m,n) 的数组可以和 (1,)、(n,)、(1,n)、(m,1)、(m,n) 的数组进行相乘，都得到形状 (m,n) 的数组。

```
>>> a = np.array((1, 2, 3))
>>> b = np.array(([1, 2, 3], [4, 5, 6], [7, 8, 9]))
>>> a * b                                 # a 中的每个元素乘以 b 中对应列的元素
                                          # a 中下标 0 的元素乘以 b 中列下标 0 的元素
                                          # a 中下标 1 的元素乘以 b 中列下标 1 的元素
                                          # a 中下标 2 的元素乘以 b 中列下标 2 的元素
array([[ 1, 4, 9], [ 4, 10, 18], [ 7, 16, 27]])
>>> a + b                                 # a 中每个元素加 b 中的对应列元素
array([[ 2,  4,  6], [ 5,  7,  9], [ 8, 10, 12]])
>>> np.arange(12).reshape(3,4) * np.array([5])        # (3,4) 与 (1,) 的数组相乘
```

```
array([[ 0,  5, 10, 15], [20, 25, 30, 35], [40, 45, 50, 55]])
>>> np.arange(12).reshape(3,4) * np.array([1,2,3,4])  # (3,4) 与 (4,) 的数组相乘
array([[ 0,  2,  6, 12], [ 4, 10, 18, 28], [ 8, 18, 30, 44]])
>>> np.arange(12).reshape(3,4) * np.array([[1],[2],[3]])
                                                     # (3,4) 与 (3,1) 的数组相乘
array([[ 0,  1,  2,  3], [ 8, 10, 12, 14], [24, 27, 30, 33]])
>>> np.arange(12).reshape(3,4) * np.array([[1,2,3,4]])
                                                     # (3,4) 与 (1,4) 的数组相乘
array([[ 0,  2,  6, 12], [ 4, 10, 18, 28], [ 8, 18, 30, 44]])
>>> np.arange(12).reshape(3,4) * np.arange(12).reshape(3,4)
                                                     # (3,4) 与 (3,4) 的数组相乘
array([[  0,   1,   4,   9], [ 16,  25,  36,  49], [ 64,  81, 100, 121]])
```

下面代码给出了更多的广播示例。

```
>>> arr = np.arange(24).reshape(3,4,2)
>>> (arr * np.arange(12).reshape(3,4,1)).shape
(3, 4, 2)
>>> (arr * np.arange(24).reshape(3,4,2)).shape
(3, 4, 2)
>>> (arr * np.arange(6).reshape(3,1,2)).shape
(3, 4, 2)
>>> (arr * np.arange(2).reshape(1,1,2)).shape
(3, 4, 2)
>>> (arr * np.arange(8).reshape(1,4,2)).shape
(3, 4, 2)
>>> (arr * np.arange(8).reshape(4,2)).shape
(3, 4, 2)
>>> (arr * np.arange(2).reshape(2,)).shape
(3, 4, 2)
>>> (arr * np.arange(1).reshape(1,1)).shape
(3, 4, 2)
>>> (arr * np.arange(2).reshape(1,2)).shape
(3, 4, 2)
>>> (arr * np.arange(1).reshape(1,1,1)).shape
(3, 4, 2)
>>> (arr * np.arange(3).reshape(3,1,1)).shape
(3, 4, 2)
>>> (arr * np.arange(1).reshape(1,)).shape
(3, 4, 2)
>>> (arr * np.arange(16).reshape(8,2)).shape
(3, 8, 2)
```

1.1.8 排序

视频二维码：1.1.8

```
>>> x = np.array([3, 1, 2])
>>> np.argsort(x)                          # 返回排序后元素的原下标
array([1, 2, 0], dtype=int64)              # 原数组中下标 1 的元素最小
                                           # 下标 2 的元素次之，下标 0 的元素最大
>>> x[_]                                   # 使用数组做下标，获取对应位置的元素
array([1, 2, 3])
>>> x = np.array([3, 1, 2, 4])
>>> x.argmax(), x.argmin()                 # 最大值和最小值的下标
(3, 1)
>>> x[np.argsort(x)]
array([1, 2, 3, 4])
>>> x = np.random.randint(1, 25, size=(4,6))
>>> x
array([[19, 14, 11, 20,  7, 22], [22, 17, 10,  1, 21,  2],
       [ 4, 18, 19, 11,  6, 14], [ 3, 23, 21, 15,  1, 16]])
>>> x.argsort()        # axis 的默认值为 -1，表示最后一个维度，对于二维数组表示横向
array([[4, 2, 1, 0, 3, 5], [3, 5, 2, 1, 4, 0], [0, 4, 3, 5, 1, 2],
       [4, 0, 3, 5, 2, 1]], dtype=int64)
>>> x.argsort(axis=0)                      # 每列元素纵向升序排序的下标
array([[3, 0, 1, 1, 3, 1], [2, 1, 0, 2, 2, 2],
       [0, 2, 2, 3, 0, 3], [1, 3, 3, 0, 1, 0]], dtype=int64)
>>> x = np.array([(1,9), (5,4), (1,0), (4,4), (3,0), (4,2), (4,1)],
                 dtype=np.dtype([('x', int), ('y', int)]))
>>> np.argsort(x)                          # 返回先按 x 列再按 y 列排序的下标
array([2, 0, 4, 6, 5, 3, 1], dtype=int64)
>>> np.argsort(x, order=('x', 'y'))        # 与上一行功能相同
array([2, 0, 4, 6, 5, 3, 1], dtype=int64)
>>> x[np.argsort(x, order=('x', 'y'))]     # 先按 x 列排序，一样的再按 y 列排序
array([(1, 0), (1, 9), (3, 0), (4, 1), (4, 2), (4, 4), (5, 4)],
      dtype=[('x', '<i4'), ('y', '<i4')])
>>> x[np.argsort(x, order=('y', 'x'))]     # 先按 y 列排序，一样的再按 x 列排序
array([(1, 0), (3, 0), (4, 1), (4, 2), (4, 4), (5, 4), (1, 9)],
      dtype=[('x', '<i4'), ('y', '<i4')])
>>> a = np.array([8, 2, 1, 7, 5, 2, 2, 4])
>>> b = np.array([7, 9, 7, 2, 8, 6, 6, 6])
>>> index = np.lexsort((b, a))             # 先按 a 排序，一样的话再按 b 排序
>>> index
array([2, 5, 6, 1, 7, 4, 3, 0], dtype=int64)
>>> a[index]
```

```
array([1, 2, 2, 2, 4, 5, 7, 8])
>>> b[index]
array([7, 6, 6, 9, 6, 8, 2, 7])
>>> np.array(list(zip(a[index], b[index])))
                                # 等价于 np.c_[a[index], b[index]]
array([[1, 7], [2, 6], [2, 6], [2, 9],
       [4, 6], [5, 8], [7, 2], [8, 7]])
>>> x = np.array([(1,9), (5,4), (1,0), (4,4), (3,0), (4,2), (4,1)],
                 dtype=np.dtype([('x', int), ('y', int)]))
>>> x
array([(1, 9), (5, 4), (1, 0), (4, 4), (3, 0), (4, 2), (4, 1)],
      dtype=[('x', '<i4'), ('y', '<i4')])
>>> index = np.argsort(x)       # 等价于 index = np.argsort(x, order=('x', 'y'))
>>> x[index]['x']
array([1, 1, 3, 4, 4, 4, 5])
>>> x[index]['y']
array([0, 9, 0, 1, 2, 4, 4])
>>> x = np.array([3, 1, 2, 4])
>>> x.sort()                    # 原地排序
>>> x
array([1, 2, 3, 4])
>>> x = np.random.randint(1, 25, size=(4,6))
>>> x
array([[ 9, 19,  9,  6, 11,  5], [21, 24,  1, 21,  4,  7],
       [ 8,  7, 22, 15, 20,  3], [10,  7, 23, 22, 18, 19]])
>>> x.sort()                    # axis 参数的默认值为 -1，表示最后一个维度
                                # 横向排序，各行独立，原地排序
>>> x
array([[ 5,  6,  9,  9, 11, 19], [ 1,  4,  7, 21, 21, 24],
       [ 3,  7,  8, 15, 20, 22], [ 7, 10, 18, 19, 22, 23]])
>>> x = np.random.randint(1, 25, size=(4,6))
>>> x
array([[ 3, 10,  7,  4,  2,  3], [10, 13, 12,  4, 18, 15],
       [16, 18,  8, 13,  9, 11], [10, 24,  7, 18,  9, 19]])
>>> x.sort(axis=0)              # 纵向排序，各列独立，原地排序
>>> x
array([[ 3, 10,  7,  4,  2,  3], [10, 13,  7,  4,  9, 11],
       [10, 18,  8, 13,  9, 15], [16, 24, 12, 18, 18, 19]])
>>> x = np.array([(18,5,16),(4,5,6),(9,2,7),(10,11,12)],
                 dtype=list(zip('abc','iii')))
>>> x
array([(18,  5, 16), ( 4,  5,  6), ( 9,  2,  7), (10, 11, 12)],
      dtype=[('a', '<i4'), ('b', '<i4'), ('c', '<i4')])
```

```
>>> x['a']                          # 查看 a 列的值
array([18,  4,  9, 10], dtype=int32)
>>> x.sort(order='a')               # 根据 a 列的值对所有行进行升序排序，每行作为整体
>>> x
array([( 4,  5,  6), ( 9,  2,  7), (10, 11, 12), (18,  5, 16)],
      dtype=[('a', '<i4'), ('b', '<i4'), ('c', '<i4')])
>>> x['a']                          # 排序后 a 列的值
array([ 4,  9, 10, 18], dtype=int32)
>>> x = np.array([29, 63, 63, 65, 55, 47, 43, 86, 49, 54])
>>> x[x.argsort()]                  # 升序排序后的新数组，不影响原数组
array([29, 43, 47, 49, 54, 55, 63, 63, 65, 86])
>>> x.partition(-2)         # 比升序排序后倒数第二小的都放前面，大于或等于的都放后面
                            # 并没有对数组中所有元素进行排序，只是进行粗暴划分
>>> x
array([47, 29, 49, 43, 54, 63, 55, 63, 65, 86])
>>> x[-2]                   # 第二大的元素值
65
>>> x = np.array([30,  7, 32, 11, 81, 90,  6, 94, 40, 84])
>>> x[x.argsort()]
array([ 6,  7, 11, 30, 32, 40, 81, 84, 90, 94])
>>> x.partition(4)          # 比排序后下标 4 元素小的都放前面，大于或等于的都放后面
>>> x
array([ 7,  6, 30, 11, 32, 40, 81, 94, 90, 84])
>>> x = np.array([67,  1, 30, 90, 10, 26, 85, 20, 79, 69])
>>> x[x.argsort()]
array([ 1, 10, 20, 26, 30, 67, 69, 79, 85, 90])
>>> x.partition((4,8))      # 以排序后下标 4、8 的元素为枢点进行划分
>>> x
array([20,  1, 10, 26, 30, 67, 69, 79, 85, 90])
>>> x[[4,8]]                # 获取排序后下标 4、8 的元素
array([30, 85])
>>> x = np.random.randint(1, 100, (5,5))
>>> x
array([[93, 72,  6, 73, 92], [24, 37, 29, 12, 12],
       [55, 46, 19, 45, 59], [94, 68, 74, 45, 79], [97, 28, 74, 32, 82]])
>>> x.partition(1, axis=0)          # 每列独立处理，对每列元素进行划分和部分排序
>>> x
array([[24, 28,  6, 12, 12], [55, 37, 19, 32, 59],
       [93, 46, 29, 45, 92], [94, 68, 74, 45, 79], [97, 72, 74, 73, 82]])
>>> x[1]                            # 每列第二小的元素
array([55, 37, 19, 32, 59])
>>> x = np.random.randint(1, 100, (5,5))
>>> x
```

```
array([[54, 31, 24, 66, 32], [23, 33, 64, 71, 26],
       [ 6, 86, 25,  1, 85], [36, 37, 92, 26,  8], [56, 88, 17, 63, 24]])
>>> x.partition(-2, axis=1)           # 每行独立处理，对每行元素进行划分
>>> x
array([[31, 24, 32, 54, 66], [23, 26, 33, 64, 71],
       [ 1,  6, 25, 85, 86], [26,  8, 36, 37, 92], [17, 24, 56, 63, 88]])
>>> x[:, -2]                          # 每行第二大的元素
array([54, 64, 85, 37, 63])
>>> x = np.array([8, 3, 9, 2, 7, 0, 5, 6, 4, 1])
>>> np.argpartition(x, 3)
array([9, 5, 3, 1, 8, 6, 7, 4, 2, 0], dtype=int64)
>>> x[np.argpartition(x, 3)]          # 以升序排序后下标 3 的元素为界进行划分
                                      # 小的在前，大的在后，两侧并不进行排序
array([1, 0, 2, 3, 4, 5, 6, 7, 9, 8])
>>> x[np.argpartition(x, 7)]
array([6, 1, 4, 2, 3, 0, 5, 7, 9, 8])
>>> x[np.argpartition(x, 7)][7]       # 第 7 小的数
7
>>> x = np.arange(15).reshape((3,5))
>>> np.random.shuffle(x)              # 沿 0 轴方向随机打乱顺序，原地操作
>>> x
array([[ 0,  1,  2,  3,  4], [10, 11, 12, 13, 14], [ 5,  6,  7,  8,  9]])
>>> np.random.permutation(x)          # 沿 0 轴随机乱序，返回新数组
array([[ 5,  6,  7,  8,  9], [10, 11, 12, 13, 14], [ 0,  1,  2,  3,  4]])
>>> np.random.permutation(x)
array([[ 5,  6,  7,  8,  9], [ 0,  1,  2,  3,  4], [10, 11, 12, 13, 14]])
>>> np.sort_complex([3+4j, 2+5j, 1, 5-2j, 3-3j])     # 先按实部排，再按虚部排
array([1.+0.j, 2.+5.j, 3.-3.j, 3.+4.j, 5.-2.j])
```

1.1.9 点积运算

视频二维码：1.1.9

NumPy 函数 dot() 和数组对象的同名方法提供了点积运算的功能，可以使用 Python 内置函数 help() 查看完整功能说明，例如 help(np.dot)。

（1）任意形状的数组与标量的点积，等价于数组与标量相乘。

```
>>> np.dot(np.arange(12), 5)                     # 等价于 np.arange(12) * 5
array([ 0,  5, 10, 15, 20, 25, 30, 35, 40, 45, 50, 55])
>>> np.arange(12).reshape(3,4) * 5
array([[ 0,  5, 10, 15], [20, 25, 30, 35], [40, 45, 50, 55]])
>>> np.dot(np.arange(12).reshape(3,4), 5)
```

```
array([[ 0,  5, 10, 15], [20, 25, 30, 35], [40, 45, 50, 55]])
```

（2）两个等长一维数组的点积相当于向量内积。

```
>>> x = np.array((1, 2, 3))
>>> y = np.array((4, 5, 6))
>>> np.dot(x, y)                              # 1×4 + 2×5 + 3×6
32
>>> x.dot(y)
32
>>> sum(x*y)                                  # 功能与上面两行代码等价
32
```

（3）形状为 (n,) 与形状为 (n, m) 的数组点乘时，(n,) 数组与 (n, m) 数组的每一列计算内积。

```
>>> np.arange(4).dot(np.arange(12).reshape(4,3))         # 与每一列计算内积
array([42, 48, 54])
>>> np.arange(4).dot(np.arange(12).reshape(4,3)[:,0])    # 与第一列计算内积
42
```

（4）如果两个数组是形状分别为 (m,n) 和 (n,) 的二维数组和一维数组，计算结果为二维数组每行分别与一维数组的内积组成的数组。

```
>>> np.arange(12).reshape(3,4).dot(np.arange(4))
array([14, 38, 62])
```

（5）如果一个任意多维数组和一个一维数组（要求大小与多维数组最后一个维度相等）计算点积，多维数组的最后一个维度分别与一维数组计算内积，计算内积的维度消失。

```
>>> np.arange(12).reshape(1,3,4).dot(np.arange(4))
array([[14, 38, 62]])
>>> np.arange(12).reshape(1,1,3,4).dot(np.arange(4))
array([[[14, 38, 62]]])
>>> np.arange(36).reshape(3,3,4).dot(np.arange(4))
array([[ 14,  38,  62], [ 86, 110, 134], [158, 182, 206]])
>>> np.arange(36).reshape(3,3,4).dot(np.arange(4)).shape
(3, 3)
```

（6）如果两个数组是形状分别为 (m,k) 和 (k,n) 的二维数组，表示两个矩阵相乘，结果为 (m,n) 形状的二维数组，此时一般使用等价的矩阵乘法运算符 @ 或者 NumPy 的函数 matmul()。

```
>>> np.arange(12).reshape(3,4).dot(np.arange(4).reshape(4,1))
array([[14], [38], [62]])
>>> np.arange(12).reshape(3,4) @ np.arange(4).reshape(4,1)
array([[14], [38], [62]])
>>> np.matmul(np.arange(12).reshape(3,4), np.arange(4).reshape(4,1))
array([[14], [38], [62]])
>>> np.matmul(np.arange(12).reshape(3,4), np.arange(20).reshape(4,5))
array([[ 70,  76,  82,  88,  94],
       [190, 212, 234, 256, 278],
       [310, 348, 386, 424, 462]])
>>> np.dot(np.arange(12).reshape(3,4), np.arange(20).reshape(4,5))
array([[ 70,  76,  82,  88,  94], [190, 212, 234, 256, 278],
       [310, 348, 386, 424, 462]])
>>> np.arange(12).reshape(3,4) @ np.arange(20).reshape(4,5)
array([[ 70,  76,  82,  88,  94], [190, 212, 234, 256, 278],
       [310, 348, 386, 424, 462]])
```

（7）如果一个 n 维数组和一个 m(大于或等于 2) 维数组进行点积运算，第一个数组的最后一个维度与第二个数组的倒数第二个维度计算内积，要求这两个维度的大小相等。

```
>>> np.arange(36).reshape(3,3,4).dot(np.arange(8).reshape(4,2))
array([[[ 28,  34], [ 76,  98], [124, 162]],
       [[172, 226], [220, 290], [268, 354]],
       [[316, 418], [364, 482], [412, 546]]])
```

在这种情况下，第一个数组的最后一个维度和第二个数组的倒数第二个维度将会消失。

```
>>> np.arange(36).reshape(3,3,4).dot(np.arange(8).reshape(4,2)).shape
(3, 3, 2)
>>> np.arange(72).reshape(2,3,3,4).dot(np.arange(8).reshape(4,2)).shape
(2, 3, 3, 2)
>>> np.arange(72).reshape(2,3,3,4).dot(np.arange(40).reshape(5,4,2)).shape
(2, 3, 3, 5, 2)
>>> a = np.arange(3*4*5*6).reshape(3,4,5,6)
>>> b = a.reshape(5,4,6,3)
>>> a.dot(b).shape
(3, 4, 5, 5, 4, 3)
>>> a = np.array([1+2j, 3+4j])
>>> b = np.array([5+6j, 7+8j])
```

（8）函数 vdot() 也可以计算向量点积，但对复数数组和多维数组的处理方式与

dot() 不同。

```
>>> np.vdot(a, b)          # 第一个是复数时，使用共轭复数计算内积
                           # 等价于 (1-2j)*(5+6j) + (3-4j)*(7+8j)
(70-8j)
>>> np.vdot(b, a)          # 等价于 (5-6j)*(1+2j) + (7-8j)*(3+4j)
(70+8j)
>>> a = np.array([[1, 4], [5, 6]])
>>> b = np.array([[4, 1], [2, 2]])
>>> np.vdot(a, b)          # 多维数组时自动平铺为一维数组，结果与 np.vdot(b, a) 相等
                           # 等价于 1*4 + 4*1 + 5*2 + 6*2
30
>>> a = np.array([1, 4, 5, 6])
>>> b = np.array([4, 1, 2, 2])
```

（9）inner() 函数和 outer() 函数分别提供了计算内积和外积的功能。

```
>>> np.inner(b, a)                                    # 内积
30
>>> np.outer(b, a)                                    # 外积
array([[ 4, 16, 20, 24], [ 1,  4,  5,  6],
       [ 2,  8, 10, 12], [ 2,  8, 10, 12]])
>>> a * b.reshape((4,1))                              # 与上一行代码等价
array([[ 4, 16, 20, 24], [ 1,  4,  5,  6],
       [ 2,  8, 10, 12], [ 2,  8, 10, 12]])
>>> a = np.array([[1,2,3], [4,5,6]])
>>> b = np.array([[1,2], [3,4]])
>>> np.kron(a, b)                                     # Kronecker product，克罗内克积
array([[ 1,  2,  2,  4,  3,  6], [ 3,  4,  6,  8,  9, 12],
       [ 4,  8,  5, 10,  6, 12], [12, 16, 15, 20, 18, 24]])
```

（10）linalg 模块中的 multi_dot() 函数提供了连续计算多个数组的内积的功能。

```
>>> np.linalg.multi_dot([np.arange(5), np.arange(15).reshape(5,3),
                         np.arange(9).reshape(3,3), np.arange(3)])
                                                      # 连续计算点积
                                                      # 第一个是一维数组的话看作行向量
                                                      # 最后一个是一维数组的话看作列向量
                                                      # 其他必须是二维数组
4380
>>> np.arange(5).dot(np.arange(15).reshape(5,3)).dot(
                    np.arange(9).reshape(3,3)).dot(np.arange(3))
                                                      # 与上一行代码等价
```

```
4380
>>> np.linalg.multi_dot([np.arange(10).reshape(2,5),
                         np.arange(15).reshape(5,3),
                         np.arange(9).reshape(3,3)])
array([[ 960, 1260, 1560], [2685, 3510, 4335]])
```

1.1.10 向量叉乘

视频二维码：1.1.10

NumPy 提供了向量叉乘函数 cross()，可以使用 help(np.cross) 查看完整用法。

```
>>> np.cross([1,2,3], [4,5,6])      # 计算两个向量的叉乘
array([-3,  6, -3])
>>> np.cross([1,2,0], [4,5,6])
array([12, -6, -3])
>>> np.cross([1,2], [4,5,6])        # 与上一行代码等价
array([12, -6, -3])
>>> np.cross([1,2], [4,5])          # 两个向量都是二维的，只返回叉乘向量的 z 坐标
array(-3)
>>> np.cross([1,0], [0,1])          # x 轴单位向量叉乘 y 轴单位向量，得到 z 轴单位向量
array(1)
>>> x = np.array([[1,2,3], [4,5,6]])
>>> y = np.array([[4,5,6], [1,2,3]])
>>> np.cross(x, y)                  # 原始数组和结果数组的每行表示一个向量
array([[-3,  6, -3], [ 3, -6,  3]])
>>> np.cross(x[0], y[0])
array([-3,  6, -3])
>>> np.cross(x[1], y[1])
array([ 3, -6,  3])
>>> np.cross(x, y, axisa=0, axisb=0)         # x 和 y 的每列表示一个向量
                                             # 返回 3 个叉乘结果的 z 坐标
array([-15, -21, -27])
>>> np.cross(x, y, axisc=0)                  # 叉乘结果的每列表示一个向量
array([[-3,  3], [ 6, -6], [-3,  3]])
>>> np.cross(x, y).T                         # 与上一行代码等价
array([[-3,  3], [ 6, -6], [-3,  3]])
```

1.1.11 张量积

视频二维码：1.1.11

NumPy 函数 tensordot() 实现计算张量积的功能，可以使用

help(np.tensordot) 查看完整用法。

```
>>> a = np.arange(60.).reshape(3,4,5)
>>> b = np.arange(24.).reshape(4,3,2)
>>> c = np.tensordot(a,b, axes=([1,0],[0,1]))
>>> c.shape
(5, 2)
>>> c
array([[4400., 4730.], [4532., 4874.], [4664., 5018.],
       [4796., 5162.], [4928., 5306.]])
```

下面的代码功能与上面一段等价。

```
>>> c = np.zeros((5,2))
>>> for i in range(5):
    for j in range(2):
        for k in range(3):
            for n in range(4):
                c[i,j] += a[k,n,i] * b[n,k,j]
>>> a = np.array(range(1, 9)).reshape(2,2,2)
>>> A = np.array(('a', 'b', 'c', 'd'), dtype=object).reshape(2,2)
>>> a; A
array([[[1, 2], [3, 4]], [[5, 6], [7, 8]]])
array([['a', 'b'], ['c', 'd']], dtype=object)
>>> np.tensordot(a, A)
array(['abbcccdddd', 'aaaaabbbbbbcccccccdddddddd'], dtype=object)
>>> np.tensordot(a, A, ((0, 1), (0, 1)))
array(['abbbcccccddddddd', 'aabbbbbcccccccddddddddd'], dtype=object)
>>> np.tensordot(a, A, ((2, 1), (1, 0)))
array(['acccbbdddd', 'aaaaacccccccbbbbbbdddddddd'], dtype=object)
```

1.1.12 数组对函数运算的支持

视频二维码：1.1.12

支持函数运算是 NumPy 数组非常有用且高效的功能，也是 NumPy 最吸引人的功能之一。对 NumPy 数组进行函数运算，相当于对数组中的所有数值都进行同样的函数运算，然后返回包含这些函数值的新数组。

```
>>> x = np.arange(0, 100, 10)
>>> np.sin(x)                          # 计算数组中每个数值的正弦函数值，返回新数组
array([ 0.        , -0.54402111,  0.91294525, -0.98803162,  0.74511316,
       -0.26237485, -0.30481062,  0.77389068, -0.99388865,  0.89399666])
>>> np.cos(x)
```

```
array([ 1.        , -0.83907153,  0.40808206,  0.15425145, -0.66693806,
        0.96496603, -0.95241298,  0.6333192 , -0.11038724, -0.44807362])
>>> np.cos(x).round(2)          # 使用数组方法进行四舍五入，最多 2 位小数
array([ 1.  , -0.84,  0.41,  0.15, -0.67,  0.96, -0.95,  0.63, -0.11,
       -0.45])
>>> x = np.arange(15).reshape(3,5)
>>> np.sin(x)                   # 数组可以是任意维度的，返回相同形状的新数组
array([[ 0.        ,  0.84147098,  0.90929743,  0.14112001, -0.7568025 ],
       [-0.95892427, -0.2794155 ,  0.6569866 ,  0.98935825,  0.41211849],
       [-0.54402111, -0.99999021, -0.53657292,  0.42016704,  0.99060736]])
>>> np.round(np.sin(x))         # 对数组中所有数值四舍五入，返回相同形状的新数组
array([[ 0.,  1.,  1.,  0., -1.], [-1., -0.,  1.,  1.,  0.],
       [-1., -1., -1.,  0.,  1.]])
>>> np.round(np.sin(x), 2)      # 保留最多两位小数
array([[ 0.  ,  0.84,  0.91,  0.14, -0.76],
       [-0.96, -0.28,  0.66,  0.99,  0.41],
       [-0.54, -1.  , -0.54,  0.42,  0.99]])
>>> np.rint(np.sin(x))                          # 四舍五入为最接近的整数
array([[ 0.,  1.,  1.,  0., -1.], [-1., -0.,  1.,  1.,  0.],
       [-1., -1., -1.,  0.,  1.]])
>>> np.ceil(np.sin(x))                          # 向上取整
array([[ 0.,  1.,  1.,  1., -0.], [-0., -0.,  1.,  1.,  1.],
       [-0., -0., -0.,  1.,  1.]])
>>> np.floor(np.sin(x))                         # 向下取整
array([[ 0.,  0.,  0.,  0., -1.], [-1., -1.,  0.,  0.,  0.],
       [-1., -1., -1.,  0.,  0.]])
>>> np.modf([3.14, 9.8, 2.7])                   # 返回小数部分和整数部分
(array([0.14, 0.8 , 0.7 ]), array([3., 9., 2.]))
>>> np.modf(np.sin(x))
(array([[ 0.        ,  0.84147098,  0.90929743,  0.14112001, -0.7568025 ],
        [-0.95892427, -0.2794155 ,  0.6569866 ,  0.98935825,  0.41211849],
        [-0.54402111, -0.99999021, -0.53657292,  0.42016704,  0.99060736]]),
 array([[ 0.,  0.,  0.,  0., -0.], [-0., -0.,  0.,  0.,  0.],
        [-0., -0., -0.,  0.,  0.]]))
>>> np.bitwise_and([1,1,0,0,1], [1,0,1,0,1])     # 对应位置元素进行按位与运算
array([1, 0, 0, 0, 1], dtype=int32)
>>> np.bitwise_and([10,1,0,0,1], [2,0,1,0,9])    # 按位与
array([2, 0, 0, 0, 1], dtype=int32)
>>> np.bitwise_or([1,1,0,0,1], [1,0,1,0,1])      # 按位或
array([1, 1, 1, 0, 1], dtype=int32)
>>> np.bitwise_xor([1,1,0,0,1], [1,0,1,0,1])     # 按位异或
array([0, 1, 1, 0, 0], dtype=int32)
>>> np.logical_and([1,1,0,0,1], [1,0,1,0,1])     # 对应位置元素进行逻辑与运算
```

```
array([True, False, False, False,  True])
>>> np.logical_or([1,1,0,0,1], [1,0,1,0,1])       # 逻辑或
array([True,  True,  True, False,  True])
>>> np.logical_xor([1,1,0,0,1], [1,0,1,0,1])      # 逻辑异或
array([False,  True,  True, False, False])
>>> np.absolute([-3, 5])                          # 绝对值
array([3, 5])
>>> np.absolute([3+4j, 5+6j])                     # 复数的模
array([5.        , 7.81024968])
>>> np.isnan([np.NAN, 3, 9.8])                    # 测试每个元素是否为缺失值
array([True, False, False])
>>> np.sqrt([9, 16, 36])                          # 平方根
array([3.,  4.,  6.])
>>> np.square([1, 2, 3])                          # 平方
array([1, 4, 9], dtype=int32)
>>> np.cbrt([1,8,27])                             # 立方根
array([ 1.,  2.,  3.])
>>> np.angle([1, 2, 3])                           # 返回向量的弧度值，(-pi, pi]
array([0., 0., 0.])
>>> np.angle([3+4j, 1+1j, -1+1j])                 # 返回向量的弧度值
array([0.92729522, 0.78539816, 2.35619449])
>>> np.angle([3+4j, 1+1j, -1+1j], deg=True)       # 返回向量的角度值，(-180, 180]
array([ 53.13010235,  45.        , 135.        ])
>>> np.degrees(np.angle([3+4j, 1+1j, -1+1j]))     # 把弧度值转换为角度值
array([ 53.13010235,  45.        , 135.        ])
>>> np.radians(np.degrees(np.angle([3+4j, 1+1j, -1+1j])))
                                                  # 把角度值转换为弧度值
array([0.92729522, 0.78539816, 2.35619449])
>>> x = np.array([[4, 6, 1, 3, 6], [6, 4, 8, 3, 7], [4, 7, 4, 1, 8]])
>>> np.diff(x)                      # 1 阶差分，axis 的默认值为 -1，表示最后一个维度
array([[ 2, -5,  2,  3], [-2,  4, -5,  4], [ 3, -3, -3,  7]])
>>> np.diff(x, 2, axis=1)           # 2 阶差分，对 1 阶差分结果再做 1 阶差分
array([[-7,  7,  1], [ 6, -9,  9], [-6,  0, 10]])
>>> np.diff(np.diff(x))
array([[-7,  7,  1], [ 6, -9,  9], [-6,  0, 10]])
>>> np.diff(x, axis=0)              # 纵向 1 阶差分
array([[ 2, -2,  7,  0,  1], [-2,  3, -4, -2,  1]])
>>> np.exp(range(5))                # 自然常数 e 的 0 次方、1 次方、2 次方、3 次方、4 次方
array([ 1.        ,  2.71828183,  7.3890561 , 20.08553692, 54.59815003])
>>> np.gcd(np.arange(6), np.array([3,3,3,2,2,2])) # 对应位置元素的最大公约数
array([3, 1, 1, 1, 2, 1])
>>> np.lcm(np.arange(6), np.array([3,3,3,2,2,2])) # 最小公倍数
array([ 0,  3,  6,  6,  4, 10])
```

```
>>> np.fmod([-3, -2, -1, 1, 2, 3], 2)          # 求余数
array([-1,  0, -1,  1,  0,  1], dtype=int32)
>>> np.fmod([5, 3], [2, 2.])
array([1., 1.])
>>> np.fmod(np.arange(-3, 3).reshape(3, 2), [2,2])
array([[-1,  0], [-1,  0], [ 1,  0]])
>>> np.fmax([2, 3, 4], [1, 5, 2])              # 最大值
array([2, 5, 4])
>>> np.fmax(np.eye(2), [0.5, 2])
array([[1. , 2. ], [0.5, 2. ]])
>>> np.fmin(np.eye(2), [0.5, 2])               # 最小值
array([[0.5, 0. ], [0. , 1. ]])
>>> np.hypot(3, 4)                             # 根据直角三角形的直角边计算斜边长度
5.0
>>> np.hypot([3,6], [4,8])
array([ 5., 10.])
>>> np.hypot([[3,6], [4,8]], [[4,8], [3,6]])
array([[ 5., 10.], [ 5., 10.]])
>>> np.hypot(3*np.ones((3, 3)), 4*np.ones((3, 3)))
array([[5., 5., 5.], [5., 5., 5.], [5., 5., 5.]])
>>> np.hypot(3*np.ones((3, 3)), [4])    # 两个数组形状不一样但符合广播规则
array([[5., 5., 5.], [5., 5., 5.], [5., 5., 5.]])
>>> np.i0(0)                            # 第一类修正贝塞尔函数（0 阶）在指定点的值
array(1.)
>>> np.i0([0, 1, 2, 3, 4, 5, 6])
array([ 1.        ,  1.26606588,  2.2795853 ,  4.88079259, 11.30192195,
       27.23987182, 67.23440698])
>>> np.interp(2.5, [1,2,3], [3,2,5])           # 线性插值
3.5
>>> np.interp([0,1,1.5,2.5,5], [1,2,3], [3,2,5])
array([3. , 3. , 2.5, 3.5, 5. ])
>>> np.ldexp(5, np.arange(4))                  # 等价于 5 * 2**np.arange(4)
array([ 5., 10., 20., 40.], dtype=float16)
>>> np.ldexp([1,2,3,4], np.arange(4))          # 1*2**0, 2*2**1, 3*2**2, 4*2**3
array([ 1.,  4., 12., 32.])
>>> x = np.arange(6)
>>> np.frexp(x)                                # 分解为底数和 2 的幂
(array([0.   , 0.5  , 0.5  , 0.75 , 0.5  , 0.625]),
 array([0, 1, 2, 2, 3, 3], dtype=int32))
>>> np.ldexp(*np.frexp(x))
array([0., 1., 2., 3., 4., 5.])
>>> np.left_shift(5, 2)                        # 5 左移 2 位，相当于 5*2**2
                                               # 类似的还有右移位函数 right_shift()
```

```
20
>>> np.left_shift(5, [1,2,3])             # 5*2**1, 5*2**2, 5*2**3
array([10, 20, 40], dtype=int32)
>>> np.left_shift([1,2,3], [1,2,3])       # 1*2**1, 2*2**2, 3*2**3
array([ 2,  8, 24])
>>> np.left_shift([1,2,3], 5)             # 1*2**5, 2*2**5, 3*2**5
array([32, 64, 96], dtype=int32)
>>> np.log1p(1e-99)                       # log1p(x) 计算 1+x 的自然对数
1e-99
>>> np.log(1 + 1e-99)
0.0
>>> np.log1p([1,2,3,4])
array([0.69314718, 1.09861229, 1.38629436, 1.60943791])
>>> np.log2(8)                            # 计算以 2 为底的对数
3.0
>>> np.log10(100)                         # 计算以 10 为底的对数
2.0
>>> np.log10([100, 1000, 10000])
array([ 2.,  3.,  4.])
>>> np.reciprocal(2)                      # 计算并返回倒数
0
>>> np.reciprocal(2.0)                    # 结果与参数中数值的类型一致
0.5
>>> np.reciprocal([1.0, 2.0, 3.0, 4.0, 5.0])
array([1.        , 0.5       , 0.33333333, 0.25      , 0.2       ])
```

1.1.13　函数向量化

Python 扩展库 NumPy 本身提供的大量函数都具有向量化的特点，也就是对数组中的所有元素批量进行处理，1.1.12 节演示的都是这种用法。也可以把 Python 内置函数、标准库函数、扩展库函数或自定义函数向量化，使得向量操作更方便。例如，NumPy 数组和矩阵不支持 math 标准库中的阶乘函数 factorial()，而 NumPy 扩展库又没有直接提供这个功能的函数，这时可以使用函数向量化来解决这个问题。

视频二维码：1.1.13

```
>>> mat = np.matrix([[1,2,3], [4,5,6]])
>>> import math
>>> math.factorial(mat)                               # 不支持，出错
TypeError: only size-1 arrays can be converted to Python scalars
>>> vec_factorial = np.vectorize(math.factorial)      # 函数向量化
>>> vec_factorial(mat)                                # 计算矩阵中每个整数的阶乘
```

```
matrix([[  1,   2,   6], [ 24, 120, 720]])
>>> def add(a, b):                      # 自定义函数
    return a+b

>>> add([1,2,3], [4,5,6])               # 连接列表
[1, 2, 3, 4, 5, 6]
>>> vecAdd = np.vectorize(add)          # 函数向量化
>>> vecAdd([1,2,3], [4,5,6])            # 对应位置元素相加，自动推断合适的元素类型
array([5, 7, 9])
>>> vecAdd([1,2,3], [[4],[5]])             # 广播
array([[5, 6, 7], [6, 7, 8]])
>>> gcd = np.vectorize(math.gcd)           # 计算对应位置上数字的最大公约数
>>> gcd([1,2,3], [4,5,6])
array([1, 1, 3])
>>> sub = np.vectorize(lambda x, y: x-y) # 对应位置上元素相减
>>> sub([1,2,3], [4,5,6])
array([-3, -3, -3])
>>> func = np.frompyfunc(lambda x, y: 10*x + y, 2, 1)
                                           # 接收 2 个参数，返回 1 个结果
>>> func(np.arange(5), np.arange(5,10))  # 结果数组中的元素都是 object 类型
array([5, 16, 27, 38, 49], dtype=object)
>>> func = np.frompyfunc(lambda x, y: (10*x, 5*y), 2, 2)
                                           # 接收 2 个参数，返回 2 个结果
>>> func(np.arange(5), np.arange(5,10))  # 得到 2 个数组组成的元组
(array([0, 10, 20, 30, 40], dtype=object), array([25, 30, 35, 40, 45],
 dtype=object))
>>> func = np.frompyfunc(lambda x, y: (10*x, 5*y), 2, 1)
                                           # 接收 2 个参数，返回 1 个结果
>>> func(np.arange(5), np.arange(5,10))  # 得到若干元组组成的数组
array([(0, 25), (10, 30), (20, 35), (30, 40), (40, 45)], dtype=object)
>>> func = np.frompyfunc(divmod, 2, 1)   # 返回 1 个数组
>>> func(np.arange(5), np.arange(5,10))
array([(0, 0), (0, 1), (0, 2), (0, 3), (0, 4)], dtype=object)
>>> func = np.frompyfunc(divmod, 2, 2)   # 返回 2 个数组，一个是整商，另一个是余数
>>> func(np.arange(5), np.arange(5,10))
(array([0, 0, 0, 0, 0], dtype=object), array([0, 1, 2, 3, 4], dtype=object))
>>> func = np.frompyfunc(divmod, 2, 3)   # 返回 3 个数组，超出了实际返回值的数量
                                           # 数据全部为空值
>>> func(np.arange(5), np.arange(5,10))
(array([None, None, None, None, None], dtype=object),
 array([None, None, None, None, None], dtype=object),
 array([None, None, None, None, None], dtype=object))
>>> func = np.frompyfunc(divmod, 2, 0)   # 0 表示不获取函数返回值
```

```
>>> func(np.arange(5), np.arange(5,10))
()
```

1.1.14　改变数组形状

扩展库 NumPy 的函数 reshape(a, newshape, order='C') 和数组的同名方法可以改变数组形状，返回原数组的视图。通过修改数组对象的 shape 属性，可以原地修改数组形状。NumPy 函数 resize() 和数组同名方法也提供了类似的功能，但又有所不同。

视频二维码：1.1.14

```
>>> x = np.arange(1, 11, 1)
>>> np.reshape(x, (2,5))                # 返回二维数组，2 行 5 列
array([[ 1,  2,  3,  4,  5], [ 6,  7,  8,  9, 10]])
>>> x.reshape(-1, 1)                    # -1 表示自动计算
array([[ 1], [ 2], [ 3], [ 4], [ 5], [ 6], [ 7], [ 8], [ 9], [10]])
>>> x.shape = (2, 5)                    # 改为 2 行 5 列，原地修改数组形状
>>> x
array([[ 1,  2,  3,  4,  5], [ 6,  7,  8,  9, 10]])
>>> x.shape
(2, 5)
>>> x.shape = (5, -1)                   # 5 行 2 列，-1 表示自动计算
>>> x
array([[ 1,  2], [ 3,  4], [ 5,  6], [ 7,  8], [ 9, 10]])
>>> x = np.array(((1,2,3), (4,5,6)))
>>> y = x.reshape(3, 2)                 # reshape() 返回原数组的一个视图
                                        # 而不是一个独立于原数组的新数组
>>> x[0,2] = 8                          # 修改数组 x
>>> x
array([[1, 2, 8], [4, 5, 6]])
>>> y                                   # 数组 y 中的元素也被修改了
array([[1, 2], [8, 4], [5, 6]])
>>> x = np.array(range(5))
>>> x.reshape((1,10))                   # reshape() 方法不能修改数组元素个数，出错
ValueError: total size of new array must be unchanged
>>> x.resize((1,10))                    # resize() 方法可以改变数组元素个数，原地修改
                                        # 需要时以 0 填充
>>> x
array([[0, 1, 2, 3, 4, 0, 0, 0, 0, 0]])
>>> np.resize(x, (1,3))                 # 使用 NumPy 的 resize() 函数返回新数组
array([[0, 1, 2]])
>>> x                                   # resize() 函数不对原数组进行任何修改
```

```
array([[0, 1, 2, 3, 4, 0, 0, 0, 0, 0]])
>>> x = np.arange(24).reshape(4, 6)      # reshape() 返回原数组的一个视图
                                         # 并不是完全独立于原数组的新数组
>>> x.resize((3,10))                     # 不能使用 resize() 方法原地修改数组形状
ValueError: cannot resize this array: it does not own its data
>>> np.resize(x, (3,10))                 # 可以使用 resize() 函数返回新数组
                                         # 需要时循环使用数组中的元素进行填充
array([[ 0,  1,  2,  3,  4,  5,  6,  7,  8,  9],
       [10, 11, 12, 13, 14, 15, 16, 17, 18, 19],
       [20, 21, 22, 23,  0,  1,  2,  3,  4,  5]])
>>> x = np.random.randint(1, 10, (3,4))
>>> x
array([[7, 4, 8, 6], [4, 9, 6, 5], [2, 1, 5, 9]])
>>> x.ravel()                            # 平铺为一维数组，默认行优先，C 语言顺序
array([7, 4, 8, 6, 4, 9, 6, 5, 2, 1, 5, 9])
>>> x.ravel('F')                         # 列优先，FORTRAN 顺序
array([7, 4, 2, 4, 9, 1, 8, 6, 5, 6, 5, 9])
>>> x.flatten()                          # 行优先
array([7, 4, 8, 6, 4, 9, 6, 5, 2, 1, 5, 9])
>>> x.flatten('F')                       # 列优先
array([7, 4, 2, 4, 9, 1, 8, 6, 5, 6, 5, 9])
>>> x.reshape(-1)                        # 形状 -1 也表示平铺，默认行优先
array([7, 4, 8, 6, 4, 9, 6, 5, 2, 1, 5, 9])
>>> x.reshape(-1, order='F')             # 列优先
array([7, 4, 2, 4, 9, 1, 8, 6, 5, 6, 5, 9])
>>> x = np.random.randint(1, 10, (2,3,4))
>>> x
array([[[3, 6, 7, 5], [7, 1, 8, 7], [2, 4, 5, 3]],
       [[9, 3, 3, 5], [4, 7, 9, 9], [1, 4, 7, 4]]])
>>> x.flat                               # 返回平铺对象
<numpy.flatiter object at 0x000002C25E7117F0>
>>> np.array(x.flat)                     # 把平铺对象转换为一维数组
array([3, 6, 7, 5, 7, 1, 8, 7, 2, 4, 5, 3, 9, 3, 3, 5, 4, 7, 9, 9, 1, 4,
       7, 4])
>>> x = np.random.randint(1, 10, (1,3,4))
>>> x
array([[[5, 4, 7, 7], [9, 7, 3, 4], [2, 4, 6, 7]]])
>>> x.shape
(1, 3, 4)
>>> x.squeeze()                          # 删除大小为 1 的维度
array([[5, 4, 7, 7], [9, 7, 3, 4], [2, 4, 6, 7]])
>>> x.squeeze().shape
(3, 4)
```

```
>>> x = np.random.randint(1, 10, (1,3,1))
>>> x
array([[[3], [6], [8]]])
>>> x.squeeze()                   # 删除所有大小为 1 的维度
array([3, 6, 8])
>>> x.squeeze(axis=0)             # 删除第一个维度，该维度大小必须为 1
array([[3], [6], [8]])
>>> x.squeeze(axis=2)             # 删除第三个维度，该维度大小必须为 1
array([[3, 6, 8]])
>>> x.squeeze(axis=1)             # 试图删除第二个维度，但该维度大小不为 1，出错
ValueError: cannot select an axis to squeeze out which has size not equal to one
>>> np.expand_dims([1,2,3,4], axis=0)                   # 在 0 轴前面增加一个维度
array([[1, 2, 3, 4]])
>>> np.expand_dims([1,2,3,4], axis=1)                   # 在 1 轴前面增加一个维度
array([[1], [2], [3], [4]])
>>> np.expand_dims([[1,2], [3,4]], axis=0)
array([[[1, 2], [3, 4]]])
>>> np.expand_dims([[1,2], [3,4]], axis=1)
array([[[1, 2]], [[3, 4]]])
>>> np.expand_dims([[1,2], [3,4]], axis=2)
array([[[1], [2]], [[3], [4]]])
>>> np.expand_dims(np.arange(24).reshape((2,2,2,3)), axis=0).shape
(1, 2, 2, 2, 3)
>>> np.expand_dims(np.arange(24).reshape((2,2,2,3)), axis=1).shape
(2, 1, 2, 2, 3)
>>> np.expand_dims(np.arange(24).reshape((2,2,2,3)), axis=2).shape
(2, 2, 1, 2, 3)
>>> np.expand_dims(np.arange(24).reshape((2,2,2,3)), axis=3).shape
(2, 2, 2, 1, 3)
>>> np.expand_dims(np.arange(24).reshape((2,2,2,3)), axis=4).shape
(2, 2, 2, 3, 1)
>>> np.arange(6).reshape(3,2)[np.newaxis, :].shape     # 在 0 轴前面增加一个维度
(1, 3, 2)
>>> np.arange(6).reshape(3,2)[:, np.newaxis].shape     # 在 0 轴后面增加一个维度
(3, 1, 2)
>>> np.arange(8).reshape(2,2,2)[:, np.newaxis].shape  # 在 0 轴后面增加一个维度
(2, 1, 2, 2)
>>> np.arange(8).reshape(2,2,2)[:, :, np.newaxis].shape
                                                       # 在 1 轴后面增加一个维度
(2, 2, 1, 2)
>>> np.arange(6).reshape(3,2)[None, ...].shape         # 在 0 轴前面增加一个维度
(1, 3, 2)
>>> np.arange(6).reshape(3,2)[None, None, ...].shape  # 在 0 轴前面增加两个维度
```

```
(1, 1, 3, 2)
>>> np.arange(6).reshape(3,2)[..., None].shape        # 在 -1 轴后面增加一个维度
(3, 2, 1)
>>> np.broadcast_to(np.array([1,2,3,4]), (3,4))       # 把数组广播到指定形状
array([[1, 2, 3, 4], [1, 2, 3, 4], [1, 2, 3, 4]])
>>> np.broadcast_to(np.array([1,2,3,4]), (1,3,4))
array([[[1, 2, 3, 4], [1, 2, 3, 4], [1, 2, 3, 4]]])
>>> np.broadcast_to(np.array([1,2,3,4]), (2,3,4))
array([[[1, 2, 3, 4], [1, 2, 3, 4], [1, 2, 3, 4]],
       [[1, 2, 3, 4], [1, 2, 3, 4], [1, 2, 3, 4]]])
>>> np.broadcast_to(np.array([[1],[2],[3],[4]]), (4,5))
array([[1, 1, 1, 1, 1], [2, 2, 2, 2, 2],
       [3, 3, 3, 3, 3], [4, 4, 4, 4, 4]])
>>> np.broadcast_to(np.array([[1],[2],[3],[4]]), (2,4,5))
array([[[1, 1, 1, 1, 1], [2, 2, 2, 2, 2],
        [3, 3, 3, 3, 3], [4, 4, 4, 4, 4]],
       [[1, 1, 1, 1, 1], [2, 2, 2, 2, 2],
        [3, 3, 3, 3, 3], [4, 4, 4, 4, 4]]])
>>> np.broadcast_to(np.array([[1],[2],[3],[4]]), (2,4,1))
array([[[1], [2], [3], [4]], [[1], [2], [3], [4]]])
```

1.1.15 布尔运算

视频二维码：1.1.15

```
>>> np.random.seed(20220624)
>>> x = np.random.rand(10)              # 包含 10 个随机数的数组
>>> x
array([0.36441665, 0.85353615, 0.1038728 , 0.41418528, 0.18039041,
       0.6225107 , 0.1454296 , 0.81961495, 0.22677992, 0.58859209])
>>> x > 0.5                             # 比较数组中每个元素值是否大于 0.5
array([False,  True, False, False, False,  True, False,  True, False, True])
>>> x[x>0.5]                            # 获取数组中大于 0.5 的元素
array([0.85353615, 0.6225107 , 0.81961495, 0.58859209])
>>> x < 0.5                             # 数组元素每个元素是否小于 0.5
array([ True, False,  True,  True,  True, False,  True, False,  True, False])
>>> sum((x>0.4)&(x<0.6))                # 值大于 0.4 且小于 0.6 的元素数量
2
>>> np.all(x<1)                         # 测试全部元素是否都小于 1
True
>>> np.any(x>0.8)                       # 是否存在大于 0.8 的元素
True
>>> a = np.array([1, 2, 3])
```

```
>>> b = np.array([3, 2, 1])
>>> a > b                        # 两个数组中对应位置上的元素比较
array([False, False,  True], dtype=bool)
>>> a[a>b]                       # 数组 a 中大于数组 b 对应位置上元素的值
array([3])
>>> a == b
array([False,  True, False], dtype=bool)
>>> a[a==b]
array([2])
>>> a[np.where(a==b)]            # 等价于 a[a==b]
                                 # where() 函数接收 True/False 数组，返回 True 的下标
array([2])
>>> x = np.array([91, 57,  7, 21, 95,  5])
>>> np.where(x>50)
(array([0, 1, 4], dtype=int64),)
>>> x[np.where(x>50)]            # 等价于 x[x>50]
array([91, 57, 95])
>>> np.random.seed(20220624)
>>> x = np.random.randint(1, 100, (3,5))
>>> x
array([[86, 39, 84, 48, 72], [78, 88, 84, 80, 87], [ 2, 62, 88, 22,  6]])
>>> np.where(x>50)               # 返回符合条件的元素的下标
(array([0, 0, 0, 1, 1, 1, 1, 1, 2, 2], dtype=int64),
 array([0, 2, 4, 0, 1, 2, 3, 4, 1, 2], dtype=int64))
>>> x[np.where(x>50)]            # 等价于 x[x>50]
array([86, 84, 72, 78, 88, 84, 80, 87, 62, 88])
>>> np.random.seed(20220624)
>>> x = np.random.randint(1, 10, (4,6))
>>> x
array([[6, 7, 4, 8, 3, 8], [4, 7, 2, 8, 6, 6],
       [3, 9, 1, 8, 1, 9], [4, 1, 4, 2, 6, 3]])
>>> x[x.sum(axis=1)>20]          # 元素之和大于 20 的行
array([[6, 7, 4, 8, 3, 8], [4, 7, 2, 8, 6, 6], [3, 9, 1, 8, 1, 9]])
>>> x[:, x.sum(axis=0)>20]       # 元素之和大于 20 的列
array([[7, 8, 8],
       [7, 8, 6],
       [9, 8, 9],
       [1, 2, 3]])
>>> x[:, x.mean(axis=0)>6]       # 平均值大于 6 的列
array([[8, 8],
       [8, 6],
       [8, 9],
       [2, 3]])
```

```
>>> x[x[:,1]==7]                        # 列下标 1 的元素值为 7 的行
array([[6, 7, 4, 8, 3, 8], [4, 7, 2, 8, 6, 6]])
>>> x[x[:,3:].sum(axis=1)==19]          # 列下标 3 之后所有元素之和等于 19 的行
array([[6, 7, 4, 8, 3, 8]])
>>> x[x[:,[0,2,4]].sum(axis=1)>=13]     # 列下标 0、2、4 的元素之和大于或等于 13 的行
array([[6, 7, 4, 8, 3, 8], [4, 1, 4, 2, 6, 3]])
```

1.1.16 分段函数

视频二维码：1.1.16

```
>>> x = np.array([[0, 4, 3, 3, 8, 4, 7, 3, 1, 7]])
>>> np.where(x<5, 0, 1)                 # 小于 5 的元素值对应 0，其他元素值对应 1
array([[0, 0, 0, 0, 1, 0, 1, 0, 0, 1]])
>>> np.where(x>5, x, -x)                # 大于 5 的元素值不变，其他元素值取反
array([[ 0, -4, -3, -3,  8, -4,  7, -3, -1,  7]])
>>> np.where([1,0,2,0,3], 1, -1)        # 非 0 元素值对应 1，0 元素值对应 -1
array([ 1, -1,  1, -1,  1])
>>> np.where([[1,0,2],[0,3,0]], [4,5,6], [7,8,9])
                                        # 非 0 元素值取第一个列表中对应位置的元素
                                        # 0 元素值取第二个列表中对应位置的元素
                                        # 返回与 where() 函数第一个参数形状相同的数组
array([[4, 8, 6], [7, 5, 9]])
>>> x.resize((2, 5))                    # 原地修改形状
>>> x
array([[0, 4, 3, 3, 8], [4, 7, 3, 1, 7]])
>>> np.piecewise(x, [x<4, x>7], [lambda x:x*2, lambda x:x*3])
                              # 小于 4 的元素乘以 2，大于 7 的元素乘以 3，其他元素变为 0
array([[ 0,  0,  6,  6, 24], [ 0,  0,  6,  2,  0]])
>>> np.piecewise(x, [x<3, (3<x)&(x<5), x>7], [-1, 1, lambda x:x*4])
                              # 小于 3 的元素变为 -1，大于 3 且小于 5 的元素变为 1
                              # 大于 7 的元素乘以 4，条件没有覆盖到的其他元素变为 0
array([[-1,  1,  0,  0, 32], [ 1,  0,  0, -1,  0]])
>>> np.random.seed(20220624)
>>> x = np.random.ranf(10)
>>> x
array([0.36441665, 0.85353615, 0.1038728 , 0.41418528, 0.18039041,
       0.6225107 , 0.1454296 , 0.81961495, 0.22677992, 0.58859209])
>>> np.clip(x, 0.25, 0.65)    # 元素值小于 0.25 的都变为 0.25，元素值大于 0.65 的都变
                              # 为 0.65
                              # 其他数值保持不变
                              # 可用于处理异常值，使用阈值替换异常值
array([0.36441665, 0.65      , 0.25      , 0.41418528, 0.25      ,
```

```
       0.6225107 , 0.25      , 0.65      , 0.25      , 0.58859209])
>>> from copy import deepcopy
>>> y = deepcopy(x)                              # 得到完全独立于数组 x 的副本
>>> y[y<0.25] = 0.25                             # 与 clip() 函数功能等价的实现方式
>>> y[y>0.65] = 0.65
>>> y
array([0.36441665, 0.65      , 0.25      , 0.41418528, 0.25      ,
       0.6225107 , 0.25      , 0.65      , 0.25      , 0.58859209])
>>> x = np.array([7, 5, 4, 1, 8, 8])
>>> np.select([x<4, x>7], [x, x**3], 666)     # 小于 4 的元素不变，大于 7 的元素变为
                                                 # 该元素的立方
                                                 # 条件没有覆盖到的元素返回 666
array([666, 666, 666,   1, 512, 512])
>>> np.select([x<4, x>=7], [x, x**3], 666)
array([343, 666, 666,   1, 512, 512])
```

1.1.17　数组堆叠与合并

视频二维码：1.1.17

堆叠数组是指沿着特定的方向把多个数组合并到一起，NumPy 的 hstack() 和 vstack() 函数分别用于实现多个数组的水平（沿 1 轴）堆叠和垂直（沿 0 轴）堆叠，dstack() 函数按深度（沿 2 轴）进行堆叠。

```
>>> x = np.array([1, 2, 3])
>>> y = np.array([4, 5, 6])
>>> np.hstack((x, y))                                    # 水平堆叠
array([1, 2, 3, 4, 5, 6])
>>> np.vstack((x, y))                                    # 垂直堆叠
array([[1, 2, 3], [4, 5, 6]])
>>> x = np.array([[1], [2], [3]])
>>> y = np.array([[4], [5], [6]])
>>> np.hstack((x, y))                                    # 水平堆叠
array([[1, 4], [2, 5], [3, 6]])
>>> np.vstack((x, y))                                    # 垂直堆叠
array([[1], [2], [3], [4], [5], [6]])
>>> np.dstack((np.array((1,2,3)), np.array((2,3,4))))    # 沿 2 轴进行堆叠
array([[[1, 2], [2, 3], [3, 4]]])
>>> np.dstack((np.array([[1],[2],[3]]), np.array([[2],[3],[4]])))
array([[[1, 2]], [[2, 3]], [[3, 4]]])
>>> x = np.arange(8).reshape(2,2,2)
>>> np.dstack((x, x))
array([[[0, 1, 0, 1], [2, 3, 2, 3]], [[4, 5, 4, 5], [6, 7, 6, 7]]])
```

NumPy 的 concatenate() 函数也提供了类似的数组合并功能，其参数 axis 用来指定沿哪个方向或维度进行合并，默认为 0，也就是沿第一个维度的方向进行合并。

```
>>> np.concatenate(([1,2,3], [4,5,6]))                # 拼接两个一维数组
array([1, 2, 3, 4, 5, 6])
>>> np.concatenate(([1,2,3], [4,5,6], [7,8,9]))       # 拼接多个一维数组
array([1, 2, 3, 4, 5, 6, 7, 8, 9])
>>> np.concatenate(([[1,2,3]], [[4,5,6]]))            # 拼接两个二维数组
                                                      # 纵向拼接，axis 默认为 0
array([[1, 2, 3], [4, 5, 6]])
>>> np.concatenate(([[1,2,3]], [[4,5,6]], [[7,8,9]])) # 拼接多个二维数组
array([[1, 2, 3], [4, 5, 6], [7, 8, 9]])
>>> np.concatenate(([[1,2,3]], [[4,5,6]]), axis=1)    # 横向拼接
array([[1, 2, 3, 4, 5, 6]])
```

1.1.18 数组拆分

视频二维码：1.1.18

```
>>> np.split(np.array(range(10)), 2)                  # 一维数组拆成 2 个一维数组
[array([0, 1, 2, 3, 4]), array([5, 6, 7, 8, 9])]
>>> np.split(np.array(range(12)), 3)                  # 要求必须能够等分
[array([0, 1, 2, 3]), array([4, 5, 6, 7]), array([ 8,  9, 10, 11])]
>>> np.split(np.array(range(16)).reshape((4,4)), 2)   # axis 的默认值为 0
[array([[0, 1, 2, 3], [4, 5, 6, 7]]),
 array([[ 8,  9, 10, 11], [12, 13, 14, 15]])]
>>> np.split(np.array(range(16)).reshape((4,4)), 2, axis=1)
[array([[ 0,  1], [ 4,  5], [ 8,  9], [12, 13]]),
 array([[ 2,  3], [ 6,  7], [10, 11], [14, 15]])]
>>> np.random.seed(20220624)
>>> x = np.random.randint(0, 10, 10)
>>> x
array([5, 6, 3, 7, 2, 7, 3, 6, 1, 7])
>>> np.split(x, [3,5,8])       # 按下标切片进行拆分，x[:3]、x[3:5]、x[5:8]、x[8:]
[array([5, 6, 3]), array([7, 2]), array([7, 3, 6]), array([1, 7])]
>>> np.random.seed(20220624)
>>> x = np.random.randint(1, 10, (5, 3))
>>> x
array([[6, 7, 4], [8, 3, 8], [4, 7, 2], [8, 6, 6], [3, 9, 1]])
>>> np.split(x, [3,5])          # 沿 0 轴进行拆分，x[:3]、x[3:5]、x[5:]
[array([[6, 7, 4], [8, 3, 8], [4, 7, 2]]),
 array([[8, 6, 6], [3, 9, 1]]),
 array([], shape=(0, 3), dtype=int32)]
```

```
>>> np.random.seed(20220624)
>>> x = np.random.randint(1, 10, (3,8))
>>> x
array([[6, 7, 4, 8, 3, 8, 4, 7], [2, 8, 6, 6, 3, 9, 1, 8],
       [1, 9, 4, 1, 4, 2, 6, 3]])
>>> np.split(x, [3,5], axis=1)          # 相当于[x[:,:3], x[:,3:5], x[:,5:]]
[array([[6, 7, 4], [2, 8, 6], [1, 9, 4]]),
 array([[8, 3], [6, 3], [1, 4]]),
 array([[8, 4, 7], [9, 1, 8], [2, 6, 3]])]
>>> np.hsplit(np.arange(12).reshape(3,4), 2)     # 水平拆分，要求必须等分
[array([[0, 1], [4, 5], [8, 9]]),
 array([[ 2,  3], [ 6,  7], [10, 11]])]
>>> np.vsplit(np.arange(12).reshape(3,4), 2)     # 垂直切分，无法等分时出错
ValueError: array split does not result in an equal division
>>> np.array_split(np.array(range(16)).reshape((4,4)), 2, axis=1)
[array([[ 0,  1], [ 4,  5], [ 8,  9], [12, 13]]),
 array([[ 2,  3], [ 6,  7], [10, 11], [14, 15]])]
>>> np.array_split(np.array(range(10)), 3)        # 分成3份，不要求必须等分
                                                  # 如果不能均分，第1份最多
                                                  # axis的默认值为0
[array([0, 1, 2, 3]), array([4, 5, 6]), array([7, 8, 9])]
```

1.1.19　转置

视频二维码：1.1.19

```
>>> x = np.array((1, 2, 3, 4))
>>> x.T                           # 一维数组转置以后和原来是一样的
array([1, 2, 3, 4])
>>> x.reshape((len(x),1))         # 可以通过改变形状实现行向量转置为列向量
array([[1], [2], [3], [4]])
>>> x[:, np.newaxis]              # 返回二维数组，模拟列向量，np.newaxis的值为None
                                  # 这个语法的实际作用是增加一个维度，升维
array([[1], [2], [3], [4]])
>>> x = np.array(([1, 2, 3], [4, 5, 6], [7, 8, 9]))
>>> x.T                           # 二维数组转置
array([[1, 4, 7], [2, 5, 8], [3, 6, 9]])
>>> x.swapaxes(1, 0)              # 使用swapaxes()方法交换两个维度
array([[1, 4, 7], [2, 5, 8], [3, 6, 9]])
>>> x = np.arange(16).reshape((2,2,4))
>>> x.swapaxes(1, 0)              # 交换0轴和1轴
array([[[ 0,  1,  2,  3], [ 8,  9, 10, 11]],
       [[ 4,  5,  6,  7], [12, 13, 14, 15]]])
```

```
>>> x.swapaxes(1, 2)                   # 交换 1 轴和 2 轴，形状变为 (2,4,2)
array([[[ 0,  4], [ 1,  5], [ 2,  6], [ 3,  7]],
       [[ 8, 12], [ 9, 13], [10, 14], [11, 15]]])
>>> x.swapaxes(0, 2)                   # 交换 0 轴和 2 轴，形状变为 (4,2,2)
array([[[ 0,  8], [ 4, 12]],
       [[ 1,  9], [ 5, 13]],
       [[ 2, 10], [ 6, 14]],
       [[ 3, 11], [ 7, 15]]])
>>> x.transpose(0, 2, 1)     # 原来的 0 轴仍为 0 轴，原来的 2 轴变为 1 轴，1 轴变为 2 轴
array([[[ 0,  4], [ 1,  5], [ 2,  6], [ 3,  7]],
       [[ 8, 12], [ 9, 13], [10, 14], [11, 15]]])
>>> x.transpose(1, 2, 0)     # 原来的 1 轴变为 0 轴，2 轴变为 1 轴，0 轴变为 2 轴
array([[[ 0,  8], [ 1,  9], [ 2, 10], [ 3, 11]],
       [[ 4, 12], [ 5, 13], [ 6, 14], [ 7, 15]]])
>>> x.transpose(1, 0, 2)     # 交换 0 轴和 1 轴，2 轴不变
array([[[ 0,  1,  2,  3], [ 8,  9, 10, 11]],
       [[ 4,  5,  6,  7], [12, 13, 14, 15]]])
>>> x = np.ones((2,3,4,5,6))           # 创建五维数组
>>> np.rollaxis(x, 1).shape            # 把 1 轴滚动到 0 轴的位置
                                       # 语法为 rollaxis(a, axis, start=0)
(3, 2, 4, 5, 6)
>>> x.shape
(2, 3, 4, 5, 6)
>>> np.rollaxis(x, 3).shape            # 把 3 轴滚动到 0 轴的位置
(5, 2, 3, 4, 6)
>>> np.rollaxis(x, 3, 1).shape         # 把 3 轴滚动到 1 轴的位置
(2, 5, 3, 4, 6)
>>> np.rollaxis(x, 2, 5).shape         # 把 2 轴滚动到 5 轴的位置
(2, 3, 5, 6, 4)
>>> np.rollaxis(x, 1, 4).shape         # 把 1 轴滚动到 4 轴的位置
(2, 4, 5, 3, 6)
>>> x = np.arange(24).reshape(2,3,4)
>>> np.moveaxis(x, 0, -1).shape        # 把 0 轴移动为最后一个轴
(3, 4, 2)
>>> np.moveaxis(x, [0, 1], [-1, -2]).shape
                                       # 0 轴移动到最后，1 轴移动到倒数第 2 轴
(4, 3, 2)
```

1.1.20 查看数组元素符号

视频二维码：1.1.20

```
>>> np.random.seed(19771026)
```

```
>>> x = np.random.randint(-50, 50, (3,5))
>>> x
array([[ 37,  42, -39, -13, -41], [ 34,  20,  18,  26,  24],
       [  7,  13, -21, -21,  22]])
>>> np.sign(x)                         # 1 表示正数，-1 表示负数
array([[ 1,  1, -1, -1, -1], [ 1,  1,  1,  1,  1],
       [ 1,  1, -1, -1,  1]])
>>> np.sign(x) * 50
array([[ 50,  50, -50, -50, -50], [ 50,  50,  50,  50,  50],
       [ 50,  50, -50, -50,  50]])
>>> np.signbit(x)                      # 查看每个元素是否被置符号位（即负数）
                                       # 等价于 np.sign(x) == -1
array([[False, False,  True,  True,  True],
       [False, False, False, False, False],
       [False, False,  True,  True, False]])
>>> x[np.signbit(x)]                   # 返回所有负数，等价于 x[np.sign(x)==-1]
array([-39, -13, -41, -21, -21])
>>> x[~np.signbit(x)]                  # 返回所有正数，等价于 x[np.sign(x)==1]
array([37, 42, 34, 20, 18, 26, 24,  7, 13, 22])
```

1.1.21　数组元素累加与累乘

视频二维码：1.1.21

```
>>> x = np.array([3, 1, 2, 4])
>>> x.cumsum()                         # 每个元素与前面所有元素相加
array([ 3,  4,  6, 10], dtype=int32)
>>> x.cumprod()                        # 每个元素与前面所有元素相乘
array([ 3,  3,  6, 24], dtype=int32)
>>> x = np.array([[3, 3, 7, 7, 9], [4, 7, 6, 8, 9]])
>>> x.cumsum()                         # 不设置 axis 参数时平铺为一维数组
array([ 3,  6, 13, 20, 29, 33, 40, 46, 54, 63], dtype=int32)
>>> x.cumsum(axis=0)                   # 纵向累加
array([[ 3,  3,  7,  7,  9], [ 7, 10, 13, 15, 18]], dtype=int32)
>>> x.cumsum(axis=1)                   # 横向累加
array([[ 3,  6, 13, 20, 29], [ 4, 11, 17, 25, 34]], dtype=int32)
>>> x.sum()                            # 所有元素之和
63
>>> x.sum(axis=0)                      # 每列元素纵向求和
array([ 7, 10, 13, 15, 18])
>>> x.sum(axis=1)                      # 每行元素横向求和
array([29, 34])
>>> x.cumprod()                        # 所有元素累乘，不设置 axis 参数时平铺为一维数组
```

```
array([       3,        9,       63,      441,     3969,    15876,
         111132,   666792,  5334336, 48009024], dtype=int32)
>>> x.cumprod(axis=0)                         # 纵向累乘
array([[ 3,  3,  7,  7,  9], [12, 21, 42, 56, 81]], dtype=int32)
>>> x.cumprod(axis=1)                         # 横向累乘
array([[    3,     9,    63,   441,  3969],
       [    4,    28,   168,  1344, 12096]], dtype=int32)
>>> x.prod()                                  # 所有元素的乘积
48009024
>>> x.prod(axis=0)                            # 纵向乘积
array([12, 21, 42, 56, 81])
>>> x.prod(axis=1)                            # 横向乘积
array([ 3969, 12096])
>>> x = np.arange(24).reshape(2,2,6)          # 请自行增加代码查看数组 x 的值
>>> x.sum(axis=(0,1))                         # 沿 0、1 轴两个方向求和
array([36, 40, 44, 48, 52, 56])
>>> x.sum(axis=(0,2))
array([102, 174])
>>> x.sum(axis=(1,2))
array([ 66, 210])
>>> x.prod(axis=(0,1))                        # 沿 0、1 轴两个方向连乘
array([    0,  1729,  4480,  8505, 14080, 21505])
>>> np.add.accumulate([1,2,3])                # 每个元素与前面所有元素相加
array([1, 3, 6], dtype=int32)
>>> np.add.accumulate([1,2,3,4,5])
array([ 1,  3,  6, 10, 15], dtype=int32)
>>> np.add.reduce([1,2,3,4,5])                # 所有元素之和
15
>>> x = np.array([1,2,3,4])
>>> np.add.at(x, [0,2], 3)                    # 下标 0 和 2 的元素分别加 3
>>> x
array([4, 2, 6, 4])
>>> x = np.array([[1,2], [3,4]])
>>> np.add.at(x, [0,1], 3)                    # 行下标 0、1 的元素加 3
>>> x
array([[4, 5], [6, 7]])
>>> np.add.at(x, [0], 3)                      # 行下标 0 的元素加 3
>>> x
array([[7, 8], [6, 7]])
>>> np.add.at(x, ([0,1],[0,1]), 3)            # 下标 (0,0)、(1,1) 的元素加 3
>>> x
array([[10,  8], [ 6, 10]])
>>> np.add.outer([1,2,3], [4,5,6])
```

```
                             # 等价于 np.array([1],[2],[3]) + np.array([4,5,6])
array([[5, 6, 7],            # 1+4, 1+5, 1+6
       [6, 7, 8],            # 2+4, 2+5, 2+6
       [7, 8, 9]])           # 3+4, 3+5, 3+6
>>> x = np.arange(8)
>>> np.add.reduceat(x, [0,4, 1,5, 2,6, 3,7])
array([ 6,  4, 10,  5, 14,  6, 18,  7], dtype=int32)
>>> np.array([sum(x[0:4]), x[4], sum(x[1:5]), x[5], sum(x[2:6]), x[6],
             sum(x[3:7]), x[7:]])                        # 与上一行代码作用相同
array([ 6,  4, 10,  5, 14,  6, 18,  7])
>>> np.add.reduceat(x, [0, 4, 6])
array([ 6,  9, 13], dtype=int32)
>>> np.array([sum(x[0:4]), sum(x[4:6]), sum(x[6:])])    # 与上一行代码作用相同
array([ 6,  9, 13])
>>> np.add.reduceat(x, [0, 4, 0])
array([ 6,  4, 28], dtype=int32)
>>> np.array([sum(x[0:4]), x[4], sum(x[0:])])           # 与上一行代码作用相同
array([ 6,  4, 28])
>>> np.add.reduceat(x, [0, 4, 2])
array([ 6,  4, 27], dtype=int32)
>>> np.array([sum(x[0:4]), x[4], sum(x[2:])])           # 与上一行代码作用相同
array([ 6,  4, 27])
>>> x = np.linspace(0, 15, 16).reshape(4,4)
>>> x
array([[  0.,   1.,   2.,   3.], [  4.,   5.,   6.,   7.],
       [  8.,   9.,  10.,  11.], [ 12.,  13.,  14.,  15.]])
>>> np.add.reduceat(x, [0, 3, 0])
array([[ 12.,  15.,  18.,  21.],                         # row0+row1+row2
       [ 12.,  13.,  14.,  15.],                         # row3
       [ 24.,  28.,  32.,  36.]])                        # row0+row1+row2+row3
>>> np.add.reduceat(x, [0, 3, 1])
array([[ 12.,  15.,  18.,  21.],                         # row0+row1+row2
       [ 12.,  13.,  14.,  15.],                         # row3
       [ 24.,  27.,  30.,  33.]])                        # row1+row2+row3
>>> np.add.reduceat(x, [0, 3, 2])
array([[ 12.,  15.,  18.,  21.],                         # row0+row1+row2
       [ 12.,  13.,  14.,  15.],                         # row3
       [ 20.,  22.,  24.,  26.]])                        # row2+row3
>>> np.add.reduceat(x, [0, 3, 3])
array([[ 12.,  15.,  18.,  21.],                         # row0+row1+row2
       [ 12.,  13.,  14.,  15.],                         # row3
       [ 12.,  13.,  14.,  15.]])                        # row3
>>> np.add.reduceat(x, [0, 3, 1, 0])
```

```
array([[ 12.,  15.,  18.,  21.],                      # row0+row1+row2
       [ 12.,  13.,  14.,  15.],                      # row3
       [  4.,   5.,   6.,   7.],                      # row1
       [ 24.,  28.,  32.,  36.]])                     # row0+row1+row2+row3
>>> np.add.reduceat(x, [0, 3, 1, 1])
array([[ 12.,  15.,  18.,  21.],                      # row0+row1+row2
       [ 12.,  13.,  14.,  15.],                      # row3
       [  4.,   5.,   6.,   7.],                      # row1
       [ 24.,  27.,  30.,  33.]])                     # row1+row2+row3
>>> np.add.reduceat(x, [0, 3, 1, 2])
array([[ 12.,  15.,  18.,  21.],                      # row0+row1+row2
       [ 12.,  13.,  14.,  15.],                      # row3
       [  4.,   5.,   6.,   7.],                      # row1
       [ 20.,  22.,  24.,  26.]])                     # row2+row3
>>> np.add.reduceat(x, [0, 3, 1, 3])
array([[ 12.,  15.,  18.,  21.],                      # row0+row1+row2
       [ 12.,  13.,  14.,  15.],                      # row3
       [ 12.,  14.,  16.,  18.],                      # row1+row2
       [ 12.,  13.,  14.,  15.]])                     # row3
>>> np.add.reduceat(x, [0, 3, 1, 3], axis=1)          # 每行单独计算
                                                 # 切片 [0:3] 元素之和、下标 3 的元素
                                                 # 切片 [1:3] 元素之和、下标 3 的元素
array([[  3.,   3.,   3.,   3.], [ 15.,   7.,  11.,   7.],
       [ 27.,  11.,  19.,  11.], [ 39.,  15.,  27.,  15.]])
>>> np.add.reduceat(x, [0, 3, 1, 3, 2, 3, 2], axis=1)
                                                 # 列下标切片 [0:3] 元素之和、下标 3 的元素
                                                 # 列下标切片 [1:3] 元素之和、下标 3 的元素
                                                 # 列下标切片 [2:3] 元素之和、下标 3 的元素
                                                 # 列下标切片 [2:] 元素之和
array([[ 3.,  3.,  3.,  3.,  2.,  3.,  5.],
       [15.,  7., 11.,  7.,  6.,  7., 13.],
       [27., 11., 19., 11., 10., 11., 21.],
       [39., 15., 27., 15., 14., 15., 29.]])
>>> x = np.arange(8)
>>> np.multiply.at(x, [0,1,2], 5)               # 下标为 0、1、2 的元素分别乘以 5
>>> x
array([ 0,  5, 10,  3,  4,  5,  6,  7])
>>> np.multiply.accumulate([1,2,3,4])           # 每个元素与前面所有元素相乘
array([ 1,  2,  6, 24], dtype=int32)
>>> np.multiply.outer([1,2,3], [4,5,6])  # 外积
                                   # 等价于 np.array([1],[2],[3]) * np.array([4,5,6])
array([[ 4,  5,  6],                            # 1*4、1*5、1*6
       [ 8, 10, 12],                            # 2*4、2*5、2*6
```

```
       [12, 15, 18]])                                # 3*4、3*5、3*6
>>> np.multiply.reduce([1,2,3,4])
24
>>> np.multiply.reduce([[1,2,3,4],[5,6,7,8]])    # 纵向 reduce
array([ 5, 12, 21, 32])
>>> np.multiply.reduce([[1,2,3,4],[5,6,7,8]], 1) # 横向 reduce
array([  24, 1680])
>>> x = np.linspace(0, 15, 16).reshape(4,4)
>>> x
array([[  0.,   1.,   2.,   3.], [  4.,   5.,   6.,   7.],
       [  8.,   9.,  10.,  11.], [ 12.,  13.,  14.,  15.]])
>>> np.multiply.reduceat(x, [0,3])
array([[   0.,   45.,  120.,  231.],               # row0*row1*row2
       [  12.,   13.,   14.,   15.]])              # row3
>>> np.multiply.reduceat(x, [0,3,1])
array([[    0.,     45.,    120.,    231.],        # row0*row1*row2
       [   12.,     13.,     14.,     15.],        # row3
       [  384.,    585.,    840.,   1155.]])       # row1*row2*row3
>>> np.multiply.reduceat(x, [0,3,1], 1)            # 横向计算
array([[    0.,      3.,      6.], [  120.,      7.,    210.],
       [  720.,     11.,    990.], [ 2184.,     15.,   2730.]])
```

1.1.22　数组的集合运算

视频二维码：1.1.22

```
>>> np.intersect1d([1, 3, 4, 3], [3, 1, 2, 1])    # 两个数组的交集，返回有序数组
array([1, 3])
>>> from functools import reduce
>>> reduce(np.intersect1d, ([1, 3, 4, 3], [3, 1, 2, 1], [6, 3, 4, 2]))
array([3])
>>> np.union1d([1, 3, 4, 3], [3, 1, 2, 1])        # 并集，返回有序数组
array([1, 2, 3, 4])
>>> np.in1d([1, 3, 4, 3], [3, 1, 2, 1])
                           # 测试前一个数组的每个元素是否在第二个数组中
array([ True,  True, False,  True], dtype=bool)
>>> np.setdiff1d([1, 3, 4, 3], [3, 1, 2, 1])      # 差集
array([4])
>>> np.setxor1d([1, 3, 4, 3], [3, 1, 2, 1])       # 对称差集
array([2, 4])
>>> np.intersect1d(np.arange(6).reshape(2,3), np.arange(5,15).reshape(2,5))
                                                  # 多维数组先平铺为一维数组
array([5])
```

1.1.23 数组序列化与反序列化

视频二维码：1.1.23

序列化一般指把任意类型的对象转换为字节串形式方便保存和传输，反序列化是指把字节串转换为原来的对象。下面代码演示了NumPy数组和其他几种数据类型之间的互相转换。

```
>>> x = np.array([[9, 5, 4, 3, 6], [4, 8, 1, 3, 9], [6, 1, 2, 5, 4]])
>>> x.tolist()                     # 转换为嵌套列表
[[9, 5, 4, 3, 6], [4, 8, 1, 3, 9], [6, 1, 2, 5, 4]]
>>> list(x)                        # 每个一维数组作为列表的元素，与上一行结果不一样
[array([9, 5, 4, 3, 6]), array([4, 8, 1, 3, 9]), array([6, 1, 2, 5, 4])]
>>> x.dumps()                      # 序列化为字节串，结果略
>>> np.loads(x.dumps())            # 反序列化
array([[9, 5, 4, 3, 6], [4, 8, 1, 3, 9], [6, 1, 2, 5, 4]])
>>> np.fromstring(x.tostring(), dtype=x.dtype)       # 根据字符串创建一维数组
array([9, 5, 4, 3, 6, 4, 8, 1, 3, 9, 6, 1, 2, 5, 4])
>>> np.fromstring('1 2 3 4', dtype=int, sep=' ')
array([1, 2, 3, 4])
>>> np.fromstring('1,2,3,4', dtype=int, sep=',')
array([1, 2, 3, 4])
>>> x.tobytes()                                      # 数组转换为字节串，结果略
>>> np.frombuffer(x.tobytes(), dtype=x.dtype)        # 根据字节串创建一维数组
array([9, 5, 4, 3, 6, 4, 8, 1, 3, 9, 6, 1, 2, 5, 4])
>>> x.dump('data.dat')                               # 序列化并保存至二进制文件
>>> np.load('data.dat', allow_pickle=True)           # 反序列化
array([[9, 5, 4, 3, 6], [4, 8, 1, 3, 9], [6, 1, 2, 5, 4]])
>>> np.savetxt('data.txt', x)                        # 保存为文本文件
>>> np.loadtxt('data.txt')                           # 读取文本文件内容，还原数组
array([[9., 5., 4., 3., 6.], [4., 8., 1., 3., 9.],
       [6., 1., 2., 5., 4.]])
>>> x.tofile('x.txt')                                # 转换为字节串，写入文件
>>> with open('x.txt') as fp:                        # 读取并查看文件内容，结果略
    print(repr(fp.read()))
>>> np.fromfile('x.txt')           # 读取文件内容，创建数组，默认类型很可能会出现错误
array([1.06099790e-313, 6.36598737e-314, 8.48798317e-314, 2.12199579e-314,
       1.90979621e-313, 2.12199579e-314, 1.06099790e-313])
>>> np.fromfile('x.txt', dtype=x.dtype)              # 指定正确的元素类型
array([9, 5, 4, 3, 6, 4, 8, 1, 3, 9, 6, 1, 2, 5, 4])
```

1.1.24 查看数组特征

视频二维码：1.1.24

```
>>> x = np.array([[2, 5, 7, 5, 5], [9, 8, 9, 8, 3], [2, 6, 4, 7, 1]])
```

```
>>> x.shape                          # 数组形状，结果为元组，元组长度为数组维数
(3, 5)
>>> np.alen(x)                       # 第一个维度的大小
3
>>> np.array(666).shape              # 标量的 shape 属性为空元组，ndim 属性为 0
()
>>> x.ndim                           # 数组的维数，等于 len(x.shape)
2
>>> x.size                           # 数组中元素数量
15
>>> x.nbytes                         # 数组占用的字节数
60
>>> x.dtype                          # 元素类型
dtype('int32')
>>> x.itemsize                       # 每个元素占用的字节数
4
>>> x.strides                        # 每个维度前进到下一个元素需要跨越的字节数
(20, 4)
>>> x.mean()                         # 所有元素的平均值
5.4
>>> x.mean(axis=1)                   # 横向计算平均值
array([4.8, 7.4, 4. ])
>>> x.mean(axis=0)                   # 纵向计算平均值
array([4.33333333, 6.33333333, 6.66666667, 6.66666667, 3.        ])
>>> np.average(x)                    # 所有元素的平均值
5.4
>>> np.average(x, axis=0, weights=[0.5,0.3,0.2])           # 纵向计算加权平均值
array([4.1, 6.1, 7. , 6.3, 3.6])
>>> np.average(x, axis=1, weights=[0.3,0.3,0.2,0.1,0.1])   # 横向加权平均值
array([4.5, 8. , 4. ])
>>> np.median(x)                     # 所有元素的中值
5.0
>>> np.median(x, axis=0)             # 每列元素的中值
array([2., 6., 7., 7., 3.])
>>> np.median(x, axis=1)             # 每行元素的中值
array([5., 8., 4.])
>>> y = np.array([[10, np.nan, 4], [3, 2, np.nan], [4, 5, np.nan]])
>>> np.nanmedian(y)                  # 所有元素的中值，忽略缺失值
4.0
>>> np.nanmedian(y, axis=1)          # 每行元素的中值，忽略缺失值
array([7. , 2.5, 4.5])
>>> np.nanmean(y, axis=0)            # 每列元素的平均值，忽略缺失值
                                     # 还有大量函数具有 nan 前缀的版本，均忽略缺失值
```

```
array([5.66666667, 3.5       , 4.        ])
>>> np.gradient(x)                # 计算1阶离散梯度
[array([[ 7. ,  3. ,  2. ,  3. , -2. ], [ 0. ,  0.5, -1.5,  1. , -2. ],
        [-7. , -2. , -5. , -1. , -2. ]]),
 array([[ 3. ,  2.5,  0. , -1. ,  0. ], [-1. ,  0. ,  0. , -3. , -5. ],
        [ 4. ,  1. ,  0.5, -1.5, -6. ]])]
>>> np.gradient(x, axis=0)        # 纵向计算，中间一行的值为第三行减第一行再除以2
array([[ 7. ,  3. ,  2. ,  3. , -2. ], [ 0. ,  0.5, -1.5,  1. , -2. ],
       [-7. , -2. , -5. , -1. , -2. ]])
>>> np.gradient(x, axis=1)        # 横向计算，除第一列和最后一列以外
                                  # 其他列的值为后一列的值减前一列的值再除以2
array([[ 3. ,  2.5,  0. , -1. ,  0. ], [-1. ,  0. ,  0. , -3. , -5. ],
       [ 4. ,  1. ,  0.5, -1.5, -6. ]])
>>> np.gradient(x, 2, axis=0)     # 2阶梯度
array([[ 3.5 ,  1.5 ,  1.  ,  1.5 , -1.  ],
       [ 0.  ,  0.25, -0.75,  0.5 , -1.  ],
       [-3.5 , -1.  , -2.5 , -0.5 , -1.  ]])
>>> np.gradient(x, 4, axis=0)     # 4阶梯度
array([[ 1.75 ,  0.75 ,  0.5  ,  0.75 , -0.5  ],
       [ 0.   ,  0.125, -0.375,  0.25 , -0.5  ],
       [-1.75 , -0.5  , -1.25 , -0.25 , -0.5  ]])
>>> x.sum()                       # 所有元素之和
81
>>> x.sum(axis=0)                 # 纵向求和
array([13, 19, 20, 20,  9])
>>> x.sum(axis=1)                 # 横向求和
array([24, 37, 20])
>>> x.argmax()                    # 最大元素的下标
5
>>> x.argmax(axis=0)              # 纵向比较，每列最大元素的行下标
array([1, 1, 1, 1, 0], dtype=int64)
>>> x.argmax(axis=1)              # 横向比较，每行最大元素的列下标
array([2, 0, 3], dtype=int64)
>>> x.argmin()                    # 最小元素的下标
14
>>> x.argmin(axis=0)              # 纵向比较，每列最小元素的行下标
array([0, 0, 2, 0, 2], dtype=int64)
>>> x.argmin(axis=1)              # 横向比较，每行最小元素的列下标
array([0, 4, 4], dtype=int64)
>>> x.diagonal()                  # 对角线元素
array([2, 8, 4])
>>> x.nonzero()                   # 非0元素的行下标和列下标
(array([0, 0, 0, 0, 0, 1, 1, 1, 1, 1, 2, 2, 2, 2, 2], dtype=int64),
```

```
 array([0, 1, 2, 3, 4, 0, 1, 2, 3, 4, 0, 1, 2, 3, 4], dtype=int64))
>>> np.count_nonzero(x)                      # 非 0 元素的数量
15
>>> np.count_nonzero(x, axis=0)              # 每列中非 0 元素的数量
array([3, 3, 3, 3, 3], dtype=int64)
>>> np.count_nonzero(x, axis=1)              # 每行中非 0 元素的数量
array([5, 5, 5], dtype=int64)
>>> data = np.array([1, 1, 2, 3, 1, 3, 2, 2, 8, 1])
>>> np.count_nonzero(data[:-1]<data[1:])  # 比前一个元素大的元素数量
4
>>> x.trace()                           # 矩阵的迹，主对角线元素之和
14
>>> x.trace(1)                          # 主对角线右侧第一根平行线元素之和
21
>>> x.trace(2)                          # 主对角线右侧第二根平行线元素之和
16
>>> x.trace(-1)                         # 主对角线左侧第一根平行线元素之和
15
>>> x.std()                             # 标准差
2.524546163834865
>>> x.std(axis=0)                       # 每列元素的标准差
array([3.29983165, 1.24721913, 2.05480467, 1.24721913, 1.63299316])
>>> x.std(axis=1)                       # 每行元素的标准差
array([1.6       , 2.24499443, 2.28035085])
>>> x.var()                             # 方差，每个元素与平均值之差平方的平均值
6.373333333333333
>>> x.var(axis=0)                       # 每列元素的方差
array([10.88888889,  1.55555556,  4.22222222,  1.55555556,  2.66666667])
>>> x.var(axis=1)                       # 每行元素的方差
array([2.56, 5.04, 5.2 ])
>>> x.ptp()                             # ptp<==>'peak to peak'，最大值与最小值的差
8
>>> x.ptp(axis=0)                       # 每列最大值与最小值之差
array([7, 3, 5, 3, 4])
>>> x.ptp(axis=1)                       # 每行最大值与最小值之差
array([5, 6, 6])
>>> np.arange(10).all()                 # 查看是否所有元素都等价于 True
False
>>> np.arange(1,10).all()
True
>>> np.arange(10).any()                 # 查看是否有等价于 True 的元素
True
>>> np.zeros((3,3)).any()
```

```
False
>>> np.any(np.zeros((3,3)))                      # 与上一行代码等价
False
>>> np.sometrue(np.zeros((3,3)))                 # 与上一行代码等价
False
>>> x = np.array([[7, 4, 6], [4, 6, 8], [8, 6, 7]])
>>> np.cov(x)                                    # 协方差
array([[ 2.33333333, -1.        ,  1.5       ],
       [-1.        ,  4.        , -1.        ],
       [ 1.5       , -1.        ,  1.        ]])
>>> np.corrcoef(x)                               # 相关系数
array([[ 1.        , -0.32732684,  0.98198051],
       [-0.32732684,  1.        , -0.5       ],
       [ 0.98198051, -0.5       ,  1.        ]])
>>> x = np.array([[4, 4, 5, 8, 8], [4, 7, 2, 7, 8], [3, 4, 9, 6, 2]])
>>> np.histogram(x, bins=3)                      # 等分为 3 个大小相等的区间
                                                 # 返回每个区间中元素个数以及区间划分
                                                 # 统计直方图时会先平铺为一维数组
(array([7, 2, 6], dtype=int64),
 array([2.        , 4.33333333, 6.66666667, 9.        ]))
>>> np.histogram(x, bins=5)                      # 等分为 5 个区间
(array([3, 4, 2, 2, 4], dtype=int64), array([2. , 3.4, 4.8, 6.2, 7.6, 9. ]))
>>> np.histogram(x, bins=5, density=True)        # 返回每个区间内数值的概率
(array([0.14285714, 0.19047619, 0.0952381 , 0.0952381 , 0.19047619]),
 array([2. , 3.4, 4.8, 6.2, 7.6, 9. ]))
>>> np.histogram(x, bins=[0,2,5,9])              # 指定区间划分，前面都是左闭右开区间
                                                 # 最后一个是闭区间
                                                 # [0,2) 区间内没有数字
                                                 # [2,5) 区间内有 7 个数字
                                                 # [5,9] 区间内有 8 个数字
(array([0, 7, 8], dtype=int64), array([0, 2, 5, 9]))
>>> np.histogram(x, bins=[0,2,5,9], density=True)
(array([0.        , 0.15555556, 0.13333333]), array([0, 2, 5, 9]))
>>> hist, bin_edges = np.histogram(x, density=True)      # bins 的默认值为 10
>>> np.sum(hist * np.diff(bin_edges))    # np.diff(bin_edges) 得到每个区间的长度
                                         # 即区间最大值与最小值的差
1.0
>>> x = [1, 2, 3, 4, 5, 5, 7, 7, 7, 7, 7, 7, 8]
>>> y = [5, 5, 5, 5, 5, 5, 5, 6, 6, 7, 8, 9, 15]
# 二维直方图及其两个方向的区间边界
# 参数 x、y 分别表示一组数据点的 x、y 坐标
>>> h, xedges, yedges = np.histogram2d(x, y, bins=[3,4])
>>> print(h, xedges, yedges, sep='\n')
```

```
[[3. 0. 0. 0.]
 [3. 0. 0. 0.]
 [4. 2. 0. 1.]]
[1.         3.33333333 5.66666667 8.        ]
[ 5.   7.5 10.  12.5 15. ]
>>> x = np.array([[4, 4, 5, 8, 8], [4, 7, 2, 7, 8], [3, 4, 9, 6, 2]])
>>> np.percentile(x, 30, axis=0)         # 每列第 30% 分位数
array([3.6, 4. , 3.8, 6.6, 5.6])
>>> np.percentile(x, 50, axis=0)         # 每列中位数
array([4., 4., 5., 7., 8.])
>>> np.percentile(x, 50, axis=1)         # 每行中位数
array([5., 7., 4.])
>>> np.quantile(x, 0.5)
5.0
>>> np.quantile(x, 0.8)
8.0
>>> np.quantile(x, 0.8, axis=1)
array([8. , 7.2, 6.6])
>>> np.quantile(x, 0.8, axis=0)
array([4. , 5.8, 7.4, 7.6, 8. ])
>>> x.flags                              # 查看数组的存储情况
  C_CONTIGUOUS : True
  F_CONTIGUOUS : False
  OWNDATA : True
  WRITEABLE : True
  ALIGNED : True
  WRITEBACKIFCOPY : False
  UPDATEIFCOPY : False
>>> np.bincount(x.reshape((x.size,)))    # 每个元素的出现次数
array([0, 0, 2, 1, 4, 1, 1, 2, 3, 1], dtype=int64)
```

1.1.25　转换数组数据类型

视频二维码：1.1.25

数组对象的 astype() 方法可以用来把数组中的元素转换为特定的类型，返回新数组。

```
>>> x = np.array([1, 2, 3])
>>> x.astype(np.float32)
array([1., 2., 3.], dtype=float32)
>>> x.astype(np.float64)
array([1., 2., 3.])
>>> x.astype(np.int64)
```

```
array([1, 2, 3], dtype=int64)
>>> x.astype(np.int32)
array([1, 2, 3])
>>> x.dtype
dtype('int32')
>>> x.astype(np.uint16)
array([1, 2, 3], dtype=uint16)
>>> x.astype(object)
array([1, 2, 3], dtype=object)
```

1.1.26 卷积运算

NumPy 的函数 convolve() 用来计算两个一维数组的离散线性卷积，对于两个长度分别为 N 和 M 的数组进行计算，会返回长度为 $N+M-1$ 的数组。该函数完整语法如下，如果数组 v 比 a 长，计算之前会自动交换两个数组。

视频二维码：1.1.26

```
convolve(a, v, mode='full')
```

计算卷积时，先将数组 v 翻转，然后滑动并计算两个数组重叠部分的内积。

```
>>> np.convolve([1,2,3,4], [3,4,5,6])               # 一维离散卷积
array([ 3, 10, 22, 40, 43, 38, 24])
>>> np.convolve([1,2,3,4], [3,4,5,6], 'same')       # 返回中间的 max(M,N) 个结果
array([10, 22, 40, 43])
>>> np.convolve([1,2,3,4], [3,4,5,6], 'valid')      # 返回完全重叠时的结果
                                                # 两个等长数组只有一个完全重叠的位置
array([40])
>>> np.convolve([1,2,3,4], [3,4,5])
array([ 3, 10, 22, 34, 31, 20])
>>> np.convolve([1,2,3,4], [3,4,5], 'same')
array([10, 22, 34, 31])
>>> np.convolve([1,2,3,4], [3,4,5], 'valid')        # 有两个完全重叠的位置
array([22, 34])
```

1.1.27 数组翻转与旋转

视频二维码：1.1.27

```
>>> x = np.arange(8).reshape((2,4))
>>> x
```

```
array([[0, 1, 2, 3], [4, 5, 6, 7]])
>>> np.flip(x, axis=0)                    # 二维数组沿 0 轴翻转，垂直镜像
array([[4, 5, 6, 7], [0, 1, 2, 3]])
>>> np.flip(x, axis=1)                    # 二维数组沿 1 轴翻转，水平镜像
array([[3, 2, 1, 0], [7, 6, 5, 4]])
>>> x = np.arange(8).reshape((2,2,2))
>>> x
array([[[0, 1], [2, 3]], [[4, 5], [6, 7]]])
>>> np.flip(x, 0)                         # 沿 0 轴翻转，等价于 x[::-1,:,:]
array([[[4, 5], [6, 7]], [[0, 1], [2, 3]]])
>>> np.flip(x, 1)                         # 沿 1 轴翻转
array([[[2, 3], [0, 1]], [[6, 7], [4, 5]]])
>>> np.flip(x, 2)                         # 沿 2 轴翻转
array([[[1, 0], [3, 2]], [[5, 4], [7, 6]]])
>>> np.flip(x, (0,2))                     # 沿 0、2 两个轴翻转
array([[[5, 4], [7, 6]], [[1, 0], [3, 2]]])
>>> np.flip(x)                            # 翻转所有的轴
array([[[7, 6], [5, 4]], [[3, 2], [1, 0]]])
>>> x = np.diag([1.,2.,3.])
>>> x
array([[1., 0., 0.], [0., 2., 0.], [0., 0., 3.]])
>>> np.fliplr(x)                          # 水平翻转二维数组
array([[0., 0., 1.], [0., 2., 0.], [3., 0., 0.]])
>>> np.flipud(x)                          # 垂直翻转二维数组
array([[0., 0., 3.], [0., 2., 0.], [1., 0., 0.]])
>>> x = np.array([[1,2],[3,4]])
>>> np.rot90(x)                           # 旋转 90°
array([[2, 4], [1, 3]])
>>> np.rot90(x, -1)                       # 反向旋转 90°
array([[3, 1], [4, 2]])
>>> np.rot90(x, 2)                        # 旋转 2 次
array([[4, 3], [2, 1]])
>>> np.rot90(x, 3)                        # 旋转 3 次
array([[3, 1], [4, 2]])
>>> x = np.arange(8).reshape((2,2,2))
>>> np.rot90(x, 1, (1,2))                 # 在 1、2 轴平面上旋转 90°
array([[[1, 3], [0, 2]], [[5, 7], [4, 6]]])
>>> np.rot90(np.rot90(x, 1, (1,2)), 1, (2,1))
                                          # 逆旋转，轴的顺序决定了平面的法向方向
array([[[0, 1], [2, 3]], [[4, 5], [6, 7]]])
>>> np.rot90(np.rot90(x, 1, (1,2)), -1, (1,2))      # 与上一行代码等价
array([[[0, 1], [2, 3]], [[4, 5], [6, 7]]])
```

1.1.28 爱因斯坦标记法

视频二维码：1.1.28

在数学里，特别是将线性代数套用到物理时，爱因斯坦求和约定（Einstein summation convention）是一种标记的约定，又称为爱因斯坦标记法（Einstein notation），在处理关于坐标的方程式时非常有用。采用爱因斯坦求和约定，可以使数学表达式显得简洁明快。扩展库 NumPy 中用来支持爱因斯坦标记法的函数为 einsum()，完整用法如下。

```
einsum(subscripts, *operands, out=None, dtype=None, order='K',
       casting='safe', optimize=False)
```

下面的代码演示了部分爱因斯坦标记法的语法和功能。

```
>>> a = np.array([1, 3, 5])
>>> b = np.array([3, 6, 9])
>>> np.einsum('n,n', a, b)        # 使用爱因斯坦标记法计算内积
66
>>> np.einsum('i,i', a, b)        # 用什么字母表示下标并不重要
66
>>> np.einsum(a, [0], b, [0])     # 等价写法
66
>>> np.einsum(a, [0], b, [1])     # 广播，乘法
array([[ 3,  6,  9], [ 9, 18, 27], [15, 30, 45]])
>>> np.einsum('i,j', a, b)        # 与上一行等价
array([[ 3,  6,  9], [ 9, 18, 27], [15, 30, 45]])
>>> c = np.array([[5, 7, 1], [2, 4, 3], [3, 1, 7]])
>>> np.einsum('mk,kn', c, c.T)    # 使用爱因斯坦标记法计算矩阵相乘
                                  # 等价于 np.einsum('mk,nk', c, c)，注意字母顺序
                                  # 也等价于 np.einsum('mk,kn->mn', c, c.T)
array([[75, 41, 29], [41, 29, 31], [29, 31, 59]])
>>> np.einsum('mk,kn->mn', c, c)
array([[42, 64, 33], [27, 33, 35], [38, 32, 55]])
>>> np.einsum('mk,kn->nm', c, c) # 矩阵乘积结果的转置
                                  # 等价于 np.einsum('mk,ki', c, c)
                                  # 注意，字典序中 i 在 k 之前
array([[42, 27, 38], [64, 33, 32], [33, 35, 55]])
>>> np.einsum('ij,ij', c, c)      # 等价于 (c*c).sum()
163
>>> np.einsum('ij,ji', c, c)      # 等价于 (c*c.T).sum()
130
>>> np.einsum('ii', c)            # 对角线元素之和，等价于 np.trace(c)
```

```
16
>>> np.einsum('ii->i', c)                    # 获取对角线元素，等价于np.diag(c)
                                              # ->表示显式模式，否则为隐式模式
array([5, 4, 7])
>>> np.einsum('ji', c)                        # 转置，表示下标的字母是有顺序的
                                              # 等价于np.einsum(c, [1,0])
                                              # 也等价于np.einsum('ij->ji', c)
array([[5, 2, 3], [7, 4, 1], [1, 3, 7]])
>>> np.einsum('ij->i', c)                     # 等价于c.sum(axis=1)
                                              # 也等价于np.einsum(c, [0,1], [0])
array([13,  9, 11])
>>> np.einsum('ij->j', c)                     # 等价于c.sum(axis=0)
                                              # 也等价于np.einsum(c, [0,1], [1])
array([10, 12, 11])
>>> np.einsum('ij,j', c, a)                   # 二维数组每行分别与一维数组的点积
                                              # 等价于np.dot(c, a)
array([31, 29, 41])
>>> np.einsum('...i,i', c, a)                 # 另一种等价写法
array([31, 29, 41])
>>> np.einsum('i,ji', a, c)                   # 另一种等价写法
array([31, 29, 41])
>>> np.tensordot(a, c, axes=(0, 1))           # 张量积，与上一行代码功能等价
array([31, 29, 41])
>>> np.einsum('i,ij', a, c)                   # 一维数组与二维数组每列的点积
                                              # 等价于np.dot(a, c)
array([26, 24, 45])
>>> np.einsum('ij,i', c, a)
array([26, 24, 45])
>>> np.einsum('i...,i', c, a)
array([26, 24, 45])
>>> np.tensordot(a, c, axes=(0, 0))           # 张量积，与上一行代码功能等价
array([26, 24, 45])
>>> from copy import deepcopy
>>> cc = deepcopy(c)
>>> cc
array([[5, 7, 1], [2, 4, 3], [3, 1, 7]])
>>> np.einsum('ii->i', cc)[:] = 6            # 爱因斯坦标记法得到的数组是可写的
>>> cc
array([[6, 7, 1], [2, 6, 3], [3, 1, 6]])
>>> cc.diagonal()[:] = 6          # diagonal()方法得到的数组是只读的，试图写入时报错
ValueError: assignment destination is read-only
>>> x = np.random.randint(1, 10, (2,2,2))
>>> x
```

```
array([[[6, 9], [7, 7]], [[8, 2], [9, 9]]])
>>> np.einsum('kji', x)                # 相当于np.swapaxes(x, 0, 2)
                                       # 也等价于np.einsum('ijk->kji', x)
array([[[6, 8], [7, 9]], [[9, 2], [7, 9]]])
>>> np.einsum('ijk->k', x)             # 等价于x.sum(axis=(0,1))
                                       # 也等价于np.einsum('ij...->...', x)
                                       # 表示沿前2个维度求和
array([30, 27])
>>> np.einsum('ijk->ij', x)            # 等价于x.sum(axis=2)
array([[15, 14], [10, 18]])
>>> np.einsum('ijk->i', x)             # 等价于x.sum(axis=(1,2))
                                       # 也等价于np.einsum('...ij->...', x)
                                       # 表示沿最后两个维度求和
array([29, 28])
>>> np.einsum('ijk->j', x)             # 等价于x.sum(axis=(0,2))
array([25, 32])
>>> np.einsum('...ijk->...', x)        # 沿最后3个维度求和
57
>>> np.einsum('i...->...', x)          # 等价于x.sum(axis=0)
                                       # 也等价于np.einsum('ijk->jk', x)
                                       # 表示沿第一个维度求和
array([[14, 11], [16, 16]])
```

1.2 矩阵运算与相关操作

矩阵与数组的概念有着本质的区别：①数组是计算机专业的概念，矩阵是数学专业的概念；②数组可以是一维、二维、三维或其他任意维度的，矩阵只能且必须是二维的；③数组中可以包含任意类型的数据，矩阵中元素必须是数值；④数组乘法与矩阵乘法的规则不同。

1.2.1 创建矩阵

视频二维码：1.2.1

```
>>> import numpy as np
>>> x = np.matrix([[1,2,3], [4,5,6]])
>>> x                                  # 这是矩阵显示的默认格式
matrix([[1, 2, 3],
        [4, 5, 6]])
>>> print(x)                           # 注意显示格式与上面结果的区别
```

```
[[1 2 3]
 [4 5 6]]
>>> x = np.matrix([1, 2, 3, 4, 5, 6])
>>> x
matrix([[1, 2, 3, 4, 5, 6]])
>>> x.shape                          # 矩阵必须且只能是二维的
(1, 6)
>>> np.matrix('1 2 3; 4 5 6')        # 创建矩阵的另一种形式
matrix([[1, 2, 3], [4, 5, 6]])
>>> np.mat('1 2 3; 4 5 6')           # 与上一行代码等价
matrix([[1, 2, 3], [4, 5, 6]])
>>> np.matrix([[[1],[2],[3]]])       # 矩阵必须是二维的
ValueError: matrix must be 2-dimensional
```

视频二维码：1.2.2

1.2.2　访问矩阵元素

```
>>> x = np.matrix([[1,2,3], [4,5,6]])
>>> x[0]                             # 使用1个下标时获取到的仍是矩阵
matrix([[1, 2, 3]])
>>> x[0][0]                          # 这种方式获取到的仍是矩阵
matrix([[1, 2, 3]])
>>> x[1]                             # 原矩阵中第2行组成的新矩阵
matrix([[4, 5, 6]])
>>> x[1][1]                          # 下标越界错误
IndexError: index 1 is out of bounds for axis 0 with size 1
>>> x[0,0]                           # 访问指定行列位置元素的正确形式
1
```

视频二维码：1.2.3

1.2.3　矩阵转置

```
>>> x = np.matrix([[1,2,3], [4,5,6]])
>>> x.T                              # 使用属性进行转置
matrix([[1, 4],                      # 这是矩阵的默认显示格式
        [2, 5],
        [3, 6]])
>>> x.transpose(1,0)                 # 使用矩阵方法进行转置
                                     # 原矩阵的1轴变0轴，0轴变1轴
                                     # 为节约篇幅，本节后面的输出结果格式进行了调整
matrix([[1, 4], [2, 5], [3, 6]])
```

```
>>> x = np.matrix([1, 2, 3, 4, 5, 6])
>>> x.T                                              # 6行1列的矩阵
matrix([[1], [2], [3], [4], [5], [6]])
```

1.2.4　矩阵加法与减法

视频二维码：1.2.4

```
>>> np.matrix([1,2,3]) + np.matrix([4,5,6])          # 形状相同，对应位置元素相加
matrix([[5, 7, 9]])
>>> np.matrix([[1],[2],[3]]) + np.matrix([[4],[5],[6]])
matrix([[5], [7], [9]])
>>> np.matrix([1,2,3]) + np.matrix([[4],[5],[6]]) # 形状不同，但符合广播规则
matrix([[5, 6, 7], [6, 7, 8], [7, 8, 9]])
>>> np.matrix([[1,2],[3,4]]) + np.matrix([[4],[5],[6]])
                                                     # 形状不同也不符合广播规则，出错
ValueError: operands could not be broadcast together with shapes (2,2) (3,1)
>>> np.matrix([1,2,3]) - np.matrix([4,5,6])
matrix([[-3, -3, -3]])
>>> np.matrix([1,2,3,4]) - np.matrix([[4],[5],[6]])
matrix([[-3, -2, -1,  0], [-4, -3, -2, -1], [-5, -4, -3, -2]])
```

1.2.5　矩阵乘法

视频二维码：1.2.5

```
>>> x = np.matrix([[1,2,3], [4,5,6]])
>>> y = np.matrix([[1,2], [3,4], [5,6]])
>>> x * y                         # 等价于x @ y或np.matmul(x, y)
matrix([[22, 28], [49, 64]])
>>> x = np.array([[1,2,3], [4,5,6]])
>>> y = np.array([[1,2], [3,4], [5,6]])
>>> x @ y                         # 二维数组满足矩阵相乘条件时，也可以进行矩阵乘法运算
array([[22, 28], [49, 64]])
>>> np.matmul(x, y)               # 与上一行代码等价
array([[22, 28], [49, 64]])
>>> x.dot(y)                      # 与上一行代码等价，此时不等价于x * y
array([[22, 28], [49, 64]])
>>> x = np.matrix([[1,-3,3], [3,-5,3], [6,-6,4]])
>>> np.linalg.matrix_power(x, 3)                     # 矩阵幂运算，此时要求x为方阵
                                                     # 等价于x ** 3或x * x * x
matrix([[ 28, -36,  36], [ 36, -44,  36], [ 72, -72,  64]])
```

1.2.6　计算相关系数矩阵

视频二维码：1.2.6

相关系数矩阵是一个对称矩阵，其中对角线上的元素都是1，表示自相关系数。非对角线元素表示互相关系数，每个元素的绝对值都小于或等于1，反应两个变量变化趋势的相似程度。

如果相关系数矩阵中非对角线元素大于0，表示两个信号正相关，其中一个信号变大时另一个信号也变大，变化方向一致，或者说一个信号的变化对另一个信号的影响是"正面"的或者积极的。相关系数的绝对值越大，表示两个信号变化时互相影响的程度越大。

```
>>> np.corrcoef([1,2,3,4], [4,3,2,1])     # 负相关，变化方向相反
array([[ 1., -1.], [-1.,  1.]])
>>> np.corrcoef([1,2,3,4], [8,3,2,1])     # 负相关，变化方向相反
array([[ 1.        , -0.91350028], [-0.91350028,  1.        ]])
>>> np.corrcoef([1,2,3,4], [1,2,3,4])     # 正相关，变化方向一致
array([[1., 1.], [1., 1.]])
>>> np.corrcoef([1,2,3,4], [1,2,3,40])    # 正相关，变化趋势接近
array([[1.       , 0.8010362], [0.8010362, 1.       ]])
>>> x = np.matrix([[1,2,3], [4,5,6]])
>>> np.corrcoef(x)              # 计算 2 个变量的相关系数矩阵，每行看作一个信号 / 变量
array([[1., 1.], [1., 1.]])
>>> x = np.matrix([[1,2,3], [4,5,6], [9,8,7]])
                                # 计算 3 个变量的相关系数矩阵
>>> np.corrcoef(x)
array([[ 1.,  1., -1.], [ 1.,  1., -1.], [-1., -1.,  1.]])
```

1.2.7　计算样本方差、协方差、标准差

视频二维码：1.2.7

```
>>> x = np.matrix([[-2.1,-1,4.3], [3,1.1,0.12]])
>>> np.cov(x)                   # 对角线为方样本差，非对角线为协方差
array([[11.71      , -4.286     ], [-4.286     ,  2.14413333]])
>>> np.cov(*x)
array([[11.71      , -4.286     ], [-4.286     ,  2.14413333]])
>>> np.cov(x[0])                # 每个数字与均值之差的平方和 / ( 数字数量 -1 )
array(11.71)
>>> np.cov(x[1])
array(2.14413333)
>>> np.std(x)                   # 所有元素的标准差
2.2071223094538484
```

```
>>> np.std(x, axis=0)                    # 纵向计算标准差
matrix([[2.55, 1.05, 2.09]])
>>> np.std(x, axis=1)                    # 横向计算标准差
matrix([[2.79404128], [1.19558447]])
>>> np.std(x[0])
2.794041278626117
>>> np.std(x[1])
1.195584468877972
```

1.2.8 计算特征值与特征向量

视频二维码：1.2.8

对于 $n \times n$ 方阵 $\boldsymbol{A}$，如果存在标量 λ 和 n 维非 0 向量 $\boldsymbol{x}$，使得 $\boldsymbol{A} \cdot \boldsymbol{x} = \lambda \boldsymbol{x}$ 成立，那么称 λ 是方阵 $\boldsymbol{A}$ 的一个特征值，$\boldsymbol{x}$ 为对应于 λ 的特征向量。

从几何意义来讲，矩阵乘以一个向量，是对这个向量进行了一个变换，从一个坐标系变换到另一个坐标系。在变换过程中，向量主要发生旋转和缩放这两种变化。如果矩阵乘以一个向量之后，向量只发生了缩放变化而没有进行旋转，那么这个向量就是该矩阵的一个特征向量，缩放的比例就是特征值。或者说，特征向量是对数据进行旋转之后理想的坐标轴之一，而特征值则是该坐标轴上的投影或者贡献。特征值越大，表示这个坐标轴对原向量的表达越重要，原向量在这个坐标轴上的投影越大。一个矩阵的所有特征向量组成了该矩阵的一组基，也就是新坐标系中的轴。有个特征值和特征向量之后，原向量就可以在另一个坐标系中进行表示。

扩展库 NumPy 的线性代数子模块 linalg 中提供了用来计算特征值与特征向量的函数 eig()，参数可以是 Python 列表、NumPy 数组或矩阵。

```
>>> x = np.array([[1,-3,3],[3,-5,3], [6,-6,4]])
>>> e, v = np.linalg.eig(x)              # 计算方阵的特征值与右特征向量
>>> e
array([ 4.+0.00000000e+00j, -2.+1.10465796e-15j, -2.-1.10465796e-15j])
>>> v
array([[-0.40824829+0.j        ,  0.24400118-0.40702229j,
         0.24400118+0.40702229j],
       [-0.40824829+0.j        , -0.41621909-0.40702229j,
        -0.41621909+0.40702229j],
       [-0.81649658+0.j        , -0.66022027+0.j        ,
        -0.66022027-0.j        ]])
>>> np.linalg.eigvals(x)                 # 计算一般矩阵的特征值
array([ 4.+0.00000000e+00j, -2.+1.10465796e-15j, -2.-1.10465796e-15j])
>>> np.dot(x, v)                         # 矩阵与特征向量的乘积，结果略
>>> e * v                                # 特征值与特征向量的乘积，结果略
>>> np.allclose(np.dot(x,v), e*v)        # 验证二者是否相等
```

```
True
>>> np.linalg.det(x-np.eye(3,3)*e)          # det() 是计算行列式的函数
                                            # 行列式也等于所有特征值的乘积
                                            # 行列式 |A-λE| 的值应为 0
5.965152994198125e-14j
>>> np.isclose(np.linalg.det(x-np.eye(3,3)*e), 0)
True
>>> a = np.array([[1, -2j], [2j, 5]])
>>> w, v = np.linalg.eigh(a)    # 计算复埃尔米特矩阵或实对称矩阵的特征值和特征向量
>>> w
array([0.17157288, 5.82842712])
>>> v
array([[-0.92387953+0.j        , -0.38268343+0.j        ],
       [ 0.        +0.38268343j,  0.        -0.92387953j]])
>>> np.allclose(np.dot(a,v), w*v)
True
>>> np.linalg.eigvals(a)                    # 计算一般矩阵的特征值
array([0.17157288+0.j, 5.82842712+0.j])
>>> a = np.array([[1, -2j], [2j, 5]])
>>> w, v = np.linalg.eigh(a, UPLO='U')      # 根据上三角矩阵计算
>>> np.allclose(np.dot(a,v), w*v)           # 请自行查看 w 和 v 的值，或见配套 PPT
True
```

1.2.9　计算行列式

视频二维码：1.2.9

扩展库 NumPy 的线性代数模块 linalg 中函数 det() 用来计算一个矩阵的行列式，函数 slogdet() 用来计算一个矩阵的行列式符号以及行列式的自然对数值。

```
>>> x = np.array([[1, 2], [3, 4]])
>>> np.linalg.det(x)                        # 计算行列式
-2.0000000000000004
>>> np.linalg.slogdet(x)                    # 计算行列式符号以及行列式的自然对数值
(-1.0, 0.6931471805599455)
>>> sign, logdet = np.linalg.slogdet(x)
>>> sign * np.exp(logdet)                   # 等于行列式
-2.0000000000000004
>>> np.linalg.eigvals(x)                    # 计算特征值
array([-0.37228132,  5.37228132])
>>> np.dot(*_)                              # 特征值的乘积与行列式相等
-1.9999999999999998
```

```
>>> x = np.array([[[1, 2], [3, 4]], [[1, 2], [2, 1]], [[1, 3], [3, 1]]])
>>> sign, logdet = np.linalg.slogdet(x)
>>> sign, logdet                    # 3个二维方阵的行列式符号以及行列式的自然对数值
(array([-1., -1., -1.]), array([0.69314718, 1.09861229, 2.07944154]))
>>> sign * np.exp(logdet)
array([-2., -3., -8.])
>>> np.linalg.det(x[0]), np.linalg.det(x[1]), np.linalg.det(x[2])
(-2.0000000000000004, -2.9999999999999996, -8.000000000000002)
>>> x = np.array([[1+2j, 2+3j], [3+4j, 4+5j]])
>>> np.linalg.slogdet(x)            # 对于复数矩阵，行列式符号为模长等于1的复数
((5.551115123125783e-17-1j), 1.3862943611198904)
>>> abs(np.linalg.slogdet(x)[0])  # 符号复数的模长为1
1.0
```

1.2.10 计算逆矩阵

视频二维码：1.2.10

对于 $n \times n$ 的方阵

$$A = \left(a_{ij}\right)_{i,j=1}^{n,n}$$

如果存在另一个方阵

$$B = \left(b_{ij}\right)_{i,j=1}^{n,n}$$

使得二者乘积为单位矩阵，即

$$A \cdot B = B \cdot A = I$$

那么称矩阵 A 是可逆矩阵或者非奇异矩阵，称 B 为 A 的逆矩阵，即 $B=A^{-1}$。可逆矩阵的行列式不为 0。

扩展库 NumPy 的线性代数子模块 linalg 中提供了用来计算逆矩阵的函数 inv()，要求参数为可逆矩阵，形式可以是 Python 列表、NumPy 数组或矩阵。例如：

```
>>> x = np.matrix([[1,2,3], [4,5,6], [7,8,0]])
>>> x_inv = np.linalg.inv(x)        # 计算逆矩阵，要求矩阵必须可逆
>>> x * x_inv                       # 结果为单位矩阵
matrix([[ 1.00000000e+00,  5.55111512e-17,  1.38777878e-17],
        [ 5.55111512e-17,  1.00000000e+00,  2.77555756e-17],
        [ 1.77635684e-15, -8.88178420e-16,  1.00000000e+00]])
>>> np.isclose(x*x_inv, np.eye(3,3))
matrix([[ True,  True,  True],
        [ True,  True,  True],
        [ True,  True,  True]])
>>> np.allclose(x*x_inv, np.eye(3,3))
```

```
True
>>> np.allclose(x_inv*x, np.eye(3,3))    # 对于矩阵A，有A·A-1 = A-1·A = I
True
>>> np.allclose(x_inv@x, np.eye(3,3))
True
>>> np.allclose(x@x_inv, np.eye(3,3))
True
>>> x = np.matrix([[1,2,3], [4,5,6]])
>>> np.linalg.inv(x)                          # 不是方阵，无法计算逆矩阵
numpy.linalg.LinAlgError: Last 2 dimensions of the array must be square
>>> x = np.matrix([[0,0], [0,0]])
>>> np.linalg.det(x)             # 行列式（也等于所有特征值的积）为0，奇异矩阵
0.0
>>> np.linalg.inv(x)             # 奇异矩阵不可逆
numpy.linalg.LinAlgError: Singular matrix
>>> x = np.matrix([[1,2], [3,6]])
>>> np.linalg.det(x)
0.0
>>> np.linalg.inv(x)
numpy.linalg.LinAlgError: Singular matrix
```

对于任意矩阵 ***A***，存在一个唯一的矩阵 ***M*** 使得下面 3 个条件同时成立：① ***AMA=A***；② ***MAM=M***；③ ***AM*** 与 ***MA*** 均为对称矩阵。这样的矩阵 ***M*** 称为矩阵 ***A*** 的 Moore-Penrose 广义逆矩阵。

```
>>> np.random.seed(20220625)
>>> a = np.random.randn(3, 5)  # 请自行查看矩阵a和B的值
>>> B = np.linalg.pinv(a)      # 使用SVD计算广义逆矩阵，也就是伪逆Moore-Penrose
>>> np.allclose(a, np.dot(a, np.dot(B, a)))
True
>>> np.allclose(B, np.dot(B, np.dot(a, B)))
True
>>> a = np.matrix([[1,3], [2,6]])
>>> B = np.linalg.pinv(a)      # 奇异矩阵也可以计算广义逆矩阵
>>> np.allclose(a, np.dot(a, np.dot(B, a)))
True
>>> np.allclose(B, np.dot(B, np.dot(a, B)))
True
```

下面的代码用于判断是否正交矩阵。对于矩阵 ***A***，如果有 $\boldsymbol{A}^{-1}=\boldsymbol{A}^{\mathrm{T}}$，则称为正交矩阵。

```
>>> mat = np.matrix([[1,0,0], [0,1,0], [0,0,1]])
```

```
>>> np.linalg.inv(mat) == mat.T
matrix([[True,  True,  True],
        [True,  True,  True],
        [True,  True,  True]])
>>> np.linalg.det(mat)          # 正交矩阵的行列式为 1 或 -1，不同行向量之间内积为 0
1.0
>>> mat = np.matrix([[1,0], [0,-1]])
>>> np.linalg.inv(mat) == mat.T                     # 正交矩阵的逆矩阵与转置矩阵相等
matrix([[ True,  True], [ True,  True]])
>>> np.linalg.det(mat)
-1.0
>>> mat = np.matrix([[0,1,0], [-1,0,0], [0,0,-1]])
>>> np.linalg.det(mat)
-1.0
>>> np.allclose(mat.T, np.linalg.inv(mat))
True
>>> np.dot(mat.T, mat)                              # 结果为单位矩阵
matrix([[1, 0, 0], [0, 1, 0], [0, 0, 1]])
>>> np.dot(mat, mat.T)
matrix([[1, 0, 0], [0, 1, 0], [0, 0, 1]])
>>> mat_inv = np.linalg.inv(mat)                    # 计算正交矩阵的逆矩阵
>>> np.dot(mat_inv, mat_inv.T)                      # 正交矩阵的逆矩阵也是正交矩阵
matrix([[1., 0., 0.], [0., 1., 0.], [0., 0., 1.]])
>>> np.dot(mat_inv.T, mat_inv)
matrix([[1., 0., 0.], [0., 1., 0.], [0., 0., 1.]])
>>> a = np.eye(4*6).reshape(4, 6, 8, 3)
>>> ainv = np.linalg.tensorinv(a, ind=2)
                                # 计算多维数组的逆
                                # 要求 prod(a.shape[:ind])=prod(a.shape[ind:])
>>> ainv.shape
(8, 3, 4, 6)
>>> b = np.random.randn(4, 6)
>>> np.allclose(np.tensordot(ainv, b), np.linalg.tensorsolve(a, b))
True
>>> a = np.eye(4*6).reshape(24, 8, 3)
>>> ainv = np.linalg.tensorinv(a, ind=1)
>>> ainv.shape
(8, 3, 24)
>>> b = np.random.randn(24)
>>> np.allclose(np.tensordot(ainv, b, 1), np.linalg.tensorsolve(a, b))
True
>>> np.tensordot(ainv, b, 1).shape
(8, 3)
```

1.2.11 计算向量和矩阵的范数

视频二维码：1.2.11

在线性代数中，一个 n 维向量表示 n 维空间中的一个点，向量的长度或点到原点的直线距离称为模或 2- 范数。对于向量 $\boldsymbol{x}(x_1,x_2,\cdots,x_n)$，其模长也就是向量与自己的内积的平方根，计算公式为

$$\begin{aligned}\|\boldsymbol{x}\|_2 &= (\boldsymbol{x}\cdot\boldsymbol{x})^{1/2}\\ &= \sqrt{x_1\times x_1+x_2\times x_2+\cdots+x_n\times x_n}\\ &= \left(\sum_{i=1}^{n}|x_i|^2\right)^{1/2}\end{aligned}$$

向量的 p- 范数计算公式为（其中 p 为不等于 0 的整数）

$$\|\boldsymbol{x}\|_p = \left(\sum_{i=1}^{n}|x_i|^p\right)^{1/p}$$

对于 $m\times n$ 的矩阵 $\boldsymbol{A}$，常用的范数有 Frobenius 范数（也称 F- 范数），其计算公式为

$$\|\boldsymbol{A}\|_{\mathrm{F}} = \sqrt{\sum_{i=1}^{m}\sum_{j=1}^{n}|a_{ij}|^2}$$

矩阵 $\boldsymbol{A}$ 的 2- 范数是矩阵 $\boldsymbol{A}$ 的共轭转置矩阵与 $\boldsymbol{A}$ 的乘积的最大特征值的平方根，其计算公式为

$$\|\boldsymbol{A}\|_2 = \sqrt{\lambda_{\boldsymbol{A}^{\mathrm{H}}\boldsymbol{A}}}$$

扩展库 NumPy 的线性代数子模块 linalg 中提供了用来计算不同范数的函数 norm()，其语法如下。

```
norm(x, ord=None, axis=None, keepdims=False)
```

其中，第一个参数 x 可以是 Python 列表、NumPy 数组或矩阵；第二个参数 ord 用来指定范数类型，取值和含义如表 1-1 所示。

表 1-1 norm() 函数参数 ord 取值与含义

ord 取值	矩 阵 范 数	向 量 范 数
None	F- 范数，所有元素平方和的平方根	2- 范数
'fro'	F- 范数	不支持
'nuc'	核范数，矩阵奇异值之和	不支持
inf	max(sum(abs(x), axis=1))	max(abs(x))
-inf	min(sum(abs(x), axis=1))	min(abs(x))
0	不支持	sum(x != 0)，向量中非 0 元素的个数

续表

ord 取值	矩阵范数	向量范数
1	max(sum(abs(x), axis=0))	sum(abs(x)**ord)**(1./ord)
-1	min(sum(abs(x), axis=0))	sum(abs(x)**ord)**(1./ord)
2	2- 范数	sum(abs(x)**ord)**(1./ord)
-2	最小奇异值	sum(abs(x)**ord)**(1./ord)
其他整数	不支持	sum(abs(x)**ord)**(1./ord)

```
>>> x = np.matrix([[1,2], [3,-4]])
>>> np.linalg.norm(x)
5.477225575051661
>>> np.linalg.norm(x, -2)
1.9543950758485487
>>> np.linalg.norm(x, -1)
4.0
>>> np.linalg.norm(x, 1)
6.0
>>> np.linalg.norm([1,2,0,3,4,0], 0)
4.0
>>> np.linalg.norm([1,2,0,3,4,0], 2)
5.477225575051661
```

1.2.12 求解线性方程组

视频二维码：1.2.12

线性方程组

$$\begin{cases} a_{11}x_1 + a_{12}x_2 + \cdots + a_{1n}x_n = b_1 \\ a_{21}x_1 + a_{22}x_2 + \cdots + a_{2n}x_n = b_2 \\ \cdots \\ a_{n1}x_1 + a_{n2}x_2 + \cdots + a_{nn}x_n = b_n \end{cases}$$

可以写作矩阵相乘的形式

$$\boldsymbol{ax} = \boldsymbol{b}$$

其中，$\boldsymbol{a}$ 为 $n \times n$ 的矩阵；$\boldsymbol{x}$ 和 $\boldsymbol{b}$ 为 $n \times 1$ 的矩阵。

扩展库 NumPy 的线性代数子模块 linalg 中提供了求解线性方程组的函数 solve() 和求解线性方程组最小二乘解的函数 lstsq()，参数可以是 Python 列表、NumPy 数组或矩阵。

```
>>> a = np.array([[3,1], [1,2]])          # 系数矩阵
>>> b = np.array([9,8])
```

```
>>> x = np.linalg.solve(a, b)                    # 求解
>>> x
array([2., 3.])
>>> np.dot(a, x)                                 # 验证
array([9., 8.])
>>> np.linalg.lstsq(a, b, rcond=None)            # 最小二乘解
                                                 # 返回解、余项、a 的秩、a 的奇异值
(array([2., 3.]), array([], dtype=float64), 2,
 array([3.61803399, 1.38196601]))
```

1.2.13　计算矩阵的条件数

视频二维码：1.2.13

矩阵 ***A*** 的条件数等于 ***A*** 的范数与其逆矩阵的范数的乘积，是判断矩阵病态与否的一种度量，条件数越大则矩阵越病态。

条件数反映了矩阵计算对于误差的敏感性。对于线性方程组 ***Ax=b***，如果 ***A*** 的条件数大，***b*** 的微小改变就能引起解 ***x*** 较大的改变，数值稳定性差。如果 ***A*** 的条件数小，***b*** 有微小的改变，***x*** 的改变也很微小，数值稳定性好。条件数也可以表示 ***b*** 不变而 ***A*** 有微小改变时，***x*** 的变化情况。

矩阵 ***A*** 为奇异矩阵时条件数为无穷大，这时即使不改变 ***b***，***x*** 也可以任意改变。奇异矩阵的本质原因在于矩阵有 0 特征值，***x*** 在对应特征向量的方向上运动不改变 ***Ax*** 的值。如果一个特征值比其他特征值在数量级上小很多，***x*** 在对应特征向量方向上很大的移动才能产生 ***b*** 微小的变化。

条件数越大，矩阵越接近一个奇异矩阵（行列式为 0，不可逆矩阵），矩阵越“病态”。在数值计算中，矩阵的条件数越大，计算的误差越大，精度越低。条件数很大的矩阵会对测量值的扰动非常敏感，对噪声的鲁棒性比较低。

```
>>> from numpy import linalg as LA
>>> a = np.array([[1, 0, -1], [0, 1, 0], [1, 0, 1]])
>>> LA.cond(a)                                   # 默认使用 2- 范数
1.4142135623730951
>>> LA.cond(a, 'fro')                            # 第二个参数表示使用什么范数
3.1622776601683795
>>> LA.cond(a, np.inf), LA.cond(a, -np.inf)
(2.0, 1.0)
>>> LA.cond(a, 1), LA.cond(a, -1)
(2.0, 1.0)
>>> LA.cond(a, 2), LA.cond(a, -2)
(1.4142135623730951, 0.7071067811865475)
>>> LA.norm(a,-2) * LA.norm(LA.inv(a),-2)        # 根据条件数的定义进行计算
```

```
                                              # 矩阵的范数与其逆矩阵的范数的乘积
0.7071067811865475
>>> a = np.matrix([[5,7], [7,10]])
>>> b = np.array([0.7,1])
>>> LA.cond(a, 2)                             # 计算条件数，比较大
222.9955156048907З
>>> LA.solve(a, b)                            # 求解线性方程组
array([0. , 0.1])
>>> b = np.array([0.71, 0.99])                # 稍微改变 b
>>> LA.solve(a, b)                            # 对解的影响较大
array([ 0.17, -0.02])
>>> a = np.matrix([[1,1], [2,3]])
>>> LA.cond(a, 2)                             # 矩阵条件数不太大
14.933034373659224
>>> b = np.array([0.7,1])
>>> LA.solve(a, b)                            # 求解线性方程组
array([ 1.1, -0.4])
>>> b = np.array([0.71, 0.99])                # 稍微改变 b
>>> LA.solve(a, b)                            # 对解的影响不大
array([ 1.14, -0.43])
>>> LA.cond([[1,2], [3,6]], 2)                # 不可逆矩阵，条件数非常大
1.780204061497044e+16
>>> LA.cond([[0,0], [0,0]], 2)                # 不可逆矩阵，条件数无穷大
inf
```

1.2.14 奇异值分解

视频二维码：1.2.14

对于矩阵

$$A = \left(a_{ij}\right)_{i,j=1}^{n,n}$$

存在矩阵 $\boldsymbol{P}$ 和 $\boldsymbol{Q}$，使得

$$\boldsymbol{P}^{\mathrm{H}}\boldsymbol{A}\boldsymbol{Q} = \begin{bmatrix} \boldsymbol{D} & 0 \\ 0 & 0 \end{bmatrix}$$

其中，对角矩阵 $\boldsymbol{D}=\mathrm{diag}(d_1,d_2,\cdots,d_r)$，且 $d_1 \geqslant d_2 \geqslant \cdots \geqslant d_r > 0$。那么 $d_i(i=1,2,\cdots,r)$ 称为矩阵 $\boldsymbol{A}$ 的奇异值，并且有

$$\boldsymbol{A} = \boldsymbol{P}\begin{bmatrix} \boldsymbol{D} & 0 \\ 0 & 0 \end{bmatrix}\boldsymbol{Q}^{\mathrm{H}}$$

这个式子称为矩阵 $\boldsymbol{A}$ 的奇异值分解式。

可以看出，奇异值分解（Singular Value Decomposition，SVD）可以把大矩阵分

解为几个更小的矩阵的乘积。利用这一点，可以实现降维和去噪，这也是机器学习算法中主成分分析算法的理论基础。

扩展库 NumPy 在 linalg 模块中提供了计算奇异值分解的函数 svd()，其语法如下。

```
svd(a, full_matrices=1, compute_uv=1)
```

该函数把参数矩阵 a 分解为 u*np.diag(s)*v 的形式并返回 u、s 和 v，其中数组 s 中是矩阵 a 的奇异值。

```
>>> a = np.matrix([[1,2,3], [4,5,6], [7,8,9]])
>>> u, s, v = np.linalg.svd(a)          # 奇异值分解，可自行查看 u、s、v 的值
>>> u*np.diag(s)*v                      # 验证，得到原来的矩阵
matrix([[ 1.,  2.,  3.], [ 4.,  5.,  6.], [ 7.,  8.,  9.]])
>>> a = np.arange(60).reshape(5, -1)
>>> U, s, V = np.linalg.svd(a, full_matrices=False)
>>> s                                   # svd() 得到的奇异值是从大到小排列的
array([2.64638587e+02, 1.32822522e+01, 2.19610493e-14, 2.68057905e-15,
       1.23976631e-15])
>>> np.allclose(U.T, np.linalg.inv(U))  # U 是正交矩阵
True
>>> V.shape
(5, 12)
>>> np.allclose(a, np.dot(U, np.dot(np.diag(s), V)))
True
>>> u, s, v = np.linalg.svd(a, full_matrices=True)
>>> v.shape                             # full_matrices=True 得到 V 的全矩阵
(12, 12)
>>> u.shape
(5, 5)
>>> s.shape
(5,)
>>> np.allclose(v.T, np.linalg.inv(v))  # V 也是正交矩阵
True
>>> np.allclose(u.T, np.linalg.inv(u))
True
>>> x = np.arange(25).reshape(5, -1)    # 方阵
>>> u, s, v = np.linalg.svd(x, full_matrices=True)
>>> s                                   # 奇异值
array([6.99085940e+01, 3.57609824e+00, 5.72246903e-15, 2.09124342e-16,
       6.08024818e-17])
>>> np.sqrt(np.linalg.eig(x.dot(x.T))[0])
                                        # x.dot(x.T) 的特征值的平方根与奇异值相等
array([6.99085940e+01, 3.57609824e+00, 2.03245734e-07,            nan,
```

```
        4.65834385e-08])
>>> np.linalg.matrix_rank(x)            # 秩，非零奇异值的个数
2
```

1.2.15 计算矩阵的秩

视频二维码：1.2.15

在线性代数中，一个矩阵 ***A*** 的列秩是 ***A*** 的线性独立的列的最大数目，行秩是 ***A*** 的线性无关的行的最大数目。方阵的列秩和行秩总是相等的，称为矩阵 ***A*** 的秩。

```
>>> np.linalg.matrix_rank(np.eye(4))    # 使用 SVD 分解计算矩阵的秩
4
>>> np.linalg.matrix_rank(np.ones(4))
1
>>> np.linalg.matrix_rank(np.zeros(4))
0
>>> np.linalg.matrix_rank([[1,2], [3,4]])
2
>>> x = np.matrix([[1,2,3], [4,5,6], [7,8,9]])
>>> _, s, _ = np.linalg.svd(x)
>>> s
array([1.68481034e+01, 1.06836951e+00, 4.41842475e-16])
>>> np.linalg.matrix_rank(x)            # 非 0 奇异值的个数
2
>>> np.linalg.matrix_rank(x, tol=1)     # 大于 tol 的奇异值的数量，tol 默认为 0
2
>>> np.linalg.matrix_rank(x, tol=1.5)
1
```

1.2.16 QR 分解

视频二维码：1.2.16

如果实（复）非奇异矩阵 ***A*** 能够化成正交（酉）矩阵 ***Q*** 与实（复）非奇异上三角矩阵 ***R*** 的乘积，即 ***A*=*QR***，则称其为 ***A*** 的 ***QR*** 分解。

Python 扩展库 NumPy 的 linalg 模块提供了矩阵 QR 分解的函数 qr()，除下面代码演示的用法之外，该函数的 mode 参数还支持另外几个值，可以通过 help(numpy.linalg.qr) 查看详细信息并结合矩阵分析的有关知识进行理解。

```
>>> x = np.matrix([[1,2,3], [4,5,6]])
```

```
>>> q, r = np.linalg.qr(x)                # QR 分解，q 为正规正交矩阵，r 为上三角矩阵
>>> q * r                                 # 验证
matrix([[1., 2., 3.], [4., 5., 6.]])
>>> np.dot(q, r)
matrix([[1., 2., 3.], [4., 5., 6.]])
>>> q @ r
matrix([[1., 2., 3.], [4., 5., 6.]])
```

1.2.17 Cholesky 分解

```
>>> A = np.array([[1,-2j], [2j,5]])       # A 必须是埃尔米特矩阵或实对称矩阵
>>> L = np.linalg.cholesky(A)             # 请自行查看原始矩阵 A 和下三角矩阵 L 的值
>>> np.dot(L, L.T.conj())                 # 验证，L * L.H 应该等于 A
array([[1.+0.j, 0.-2.j], [0.+2.j, 5.+0.j]])
>>> A = np.array([[1,2],[2,5]])           # 实对称矩阵或二维数组
>>> L = np.linalg.cholesky(A)
>>> np.dot(L, L.T.conj())
array([[1., 2.], [2., 5.]])
```

1.3 多项式计算

视频二维码：1.3

```
>>> p = np.poly1d([1, -3])                # 创建多项式，系数从高次到低次排列
                                          # f(x) = x - 3
>>> p = np.poly1d([1, -3, 5])             # f(x) = x^2 - 3x + 5
>>> p
poly1d([ 1, -3,  5])
>>> np.poly([3, -3])                      # 返回根为 3 和 -3 的多项式的系数
                                          # 此时最高项的系数总是为 1
array([ 1.,  0., -9.])
>>> p = np.poly1d(_)                      # 根据系数创建多项式
>>> p
poly1d([ 1.,  0., -9.])
>>> np.poly1d([3, -3], r=True)            # 创建以 3 和 -3 为根的多项式
poly1d([ 1.,  0., -9.])
>>> p(0), p(3), p(-3)                     # 计算当 x 为 0、3、-3 时多项式的值
(-9.0, 0.0, 0.0)
>>> p([0, 3, -3])                         # 与上一行代码等价
```

```
array([-9.,  0.,  0.])
>>> np.polyval(p, [0,3,-3])        # 与上一行代码等价
array([-9.,  0.,  0.])
>>> p.r                            # 返回多项式的根
array([-3.,  3.])
>>> p.roots                        # 与上一行代码等价
array([-3.,  3.])
>>> np.roots(p)                    # 与上一行代码等价
array([-3.,  3.])
>>> np.polyfit([1, 2], [3, 5], 1) # 使用最小二乘法计算最佳一次多项式
                                   # 过点 (1,3) 和 (2,5) 的直线方程系数
array([2., 1.])
>>> np.polyfit([1, 2, 0], [3, 5, 9], 1)
                                   # 根据点 (1,3)、(2,5)、(0,9) 拟合最佳回归直线
                                   # 返回回归直线的系数
array([-2.        ,  7.66666667])
>>> np.polyfit([1, 2, 0], [3, 5, 9], 2)
                                   # 根据给定的点，拟合最佳的二次多项式
array([  4., -10.,   9.])
>>> p1 = np.poly1d(np.polyfit([1, 2, 0], [3, 5, 9], 1))
>>> p2 = np.poly1d([3, 5, 1, 7])
>>> p2.order                       # 多项式最高阶
3
>>> np.polyadd(p1, p2)             # 多项式相加，返回结果多项式的系数
poly1d([ 3.        ,  5.        , -1.        , 14.66666667])
>>> p1 + p2                        # 与上一行代码等价
poly1d([ 3.        ,  5.        , -1.        , 14.66666667])
>>> np.polyadd([3,1], [5,0,2])    # 把列表看作多项式系数，返回结果多项式的系数
array([5, 3, 3])
>>> np.polysub(p1, p2)             # 多项式相减，等价于 p1 - p2
poly1d([-3.        , -5.        , -3.        ,  0.66666667])
>>> np.polymul(p1, p2)             # 多项式相乘，等价于 p1 * p2
poly1d([-6.        , 13.        , 36.33333333, -6.33333333, 53.66666667])
>>> np.polydiv(p1, p2)             # 多项式相除，返回商和余项的系数，等价于 p1 / p2
(array([0.]), array([-2.        ,  7.66666667]))
>>> np.polyder(p1)                 # 多项式一阶导数
poly1d([-2.])
>>> p1.deriv()                     # 与上一行代码等价
poly1d([-2.])
>>> np.polyder(p2)                 # 多项式一阶导数
poly1d([ 9, 10,  1])
>>> np.polyder(p2, 2)              # 多项式二阶导数
poly1d([18, 10])
```

```
>>> p2.deriv(2)                # 与上一行代码等价
poly1d([18, 10])
>>> np.polyint(p1)             # 多项式一阶不定积分，常数项默认为0
poly1d([-1.        ,  7.66666667,  0.        ])
>>> p1.integ()                 # 与上一行代码等价
poly1d([-1.        ,  7.66666667,  0.        ])
>>> np.polyint(p1, 1, 5)       # 多项式一阶不定积分，指定常数项
poly1d([-1.        ,  7.66666667,  5.        ])
>>> np.polyint(p1, 2)          # 多项式二阶不定积分
poly1d([-0.33333333,  3.83333333,  0.        ,  0.        ])
>>> np.polyint(p1, 2, 5)       # 多项式二阶不定积分，指定常数项为5
poly1d([-0.33333333,  3.83333333,  5.        ,  5.        ])
>>> np.polyint(p1, 2, [3,5])   # 多项式二阶不定积分，指定常数项为[3,5]
poly1d([-0.33333333,  3.83333333,  3.        ,  5.        ])
>>> p1.integ(2, [3,5])         # 与上一行代码等价
poly1d([-0.33333333,  3.83333333,  3.        ,  5.        ])
>>> np.polynomial.Laguerre([1, 5, 5, 2])
                               # 根据系数创建拉格朗日多项式，系数从低次到高次排列
Laguerre([1., 5., 5., 2.], domain=[0, 1], window=[0, 1])
>>> np.polynomial.Chebyshev([1, 3, 5, 2])       # 根据系数创建切比雪夫多项式
Chebyshev([1., 3., 5., 2.], domain=[-1,  1], window=[-1,  1])
>>> np.polynomial.Hermite([1, 3, 5, 2])         # 根据系数创建埃尔米特多项式
Hermite([1., 3., 5., 2.], domain=[-1,  1], window=[-1,  1])
>>> np.polynomial.Hermite([1, 3, 5, 2], [0, 1])
Hermite([1., 3., 5., 2.], domain=[0., 1.], window=[-1,  1])
>>> np.polynomial.Hermite([1, 3, 5, 2], [0, 1], [3, 5])
Hermite([1., 3., 5., 2.], domain=[0., 1.], window=[3., 5.])
>>> coef = np.polynomial.hermite.hermfit([1, 2, 3], [4, 8, 5], 2)
                               # 根据给定点，使用最小二乘法拟合二次埃尔米特多项式
                               # 返回系数
>>> hp = np.polynomial.Hermite(coef)
>>> hp
array([-8.75 ,  7.25 , -0.875])
>>> hp.roots()                 # 埃尔米特多项式的根
array([0.55788428, 3.58497286])
>>> hp.degree()                # 埃尔米特多项式的度，等于系数的个数减1
2
>>> hp.cutdeg(1)               # 截断至度为1，丢弃高次项
Hermite([-8.75,  7.25], domain=[-1.,  1.], window=[-1.,  1.])
>>> hp.deriv()                 # 一阶导数
Hermite([14.5, -3.5], domain=[-1.,  1.], window=[-1.,  1.])
>>> hp.deriv(2)                # 二阶导数
Hermite([-7.], domain=[-1.,  1.], window=[-1.,  1.])
```

```
>>> hp.integ()                  # 一阶积分，不指定积分常数项
Hermite([ 3.625     , -4.375     ,  1.8125    , -0.14583333],
        domain=[-1.,  1.], window=[-1.,  1.])
>>> hp.integ(2, [3,5])          # 二阶积分，指定积分常数项
Hermite([ 3.03125   ,  3.3125    , -1.09375   ,  0.30208333, -0.01822917],
        domain=[-1.,  1.], window=[-1.,  1.])
>>> hp.identity()               # 返回埃尔米特恒等多项式
Hermite([0. , 0.5], domain=[-1.,  1.], window=[-1.,  1.])
>>> hp.identity()(0)            # 恒等多项式 p 对任意 x，有 p(x)=x
0.0
>>> hp.identity()(3)
3.0
>>> hp.trim(3)                  # 只保留绝对值大于 3 的系数
Hermite([-8.75,  7.25], domain=[-1.,  1.], window=[-1.,  1.])
>>> hp.trim(10)                 # 只保留绝对值大于 10 的系数
Hermite([-0.], domain=[-1.,  1.], window=[-1.,  1.])
>>> hp.truncate(2)              # 只保留次数最低的 2 项
Hermite([-8.75,  7.25], domain=[-1.,  1.], window=[-1.,  1.])
>>> hp.truncate(1)              # 只保留次数最低的 1 项
Hermite([-8.75], domain=[-1.,  1.], window=[-1.,  1.])
>>> np.polynomial.hermite.hermval([0, 6], hp.coef)
                                # 埃尔米特多项式 hp 在 x 为 0 和 6 处的值
array([ -7., -46.])
>>> hp.linspace(10)             # 埃尔米特多项式 hp 在当前域内均匀分布的 10 个顶点坐标
(array([-1.        , -0.77777778, -0.55555556, -0.33333333, -0.11111111,
        0.11111111,  0.33333333,  0.55555556,  0.77777778,  1.        ]),
 array([-2.50000000e+01, -2.03950617e+01, -1.61358025e+01, -1.22222222e+01,
       -8.65432099e+00, -5.43209877e+00, -2.55555556e+00, -2.46913580e-02,
        2.16049383e+00,  4.00000000e+00]))
```

1.4　傅里叶变换与反变换

```
>>> import numpy.fft as fft
>>> fft.rfft([1, 2, 3])         # 一维离散傅里叶变换，要求参数数组为实数
                                # 结果为 fft() 函数结果的前 (N+1)//2 个数字
array([ 6. +0.j        , -1.5+0.8660254j])
>>> fft.irfft(_, 3)             # 一维离散傅里叶反变换
array([1., 2., 3.])
>>> fft.fft([1, 2, 3])          # 一维离散傅里叶变换，结果为复数
```

```
array([ 6. +0.j        , -1.5+0.8660254j, -1.5-0.8660254j])
>>> fft.ifft(_)                         # 一维离散傅里叶反变换，结果为复数
array([1.+0.j, 2.+0.j, 3.+0.j])
>>> fft.fft([1+2j, 2+3j, 3+4j])         # 通用一维离散傅里叶变换，参数可以为复数
array([ 6.        +9.j        , -2.3660254-0.6339746j, -0.6339746-2.3660254j])
>>> fft.ifft(_)
array([1.+2.j, 2.+3.j, 3.+4.j])
>>> x = np.arange(24).reshape(4, 6)
>>> fft.fft2(x)                         # 二维离散傅里叶反变换，参数数组可以包含复数
                                        # rfft2()要求参数数组只包含实数
array([[276.+0.00000000e+00j, -12.+2.07846097e+01j, -12.+6.92820323e+00j,
        -12.-1.77635684e-15j, -12.-6.92820323e+00j, -12.-2.07846097e+01j],
       [-72.+7.20000000e+01j,   0.+0.00000000e+00j,   0.+0.00000000e+00j,
          0.+0.00000000e+00j,   0.+0.00000000e+00j,   0.+0.00000000e+00j],
       [-72.+0.00000000e+00j,   0.+0.00000000e+00j,   0.+0.00000000e+00j,
          0.+0.00000000e+00j,   0.+0.00000000e+00j,   0.+0.00000000e+00j],
       [-72.-7.20000000e+01j,   0.+0.00000000e+00j,   0.+0.00000000e+00j,
          0.+0.00000000e+00j,   0.+0.00000000e+00j,   0.+0.00000000e+00j]])
>>> fft.ifft2(_)                                      # 二维离散傅里叶变换
                                                      # 可以使用real属性查看实部
array([[ 0.-7.40148683e-17j,  1.+7.40148683e-17j,  2.-7.40148683e-17j,
         3.+7.40148683e-17j,  4.-7.40148683e-17j,  5.+7.40148683e-17j],
       [ 6.-7.40148683e-17j,  7.+7.40148683e-17j,  8.-7.40148683e-17j,
         9.+7.40148683e-17j, 10.-7.40148683e-17j, 11.+7.40148683e-17j],
       [12.-7.40148683e-17j, 13.+7.40148683e-17j, 14.-7.40148683e-17j,
        15.+7.40148683e-17j, 16.-7.40148683e-17j, 17.+7.40148683e-17j],
       [18.-7.40148683e-17j, 19.+7.40148683e-17j, 20.-7.40148683e-17j,
        21.+7.40148683e-17j, 22.-7.40148683e-17j, 23.+7.40148683e-17j]])
>>> fft.fftn(np.arange(24).reshape(2,2,6))            # 三维离散傅里叶变换
array([[[ 276.+0.00000000e+00j,  -12.+2.07846097e+01j,
          -12.+6.92820323e+00j,  -12.-1.77635684e-15j,
          -12.-6.92820323e+00j,  -12.-2.07846097e+01j],
        [ -72.+0.00000000e+00j,    0.+0.00000000e+00j,
            0.+0.00000000e+00j,    0.+0.00000000e+00j,
            0.+0.00000000e+00j,    0.+0.00000000e+00j]],
       [[-144.+0.00000000e+00j,    0.+0.00000000e+00j,
            0.+0.00000000e+00j,    0.+0.00000000e+00j,
            0.+0.00000000e+00j,    0.+0.00000000e+00j],
        [    0.+0.00000000e+00j,    0.+0.00000000e+00j,
            0.+0.00000000e+00j,    0.+0.00000000e+00j,
            0.+0.00000000e+00j,    0.+0.00000000e+00j]]])
>>> fft.fftn(np.arange(24).reshape(2,2,2,3))          # 四维离散傅里叶变换
array([[[[ 276.+0.j        ,  -12.+6.92820323j,  -12.-6.92820323j],
```

```
           [ -36.+0.j        ,    0.+0.j          ,    0.+0.j          ]],
          [[ -72.+0.j        ,    0.+0.j          ,    0.+0.j          ],
           [   0.+0.j        ,    0.+0.j          ,    0.+0.j          ]]],
         [[[-144.+0.j        ,    0.+0.j          ,    0.+0.j          ],
           [   0.+0.j        ,    0.+0.j          ,    0.+0.j          ]],
          [[   0.+0.j        ,    0.+0.j          ,    0.+0.j          ],
           [   0.+0.j        ,    0.+0.j          ,    0.+0.j          ]]]])
>>> fft.ifftn(_)
array([[[[ 0.+0.j,  1.+0.j,  2.+0.j], [ 3.+0.j,  4.+0.j,  5.+0.j]],
          [[ 6.+0.j,  7.+0.j,  8.+0.j], [ 9.+0.j, 10.+0.j, 11.+0.j]]],
         [[[12.+0.j, 13.+0.j, 14.+0.j], [15.+0.j, 16.+0.j, 17.+0.j]],
          [[18.+0.j, 19.+0.j, 20.+0.j], [21.+0.j, 22.+0.j, 23.+0.j]]]])
>>> fft.ifftn(_).real
array([[[[ 0.,  1.,  2.], [ 3.,  4.,  5.]],
          [[ 6.,  7.,  8.], [ 9., 10., 11.]]],
         [[[12., 13., 14.], [15., 16., 17.]],
          [[18., 19., 20.], [21., 22., 23.]]]])
>>> x = np.array([[1, 1.j], [-1.j, 2]])
>>> np.conj(x.T) - x                          # 检查矩阵是否埃尔米特对称
array([[ 0.-0.j, -0.+0.j], [ 0.+0.j,  0.-0.j]])
>>> fft.hfft(x)                               # 要求参数矩阵具有埃尔米特对称的特征
array([[ 1.,  1.], [ 2., -2.]])
>>> fft.ihfft(_)                              # 反变换
array([[1.-0.j, 0.-0.j], [0.-0.j, 2.-0.j]])
```

1.5 应用案例

例 1-1　编写程序，使用蒙特卡罗方法计算圆周率的近似值。相关原理讲解和程序运行方式及结果见配套微课视频。

视频二维码：例 1-1

```
import numpy as np

def numpy_pi(times):
    x = np.random.rand(times)                 # 第一象限随机点的x坐标，[0,1)区间
    y = np.random.rand(times)                 # 第一象限随机点的y坐标，[0,1)区间
    hits = np.sum(x**2+y**2 <= 1)             # 落在1/4单位圆周及内部的点的数量
    pi = hits / times * 4                     # 圆周率近似值
    return pi

print(numpy_pi(10000))
```

```
print(numpy_pi(100000))
print(numpy_pi(100000000))
```

例 1-2　读取立体声音乐文件调整音量，按时长将其前 1/10 音量越来越大，最后 1/10 音量越来越小，然后保存为新的音乐文件。本例程序需要额外安装扩展库 SciPy。

视频二维码：例 1-2

```
import numpy as np
from scipy.io import wavfile

def fadeInOutMusic(srcMusicFile, dstMusicFile):
    # 读取WAV声音文件，返回采样频率与音乐数据
    # 二维数组musicData形状为(n,2)，每列表示一个声道
    sampleRate, musicData = wavfile.read(srcMusicFile)
    length = len(musicData)
    f = np.linspace(0, 1, length//10)
    # 系数，先越来越大，中间音量不变，最后再越来越小
    factors = np.concatenate((f, (1,)*(length-len(f)*2), f[::-1]))
    # 使用设置好的渐变系数调整音量大小
    musicData = np.int16(np.array(factors).reshape(-1,1) * musicData)
    wavfile.write(dstMusicFile, sampleRate, musicData)        # 写入结果文件
fadeInOutMusic('北国之春.wav', 'result.wav')
```

例 1-3　读取彩色图像，并将其转换为灰度图像并增加亮度。本例程序需要额外安装扩展库 pillow。

视频二维码：例 1-3

```
import numpy as np
from PIL import Image

fn = '彩色图像.jpg'
arr = np.array(Image.open(fn))
# 红、绿、蓝三分量加权平均，变为灰度图像
arr = np.average(arr, axis=2, weights=(0.3,0.59,0.11))
arr = np.int8(np.clip(arr*1.3, 0, 255))    # 灰度值变大，整体调亮，然后重建图像
im_gray = Image.fromarray(arr, 'L')
im_gray.show()                             # 显示图像
# im_gray.save('转换后的灰度图像.jpg')      # 保存图像文件
```

例 1-4　读取视频文件，将画面整体调亮，然后再保存为视频文件。

视频二维码：例 1-4

```
from moviepy.editor import *

def enhance_brightness(image):
```

```
    # 参数 image 是一个三维数组
    image_new = image*1.3                   # 红、绿、蓝分量都等比例调整为 1.3 倍
    image_new[image_new>255] = 255          # 把每个分量值都限制在 255 之内
    return image_new

mp4_file = r'测试视频 .mp4'
v = VideoFileClip(mp4_file)
v.fl_image(enhance_brightness).write_videofile(mp4_file[:-4]+'_new.mp4')
```

本章习题

下载“Python 小屋刷题软件客户端”最新版本，在线练习编程题 125、179、267~306、421~424、479、491、528、534。

第 2 章

Pandas数据分析与处理实战

本章学习目标

（1）掌握日期时间数据处理技术与应用。

（2）掌握 Series 对象操作相关语法与应用。

（3）掌握 Categorical 对象操作相关语法与应用。

（4）掌握 DataFrame 对象操作相关语法与应用。

（5）掌握数据筛选、过滤与修改操作的相关语法与应用。

（6）掌握缺失值、重复值、异常值处理等数据清洗技术的语法与应用。

（7）掌握 DataFrame 拆分、合并、分裂以及分组聚合技术的语法与应用。

（8）掌握透视表、交叉表操作的语法与应用。

（9）掌握使用 Pandas 读写不同类型文件的语法与应用。

（10）掌握 Pandas 数据可视化技术的语法与应用。

2.1 数据分析与处理概述

视频二维码：2.1

数据分析（Data Analysis）是指采用合适的统计分析方法对历史数据进行分析、概括和总结，对数据进行恰当的描述和表达之后借助于数学与统计学理论、计算机技术以及相关工具和编程语言进行分析和处理，试图发现、总结数据背后隐藏的规律并提取有用信息，最终利用这些规律和信息对下一步的决策提供有效支持。

一般来说，数据分析任务都有明确的目标和要解决的问题（例如，发现发生了什么、分析为什么会这样、预测可能还会发生什么、决定下一步需要做什么来引导事物良性发展或避免灾难事件发生），数据选择和分析角度、分析方法、分析目的都具有很强的针对性。

数据分析的应用领域有连锁超市分店选址、饭店选址、机场与火车站选址、公交路线与站牌规划、地铁和公交车的班次规划、物流路线规划、春运加班车次安排、原材料选购、商场进货与货架位置摆放、查找隐性贫困生、共享单车投放位置与时间规划、疫情期间确诊人员的轨迹和密接人员分析、各国疫情走势和疫苗进展分析、各单位员工业绩考核、各城市降水量比较与自然灾害预防、高考志愿填报、房价预测、股票预测、寻找黑客攻击向量、犯罪人员社交关系挖掘、用户画像、网络布线、潜在客户挖掘与高端客户服务定制、个人诚信等级判断与还贷能力预测、异常交易分析、网络流量预测、成本控制与优化、用户留存分析、客户关系分析、商品推荐、手机套餐选择、文本分类与挖掘、笔迹识别与分析、智能交通、智能医疗、数据脱敏。

在实际应用中，我们几乎不可能拿到能够直接使用并进行处理、分析、挖掘和可视化的高质量数据，绝大多数数据都存在各种各样的问题，例如数据错误、冗余、不一致，或者包含缺失值、重复值、异常值。

数据挖掘所需要的数据必须满足准确、完整、一致、可信、可解释等基本要求，否则无法给出满意的结果，甚至有可能会得到完全错误的结果。所以在进行真正的数据分析和挖掘之前，必须要进行预处理，对数据进行必要的清理、规约、规范。

2.2 Pandas 一维数组

Pandas 是 Python data analysis 的简称，是基于 NumPy 扩展库构建的专注于数据分析与数据处理的 Python 扩展库，目前已广泛应用于统计、金融、经济学甚至办公自动化等几乎所有学科、行业和领域，是使得 Python 成为数据科学相关领域首选语言的重要扩展库之一。扩展库 Pandas 主要提供了以下几种常用数据类型。

（1）Series，带标签的一维数组，类似于 Python 内置的字典类型，标签相当于字典的“键”。

（2）DatetimeIndex，日期时间索引数组。

（3）IntervalIndex，区间数组。

（4）Categorical，类别数组。

（5）DataFrame，带标签的二维表格结构，每行和每列都是 Series 对象。

（6）Panel，带标签的三维数组。

2.2.1 日期时间数据处理与相关操作

视频二维码：2.2.1

（1）扩展库 Pandas 中的 Timestamp 类用来创建一个日期时间对象，表示一个特定的时刻，完整语法如下。

```
Timestamp(ts_input=<object object at 0x000002CDDC2278F0>, freq=None,
          tz=None, unit=None, year=None, month=None, day=None, hour=None,
          minute=None, second=None, microsecond=None, nanosecond=None,
          tzinfo=None, *, fold=None)
```

下面代码演示了该类的不同用法。

```
>>> import pandas as pd                          # 按 Python 社区习惯起别名为 pd
>>> pd.Timestamp('20230101')                     # 根据字符串创建日期时间对象
Timestamp('2023-01-01 00:00:00')
>>> pd.Timestamp(1701693355, unit='s')           # 根据时间戳创建日期时间对象
Timestamp('2023-12-04 12:35:55')
>>> pd.Timestamp(457690, unit='h')
Timestamp('2022-03-19 10:00:00')
>>> pd.Timestamp(year=2023, month=1, day=1, hour=12)    # 根据指定的日期时间创建
Timestamp('2023-01-01 12:00:00')
>>> pd.Timestamp(2023, 1, 1, 12, 30, 59)         # 使用位置参数指定日期和时间
Timestamp('2023-01-01 12:30:59')
>>> from datetime import date, time
>>> pd.Timestamp.combine(date(2023, 2, 14), time(15, 30, 15))
                                                 # 合并日期和时间
Timestamp('2023-02-14 15:30:15')
>>> pd.Timestamp.today()                         # 等价于 pd.Timestamp.now()
Timestamp('2022-07-16 11:31:48.727744')
>>> pd.Timestamp.today().to_pydatetime()
datetime.datetime(2022, 7, 16, 11, 35, 18, 450782)
>>> pd.Timestamp.today().month_name()            # 查看月份
'May'
>>> pd.Timestamp.today().day_name()              # 查看周几
'Thursday'
```

```
>>> pd.Timestamp.today().day_of_week          # 查看周几
3
>>> pd.Timestamp.today().day_of_year          # 当年的第几天
146
>>> pd.Timestamp.today().is_leap_year         # 是否为闰年
False
>>> pd.Timestamp.today().is_month_start       # 是否月初第一天
False
>>> pd.Timestamp.today().is_month_end         # 是否月末最后一天
False
>>> pd.Timestamp.today().is_quarter_start     # 是否季度第一天
False
>>> pd.Timestamp.today().is_quarter_end       # 是否季度最后一天
False
>>> pd.Timestamp.today().is_year_start        # 是否当年第一天
False
>>> pd.Timestamp.today().is_year_end          # 是否当年最后一天
False
```

（2）扩展库 Pandas 中的 date_range() 函数用来生成均匀分布的日期时间索引数组，其中每个元素都为 Timestamp 对象，完整语法如下。

```
date_range(start=None, end=None, periods=None, freq='D', tz=None,
           normalize=False, name=None, closed=None, **kwargs)
```

其中，参数 start 和 end 分别用来指定起止日期时间，值可以为字符串或日期时间对象；参数 periods 用来指定要生成的数据数量；tz 用来指定时区，默认为当前时区；normalize=True 时把 start 和 end 规范化到午夜；closed 用来指定包含左边界、右边界或都包含（默认值）；参数 freq 用来指定时间间隔，默认值 'D' 表示天，此外还有 'W' 表示周，'H' 表示小时，'T' 表示分钟，'Q' 表示季度，'M' 表示月末最后一天，'MS' 表示月初第一天，'SM' 表示每月 15 号和月末各一天（'SM-5' 表示每月 5 号和月末各一天，'SM-12' 表示每月 12 号和月末各一天，以此类推），'A' 表示年末最后一天，'AS' 表示年初第一天。更多参数及含义可以查阅官方文档。

下面代码演示了该函数的用法，为节约篇幅，略去了部分结果，可以自行运行代码查看完整结果，或见配套 PPT。

```
>>> pd.date_range(start='20230101', end='20231231', freq='H')   # 间隔 1 小时
DatetimeIndex(['2023-01-01 00:00:00', '2023-01-01 01:00:00',
               '2023-01-01 02:00:00', '2023-01-01 03:00:00',
               ...
               '2023-12-30 21:00:00', '2023-12-30 22:00:00',
```

```
               '2023-12-30 23:00:00', '2023-12-31 00:00:00'],
              dtype='datetime64[ns]', length=8737, freq='H')
>>> pd.date_range(start='20230101', end='20231231', freq='D')     # 间隔 1 天
DatetimeIndex(['2023-01-01', '2023-01-02', '2023-01-03', '2023-01-04',
               '2023-01-05', '2023-01-06', '2023-01-07', '2023-01-08',
               ...
               '2023-12-26', '2023-12-27', '2023-12-28', '2023-12-29',
               '2023-12-30', '2023-12-31'],
              dtype='datetime64[ns]', length=365, freq='D')
>>> pd.date_range(start='20230101', end='20231231', freq='7D')    # 间隔 7 天
DatetimeIndex(['2023-01-01', '2023-01-08', '2023-01-15', '2023-01-22',
               '2023-01-29', '2023-02-05', '2023-02-12', '2023-02-19',
               ...
               '2023-12-03', '2023-12-10', '2023-12-17', '2023-12-24',
               '2023-12-31'],
              dtype='datetime64[ns]', freq='7D')
>>> dates = pd.date_range(start='20210101', end='20211231', freq='M')
                                                  # 间隔 1 月，返回每月最后一天
>>> dates
DatetimeIndex(['2021-01-31', '2021-02-28', '2021-03-31', '2021-04-30',
               '2021-05-31', '2021-06-30', '2021-07-31', '2021-08-31',
               '2021-09-30', '2021-10-31', '2021-11-30', '2021-12-31'],
              dtype='datetime64[ns]', freq='M')
>>> pd.date_range(start='20210101', end='20211231', freq='MS')
                                                  # 间隔 1 月，返回每月第一天
DatetimeIndex(['2021-01-01', '2021-02-01', '2021-03-01', '2021-04-01',
               '2021-05-01', '2021-06-01', '2021-07-01', '2021-08-01',
               '2021-09-01', '2021-10-01', '2021-11-01', '2021-12-01'],
              dtype='datetime64[ns]', freq='MS')
>>> pd.date_range(start='20210101', end='20231231', freq='5MS')
                                                  # 间隔 5 个月，每月第一天
DatetimeIndex(['2021-01-01', '2021-06-01', '2021-11-01', '2022-04-01',
               '2022-09-01', '2023-02-01', '2023-07-01', '2023-12-01'],
              dtype='datetime64[ns]', freq='5MS')
>>> pd.date_range(start='20210101', end='20211231', freq='SM')
                                                  # 间隔半月，月中、月末
DatetimeIndex(['2021-01-15', '2021-01-31', '2021-02-15', '2021-02-28',
               ...
               '2021-11-15', '2021-11-30', '2021-12-15', '2021-12-31'],
               dtype='datetime64[ns]', freq='SM-15')
>>> pd.date_range(start='20000101', end='20211231', freq='A')     # 每年最后一天
DatetimeIndex(['2000-12-31', '2001-12-31', '2002-12-31', '2003-12-31',
               ...
```

```
                 '2020-12-31', '2021-12-31'],
                 dtype='datetime64[ns]', freq='A-DEC')
>>> pd.date_range(start='20000101', end='20211231', freq='AS')    # 每年第一天
DatetimeIndex(['2000-01-01', '2001-01-01', '2002-01-01', '2003-01-01',
                 ...
                 '2020-01-01', '2021-01-01'],
                 dtype='datetime64[ns]', freq='AS-JAN')
>>> pd.date_range(start='20220218', periods=4, freq='A-MAR')
                                                      # 每年 3 月最后一天
DatetimeIndex(['2022-03-31', '2023-03-31', '2024-03-31',
                 '2025-03-31'], dtype='datetime64[ns]', freq='A-MAR')
>>> pd.date_range(start='20220218', periods=4, freq='A-AUG')
                                                      # 每年 8 月最后一天
DatetimeIndex(['2022-08-31', '2023-08-31', '2024-08-31',
                 '2025-08-31'], dtype='datetime64[ns]', freq='A-AUG')
>>> pd.date_range(start='20220218', periods=4, freq='AS-AUG')
                                                      # 每年 8 月第一天
DatetimeIndex(['2022-08-01', '2023-08-01', '2024-08-01',
                 '2025-08-01'], dtype='datetime64[ns]', freq='AS-AUG')
>>> pd.date_range('2021-07-24', periods=8, freq='Q')    # 每个季度的最后一天
DatetimeIndex(['2021-09-30', '2021-12-31', '2022-03-31', '2022-06-30',
                 '2022-09-30', '2022-12-31', '2023-03-31', '2023-06-30'],
                dtype='datetime64[ns]', freq='Q-DEC')
>>> pd.date_range('2021-07-24', periods=8, freq='QS')   # 每个季度的第一天
DatetimeIndex(['2021-10-01', '2022-01-01', '2022-04-01', '2022-07-01',
                 '2022-10-01', '2023-01-01', '2023-04-01', '2023-07-01'],
                dtype='datetime64[ns]', freq='QS-JAN')
>>> pd.date_range(start='20220218', periods=4, freq='Q-AUG')
                                                      # 每个季度中间月最后一天
DatetimeIndex(['2022-02-28', '2022-05-31', '2022-08-31',
                 '2022-11-30'], dtype='datetime64[ns]', freq='Q-AUG')
>>> pd.date_range(start='20210801', end='20210930', freq='5D')
DatetimeIndex(['2021-08-01', '2021-08-06', '2021-08-11', '2021-08-16',
                 '2021-08-21', '2021-08-26', '2021-08-31', '2021-09-05',
                 '2021-09-10', '2021-09-15', '2021-09-20', '2021-09-25',
                 '2021-09-30'],
                dtype='datetime64[ns]', freq='5D')
>>> pd.date_range('20220101', '20220110', freq='3d')    # 大小写不重要
DatetimeIndex(['2022-01-01', '2022-01-04', '2022-01-07', '2022-01-10'],
                dtype='datetime64[ns]', freq='3D')
>>> pd.infer_freq(_)                                    # 推测时间间隔
'3D'
# 从 2021 年 8 月 1 日 0 时 0 分 0 秒开始，以 3 小时为间隔，生成 8 个数据
>>> pd.date_range(start='20210801', periods=8, freq='3H')
```

```
DatetimeIndex(['2021-08-01 00:00:00', '2021-08-01 03:00:00',
               '2021-08-01 06:00:00', '2021-08-01 09:00:00',
               '2021-08-01 12:00:00', '2021-08-01 15:00:00',
               '2021-08-01 18:00:00', '2021-08-01 21:00:00'],
              dtype='datetime64[ns]', freq='3H')
# 从 2021 年 8 月 1 日 9 时 0 分 0 秒开始，以 3 小时为间隔，生成 8 个数据
>>> pd.date_range(start='202108010900', periods=8, freq='3H')
DatetimeIndex(['2021-08-01 09:00:00', '2021-08-01 12:00:00',
               '2021-08-01 15:00:00', '2021-08-01 18:00:00',
               '2021-08-01 21:00:00', '2021-08-02 00:00:00',
               '2021-08-02 03:00:00', '2021-08-02 06:00:00'],
              dtype='datetime64[ns]', freq='3H')
# 每个月生成 6 号和最后一天两个数据
>>> pd.date_range(start='20210101', end='20211231', freq='SM-6')
DatetimeIndex(['2021-01-06', '2021-01-31', '2021-02-06', '2021-02-28',
               ...
               '2021-11-06', '2021-11-30', '2021-12-06', '2021-12-31'],
              dtype='datetime64[ns]', freq='SM-6')
>>> pd.date_range(start='20210101', end='20211231', freq='SM-6')[::2]
DatetimeIndex(['2021-01-06', '2021-02-06', '2021-03-06', '2021-04-06',
               '2021-05-06', '2021-06-06', '2021-07-06', '2021-08-06',
               '2021-09-06', '2021-10-06', '2021-11-06', '2021-12-06'],
              dtype='datetime64[ns]', freq='2SM-6')
# 与上一行代码等价，结果略
>>> pd.date_range(start='20210101', end='20211231', freq='2SM-6')
# 查看每个日期是该周的第几天
>>> pd.date_range('20210101', periods=8, freq='6D').day_of_week
Int64Index([4, 3, 2, 1, 0, 6, 5, 4], dtype='int64')
# 查看每个日期是该年的第几天
>>> pd.date_range('20210101', periods=8, freq='6D').day_of_year
Int64Index([1, 7, 13, 19, 25, 31, 37, 43], dtype='int64')
# 查看每个日期是周几
>>> pd.date_range('20210101', periods=8, freq='6D').day_name()
Index(['Friday', 'Thursday', 'Wednesday', 'Tuesday', 'Monday', 'Sunday',
       'Saturday', 'Friday'], dtype='object')
# 查看每个日期的年份是否为闰年
>>> pd.date_range('20210101', periods=8, freq='A').is_leap_year
array([False, False, False,  True, False, False, False,  True])
# 查看每个日期属于第几季度
>>> pd.date_range('20210101', periods=8, freq='M').quarter
Int64Index([1, 1, 1, 2, 2, 2, 3, 3], dtype='int64')
# 当月总天数
>>> pd.date_range('20210101', periods=8, freq='M').daysinmonth
Int64Index([31, 28, 31, 30, 31, 30, 31, 31], dtype='int64')
```

```
# 查看小时
>>> pd.date_range('202101010101', periods=8, freq='5h').hour
Int64Index([1, 6, 11, 16, 21, 2, 7, 12], dtype='int64')
# 查看是否月初第一天
>>> pd.date_range('20210101', periods=8, freq='5d').is_month_start
array([True, False, False, False, False, False, False, False])
# 查看是否月末最后一天
>>> pd.date_range('20210101', periods=8, freq='5d').is_month_end
array([False, False, False, False, False, False,  True, False])
# 查看是否季度第一天
>>> pd.date_range('20210101', periods=8, freq='5d').is_quarter_start
array([True, False, False, False, False, False, False, False])
# 查看是否季度最后一天
>>> pd.date_range('20210101', periods=8, freq='5d').is_quarter_end
array([False, False, False, False, False, False, False, False])
# 查看年份
>>> pd.date_range('20210103', periods=8, freq='5d').year
Int64Index([2021, 2021, 2021, 2021, 2021, 2021, 2021, 2021], dtype='int64')
# 查看月份
>>> pd.date_range('20210101', periods=8, freq='5d').month
Int64Index([1, 1, 1, 1, 1, 1, 1, 2], dtype='int64')
# 查看月份的名字
>>> pd.date_range('20210101', periods=8, freq='5d').month_name()
Index(['January', 'January', 'January', 'January', 'January', 'January',
       'January', 'February'], dtype='object')
# 查看每个日期属于当年的第几周
>>> pd.date_range('20210107', periods=8, freq='15d').isocalendar().week
2021-01-07     1
2021-01-22     3
2021-02-06     5
...
2021-03-23    12
2021-04-07    14
2021-04-22    16
Freq: 15D, Name: week, dtype: UInt32
# 转换为 Python 的 datetime 对象
>>> pd.date_range('20210101', periods=8, freq='M').to_pydatetime()
array([datetime.datetime(2021, 1, 31, 0, 0),
       datetime.datetime(2021, 2, 28, 0, 0),
       ...
       datetime.datetime(2021, 7, 31, 0, 0),
       datetime.datetime(2021, 8, 31, 0, 0)], dtype=object)
>>> pd.date_range('20210101', periods=8, freq='M').to_period('A')
```

```
                                             # 以年为单位
    PeriodIndex(['2021', '2021', '2021', '2021', '2021', '2021', '2021', '2021'],
dtype='period[A-DEC]', freq='A-DEC')
    >>> pd.date_range('20210101', periods=8, freq='M').to_period('Q')
                                             # 以季度为单位
    PeriodIndex(['2021Q1', '2021Q1', '2021Q1', '2021Q2', '2021Q2', '2021Q2',
                 '2021Q3', '2021Q3'], dtype='period[Q-DEC]', freq='Q-DEC')
    >>> pd.date_range('20210101', periods=8, freq='M').to_period()
                                             # 以月为单位
    PeriodIndex(['2021-01', '2021-02', '2021-03', '2021-04', '2021-05',
                 '2021-06', '2021-07', '2021-08'], dtype='period[M]', freq='M')
```

（3）扩展库 Pandas 的函数 to_datetime() 用来把特定格式的字符串转换为日期时间数据，只有一个的话转换为 Timestamp 对象，多个的话转换为 DatetimeIndex 对象。

```
    >>> pd.to_datetime('2020/5/11')        # 自动解释为年/月/日
    Timestamp('2020-05-11 00:00:00')
    >>> pd.to_datetime('5/11/2020')        # 自动解释为月/日/年
    Timestamp('2020-05-11 00:00:00')
    >>> pd.to_datetime('20/5/21')          # 无法把 20 解释为月，自动解释为日/月/年
    Timestamp('2021-05-20 00:00:00')
    >>> pd.to_datetime('11/5/22')          # 可以把 11 解释为月，自动解释为月/日/年
    Timestamp('2022-11-05 00:00:00')
    >>> pd.to_datetime('11/5/23', dayfirst=True)    # 把第一个数字理解为日
    Timestamp('2023-05-11 00:00:00')
    >>> pd.to_datetime('110522', dayfirst=True)     # 把第一组数字理解为日
    Timestamp('2022-05-11 00:00:00')
    >>> pd.to_datetime('23/5/11', yearfirst=True)   # 把第一组数字理解为年
    Timestamp('2023-05-11 00:00:00')
    >>> pd.to_datetime('2022/5/11 22:22:22')        # 年/月/日 时:分:秒
    Timestamp('2022-05-11 22:22:22')
    >>> pd.to_datetime(['20220511', '202205111654', '20220511165405'])
    DatetimeIndex(['2022-05-11 00:00:00', '2022-05-11 16:54:00',
                   '2022-05-11 16:54:05'], dtype='datetime64[ns]', freq=None)
    >>> pd.to_datetime('2022 年 5 月 10 日', format='%Y 年 %m 月 %d 日')
    Timestamp('2022-05-10 00:00:00')
    >>> pd.to_datetime(['2022 年 5 月 10 日', '2023 年 8 月 30 日'],
                       format='%Y 年 %m 月 %d 日')
    DatetimeIndex(['2022-05-10', '2023-08-30'], dtype='datetime64[ns]',
                  freq=None)
    >>> pd.to_datetime(['2022 年 6 月 5 日 9 时 30 分', '2023 年 6 月 5 日 12 时 10 分'],
                        format='%Y 年 %m 月 %d 日 %H 时 %M 分')
```

```
DatetimeIndex(['2022-06-05 09:30:00', '2023-06-05 12:10:00'],
              dtype='datetime64[ns]', freq=None)
>>> dft = pd.DataFrame({'year': [2022, 2023], 'month': [2, 3],
                        'day': [4, 5], 'data':[666,999]})
>>> dft
   year  month  day  data
0  2022      2    4   666
1  2023      3    5   999
>>> pd.to_datetime(dft.iloc[:,:3])
0   2022-02-04
1   2023-03-05
dtype: datetime64[ns]
>>> dft.insert(loc=0, column='date', value=pd.to_datetime(dft.iloc[:,:3]))
                                             # 插入一列，合并年月日的数据
>>> dft.drop(columns=['year','month','day'], axis=1, inplace=True)
                                             # 删除原来的年月日数据
>>> dft
        date  data
0 2022-02-04   666
1 2023-03-05   999
```

（4）扩展库 Pandas 的函数 to_timedelta() 用来创建时间差（或称时间间隔）数据。

```
>>> pd.to_timedelta(np.arange(5), unit='d')                  # 以天为单位
TimedeltaIndex(['0 days', '1 days', '2 days', '3 days', '4 days'],
               dtype='timedelta64[ns]', freq=None)
>>> pd.to_timedelta(np.arange(5), unit='m')                  # 分钟
TimedeltaIndex(['0 days 00:00:00', '0 days 00:01:00', '0 days 00:02:00',
                '0 days 00:03:00', '0 days 00:04:00'],
               dtype='timedelta64[ns]', freq=None)
>>> pd.to_timedelta(np.arange(5), unit='h')                  # 小时
TimedeltaIndex(['0 days 00:00:00', '0 days 01:00:00', '0 days 02:00:00',
                '0 days 03:00:00', '0 days 04:00:00'],
               dtype='timedelta64[ns]', freq=None)
>>> pd.to_timedelta(np.arange(5), unit='s')                  # 秒
TimedeltaIndex(['0 days 00:00:00', '0 days 00:00:01', '0 days 00:00:02',
                '0 days 00:00:03', '0 days 00:00:04'],
               dtype='timedelta64[ns]', freq=None)
>>> pd.to_timedelta(['1 days 06:05:01.00003', '15.5us', '9000000s', 'nan'])
                                                             # 每个数据自带单位
TimedeltaIndex(['1 days 06:05:01.000030', '0 days 00:00:00.000015500',
                '104 days 04:00:00', NaT],
```

```
                dtype='timedelta64[ns]', freq=None)
```

日期时间数据相减可以得到时间差对象。

```
>>> dt1 = pd.date_range(start='20230618', periods=4, freq='d')
>>> dt2 = pd.date_range(start='20220618', periods=4, freq='7w')
>>> dt1 - dt2
TimedeltaIndex(['364 days', '316 days', '268 days', '220 days'],
               dtype='timedelta64[ns]', freq=None)
```

扩展库 Pandas 的函数 timedelta_range() 用来创建时间差数组。

```
>>> pd.timedelta_range(start='1 day', periods=4)        # freq 默认为 'd'
                                                        # closed 默认为 'both'
TimedeltaIndex(['1 days', '2 days', '3 days', '4 days'],
               dtype='timedelta64[ns]', freq='D')
>>> pd.timedelta_range(start='1 day', periods=4, closed='right')
TimedeltaIndex(['2 days', '3 days', '4 days'],
               dtype='timedelta64[ns]', freq='D')
>>> pd.timedelta_range(start='1 day', end='2 days', freq='6H')
TimedeltaIndex(['1 days 00:00:00', '1 days 06:00:00', '1 days 12:00:00',
                '1 days 18:00:00', '2 days 00:00:00'],
               dtype='timedelta64[ns]', freq='6H')
>>> pd.timedelta_range(start='1 day', end='5 days', periods=4)
TimedeltaIndex(['1 days 00:00:00', '2 days 08:00:00', '3 days 16:00:00',
                '5 days 00:00:00'], dtype='timedelta64[ns]', freq=None)
```

日期时间数据可以和时间差数据相加减。

```
>>> pd.date_range(start='20220618', periods=4, freq='d') + pd.to_timedelta('10d')
DatetimeIndex(['2022-06-28', '2022-06-29', '2022-06-30',
               '2022-07-01'], dtype='datetime64[ns]', freq='D')
>>> pd.date_range(start='20220618', periods=4, freq='d') + pd.to_timedelta('10h')
DatetimeIndex(['2022-06-18 10:00:00', '2022-06-19 10:00:00',
               '2022-06-20 10:00:00', '2022-06-21 10:00:00'],
              dtype='datetime64[ns]', freq='D')
>>> pd.date_range(start='20230618', periods=4, freq='d') - pd.to_timedelta('3w')
DatetimeIndex(['2023-05-28', '2023-05-29', '2023-05-30',
               '2023-05-31'], dtype='datetime64[ns]', freq='D')
>>> pd.date_range(start='20230618', periods=4, freq='d') - pd.to_timedelta('30s')
DatetimeIndex(['2023-06-17 23:59:30', '2023-06-18 23:59:30',
               '2023-06-19 23:59:30', '2023-06-20 23:59:30'],
              dtype='datetime64[ns]', freq='D')
```

```
>>> pd.date_range(start='20230618', periods=4, freq='d') + pd.to_timedelta('30m')
DatetimeIndex(['2023-06-18 00:30:00', '2023-06-19 00:30:00',
               '2023-06-20 00:30:00', '2023-06-21 00:30:00'],
              dtype='datetime64[ns]', freq='D')
>>> dt = pd.date_range(start='20230618', periods=4, freq='d')
>>> dt
DatetimeIndex(['2023-06-18', '2023-06-19', '2023-06-20', '2023-06-21'],
              dtype='datetime64[ns]', freq='D')
>>> td = pd.to_timedelta(['30m', '-30m', '5h', '700s'])
>>> dt + td
DatetimeIndex(['2023-06-18 00:30:00', '2023-06-18 23:30:00',
               '2023-06-20 05:00:00', '2023-06-21 00:11:40'],
              dtype='datetime64[ns]', freq=None)
```

（5）扩展库 Pandas 的函数 period_range() 可以用来创建时间段序列，其中每个数据表示一个时间段，时间段的长度取决于参数 freq，完整用法如下，参数含义与 date_range() 函数参数相同。可以使用 Python 内置函数 dir() 查看时间段序列对象方法的完整清单，然后使用内置函数 help() 查看方法的功能与用法。

```
period_range(start=None, end=None, periods: 'int | None' = None,
             freq=None, name=None)
```

下面代码演示了该函数的具体用法。

```
>>> pd.period_range(start='2023-01-01', end='2024-01-01', freq='M')
PeriodIndex(['2023-01', '2023-02', '2023-03', '2023-04', '2023-05',
             '2023-06', '2023-07', '2023-08', '2023-09', '2023-10',
             '2023-11', '2023-12', '2024-01'], dtype='period[M]', freq='M')
>>> pd.period_range(start='2021-01-05', end='2022-01-01', freq='Q')
PeriodIndex(['2021Q1', '2021Q2', '2021Q3', '2021Q4', '2022Q1'],
            dtype='period[Q-DEC]', freq='Q-DEC')
>>> pd.period_range(start='2021-01-05', end='2022-01-01', freq='A')
PeriodIndex(['2021', '2022'], dtype='period[A-DEC]', freq='A-DEC')
>>> pd.period_range(start='2021-01-05', periods=5, freq='A')
PeriodIndex(['2021', '2022', '2023', '2024', '2025'],
            dtype='period[A-DEC]', freq='A-DEC')
>>> pd.period_range(start='2021-01-05', periods=5, freq='M')
PeriodIndex(['2021-01', '2021-02', '2021-03', '2021-04', '2021-05'],
            dtype='period[M]', freq='M')
>>> pd.period_range('2021-07-24', periods=8, freq='D')
PeriodIndex(['2021-07-24', '2021-07-25', '2021-07-26', '2021-07-27',
             '2021-07-28', '2021-07-29', '2021-07-30', '2021-07-31'],
```

```
            dtype='period[D]', freq='D')
>>> pd.period_range('2022-07-24', periods=8, freq='5D')
PeriodIndex(['2022-07-24', '2022-07-29', '2022-08-03', '2022-08-08',
             '2022-08-13', '2022-08-18', '2022-08-23', '2022-08-28'],
            dtype='period[5D]')
>>> pd.period_range('2022-07-24', periods=8, freq='5D').start_time
                                              # 每个时间段的起始时间
DatetimeIndex(['2022-07-24', '2022-07-29', '2022-08-03', '2022-08-08',
               '2022-08-13', '2022-08-18', '2022-08-23', '2022-08-28'],
              dtype='datetime64[ns]', freq='5D')
>>> pd.period_range('2022-07-24', periods=8, freq='5D').end_time
                                              # 每个时间段的结束时间
DatetimeIndex(['2022-07-28 23:59:59.999999999',
               '2022-08-02 23:59:59.999999999',
               '2022-08-07 23:59:59.999999999',
               '2022-08-12 23:59:59.999999999',
               '2022-08-17 23:59:59.999999999',
               '2022-08-22 23:59:59.999999999',
               '2022-08-27 23:59:59.999999999',
               '2022-09-01 23:59:59.999999999'],
              dtype='datetime64[ns]', freq='5D')
```

2.2.2 区间数据处理与相关操作

扩展库Pandas的函数interval_range()用来创建固定频率的区间索引数组，参数start和end可以为数字或日期时间对象，参数freq可以为数字、字符串或日期偏移量。

视频二维码：2.2.2

```
interval_range(start=None, end=None, periods=None, freq=None,
               name: 'Hashable' = None, closed='right')
```

下面代码演示了该函数的具体用法。

```
>>> pd.interval_range(end=5, periods=4, closed='both')
IntervalIndex([[1, 2], [2, 3], [3, 4], [4, 5]],
              dtype='interval[int64, both]')
>>> pd.interval_range(start=0, end=6, periods=3)
IntervalIndex([(0, 2], (2, 4], (4, 6]], dtype='interval[int64, right]')
>>> pd.interval_range(start=0, end=6, periods=3, closed='neither')
IntervalIndex([(0, 2), (2, 4), (4, 6)], dtype='interval[int64, neither]')
>>> pd.interval_range(start=0, end=5)
```

```
IntervalIndex([(0, 1], (1, 2], (2, 3], (3, 4], (4, 5]],
              dtype='interval[int64, right]')
>>> pd.interval_range(start=0, periods=4, freq=2.5)
IntervalIndex([(0.0, 2.5], (2.5, 5.0], (5.0, 7.5], (7.5, 10.0]], dtype='interval
              [float64, right]')
>>> pd.interval_range(start=pd.Timestamp('2022-01-01'), periods=3, freq='MS')
IntervalIndex([(2022-01-01, 2022-02-01], (2022-02-01, 2022-03-01], (2022-03-01,
                2022-04-01]], dtype='interval[datetime64[ns], right]')
>>> pd.interval_range(start=pd.Timestamp('2022-01-01'), periods=3, freq='3MS')
IntervalIndex([(2022-01-01, 2022-04-01], (2022-04-01, 2022-07-01], (2022-07-01,
                2022-10-01]], dtype='interval[datetime64[ns], right]')
>>> pd.interval_range(start=pd.Timestamp('2022-01-01'), periods=3, freq='3SM')
IntervalIndex([(2022-01-15, 2022-02-28], (2022-02-28, 2022-04-15], (2022-04-15,
                2022-05-31]], dtype='interval[datetime64[ns], right]')
>>> pd.interval_range(start=pd.Timestamp('2022-01-01'), periods=3, freq='W')
IntervalIndex([(2022-01-02, 2022-01-09], (2022-01-09, 2022-01-16], (2022-01-16,
                2022-01-23]], dtype='interval[datetime64[ns], right]')
>>> pd.interval_range(start=pd.Timestamp('2022-01-01'), periods=3, freq='6W')
IntervalIndex([(2022-01-02, 2022-02-13], (2022-02-13, 2022-03-27], (2022-03-27,
                2022-05-08]], dtype='interval[datetime64[ns], right]')
```

2.2.3 Categorical 数据处理与相关操作

视频二维码：2.2.3

```
Categorical(values, categories=None, ordered=None, dtype=None,
            fastpath=False, copy=True)
```

其中，参数 values 用来指定值，如果同时指定了参数 categories，那么不在 categories 中的值被替换为 NaN；参数 categories 用来指定类别，每个元素都应该是唯一的，不指定时以 values 中的唯一值作为类别；参数 ordered 用来指定是否排序。Categorical 对象具有很多与 Series 和 DataFrame 对象类似的操作和方法。

```
>>> pd.Categorical([1, 2, 3, 1, 2, 3])
[1, 2, 3, 1, 2, 3]
Categories (3, int64): [1, 2, 3]
>>> pd.Categorical(['a', 'b', 'c', 'a', 'b', 'c'])
['a', 'b', 'c', 'a', 'b', 'c']
Categories (3, object): ['a', 'b', 'c']
>>> dtype = pd.CategoricalDtype(['a', 'b'], ordered=True)
>>> pd.Categorical.from_codes(codes=[0,1,0,1,1], dtype=dtype)     # 有序类别对象
['a', 'b', 'a', 'b', 'b']
```

```
Categories (2, object): ['a' < 'b']
>>> cat = pd.Categorical([1, 2, 3, 1, 2, 3, np.nan])
>>> cat
[1, 2, 3, 1, 2, 3, NaN]
Categories (3, int64): [1, 2, 3]
>>> cat.codes                              # 对象中元素的编码
array([ 0,  1,  2,  0,  1,  2, -1], dtype=int8)
>>> cat = pd.Categorical(['a', 'b', 'c', 'a', 'b', 'c'], ordered=True,
                         categories=['c', 'b', 'a'])
                                           # 有序 Categorical 对象
>>> cat
['a', 'b', 'c', 'a', 'b', 'c']
Categories (3, object): ['c' < 'b' < 'a']
>>> cat.min(), cat.max()                   # 最大值、最小值
('c', 'a')
>>> cat.argmax(), cat.argmin()             # 最大值、最小值首次出现的下标
(0, 2)
>>> cat.argsort()                          # 排序后元素的原下标
array([2, 5, 1, 4, 0, 3], dtype=int64)
>>> cat[cat.argsort()]                     # 排序后的元素
['c', 'c', 'b', 'b', 'a', 'a']
Categories (3, object): ['c' < 'b' < 'a']
>>> cat.sort_values()                      # 排序，如果加参数 inplace=True 表示原地排序
['c', 'c', 'b', 'b', 'a', 'a']
Categories (3, object): ['c' < 'b' < 'a']
>>> cat.sort_values(ascending=False) # 降序排序
['a', 'a', 'b', 'b', 'c', 'c']
Categories (3, object): ['c' < 'b' < 'a']
>>> cat.describe()                         # 返回 DataFrame，每个唯一元素出现的次数和概率
            counts     freqs
categories
c                2  0.333333
b                2  0.333333
a                2  0.333333
>>> cat.unique()                           # 唯一元素
['a', 'b', 'c']
Categories (3, object): ['c' < 'b' < 'a']
>>> cat.value_counts()                     # 每个唯一元素出现的次数
c    2
b    2
a    2
dtype: int64
>>> cat.factorize()                        # 向量化
```

```
(array([0, 1, 2, 0, 1, 2], dtype=int64), ['a', 'b', 'c']
Categories (3, object): ['c' < 'b' < 'a'])
>>> cat.codes                  # 查看编码
array([2, 1, 0, 2, 1, 0], dtype=int8)
>>> cat.isin(['a', 'b'])       # 测试 Categorical 对象的值是否在指定的若干值中
array([True,  True, False,  True,  True, False])
>>> cat.map({'c':'first', 'b':'second', 'a':'third'})     # 替换元素值
['third', 'second', 'first', 'third', 'second', 'first']
Categories (3, object): ['first' < 'second' < 'third']
>>> cat.map({'c':'first', 'b':'second'})        # 返回 Index 对象
                                                # 对应关系没有全覆盖或不是一对一时
                                                # 没有对应关系的值替换为 nan
Index([nan, 'second', 'first', nan, 'second', 'first'], dtype='object')
>>> cat.map({'c':'first', 'b':'second', 'a':'first'})
Index(['first', 'second', 'first', 'first', 'second', 'first'],
      dtype='object')
>>> cat.rename_categories([0, 1, 2])            # 替换类别名称
[2, 1, 0, 2, 1, 0]
Categories (3, int64): [0 < 1 < 2]
>>> cat.rename_categories([3, 1, 2])
[2, 1, 3, 2, 1, 3]
Categories (3, int64): [3 < 1 < 2]
>>> np.asarray(cat)            # 转换为 NumPy 数组，等价于 cat.to_numpy()
array(['a', 'b', 'c', 'a', 'b', 'c'], dtype=object)
>>> cat.to_list()              # 转换为列表
['a', 'b', 'c', 'a', 'b', 'c']
>>> cat.repeat(2)              # 重复 2 次
['a', 'a', 'b', 'b', 'c', ..., 'a', 'b', 'b', 'c', 'c']
Length: 12
Categories (3, object): ['c' < 'b' < 'a']
>>> cat.repeat(3)              # 重复 3 次
['a', 'a', 'a', 'b', 'b', ..., 'b', 'b', 'c', 'c', 'c']
Length: 18
Categories (3, object): ['c' < 'b' < 'a']
>>> cat.shift(1)                                # 右移位，在左侧填充，默认使用缺失值
[NaN, 'a', 'b', 'c', 'a', 'b']
Categories (3, object): ['c' < 'b' < 'a']
>>> cat.shift(1, fill_value='a')                # 填充的值必须是已知类别中的
['a', 'a', 'b', 'c', 'a', 'b']
Categories (3, object): ['c' < 'b' < 'a']
>>> cat.shift(-1, fill_value='a')               # 左移位，在右侧填充
['b', 'c', 'a', 'b', 'c', 'a']
Categories (3, object): ['c' < 'b' < 'a']
```

```
>>> cat[0]                                  # 使用下标访问元素
'a'
>>> cat[2]
'c'
>>> cat[[0,2,1]]                            # 访问多个元素
['a', 'c', 'b']
Categories (3, object): ['c' < 'b' < 'a']
>>> cat.take([0,2,1])                       # 访问多个元素，等价写法
['a', 'c', 'b']
Categories (3, object): ['c' < 'b' < 'a']
>>> cat < 'a'                               # 根据已知类别的顺序比较大小
array([False,  True,  True, False,  True,  True])
>>> cat.where(cat<'a', 'c')                 # 不符合条件的统一改成 'c'
['c', 'b', 'c', 'c', 'b', 'c']
Categories (3, object): ['c' < 'b' < 'a']
>>> cat.where(cat>'a', 'c')                 # 第二个参数必须是已知类别之一
['c', 'c', 'c', 'c', 'c', 'c']
Categories (3, object): ['c' < 'b' < 'a']
```

2.2.4　Series 数据处理与相关操作

Series 是 Pandas 提供的带标签一维数组，每个元素由标签（或称索引）和值两部分组成，类似于 Python 内置的字典。其中值的类型可以不同，如果在创建 Series 对象时没有明确指定标签则会自动使用从 0 开始的非负整数。

```
>>> import numpy as np
>>> import pandas as pd
>>> x = pd.Series([1, 3, 5, np.nan])
>>> x
0    1.0
1    3.0
2    5.0
3    NaN
dtype: float64
>>> x.keys()                                # 查看标签，等价于 x.index
RangeIndex(start=0, stop=4, step=1)
>>> x.values                                # 查看值
array([ 1.,  3.,  5., nan])
>>> dict(x)                                 # 转换为字典
{0: 1.0, 1: 3.0, 2: 5.0, 3: nan}
```

```
>>> pd.Series(range(5))                    # 把 Python 的 range 对象转换为一维数组
0    0
1    1
2    2
3    3
4    4
dtype: int32
>>> pd.Series(range(5), index=list('abcde'))      # 明确指定索引
a    0
b    1
c    2
d    3
e    4
dtype: int32
>>> _.index
Index(['a', 'b', 'c', 'd', 'e'], dtype='object')
>>> scores = pd.Series({'R':90, 'C++': 86, 'Python': 98, 'Java':87,
                        '高数': 79})                 # 把字典转换为 Series 对象
>>> scores['Python'] = 97                          # 修改指定标签对应的值
>>> scores
R         90
C++       86
Python    97
Java      87
高数      79
dtype: int64
>>> scores - 2                             # 所有数值减 2，返回新的 Series 对象
                                           # DataFrame 中的每一列也支持同样的操作
R         88
C++       84
Python    95
Java      85
高数      77
dtype: int64
>>> scores.add_suffix('_张三')             # 为所有标签添加后缀
R_张三           90
C++_张三         86
Python_张三      97
Java_张三        87
高数_张三        79
dtype: int64
>>> scores.add_prefix('张三_')             # 为所有标签添加前缀
张三_R           90
```

```
张三_C++           86
张三_Python        97
张三_Java          87
张三_高数          79
dtype: int64
>>> scores.argmax(), scores.idxmax()              # 最大值的序号和标签
(2, 'Python')
>>> scores.median(), scores.sum()                 # 中值，总分
(87.0, 439)
>>> scores.min(), scores.max(), scores.mean()     # 最低分，最高分，平均分
(79, 97, 87.8)
>>> scores.count(), scores.size                   # 有效值（非缺失值）数量，总数量
(5, 5)
>>> scores.mad()                    # 平均绝对离差，所有数值与平均值之差的绝对值的平均值
                                    # DataFrame 对象也支持该方法，同时还支持 axis 参数
4.8
>>> scores.std()                    # 标准差，也称均方差，是样本方差的算术平方根
6.534523701081817
>>> scores.var()                    # 样本方差，衡量样本数据的离散程度
                                    # 每个样本值与全体样本值平均数之差的平方值的平均数
42.7
>>> scores.sem()                    # 无偏标准误差
2.9223278392404914
>>> scores.abs()                    # 所有数值的绝对值，结果略
>>> scores.mode()                   # 众数，出现次数最多的元素，不存在时返回所有元素
0    79.0
1    86.0
2    87.0
3    90.0
4    97.0
dtype: float64
>>> scores.ravel()                  # 返回数值组成的数组，等价于 scores.values
array([90., 86., 97., 87., 79.])
>>> scores.items()                                # 返回迭代器对象
<zip object at 0x0000020D1330E480>
>>> list(scores.items())                          # 把迭代器对象转换为列表
[('C++', 86), ('Python', 97), ('Java', 87), ('高数', 79), ('R', 90)]
>>> scores.at['R']                                # 访问特定的值
90
>>> scores.quantile()                             # 中位数
87.0
>>> scores.quantile(0.25)                         # 1/4 数
86.0
```

```
>>> scores.quantile(0.4)              # 不存在时默认使用线性插值进行计算
86.6
>>> scores.quantile(0.4, interpolation='nearest')
                                      # 不存在时返回最近邻的值
87
>>> scores.hasnans                    # 测试是否包含缺失值
False
>>> scores[scores>=90]                # 分数大于或等于 90 的数据
R         90
Python    97
dtype: int64
>>> scores[scores>scores.median()]  # 分数高于中值的数据
R         90
Python    97
dtype: int64
>>> scores[scores>scores.mean()]    # 分数高于平均值的数据
R         90
Python    97
dtype: int64
>>> scores[scores.between(80, 90)]
                        # 分数在 [80,90] 区间的数据，参数 inclusive 的默认值为 'both'
R       90.0
C++     86.0
Java    87.0
dtype: float64
>>> scores.last_valid_index()         # 最后一个有效标签
'高数'
>>> scores.nsmallest(2)               # 分数最低的两个数据
高数     79
C++     86
dtype: int64
>>> scores.pipe(lambda score: (score**0.5)*10).round(2)
                                      # 开方再乘以 10，结果四舍五入保留两位小数
R         94.87
C++       92.74
Python    98.49
Java      93.27
高数      88.88
dtype: float64
>>> scores.apply(lambda score: (score**0.5)*10).apply(int)
                                      # 开方再乘以 10，对结果取整
                                      # 自定义函数不如内置函数速度快
                                      # 可以使用扩展库 swifter 并行加速，见 2.3.22 节
```

```
R         94
C++       92
Python    98
Java      93
高数      88
dtype: int64
>>> scores.clip(80, 95)      # 设置有效范围，小于 80 分的变为 80，大于 95 分的变为 95
R         90.0
C++       86.0
Python    95.0
Java      87.0
高数      80.0
dtype: float64
>>> scores.mask(scores<80)                    # 小于 80 分的变为缺失值
R         90.0
C++       86.0
Python    97.0
Java      87.0
高数      NaN
dtype: float64
>>> scores.mask(scores<80, 80)                # 小于 80 分的变为 80
R         90.0
C++       86.0
Python    97.0
Java      87.0
高数      80.0
dtype: float64
>>> scores.where(scores>80, 80)               # 把不大于 80 分的值都替换为 80
R         90.0
C++       86.0
Python    97.0
Java      87.0
高数      80.0
dtype: float64
>>> scores.where(scores>90, lambda score: (score**0.5)*10)
                                              # 把不大于 90 分的值都开方再乘 10
R         94.868330
C++       92.736185
Python    97.000000
Java      93.273791
高数      88.881944
dtype: float64
>>> sr = pd.Series([1, 2, np.nan, np.nan, 4], index=list(range(10,60,10)))
```

```
>>> sr
10    1.0
20    2.0
30    NaN
40    NaN
50    4.0
dtype: float64
>>> sr.asof(20)                    # 返回标签小于或等于 20 且不是空值的最后一个有效值
2.0
>>> sr.asof(40), sr.asof(45), sr.asof(50)
(2.0, 2.0, 4.0)
>>> sr = pd.Series([10, 20, 30, 40, 50],
                   index=pd.date_range('20220627',periods=5,freq='9h'))
>>> sr
2022-06-27 00:00:00    10
2022-06-27 09:00:00    20
2022-06-27 18:00:00    30
2022-06-28 03:00:00    40
2022-06-28 12:00:00    50
Freq: 9H, dtype: int64
>>> sr.asof(pd.Timestamp('20220627180000'))
                                   # 2022 年 6 月 27 日 18 点之前的最后一个有效数据
30
>>> ind = [pd.Timestamp('20220627180000'), pd.Timestamp('20220628030000'),
           pd.Timestamp('202206270000'), pd.Timestamp('20220628120000'),
           pd.Timestamp('20220627090000')]
>>> sr = pd.Series([1, 2, np.nan, np.nan, 4], index=ind)
>>> sr
2022-06-27 18:00:00    1.0
2022-06-28 03:00:00    2.0
2022-06-27 00:00:00    NaN
2022-06-28 12:00:00    NaN
2022-06-27 09:00:00    4.0
dtype: float64
>>> sr.asof(pd.Timestamp('20220627180000'))      # 索引没有排序，出错
ValueError: asof requires a sorted index
>>> sr.sort_index().asof(pd.Timestamp('20220627180000'))
1.0
>>> scores.transform({'origin': lambda score: score,
                      'computed': lambda score: (score**0.5) * 10,
                      'diff': lambda score: (score **0.5) * 10 - score})
      origin   computed      diff
R         90  94.868330  4.868330
C++       86  92.736185  6.736185
```

```
Python      97  98.488578  1.488578
Java        87  93.273791  6.273791
高数        79  88.881944  9.881944
# 指数加权滑动，第一个参数表示 com，此时有 a = 1/(1+com)
# 等价于 scores.ewm(alpha=2/3).mean()
# y0 = x0
# yi = (xi+(1-a)xi-1+(1-a)^2xi-2+...+(1-a)^ix0)/(1+(1-a)+(1-a)^2+...+(1-a)^i)
>>> scores.ewm(0.5).mean()
R         90.000000
C++       87.000000
Python    93.923077
Java      89.250000
高数      82.388430
dtype: float64
>>> scores.ewm(0.5, adjust=False).mean()
                                    # a = 1/(1+0.5)
                                    # y0 = x0, yi = (1-a)yi-1 + axi
R         90.000000
C++       87.333333
Python    93.777778
Java      89.259259
高数      82.419753
dtype: float64
>>> scores.plot()                   # 绘制折线图，可视化内容详见第 3 章
<AxesSubplot:>
>>> import matplotlib.pyplot as plt
>>> plt.show()                      # 显示图形，如图 2-1 所示
```

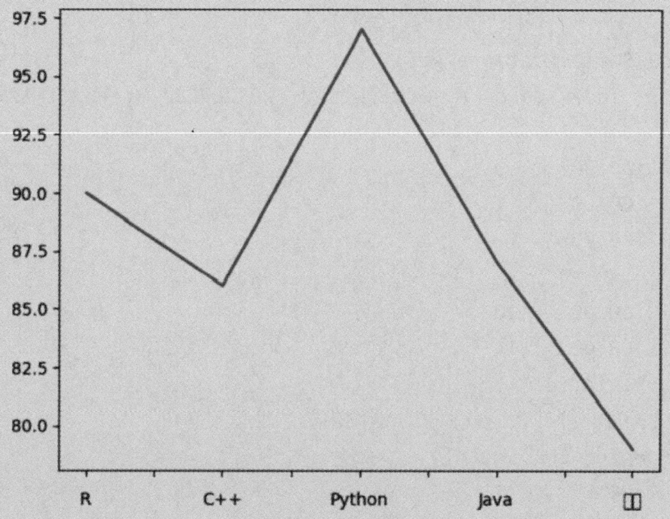

图 2-1　成绩折线图

```
>>> scores['C++'] = 87
>>> scores
C++       87
Python    97
Java      87
高数      79
R         90
dtype: int64
>>> scores.hist()            # 绘制直方图，如图 2-2 所示
<AxesSubplot:>
>>> plt.show()
```

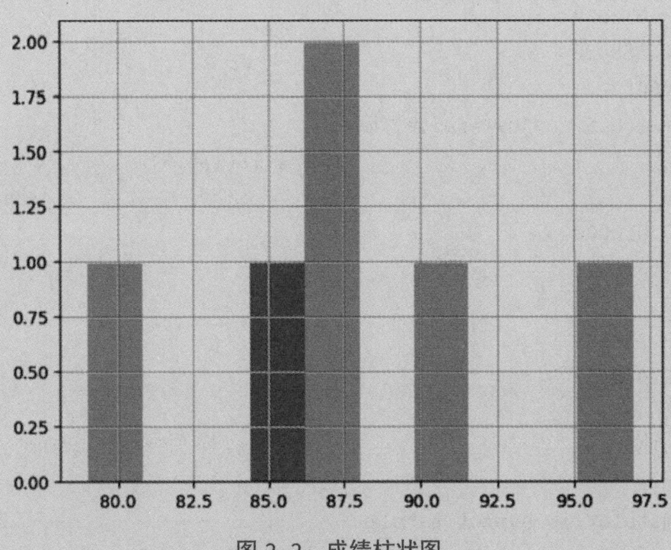

图 2-2　成绩柱状图

```
# 创建 Series 对象，使用日期时间数据做标签
>>> data = pd.Series(data=range(12),
               index=pd.date_range(start='20220701', periods=12, freq='H'))
>>> data
2022-07-01 00:00:00     0
2022-07-01 01:00:00     1
2022-07-01 02:00:00     2
...
2022-07-01 10:00:00    10
2022-07-01 11:00:00    11
Freq: H, dtype: int64
# 重采样，每 3 小时采样一次，计算采样区间内的平均值
>>> data.resample('3H').mean()
2022-07-01 00:00:00     1
2022-07-01 03:00:00     4
2022-07-01 06:00:00     7
```

```
2022-07-01 09:00:00    10
Freq: 3H, dtype: int64
# 重采样，每 3 小时采样一次，对采样区间内的数据求和
>>> data.resample('3H').sum()
2022-07-01 00:00:00     3
2022-07-01 03:00:00    12
2022-07-01 06:00:00    21
2022-07-01 09:00:00    30
Freq: 3H, dtype: int64
# 重采样，每 5 小时采样一次，查看采样区间内数据第一个值、最大值、最小值和最后一个值
>>> data.resample('5H').ohlc()
                     open  high  low  close
2022-07-01 00:00:00     0     4    0      4
2022-07-01 05:00:00     5     9    5      9
2022-07-01 10:00:00    10    11   10     11
>>> data.index = data.index + pd.Timedelta('3D')
                                            # 修改标签，日期整体推后 3 天
>>> data
2022-07-04 00:00:00     0
2022-07-04 01:00:00     1
2022-07-04 02:00:00     2
...
2022-07-04 10:00:00    10
2022-07-04 11:00:00    11
Freq: H, dtype: int64
>>> data.between(3, 6)                      # 测试数值是否在指定范围之内
2022-07-04 00:00:00    False
2022-07-04 01:00:00    False
2022-07-04 02:00:00    False
...
2022-07-04 10:00:00    False
2022-07-04 11:00:00    False
Freq: H, dtype: bool
>>> data.between_time('3:00', '5:00')       # 3:00 到 5:00 的数据
2022-07-04 03:00:00    3
2022-07-04 04:00:00    4
2022-07-04 05:00:00    5
Freq: H, dtype: int64
>>> data.between_time('8:00', '3:00')       # 第一个时间比第二个时间晚
                                            # 查看不在 3:00 到 8:00 的数据
2022-07-04 00:00:00     0
2022-07-04 01:00:00     1
2022-07-04 02:00:00     2
```

```
2022-07-04 03:00:00     3
2022-07-04 08:00:00     8
2022-07-04 09:00:00     9
2022-07-04 10:00:00    10
2022-07-04 11:00:00    11
dtype: int64
>>> data.at_time('3:00')          # 查看特定时刻的数据，不存在时返回空对象
2022-07-04 03:00:00    3
Freq: H, dtype: int64
>>> data.asof('07:00')            # 指定时间（包含）之前且不为空值的最后一个有效值
7
>>> data.asof('09:30')
9
>>> data.asfreq('30T')[:5]        # 调整时间间隔，原来不存在的时刻得到缺失值
2022-07-04 00:00:00    0.0
2022-07-04 00:30:00    NaN
2022-07-04 01:00:00    1.0
2022-07-04 01:30:00    NaN
2022-07-04 02:00:00    2.0
Freq: 30T, dtype: float64
>>> data.asfreq('30T', method='bfill')[:5]       # 反向填充缺失值
2022-07-04 00:00:00    0
2022-07-04 00:30:00    1
2022-07-04 01:00:00    1
2022-07-04 01:30:00    2
2022-07-04 02:00:00    2
Freq: 30T, dtype: int64
>>> data.asfreq('30T', method='ffill')[:5]       # 正向填充缺失值
2022-07-04 00:00:00    0
2022-07-04 00:30:00    0
2022-07-04 01:00:00    1
2022-07-04 01:30:00    1
2022-07-04 02:00:00    2
Freq: 30T, dtype: int64
>>> data.asfreq('30T', fill_value=8.8)[:5]       # 使用固定的值填充缺失值
2022-07-04 00:00:00    0.0
2022-07-04 00:30:00    8.8
2022-07-04 01:00:00    1.0
2022-07-04 01:30:00    8.8
2022-07-04 02:00:00    2.0
Freq: 30T, dtype: float64
>>> s = pd.Series(['Python', 'Go', 'Julia', 'PHP', 'Java', 'C'])
>>> s.memory_usage()                             # 查看占用内存大小
```

```
176
>>> s.astype('category')                    # 转换为类别对象
0    Python
1        Go
2     Julia
3       PHP
4      Java
5         C
dtype: category
Categories (6, object): ['C', 'Go', 'Java', 'Julia', 'PHP', 'Python']
>>> s.astype('category').memory_usage()
354
>>> s = pd.Series(['Python', 'Go', 'Julia', 'PHP', 'Java', 'C'] * 100)
>>> s.memory_usage()
4928
>>> s.astype('category').memory_usage()     # 当重复数据较多时，类别对象占用内存少
948
```

2.3　Pandas 二维数组 DataFrame

DataFrame 对象是一种类似于二维表格的数据结构，由很多行和很多列组成，包括行标签、列标签、值，每行或每列都是 Series 对象。如果把每行看作是一个样本，每列表示一个特征，整个 DataFrame 对象可以看作一个数据集。

2.3.1　创建 DataFrame 对象

```
>>> pd.DataFrame(np.random.randn(12,4),          # 数据值
                 index=dates,                     # 行标签
                 columns=list('ABCD'))            # 列标签
                  A         B         C         D
2021-01-31  2.905628 -0.720275 -1.389699  0.105888
2021-02-28  0.427499  0.731573  1.310555  0.236740
...
2021-11-30 -1.205782 -0.508050  0.213084 -1.008652
2021-12-31 -0.289272  0.510941 -0.411002 -0.026705
>>> dft = pd.DataFrame(np.random.randint(1, 100, (5,5)))
                                                  # dft 表示临时使用的变量名
>>> dft                                           # 不指定标签时默认使用非负整数
    0   1   2   3   4
```

视频二维码：2.3.1

```
0  91  50  13  20  62
1  57  78  69  64  41
2  71  27  76  61  61
3  90  40  54  91  33
4  22  72  89  37  18
>>> dft.set_index(3)                              # 设置某列为行标签
     0   1   2   4
3
20  91  50  13  62
64  57  78  69  41
61  71  27  76  61
91  90  40  54  33
37  22  72  89  18
>>> df = pd.DataFrame({'A':[60,36,45,98],
                      'B':pd.date_range(start='20210301', periods=4, freq='D'),
                      'C':pd.Series([1, 2, 3, 4],
                                    index=['zhang', 'li', 'zhou', 'wang'],
                                    dtype='float32'),
                      'D':np.array([3]*4, dtype='int32'),
                      'E':pd.Categorical(["test","train","test","train"]),
                      'F':'foo'})       # 后面会多次使用这里创建的 DataFrame 对象
>>> df
        A          B    C  D      E    F
zhang  60 2021-03-01  1.0  3   test  foo
li     36 2021-03-02  2.0  3  train  foo
zhou   45 2021-03-03  3.0  3   test  foo
wang   98 2021-03-04  4.0  3  train  foo
>>> df.index                                      # 查看索引
Index(['zhang', 'li', 'zhou', 'wang'], dtype='object')
>>> df.columns                                    # 查看列名
Index(['A', 'B', 'C', 'D', 'E', 'F'], dtype='object')
>>> df.values                                     # 查看值
array([[60, Timestamp('2021-03-01 00:00:00'), 1.0, 3, 'test', 'foo'],
       [36, Timestamp('2021-03-02 00:00:00'), 2.0, 3, 'train', 'foo'],
       [45, Timestamp('2021-03-03 00:00:00'), 3.0, 3, 'test', 'foo'],
       [98, Timestamp('2021-03-04 00:00:00'), 4.0, 3, 'train', 'foo']],
      dtype=object)
```

2.3.2 查看统计信息

视频二维码：2.3.2

```
>>> df.describe()    # 每列平均值、标准差、最小值、1/4 数、半数、最大值等信息
```

```
                                            # 自动忽略非数值列
                A          C    D
count    4.000000   4.000000  4.0
mean    59.750000   2.500000  3.0
std     27.354159   1.290994  0.0
min     36.000000   1.000000  3.0
25%     42.750000   1.750000  3.0
50%     52.500000   2.500000  3.0
75%     69.500000   3.250000  3.0
max     98.000000   4.000000  3.0
>>> df.median()                             # 所有数值列的中值
A    52.5
C     2.5
D     3.0
dtype: float64
>>> df.var()                                # 所有数值列的方差
A    748.250000
C      1.666667
D      0.000000
dtype: float64
>>> df.cov()                                # 所有数值列的协方差
        A         C    D
A  748.25  20.500000  0.0
C   20.50   1.666667  0.0
D    0.00   0.000000  0.0
```

2.3.3 排序

视频二维码：2.3.3

DataFrame 对象的方法 sort_index() 用于根据标签进行排序并返回新的 DataFrame 对象，其完整语法如下。

```
sort_index(axis=0, level=None, ascending=True, inplace=False,
           kind='quicksort', na_position='last', sort_remaining=True)
```

其中，参数 axis=0 时表示根据行标签进行排序，axis=1 时表示根据列标签进行排序；参数 ascending=True 表示升序排序，ascending=False 表示降序排序；参数 inplace=True 时表示原地排序，inplace=False 表示返回一个新的 DataFrame。

DataFrame 对象的 sort_values() 方法用来根据特定列的值进行排序，其完整语法如下。

```
sort_values(by, axis=0, ascending=True, inplace=False, kind='quicksort',
            na_position='last')
```

其中，参数 by 用来指定依据哪个或哪些列进行排序，如果只有一列则直接写出列名，多列的话需要放到列表中；参数 ascending=True 表示升序排序，ascending=False 表示降序排序，如果 ascending 设置为包含若干 True/False 的列表（必须与 by 指定的列表长度相等），可以为不同的列指定不同的顺序；参数 na_position 用来指定把缺失值统一放在最前面（na_position='first'）还是最后面（na_position='last'）。

```
>>> df.sort_index(axis=0, ascending=False) # 根据行标签进行降序排序
        A          B    C  D      E    F
zhou   45 2021-03-03  3.0  3   test  foo
zhang  60 2021-03-01  1.0  3   test  foo
wang   98 2021-03-04  4.0  3  train  foo
li     36 2021-03-02  2.0  3  train  foo
>>> df.sort_index(axis=0, ascending=True)  # 根据行标签升序排序
        A          B    C  D      E    F
li     36 2021-03-02  2.0  3  train  foo
wang   98 2021-03-04  4.0  3  train  foo
zhang  60 2021-03-01  1.0  3   test  foo
zhou   45 2021-03-03  3.0  3   test  foo
>>> df.sort_index(axis=1, ascending=False) # 根据列标签进行降序排序
         F      E  D    C          B   A
zhang  foo   test  3  1.0 2021-03-01  60
li     foo  train  3  2.0 2021-03-02  36
zhou   foo   test  3  3.0 2021-03-03  45
wang   foo  train  3  4.0 2021-03-04  98
```

多索引排序时，可以设置 level 参数指定根据哪一级标签进行排序。

```
>>> np.random.seed(20220715)
>>> dft = pd.DataFrame(np.random.randint(1,100,(5,6)),
                       index=[np.random.randint(1,5,5),
                              np.random.randint(1,5,5)],
                       columns=list('ABCDEF'))
>>> dft
      A   B   C   D   E   F
1 3   9  76  30  56  57  48
2 3  92  15  80  69  88   4
3 3  49   8  42  18  28  84
2 4  92  26  40   7   5  12
  3  50  76  17  90   5  26
>>> dft.sort_index(axis=0, level=0)          # 根据第一级行标签升序排序
      A   B   C   D   E   F
1 3   9  76  30  56  57  48
2 3  92  15  80  69  88   4
```

```
  3  50  76  17  90   5  26
  4  92  26  40   7   5  12
3 3  49   8  42  18  28  84
>>> dft.sort_index(axis=0, level=1)          # 根据第二级行标签升序排序
      A   B   C   D   E   F
1 3   9  76  30  56  57  48
2 3  92  15  80  69  88   4
  3  50  76  17  90   5  26
3 3  49   8  42  18  28  84
2 4  92  26  40   7   5  12
>>> df.sort_values(by='A')                   # 根据 A 列的值对数据进行升序排序
                                             # 这里的 df 指前面已经创建的同名对象
        A          B    C  D      E    F
li     36 2021-03-02  2.0  3  train  foo
zhou   45 2021-03-03  3.0  3   test  foo
zhang  60 2021-03-01  1.0  3   test  foo
wang   98 2021-03-04  4.0  3  train  foo
>>> df.sort_values(by=['E', 'C'])            # 先按 E 列的值升序排序
                                             # 如果 E 列相同，再按 C 列的值升序排序
        A          B    C  D      E    F
zhang  60 2021-03-01  1.0  3   test  foo
zhou   45 2021-03-03  3.0  3   test  foo
li     36 2021-03-02  2.0  3  train  foo
wang   98 2021-03-04  4.0  3  train  foo
>>> df.sort_values(by=['E', 'C'], ascending=[True,False])
                                             # 先按 E 列的值升序排序
                                             # 如果 E 列相同，再按 C 列的值降序排序
        A          B    C  D      E    F
zhou   45 2021-03-03  3.0  3   test  foo
zhang  60 2021-03-01  1.0  3   test  foo
wang   98 2021-03-04  4.0  3  train  foo
li     36 2021-03-02  2.0  3  train  foo
>>> np.random.seed(20220715)
>>> dft = pd.DataFrame(np.random.randint(1,100,(5,6)),
                       columns=list('ABCDEF'))
>>> dft
    A   B   C   D   E   F
0   9  76  30  56  57  48
1  92  15  80  69  88   4
2  49   8  42  18  28  84
3  92  26  40   7   5  12
4  50  76  17  90   5  26
>>> sampler = np.random.permutation(len(dft.index))     # 随机排列
```

```
>>> sampler
array([0, 3, 2, 1, 4])
>>> dft.take(sampler)                              # 返回新的 DataFrame 对象
    A   B   C   D   E   F
0   9  76  30  56  57  48
3  92  26  40   7   5  12
2  49   8  42  18  28  84
1  92  15  80  69  88   4
4  50  76  17  90   5  26
```

2.3.4 数据选择与访问

视频二维码：2.3.4

```
>>> df['A']                         # 选择某一列数据
zhang    60
li       36
zhou     45
wang     98
Name: A, dtype: int32
>>> 60 in df['A']                   # df['A'] 是一个 Series 对象，类似于字典
                                    # 索引类似于字典的键，默认是访问字典的键，不是值
False
>>> 60 in df['A'].values            # 测试 60 是否在 A 列的值中
True
>>> df[0:2]                         # 选择多行，使用行号进行切片，左闭右开区间
        A          B    C  D      E    F
zhang  60 2021-03-01  1.0  3   test  foo
li     36 2021-03-02  2.0  3  train  foo
>>> df['zhang':'zhou']              # 使用行标签进行切片，闭区间
        A          B    C  D      E    F
zhang  60 2021-03-01  1.0  3   test  foo
li     36 2021-03-02  2.0  3  train  foo
zhou   45 2021-03-03  3.0  3   test  foo
>>> df.at['zhang', 'A']             # 查询指定行、列标签的单个数据值
                                    # 还可以使用 iat 按序号查询特定行、列序号的单个值
60
>>> df.at['zhang', 'D']
3
>>> df.loc['zhang', ['A', 'D', 'E']]                      # 查看 'zhang' 的 3 列数据
A      60
D       3
E    test
```

```
Name: zhang, dtype: object
>>> df.loc[['zhang', 'zhou'], ['A', 'D', 'E']]        # 同时指定多行和多列
        A  D     E
zhang  60  3  test
zhou   45  3  test
>>> df.loc[:, ['A', 'C']]                              # 所有行，A、C 两列的数据
        A    C
zhang  60  1.0
li     36  2.0
zhou   45  3.0
wang   98  4.0
>>> df.iloc[3]                            # 按序号查询，行下标 3 的数据
                                          # 还可以用 ix 查询，可以混用标签和序号
A                       98
B      2021-03-04 00:00:00
C                        4
D                        3
E                    train
F                      foo
Name: wang, dtype: object
>>> df.iloc[0, 1]                         # 查询行下标 0、列下标 1 的数据值
Timestamp('2021-01-01 00:00:00')
>>> df.iloc[2, 2]                         # 查询行下标 2、列下标 2 的数据值
3.0
>>> df.iloc[[0, 2, 3], [0, 4]]            # 查询指定的多行、多列数据
        A      E
zhang  60   test
zhou   45   test
wang   98  train
>>> df.iloc[0:3, 0:4]                     # 查询前 3 行、前 4 列数据
        A          B    C  D
zhang  60 2021-03-01  1.0  3
li     36 2021-03-02  2.0  3
zhou   45 2021-03-03  3.0  3
>>> df[df.A>50]                                        # 查询 A 列大于 50 的所有行
        A          B    C  D      E    F
zhang  60 2021-03-01  1.0  3   test  foo
wang   98 2021-03-04  4.0  3  train  foo
>>> df[df['E']=='test']                                # 查询 E 列为 'test' 的所有行
        A          B    C  D     E    F
zhang  60 2021-03-01  1.0  3  test  foo
zhou   45 2021-03-03  3.0  3  test  foo
>>> df[df.A.between(30, 50, inclusive='both')]         # A 列值介于 30~50 的数据
```

```
        A          B    C  D      E    F
li     36 2021-03-02  2.0  3  train  foo
zhou   45 2021-03-03  3.0  3   test  foo
>>> df[(df['E']=='test')&(df['A']==60)]      # 同时约束两个条件，二选一的话用 |
        A          B    C  D      E    F
zhang  60 2021-03-01  1.0  3   test  foo
>>> df[df['A'].isin([45,60])]                # 查询 A 列值为 45 或 60 的所有行
        A          B    C  D      E    F
zhang  60 2021-03-01  1.0  3   test  foo
zhou   45 2021-03-03  3.0  3   test  foo
>>> df[df.index.str.contains('g')]      # 行标签字符串中含有字母 g 的数据
                                        # 可以使用 dir(df.index.str) 查看所有成员
        A          B    C  D      E    F
zhang  60 2021-03-01  1.0  3   test  foo
wang   98 2021-03-04  4.0  3  train  foo
>>> df[df.index.str.startswith('z')]    # 行标签字符串中以字母 z 开头的数据
        A          B    C  D      E    F
zhang  60 2021-03-01  1.0  3   test  foo
zhou   45 2021-03-03  3.0  3   test  foo
>>> df[df.index.str.endswith('u')]      # 行标签字符串以字母 u 结束的数据
        A          B    C  D     E    F
zhou   45 2021-03-03  3.0  3  test  foo
>>> df[df.index.str.len()==4]           # 行标签字符串长度为 4 的数据
        A          B    C  D      E    F
zhou   45 2021-03-03  3.0  3   test  foo
wang   98 2021-03-04  4.0  3  train  foo
>>> df[df.E.str.count('t')==2]          # E 列字符串中含有两个字母 t 的数据
        A          B    C  D      E    F
zhang  60 2021-03-01  1.0  3   test  foo
zhou   45 2021-03-03  3.0  3   test  foo
>>> df[df.E.str.slice(0,2)=='tr']       # E 列字符串前两个字母为 tr 的数据
        A          B    C  D      E    F
li     36 2021-03-02  2.0  3  train  foo
wang   98 2021-03-04  4.0  3  train  foo
>>> df[df.E.str.slice(1,3)=='es']       # E 列字符串下标 1、2 为字符串 es 的数据
                                        # 可使用 dir(df.E.str) 查看更多方法
        A          B    C  D      E    F
zhang  60 2021-03-01  1.0  3   test  foo
zhou   45 2021-03-03  3.0  3   test  foo
>>> df[df.B.dt.day==4]                  # B 列日期的天为 4 的数据
                                        # 可以使用 dir(df.B.dt) 查看 dt 接口所有成员
        A          B    C  D      E    F
wang   98 2021-03-04  4.0  3  train  foo
```

```
>>> df[df.B.dt.day_of_week==3]              # B 列日期为周四的数据
       A          B    C  D      E    F
wang  98 2021-03-04  4.0  3  train  foo
>>> df[df.B.dt.quarter==1]                  # B 列日期属于第一季度的数据
        A          B    C  D      E    F
zhang  60 2021-03-01  1.0  3   test  foo
li     36 2021-03-02  2.0  3  train  foo
zhou   45 2021-03-03  3.0  3   test  foo
wang   98 2021-03-04  4.0  3  train  foo
>>> from datetime import time
>>> df[(df.B.dt.time>=time(0,0))&(df.B.dt.time<=time(8,0))]
                                            # 只查看指定时间段之间的数据
        A          B    C  D      E    F
zhang  60 2021-03-01  1.0  3   test  foo
li     36 2021-03-02  2.0  3  train  foo
zhou   45 2021-03-03  3.0  3   test  foo
wang   98 2021-03-04  4.0  3  train  foo
>>> df[~df.B.dt.is_leap_year]               # B 列日期不是闰年的数据
        A          B    C  D      E    F
zhang  60 2021-03-01  1.0  3   test  foo
li     36 2021-03-02  2.0  3  train  foo
zhou   45 2021-03-03  3.0  3   test  foo
wang   98 2021-03-04  4.0  3  train  foo
>>> df[df.B.dt.is_month_start]              # B 列日期是月初第一天的数据
                                            # 类似用法还有 is_month_end、
                                            # is_year_start、is_year_end、
                                            # is_quarter_start、is_quarter_end
        A          B    C  D     E    F
zhang  60 2021-03-01  1.0  3  test  foo
>>> df[df.B.dt.isocalendar().week==9]       # B 列日期为第 9 周的数据
        A          B    C  D      E    F
zhang  60 2021-03-01  1.0  3   test  foo
li     36 2021-03-02  2.0  3  train  foo
zhou   45 2021-03-03  3.0  3   test  foo
wang   98 2021-03-04  4.0  3  train  foo
>>> df.query('B==["2021-03-01","2021-03-02"]')          # 根据表达式的值进行筛选
        A          B    C  D      E    F
zhang  60 2021-03-01  1.0  3   test  foo
li     36 2021-03-02  2.0  3  train  foo
>>> df.query('A==[60,98]')                              # A 列的值为 60 或 98 的数据
        A          B    C  D      E    F
zhang  60 2021-03-01  1.0  3   test  foo
wang   98 2021-03-04  4.0  3  train  foo
```

```
>>> df.query('A>=60')                        # A 列的值大于或等于 60 的数据
        A          B    C  D      E    F
zhang  60 2021-03-01  1.0  3   test  foo
wang   98 2021-03-04  4.0  3  train  foo
>>> df.nlargest(3, ['C'])                    # 返回 C 列值最大的前 3 行
        A          B    C  D      E    F
wang   98 2021-03-04  4.0  3  train  foo
zhou   45 2021-03-03  3.0  3   test  foo
li     36 2021-03-02  2.0  3  train  foo
>>> df.nlargest(3, ['A'])                    # 返回 A 列值最大的前 3 行
                                             # 类似的还有 nsmallest() 方法
        A          B    C  D      E    F
wang   98 2021-03-04  4.0  3  train  foo
zhang  60 2021-03-01  1.0  3   test  foo
zhou   45 2021-03-03  3.0  3   test  foo
```

例 2-1 查看分数最高的学生信息。

```
from random import, choices
import pandas as pd

n = 20
firstNames = choices('赵钱孙李周吴郑王董孙', k=n)
lastNames = choices('一二三四五六七八九', k=n)
names = list({f+l for f, l in zip(firstNames, lastNames)})
df = pd.DataFrame({'姓名': names,
                   '分数': choices(range(70,90), k=len(names))})
print('原始数据'.center(30,'='), df, sep='\n')
# 分数最高的前 5 个人，分数相同的保留第一项
print('分数最高的前 5 个人，最后一个分数相同的话保留第一项'.center(30,'='))
print(df.nlargest(5, '分数'))
# 分数最高的前 5 个人，分数相同的保留最后一项
print('分数最高的前 5 个人，最后一个分数相同的话保留最后一项'.center(30,'='))
print(df.nlargest(5, '分数', keep='last'))
# 分数最高的前 5 个人，分数相同的保留所有人
print('分数最高的前 5 个人，最后一个分数相同的话保留所有人'.center(30,'='))
print(df.nlargest(5, '分数', keep='all'))
# 最高的前 5 个分数对应的信息
first5 = sorted(set(df.分数.values), reverse=True)[:5]
print('最高的前 5 个分数对应的信息'.center(30,'='))
print(df[df.分数.isin(first5)])
```

由于代码中用到了随机数，每次运行结果略有不同，请自行运行和查看，或参考配套

PPT。下面继续介绍和演示其他方法的应用。

```
>>> dft = pd.DataFrame({'A': [1, 2, 3, 4]},
                       index=pd.date_range('2022-04-09', periods=4, freq='2D'))
>>> dft
            A
2022-04-09  1
2022-04-11  2
2022-04-13  3
2022-04-15  4
>>> dft.first('3d')                    # 前 3 天的数据，要求行标签为日期时间数据
            A
2022-04-09  1
2022-04-11  2
>>> dft.last('2d')                     # 最后 2 天的数据
            A
2022-04-15  4
>>> np.random.seed(20220628)
>>> dft = pd.DataFrame(np.random.randint(1, 20, (5,3)))
>>> dft
    0   1   2
0  19  14  12
1   1  15   2
2   4   9   7
3  19   3   1
4  16  13  11
>>> dft.sample(3)                                        # 随机选择 3 行
    0   1   2
3  19   3   1
1   1  15   2
4  16  13  11
>>> dft.sample(3, weights=[0.5,0.2,0.1,0.1,0.1])        # 使用 weights 参数指定权重
    0   1   2
0  19  14  12
4  16  13  11
2   4   9   7
>>> dft = pd.DataFrame(([1, 2, 3], [4, 5, 6]), index=['mouse', 'rabbit'],
                              columns=['one', 'two', 'three'])
>>> dft
        one  two  three
mouse     1    2      3
rabbit    4    5      6
>>> dft.filter(items=['one', 'three'])     # 根据列标签进行筛选
                                           # 等价于 dft.loc[:, ['one','three']]
```

```
        one  three
mouse     1      3
rabbit    4      6
>>> dft.filter(like='bbi', axis=0)        # 包含字母组合 bbi 的行标签
        one  two  three
rabbit    4    5      6
>>> dft.filter(like='t', axis=0)          # 行标签中包含字母 t 的数据
        one  two  three
rabbit    4    5      6
>>> dft.filter(like='t', axis=1)          # 列标签中包含字母 t 的数据
        two  three
mouse     2      3
rabbit    5      6
>>> dft.filter(regex='t$', axis=0)        # 行标签中以字母 t 结尾的数据
        one  two  three
rabbit    4    5      6
>>> dft.filter(regex='^r', axis=0)        # 行标签中以字母 r 开头的数据
        one  two  three
rabbit    4    5      6
>>> dft.filter(regex='e$', axis=1)        # 列标签中以字母 e 结尾的数据
        one  three
mouse     1      3
rabbit    4      6
>>> np.random.seed(20220628)
>>> dft = pd.DataFrame(np.random.randint(1,100,(3,5)),
                       columns=list('ABCDE'))
>>> dft
    A   B   C   D   E
0  19  84  46  44  65
1  15   2  23  88  61
2  52  61  41  39  53
>>> dft[dft.sum(axis=1)==189]                   # 横向求和等于 189 的行
    A  B   C   D   E
1  15  2  23  88  61
>>> pd.eval('dft[(dft.A<70) & (dft.B<5)]')      # A 列小于 70 且 B 列小于 5 的数据
    A  B   C   D   E
1  15  2  23  88  61
>>> dft.query('A<70 & B<5')                     # 与上一行等价
    A  B   C   D   E
1  15  2  23  88  61
>>> dif = 66
>>> dft.query('A>@dif')                         # 使用 @ 引用变量
    A   B   C   D   E
```

```
2  52  61  41  39  53
>>> dft.query('A!=@dif')
    A   B   C   D   E
0  19  84  46  44  65
1  15   2  23  88  61
2  52  61  41  39  53
```

2.3.5　数据修改

视频二维码：2.3.5

```
>>> df.iat[0, 2] = 3                           # 修改指定行、列位置的数据值
>>> df.loc[:, 'D'] = [52, 52, 59, 54]          # 整体替换某列的值
>>> df['C'] = -df['C']                         # 把指定列的数据替换为相反数
>>> df                                         # 查看上面 3 个修改操作的最终结果
        A          B    C   D      E    F
zhang  60 2021-03-01 -3.0  52   test  foo
li     36 2021-03-02 -2.0  52  train  foo
zhou   45 2021-03-03 -3.0  59   test  foo
wang   98 2021-03-04 -4.0  54  train  foo
>>> dff = df[:]                         # 注意，切片是浅复制
>>> dff['C'] = dff['C'] ** 2            # 替换列数据，会影响 df 的值
>>> dff
        A          B     C   D      E    F
zhang  60 2021-03-01   9.0  52   test  foo
li     36 2021-03-02   4.0  52  train  foo
zhou   45 2021-03-03   9.0  59   test  foo
wang   98 2021-03-04  16.0  54  train  foo
>>> from copy import deepcopy
>>> dff = deepcopy(df)                  # 深复制，修改 dff 不会影响 df 的值
>>> dff.loc[dff['C']==9.0, 'D'] = 100
                                        # 把 C 列值为 9.0 的数据行中的 D 列改为 100
>>> dff
        A          B     C    D      E    F
zhang  60 2021-03-01   9.0  100   test  foo
li     36 2021-03-02   4.0   52  train  foo
zhou   45 2021-03-03   9.0  100   test  foo
wang   98 2021-03-04  16.0   54  train  foo
>>> dff.E = dff.E.str.replace('^tr.*', 'modified', regex=True)
                                        # 使用正则表达式，只替换以字母 tr 开头的字符串
>>> dff
        A           B     C    D         E    F
zhang  60   2021-03-01   9.0  100      test  foo
```

```
li      36  2021-03-02   4.0   52  modified  foo
zhou    45  2021-03-03   9.0  100      test  foo
wang    98  2021-03-04  16.0   54  modified  foo
>>> dff.index = dff.index.str.replace('(?<!w)ang', 'ao', regex=True)
                                        # 前面不是 w 的 ang 改成 ao
>>> dff
       A           B     C    D         E    F
zhao  60  2021-03-01   9.0  100      test  foo
li    36  2021-03-02   4.0   52  modified  foo
zhou  45  2021-03-03   9.0  100      test  foo
wang  98  2021-03-04  16.0   54  modified  foo
>>> dft = pd.DataFrame({'k1': ['one'] * 3 + ['two'] * 4,
                        'k2': [1, 1, 2, 3, 3, 4, 4]})
>>> dft.replace(1, 5)                   # 把所有 1 替换为 5，返回新的 DataFrame 对象
    k1  k2
0  one   5
1  one   5
2  one   2
3  two   3
4  two   3
5  two   4
6  two   4
>>> dft.replace({1:5, 'one':'ONE'})     # 使用字典指定替换关系
    k1  k2
0  ONE   5
1  ONE   5
2  ONE   2
3  two   3
4  two   3
5  two   4
6  two   4
>>> dft.assign(k2=[7,6,5,4,3,2,1])      # 替换指定列的值，返回新的 DataFrame
    k1  k2
0  one   7
1  one   6
2  one   5
3  two   4
4  two   3
5  two   2
6  two   1
>>> dft.assign(k3=dft.k2+5)             # 增加一列
                                        # 等价于 dft.assign(k3=lambda x: x.k2+5)
    k1  k2  k3
```

```
0  one   1   6
1  one   1   6
2  one   2   7
3  two   3   8
4  two   3   8
5  two   4   9
6  two   4   9
>>> dft['k1'] = dft['k1'].map(str.upper)       # 使用可调用对象进行映射，原地修改
>>> dft
    k1  k2
0  ONE   1
1  ONE   1
2  ONE   2
3  TWO   3
4  TWO   3
5  TWO   4
6  TWO   4
>>> dft['k1'] = dft['k1'].map({'ONE':'one', 'TWO':'two'})
                                  # 使用字典表示映射关系
>>> dft
    k1  k2
0  one   1
1  one   1
2  one   2
3  two   3
4  two   3
5  two   4
6  two   4
>>> del dft['k2']                 # 原地删除指定的列
                                  # 等价于 dft.drop('k2', axis=1, inplace=True)
>>> dft
    k1
0  one
1  one
2  one
3  two
4  two
5  two
6  two
>>> dft.drop(2, axis=0, inplace=True)          # 原地删除指定的行
>>> dft
    k1
0  one
```

```
1   one
3   two
4   two
5   two
6   two
>>> np.random.seed(246643200)
>>> dft = pd.DataFrame(np.random.randint(1, 20, (5,3)))
>>> dft
    0   1   2
0   9  10  11
1  15  12  19
2  19   9  17
3  12  10   1
4   5  15   5
>>> dft.cummax()                          # 每列的累计最大值
    0   1   2
0   9  10  11
1  15  12  19
2  19  12  19
3  19  12  19
4  19  15  19
>>> dft.cummax(axis=1)                    # 每行的累计最大值
    0   1   2
0   9  10  11
1  15  15  19
2  19  19  19
3  12  12  12
4   5  15  15
>>> dft[3] = dft[2].rank()                # 增加一列，根据下标 2 的列进行排名
>>> dft
    0   1   2    3
0   9  10  11  3.0
1  15  12  19  5.0
2  19   9  17  4.0
3  12  10   1  1.0
4   5  15   5  2.0
>>> dft[4] = dft[2].cumsum()              # 增加一列，下标 2 的列的累加和
>>> dft[5] = dft[2].cumprod()             # 增加一列，下标 2 的列的累乘积
>>> dft
    0   1   2    3   4     5
0   9  10  11  3.0  11    11
1  15  12  19  5.0  30   209
2  19   9  17  4.0  47  3553
```

```
3  12  10   1  1.0  48   3553
4   5  15   5  2.0  53  17765
>>> dft = pd.DataFrame({'姓名': ['张三','李四','王五','赵六','刘七','孙八'],
                        '成绩': [86,92,86,60,78,78]})
>>> dft['排名'] = dft['成绩'].rank(method='min')
>>> dft                     # 倒数名次，最低分名次最小，并列的取最小值
   姓名  成绩   排名
0  张三  86  4.0
1  李四  92  6.0
2  王五  86  4.0
3  赵六  60  1.0
4  刘七  78  2.0
5  孙八  78  2.0
>>> dft['排名'] = dft['成绩'].rank(method='min', ascending=False)
>>> dft                     # 正数名次，最高分名次最小，并列的名次取最小值
   姓名  成绩   排名
0  张三  86  2.0
1  李四  92  1.0
2  王五  86  2.0
3  赵六  60  6.0
4  刘七  78  4.0
5  孙八  78  4.0
>>> dft['排名'] = dft['成绩'].rank(method='max', ascending=False)
>>> dft                     # 正数名次，并列的名次取最大值
   姓名  成绩   排名
0  张三  86  3.0
1  李四  92  1.0
2  王五  86  3.0
3  赵六  60  6.0
4  刘七  78  5.0
5  孙八  78  5.0
>>> dft['排名'] = dft['成绩'].rank(method='max')
>>> dft                     # 倒数名次，并列的名次取最大值
   姓名  成绩   排名
0  张三  86  5.0
1  李四  92  6.0
2  王五  86  5.0
3  赵六  60  1.0
4  刘七  78  3.0
5  孙八  78  3.0
>>> dft['排名'] = dft['成绩'].rank(method='average')
>>> dft                     # 倒数名次，并列的名次取平均值
   姓名  成绩   排名
```

```
0  张三  86  4.5
1  李四  92  6.0
2  王五  86  4.5
3  赵六  60  1.0
4  刘七  78  2.5
5  孙八  78  2.5
>>> dft = pd.DataFrame({'A': [1,2,3,4], 'B': [10,20,8,40]})
>>> dft['ColSum'] = dft.apply(sum, axis=1)          # 对行求和，增加 1 列
>>> dft.loc['RowSum'] = dft.apply(sum, axis=0)      # 对列求和，增加 1 行
>>> dft
         A   B  ColSum
0        1  10      11
1        2  20      22
2        3   8      11
3        4  40      44
RowSum  10  78      88
>>> np.random.seed(20220628)
>>> dft = pd.DataFrame(np.random.randint(1, 100, (5,5)))
>>> dft
    0   1   2   3   4
0  19  84  46  44  65
1  15   2  23  88  61
2  52  61  41  39  53
3  61  24  35  33  77
4  67  73  36  24  88
# 下面两行代码得到的结果视觉效果一样，但第一个最后一列是字符串，第二个最后一列是整数
>>> dft[5] = dft[1].map(str).str.cat(dft[2].map(str))
>>> dft[5] = dft[1].map(str).str.cat(dft[2].map(str)).map(int)
>>> dft
    0   1   2   3   4     5
0  19  84  46  44  65  8446
1  15   2  23  88  61   223
2  52  61  41  39  53  6141
3  61  24  35  33  77  2435
4  67  73  36  24  88  7336
>>> dft[6] = dft[1].map(str).str.cat(dft[2].map(str), sep='-')
>>> dft
    0   1   2   3   4     5      6
0  19  84  46  44  65  8446  84-46
1  15   2  23  88  61   223   2-23
2  52  61  41  39  53  6141  61-41
3  61  24  35  33  77  2435  24-35
4  67  73  36  24  88  7336  73-36
```

```
>>> dft[7] = dft[1].map(str) + dft[2].astype(str)
>>> dft
    0   1   2   3   4     5      6     7
0  19  84  46  44  65  8446  84-46  8446
1  15   2  23  88  61   223   2-23   223
2  52  61  41  39  53  6141  61-41  6141
3  61  24  35  33  77  2435  24-35  2435
4  67  73  36  24  88  7336  73-36  7336
>>> dft[8] = dft[1].map(str).str.cat([dft[2].map(str), dft[3].map(str)],
                                      sep='-') # 可以连接任意多列
>>> dft
    0   1   2   3   4     5      6     7         8
0  19  84  46  44  65  8446  84-46  8446  84-46-44
1  15   2  23  88  61   223   2-23   223   2-23-88
2  52  61  41  39  53  6141  61-41  6141  61-41-39
3  61  24  35  33  77  2435  24-35  2435  24-35-33
4  67  73  36  24  88  7336  73-36  7336  73-36-24
>>> dft = pd.DataFrame({'A': [1,2,3,4], 'B': [10,20,8,40]})
>>> dft.apply(lambda x:x-x.mean())                # 纵向计算离差，返回新的DataFrame
     A     B
0 -1.5  -9.5
1 -0.5   0.5
2  0.5 -11.5
3  1.5  20.5
>>> dft.apply(lambda x:x-x.mean(), axis=1)    # 横向计算离差
      A     B
0  -4.5   4.5
1  -9.0   9.0
2  -2.5   2.5
3 -18.0  18.0
>>> dft.rename(index=lambda i: i+5, columns=str.lower)
                              # 行标签加5，列标签变为小写，返回新的DataFrame
   a   b
5  1  10
6  2  20
7  3   8
8  4  40
>>> dft.rename(str.lower, axis='columns')
                              # 修改列标签，等价于dft.rename(str.lower, axis=1)
   a   b
0  1  10
1  2  20
2  3   8
```

```
3  4  40
>>> dft.rename({1: 2, 2: 4}, axis='index')
                        # 修改行标签，等价于 dft.rename({1: 2, 2: 4}, axis=0)
   A   B
0  1  10
2  2  20
4  3   8
3  4  40
>>> dft = pd.DataFrame({'日期': pd.date_range('20220701', periods=3, freq='MS'),
                    '数值': [81,21,5]})
>>> dft
          日期   数值
0 2022-07-01    81
1 2022-08-01    21
2 2022-09-01     5
>>> dft.set_index('日期')                        # 把指定的列变为行索引
            数值
日期
2022-07-01    81
2022-08-01    21
2022-09-01     5
>>> dft.set_index('日期').reset_index()      # 把行索引变为列
          日期   数值
0 2022-07-01    81
1 2022-08-01    21
2 2022-09-01     5
>>> m_i = pd.MultiIndex.from_product([['济南','烟台'], ['高','中','低']],
                                    names=['城市','小区档次'])
                                             # 根据笛卡儿积生成两级索引
>>> dft = pd.DataFrame(data=[30000,16000,12000,25000,12000,8000],
                    index=m_i, columns=['房价'])
>>> dft
                房价
城市  小区档次
济南  高        30000
     中        16000
     低        12000
烟台  高        25000
     中        12000
     低         8000
>>> dft.reset_index()                          # 所有行标签都变为列
   城市  小区档次    房价
0  济南        高  30000
```

```
1  济南        中  16000
2  济南        低  12000
3  烟台        高  25000
4  烟台        中  12000
5  烟台        低   8000
>>> dft.reset_index(level='小区档次')      # 多索引，把指定的索引变为列
                                          # 等价于 dft.reset_index(level=1)
    小区档次   房价
城市
济南        高  30000
济南        中  16000
济南        低  12000
烟台        高  25000
烟台        中  12000
烟台        低   8000
>>> dft.reset_index(level=0)              # 把第一层索引变为列
          城市   房价
小区档次
高        济南  30000
中        济南  16000
低        济南  12000
高        烟台  25000
中        烟台  12000
低        烟台   8000
>>> np.random.seed(17171717)
>>> dft = pd.DataFrame(np.random.randint(1,100,(3,5)),
                       columns=list('ABCDE'))
>>> dft
    A   B   C   D   E
0  82  51  24  65  95
1  90  25  61  46  70
2  58  88  58  27   6
>>> dft.eval('F=A+B')                     # 增加一列，值为 A 列与 B 列之和
                                          # 加参数 inplace=True 时原地操作
                                          # 等价于 dft['F'] = dft['A'] + dft['B']
    A   B   C   D   E   F
0  19   6  39   7  90  25
1  68  22   4   9  24  90
2  63   2  90  71  14  65
>>> dft.eval('F=A+B\nG=B+C')              # 增加两列
    A   B   C   D   E    F   G
0  82  51  24  65  95  133  75
1  90  25  61  46  70  115  86
```

```
2  58  88  58  27   6  146  146
>>> dif = 666
>>> dft.eval('A+@dif')            # 使用@引用变量，等价于 dft.A + dif
0    685
1    734
2    729
Name: A, dtype: int32
>>> np.random.seed(20220628)
>>> dft = pd.DataFrame(np.random.randint(1,100,(3,2)),
                       columns=['11-02', '11-03'])
>>> dft
   11-02  11-03
0     19     84
1     46     44
2     65     15
# 等价于 dft['diff'] = dft['11-02'] - dft['11-03']
>>> dft['diff'] = pd.eval('dft["11-02"]-dft["11-03"]', engine='python')
>>> dft
   11-02  11-03  diff
0     19     84   -65
1     46     44     2
2     65     15    50
```

2.3.6 缺失值、重复值、异常值处理

1. 缺失值处理

视频二维码：2.3.6-1

从技术上来讲，在处理缺失值（Not Available，NA）时，可以把缺失值替换为某个固定的值或者按照某种规则计算得到的值，在特定的应用中也可以直接丢弃包含缺失值的数据，具体如何处理取决于数据背后的业务。例如，如果某个家庭住户由于远程抄表失败或者上门抄表时家中无人造成的用水数据缺失值，可以替换为前几次抄表数字的平均值或中值然后下次正确抄表后再多退少补，也可以替换为最后一次正确抄表的数字，只要确保临时填充的数字合情合理并且经得住推敲就可以。

在技术之外，还应该认真分析缺失值产生的原因（主观、客观，人、设备、线路、天气等）并采取相应的措施。例如，如果监控视频或者温度、湿度、烟雾浓度等传感器的数据缺失，这时就不应该简单地丢弃缺失值或者使用特定的值填充缺失值，更重要的是及时检修设备或通信线路。

DataFrame 对象的 dropna() 方法用来丢弃含有缺失值的数据行，并返回新的 DataFrame 对象，其完整语法如下。

```
dropna(axis=0, how='any', thresh=None, subset=None, inplace=False)
```

其中，参数 how='any' 时表示只要某行包含缺失值就丢弃，how='all' 时表示某行全部为缺失值才丢弃；参数 thresh 用来指定保留包含几个非缺失值数据的行；参数 subset 用来指定在判断缺失值时只考虑哪些列；参数 inplace 用来指定是否原地操作。

DataFrame 对象的 fillna() 用来填充缺失值，其完整语法如下。

```
fillna(value=None, method=None, axis=None, inplace=False, limit=None,
       downcast=None, **kwargs)
```

其中，参数 value 用来指定要替换的值，可以是标量、字典、Series 或 DataFrame；参数 method 用来指定填充缺失值的方式，值为 'pad' 或 'ffill' 时表示使用扫描过程中缺失值之前遇到的最后一个有效值一直填充到下一个有效值，值为 'backfill' 或 'bfill' 时表示使用缺失值之后遇到的第一个有效值反向填充前面遇到的所有连续缺失值；参数 limit 用来指定设置了参数 method 时最多填充多少个连续的缺失值；参数 inplace=True 时表示原地替换，inplace=False 时返回一个新的 DataFrame 对象而不对原来的 DataFrame 做任何修改。

```
>>> df1 = df.reindex(columns=list(df.columns) + ['G'])
                                    # 增加一列，列名为 G
>>> df1.iat[0, 6] = 3               # 修改指定位置元素值，该列其他元素仍为缺失值
>>> df1
        A          B     C   D      E    F    G
zhang  60 2021-03-01   9.0  52   test  foo  3.0
li     36 2021-03-02   4.0  52  train  foo  NaN
zhou   45 2021-03-03   9.0  59   test  foo  NaN
wang   98 2021-03-04  16.0  54  train  foo  NaN
>>> df1.dropna()                    # 返回不包含缺失值的行
                                    # df1[df1.isnull().values] 可以查看包含缺失值的行
        A          B    C   D     E    F    G
zhang  60 2021-03-01  9.0  52  test  foo  3.0
>>> df1['G'].fillna(5, inplace=True)                   # 使用指定值原地填充缺失值
>>> df1
        A          B     C   D      E    F    G
zhang  60 2021-03-01   9.0  52   test  foo  3.0
li     36 2021-03-02   4.0  52  train  foo  5.0
zhou   45 2021-03-03   9.0  59   test  foo  5.0
wang   98 2021-03-04  16.0  54  train  foo  5.0
>>> df2 = df.reindex(columns=list(df.columns) + ['G'])  # 增加一列缺失值
>>> df2.iat[0, 6] = 3
>>> df2.iat[2, 5] = np.NaN                             # 手工设置一个缺失值
>>> df2
```

```
        A          B     C   D      E    F    G
zhang  60 2021-03-01   9.0  52   test  foo  3.0
li     36 2021-03-02   4.0  52  train  foo  NaN
zhou   45 2021-03-03   9.0  59   test  NaN  NaN
wang   98 2021-03-04  16.0  54  train  foo  NaN
>>> df2.isnull()              # 空值返回 True
                              # 可以使用 df2.isnull().sum() 查看每列缺失值数量
                              # 使用 df2.isnull().sum(axis=1) 查看每行缺失值数量
          A      B      C      D      E      F      G
zhang  False  False  False  False  False  False  False
li     False  False  False  False  False  False   True
zhou   False  False  False  False  False   True   True
wang   False  False  False  False  False  False   True
>>> df2.notnull()             # 不是缺失值的数据显示为 True
          A     B     C     D     E     F      G
zhang  True  True  True  True  True   True   True
li     True  True  True  True  True   True  False
zhou   True  True  True  True  True  False  False
wang   True  True  True  True  True   True  False
>>> df2.dropna(thresh=6)      # 返回包含 6 个以上有效值的数据
                              # 参数 how 默认值为 'any'
                              # 如果改为 'all'，只删除全部为空值的行
        A          B     C   D      E    F    G
zhang  60 2021-03-01   9.0  52   test  foo  3.0
li     36 2021-03-02   4.0  52  train  foo  NaN
wang   98 2021-03-04  16.0  54  train  foo  NaN
>>> df2.iat[3, 6] = 8
>>> df2.fillna({'F':'foo', 'G':df2['G'].mean()})        # 填充缺失值
        A          B     C   D      E    F    G
zhang  60 2021-03-01   9.0  52   test  foo  3.0
li     36 2021-03-02   4.0  52  train  foo  5.5
zhou   45 2021-03-03   9.0  59   test  foo  5.5
wang   98 2021-03-04  16.0  54  train  foo  8.0
# 每列使用缺失值前最后一个有效值填充，等价于 ffill() 方法
>>> df2.fillna(method='pad')
        A          B     C   D      E    F    G
zhang  60 2021-03-01   9.0  52   test  foo  3.0
li     36 2021-03-02   4.0  52  train  foo  3.0
zhou   45 2021-03-03   9.0  59   test  foo  3.0
wang   98 2021-03-04  16.0  54  train  foo  8.0
# 每列使用缺失值后第一个有效值往回填充，等价于 bfill() 方法
>>> df2.fillna(method='bfill')
        A          B     C   D      E    F    G
zhang  60 2021-03-01   9.0  52   test  foo  3.0
```

```
li      36 2021-03-02   4.0  52  train  foo  8.0
zhou    45 2021-03-03   9.0  59   test  foo  8.0
wang    98 2021-03-04  16.0  54  train  foo  8.0
>>> df2['G'] = df2['G'].fillna(method='bfill', limit=1)
                                                  # 只填充一个缺失值
>>> df2
         A           B     C   D      E    F    G
zhang   60 2021-03-01   9.0  52   test  foo  3.0
li      36 2021-03-02   4.0  52  train  foo  NaN
zhou    45 2021-03-03   9.0  59   test  NaN  8.0
wang    98 2021-03-04  16.0  54  train  foo  8.0
>>> df2['G'].fillna(3.0, inplace=True)            # inplace=True 时表示原地替换
>>> df2
         A           B     C   D      E    F    G
zhang   60 2021-03-01   9.0  52   test  foo  3.0
li      36 2021-03-02   4.0  52  train  foo  3.0
zhou    45 2021-03-03   9.0  59   test  NaN  8.0
wang    98 2021-03-04  16.0  54  train  foo  8.0
>>> np.random.seed(20220628)
>>> dft = pd.DataFrame(np.random.randint(60, 100, (5, 4)),
                       columns=list('abcd'))
>>> dft.iloc[3,2] = np.nan
>>> dft.iloc[2,3] = np.nan
>>> dft
    a   b     c     d
0  78  79  60.0  74.0
1  61  95  82.0  83.0
2  98  83  94.0   NaN
3  72  62   NaN  95.0
4  83  83  98.0  89.0
>>> dft.sum(axis=0)                               # 纵向求和，忽略缺失值
a    392.0
b    402.0
c    334.0
d    341.0
dtype: float64
>>> dft.sum(axis=1)                               # 横向求和，忽略缺失值
0    291.0
1    321.0
2    275.0
3    229.0
4    353.0
dtype: float64
>>> dft['avg'] = dft.mean(axis=1)                 # 增加一列横向平均值，自动忽略缺失值
```

```
>>> dft
    a   b     c     d        avg
0  78  79  60.0  74.0  72.750000
1  61  95  82.0  83.0  80.250000
2  98  83  94.0   NaN  91.666667
3  72  62   NaN  95.0  76.333333
4  83  83  98.0  89.0  88.250000
```

DataFrame 对象的 interpolate() 方法用来计算插值结果并填充缺失值，其完整语法如下。

```
interpolate(method: 'str' = 'linear', axis: 'Axis' = 0,
            limit: 'int | None' = None, inplace: 'bool' = False,
            limit_direction: 'str | None' = None,
            limit_area: 'str | None' = None,
            downcast: 'str | None' = None, **kwargs)
```

下面的代码演示了 interpolate() 方法的具体用法。

```
>>> dft = pd.DataFrame([(0.0, np.nan, -1.0, 1.0),
                        (np.nan, 2.0, np.nan, np.nan),
                        (2.0, 3.0, np.nan, 9.0),
                        (np.nan, 4.0, -4.0, 16.0)],
                        columns=list('abcd'))
>>> dft
     a    b    c     d
0  0.0  NaN -1.0   1.0
1  NaN  2.0  NaN   NaN
2  2.0  3.0  NaN   9.0
3  NaN  4.0 -4.0  16.0
>>> dft.interpolate(method='linear', limit_direction='forward', axis=0)
                                                     # 线性插值正向或前向填充
     a    b    c     d
0  0.0  NaN -1.0   1.0
1  1.0  2.0 -2.0   5.0
2  2.0  3.0 -3.0   9.0
3  2.0  4.0 -4.0  16.0
>>> dft.interpolate(method='linear', limit_direction='backward', axis=0)
                                                     # 线性插值反向填充
     a    b    c     d
0  0.0  2.0 -1.0   1.0
1  1.0  2.0 -2.0   5.0
2  2.0  3.0 -3.0   9.0
```

```
3  NaN  4.0 -4.0  16.0
>>> dft['d'].interpolate(method='polynomial', order=2)     # 二次多项式插值
0     1.0
1     4.0
2     9.0
3    16.0
Name: d, dtype: float64
>>> dft.interpolate(method='pad', limit=2)                 # 前向填充 2 个缺失值
     a    b    c     d
0  0.0  NaN -1.0   1.0
1  0.0  2.0 -1.0   1.0
2  2.0  3.0 -1.0   9.0
3  2.0  4.0 -4.0  16.0
>>> dft.interpolate(method='bfill', limit=1)               # 后向填充 1 个缺失值
     a    b    c     d
0  0.0  2.0 -1.0   1.0
1  2.0  2.0  NaN   9.0
2  2.0  3.0 -4.0   9.0
3  NaN  4.0 -4.0  16.0
>>> dft.interpolate(method='nearest')                      # 最近邻插值
     a    b    c     d
0  0.0  NaN -1.0   1.0
1  0.0  2.0 -1.0   1.0
2  2.0  3.0 -4.0   9.0
3  NaN  4.0 -4.0  16.0
>>> dft = pd.DataFrame({'A':[1,2,np.nan,np.nan,np.nan,10],
                        'B':[5,8,12,np.nan,np.nan,30]},
                       index=pd.to_datetime(['202205241847', '202205241947',
                                             '202205242200', '202205251848',
                                             '202205261800', '202205300000']))
>>> dft
                        A     B
2022-05-24 18:47:00   1.0   5.0
2022-05-24 19:47:00   2.0   8.0
2022-05-24 22:00:00   NaN  12.0
2022-05-25 18:48:00   NaN   NaN
2022-05-26 18:00:00   NaN   NaN
2022-05-30 00:00:00  10.0  30.0
>>> dft.interpolate(method='linear')                       # 线性插值填充缺失值
                        A     B
2022-05-24 18:47:00   1.0   5.0
2022-05-24 19:47:00   2.0   8.0
2022-05-24 22:00:00   4.0  12.0
```

```
2022-05-25 18:48:00   6.0  18.0
2022-05-26 18:00:00   8.0  24.0
2022-05-30 00:00:00  10.0  30.0
>>> dft.interpolate(method='time')                  # 按时间进行插值填充缺失值
                             A          B
2022-05-24 18:47:00   1.000000   5.000000
2022-05-24 19:47:00   2.000000   8.000000
2022-05-24 22:00:00   2.142761  12.000000
2022-05-25 18:48:00   3.482356  15.068852
2022-05-26 18:00:00   4.976520  18.491803
2022-05-30 00:00:00  10.000000  30.000000
```

例 2-2　DataFrame 对象的 update() 和 combine_first() 方法也可以用来更新和替换缺失值，本例代码演示了这两个方法的应用。请自行运行程序查看和分析结果，或见配套 PPT。

```
from copy import deepcopy
import pandas as pd

df1 = pd.DataFrame({'A': [None, 3, 5], 'B': [3, None, None]},
                   index=['x1','x2','x3'])
df2 = pd.DataFrame({'A': [8, None, 8, 9], 'B': [None, 6, 6, 9],
                    'C': [666, None, 999, None]},
                   index=['x1','x2','x3', 'x4'])
print('=== 演示数据：', df1, df2, sep='\n')
# 使用参数 other 中的值更新当前对象中的缺失值
print('===combine_first() 方法处理结果：', df1.combine_first(df2), sep='\n')
# 以另一个 DataFrame 对象为准，原地修改当前 DataFrame 中的缺失值
# 保留原始 DataFrame 对象的行标签和列标签
# overwrite=False 时只更新当前 DataFrame 中的缺失值
df1.update(df2, overwrite=False)
print('===update() 方法处理结果：', df1, sep='\n')
```

DataFrame 对象的 resample() 进行升采样后可以使用指定的规则填充缺失值，该方法完整语法如下。

```
resample(rule, axis=0, closed: 'str | None' = None,
         label: 'str | None' = None, convention: 'str' = 'start',
         kind: 'str | None' = None, loffset=None,
         base: 'int | None' = None, on=None, level=None,
         origin: 'str | TimestampConvertibleTypes' = 'start_day',
         offset: 'TimedeltaConvertibleTypes | None' = None)
```

其中，参数 rule 用来指定重采样的时间间隔，例如 '7D' 表示每 7 天采样一次；参数 label='left' 表示使用采样周期的起始时间作为结果 DataFrame 的 index，label='right' 表示使用采样周期的结束时间作为结果 DataFrame 的 index；参数 on 用来指定根据哪一列进行重采样，要求该列数据为日期时间类型。

```
>>> ind = pd.date_range('20220901', periods=6, freq='4h')
>>> np.random.seed(20220628)
>>> dft = pd.DataFrame({'数量':np.random.randint(100, 1000, 6)}, index=ind)
>>> dft
                      数量
2022-09-01 00:00:00  886
2022-09-01 04:00:00  439
2022-09-01 08:00:00  738
2022-09-01 12:00:00  913
2022-09-01 16:00:00  399
2022-09-01 20:00:00  164
>>> dft.resample('2h').asfreq()
                      数量
2022-09-01 00:00:00  886.0
2022-09-01 02:00:00    NaN
2022-09-01 04:00:00  439.0
2022-09-01 06:00:00    NaN
2022-09-01 08:00:00  738.0
2022-09-01 10:00:00    NaN
2022-09-01 12:00:00  913.0
2022-09-01 14:00:00    NaN
2022-09-01 16:00:00  399.0
2022-09-01 18:00:00    NaN
2022-09-01 20:00:00  164.0
>>> dft.resample('2h').bfill()                    # 按 2 小时升采样，
                                                  # 使用缺失值后第一个值往上填充
                      数量
2022-09-01 00:00:00  886
2022-09-01 02:00:00  439
2022-09-01 04:00:00  439
2022-09-01 06:00:00  738
2022-09-01 08:00:00  738
2022-09-01 10:00:00  913
2022-09-01 12:00:00  913
2022-09-01 14:00:00  399
2022-09-01 16:00:00  399
2022-09-01 18:00:00  164
2022-09-01 20:00:00  164
```

```
>>> dft.resample('2h').ffill()      # 按 2 小时升采样，
                                    # 使用缺失值前最后一个值往下填充
                     数量
2022-09-01 00:00:00  886
2022-09-01 02:00:00  886
2022-09-01 04:00:00  439
2022-09-01 06:00:00  439
2022-09-01 08:00:00  738
2022-09-01 10:00:00  738
2022-09-01 12:00:00  913
2022-09-01 14:00:00  913
2022-09-01 16:00:00  399
2022-09-01 18:00:00  399
2022-09-01 20:00:00  164
```

2. 重复值处理

视频二维码：2.3.6-2

在处理重复值时，一定要明确判断数据是否重复的标准。例如，所有列的值都相等时才认为两行数据是重复的，还是某几列主要特征的值相等就可以认为两行数据是重复的，如果使用后者标准的话哪几列才是主要特征。另外，根据不同的业务类型，可能还需要分析产生重复数据的原因。最后，不管是丢弃重复值还是把其中一部分替换为其他的值，都必须有充分的理由和依据，必须经过充分的论证，不可轻易操作和草率决定，相关领导不可滥用职权，一线技术人员不可滥用数据修改权限。

DataFrame 对象的 duplicated() 方法可以用来检测哪些数据行是重复的，其完整语法如下。

```
duplicated(subset=None, keep='first')
```

其中，参数 subset 用来指定判断不同行的数据是否重复时所依据的一列或多列，默认使用整行所有列的数据进行比较；参数 keep='first' 时表示重复数据的第一次出现标记为 False，keep='last' 时表示重复数据的最后一次出现标记为 False，keep=False 时表示标记所有重复数据为 True。

DataFrame 对象的 drop_duplicates() 方法用来丢弃重复的数据行，返回新的 DataFrame 对象，其完整语法如下。

```
drop_duplicates(subset=None, keep='first', inplace=False)
```

其中，参数 subset 和 keep 的含义与 duplicated() 方法类似；参数 inplace=True 时表示原地修改，此时 duplicated() 方法没有返回值，inplace=False 时表示返回新的

DataFrame 结构而不对原来的 DataFrame 做任何修改。

```
>>> dft = pd.DataFrame({'k1':['one'] * 3 + ['two'] * 4,
                        'k2':[1, 1, 2, 3, 3, 4, 4]})
>>> dft[dft.duplicated()]                    # 查看重复数据
    k1  k2
1  one   1
4  two   3
6  two   4
>>> dft[dft.duplicated(keep=False)]          # 查看包含重复值的所有行
    k1  k2
0  one   1
1  one   1
3  two   3
4  two   3
5  two   4
6  two   4
>>> dft[dft['k2'].isin(dft[dft['k2'].duplicated()]['k2'].values)]
                                             # k2 列出现过两次以上的所有数据
                                             # 不包含 k2 列只出现过一次的数据行
    k1  k2
0  one   1
1  one   1
3  two   3
4  two   3
5  two   4
6  two   4
>>> dft.drop_duplicates()                    # 返回新数组，删除重复行
    k1  k2
0  one   1
2  one   2
3  two   3
5  two   4
>>> dft.drop_duplicates(['k1'])              # 删除 k1 列的重复数据
    k1  k2
0  one   1
3  two   3
>>> dft.drop_duplicates(['k1'], keep='last')
                                             # 对于重复的数据，只保留最后一个
    k1  k2
2  one   2
6  two   4
>>> dft.drop_duplicates(keep=False)          # 只保留出现一次的行
    k1  k2
```

```
2   one    2
>>> dft.drop_duplicates('k1', keep=False)          # 只保留 k1 列出现一次的行
                                                   # 不存在时返回空对象
Empty DataFrame
Columns: [k1, k2]
Index: []
```

3. 异常值处理

视频二维码：2.3.6-3

异常值，也称离群点，是指正常范围之外的值。所谓正常范围，不仅和问题本身有关，也和数据类型有关，是由多个因素共同决定的。细分的话，可以分为数值型异常值、时间型异常值、空间型异常值、类型非法异常值等不同类型，其中数值型异常值较为常见。例如，某家庭某个月用水 100t、一台普通计算机标价 3000 万元、一个成年人的体重为 75g、一个人的年龄为 -15 岁、试图把图像中部分像素颜色的红色分量设置为 288，出现这种情况的原因可能是数字本身错误（过大或过小）或者把单位标错了，也可能是发生了不正常的事件（例如，某用户的账号平时每天登录不超过 5 次，突然在很短的时间里有连续上百次尝试登录操作，这种异常值的出现大概率是因为有黑客正在试图破解他的账号。再例如，某个平时交易次数非常少的银行账户突然短时间频繁刷卡或转账，大概率是被盗并恶意刷卡）。或者数据填入的位置不对（例如，误把家庭住址填入姓名列，误把姓名填入性别列）。当然，也有可能是极端情况的正确数据（例如，某学校教师发表学术论文并且被 SCI 检索数量最多的大咖一年 100 篇，排名第二的老师才 8 篇，其余老师更少或者没有）。一定要结合数据背后的业务类型来确定数据正常范围并分析产生异常值的可能原因之后再做进一步的处理，不能一概而论。

时间型异常值是指不在正常时间范围内发生的事件。例如，在一个不允许员工加班并且仅允许员工在工作时间登录单位内网处理业务的公司，某员工账号在非工作时间试图登录公司内网的事件可以认为是异常的。

空间型异常值往往指拓扑结构的异常或距离的异常，例如，由于三维扫描仪的精度问题，扫描一个球形物体时在很远处出现了一个顶点，导致模型表面有一个尖锐的毛刺；再例如，某用户的银行卡消费记录显示他多年来一直在常住地区周围 50km 内，突然有一笔交易发生在几千千米之外的某地。

类型非法异常值指不正确的数据类型，一般是人工输入或填表时看串了行列造成的错误。例如，年龄列出现了字符串，姓名列出现了数字，等等。

```
>>> np.random.seed(20220628)
>>> data = pd.DataFrame(np.random.randn(500, 4))
>>> data.describe()                                # 查看数据的统计信息
                0           1           2           3
count  500.000000  500.000000  500.000000  500.000000
```

```
mean     -0.056881   -0.106920    0.012614   -0.025652
std       0.976283    0.969389    1.000530    1.005446
min      -2.586361   -2.874173   -2.501408   -3.163299
25%      -0.671097   -0.816718   -0.736408   -0.690012
50%      -0.069170   -0.070349    0.025445    0.025033
75%       0.538948    0.573556    0.751166    0.612517
max       2.712519    3.121807    2.754576    2.974685
>>> col1 = data[1]                               # 获取第 2 列的数据
>>> col1[col1>3]                                 # 第 2 列大于 3 的数据
316    3.121807
Name: 1, dtype: float64
>>> col1[col1>2.5]
316    3.121807
Name: 1, dtype: float64
>>> col1[col1>2]                                 # 逐步调整参数确定正常范围边界
2      2.038539
55     2.381796
257    2.383696
316    3.121807
Name: 1, dtype: float64
>>> data[np.abs(data)>2] = np.sign(data) * 2
                         # 把所有数据都限定到 [-2, 2] 区间，认为这个范围之外的属于异常值
>>> data.describe()
                0            1            2            3
count  500.000000   500.000000   500.000000   500.000000
mean    -0.054737   -0.104127    0.009795   -0.023582
std      0.943057    0.944344    0.972439    0.956999
min     -2.000000   -2.000000   -2.000000   -2.000000
25%     -0.671097   -0.816718   -0.736408   -0.690012
50%     -0.069170   -0.070349    0.025445    0.025033
75%      0.538948    0.573556    0.751166    0.612517
max      2.000000    2.000000    2.000000    2.000000
>>> np.random.seed(246672000)
>>> dft = pd.DataFrame(np.random.randint(1, 100, (5,8)))
>>> dft
    0   1   2   3   4   5   6   7
0  50  23   2  98  31   3  47  66
1  23  82  62  81  83  58  70  94
2  23  50  57  72  11  54  90   5
3  74  44  45  80  49  62  81  62
4  31  73  44  44  44  86  88  54
>>> dft[dft>80] = 80                             # 所有大于 80 的数值统一改为 80
>>> dft[dft<30] = 30                             # 所有小于 30 的数值统一改为 30
```

```
                                      # 这两条语句的功能等价于 dft.clip(30, 80)
>>> dft
    0   1   2   3   4   5   6   7
0  50  30  30  80  31  30  47  66
1  30  80  62  80  80  58  70  80
2  30  50  57  72  30  54  80  30
3  74  44  45  80  49  62  80  62
4  31  73  44  44  44  80  80  54
```

2.3.7 数据离散化

所谓数据离散化，是指根据事先定义的区间划分来确定每个数据落在哪个区间。离散化之后，可以统计不同区间内数据的数量，也可以使用每个区间中某个选定的值来代表该区间内所有的值，从而为进一步实现数据压缩提供方便。

视频二维码：2.3.7

```
>>> np.random.seed(246672000)
>>> data = np.random.randint(1, 100, 20)                  # 生成随机数
>>> data
array([50, 23,  2, 98, 31,  3, 47, 66, 23, 82, 62, 81, 83, 58, 70, 94, 23,
       50, 57, 72])
>>> category = [0, 30, 70, 100]                           # 指定数据切分的区间边界
>>> pd.cut(data, category)
[(30, 70], (0, 30], (0, 30], (70, 100], (30, 70], ..., (70, 100], (0, 30],
 (30, 70], (30, 70], (70, 100]]
Length: 20
Categories (3, interval[int64, right]): [(0, 30] < (30, 70] < (70, 100]]
>>> pd.cut(data, category, right=False)                   # 左闭右开区间
[[30, 70), [0, 30), [0, 30), [70, 100), [30, 70), ..., [70, 100), [0, 30),
 [30, 70), [30, 70), [70, 100)]
Length: 20
Categories (3, interval[int64, left]): [[0, 30) < [30, 70) < [70, 100)]
>>> labels = ['low', 'middle', 'high']
>>> pd.cut(data, category, right=False, labels=labels)  # 指定标签
['middle', 'low', 'low', 'high', 'middle', ..., 'high', 'low', 'middle',
 'middle', 'high']
Length: 20
Categories (3, object): ['low' < 'middle' < 'high']
>>> pd.cut(data, 4)                                       # 四分位数
                                                          # 每个区间的大小一样
[(26.0, 50.0], (1.904, 26.0], (1.904, 26.0], (74.0, 98.0], (26.0, 50.0], ...,
```

```
 (74.0, 98.0], (1.904, 26.0], (26.0, 50.0], (50.0, 74.0], (50.0, 74.0]]
Length: 20
Categories (4, interval[float64, right]): [(1.904, 26.0] < (26.0, 50.0]
                                          < (50.0, 74.0] < (74.0, 98.0]]
>>> pd.qcut(data, 4)                            # 四分位数离散化
                                                # 每个区间里元素的数量尽可能一样
[(29.0, 57.5], (1.999, 29.0], (1.999, 29.0], (74.25, 98.0], (29.0, 57.5], ...,
 (74.25, 98.0], (1.999, 29.0], (29.0, 57.5], (29.0, 57.5], (57.5, 74.25]]
Length: 20
Categories (4, interval[float64, right]): [(1.999, 29.0] < (29.0, 57.5]
                                          < (57.5, 74.25] < (74.25, 98.0]]
>>> pd.qcut(data, 4).value_counts()
(1.999, 29.0]    5
(29.0, 57.5]     5
(57.5, 74.25]    5
(74.25, 98.0]    5
dtype: int64
```

2.3.8　频次统计

视频二维码：2.3.8

```
>>> pd.value_counts([1,1,1,2,2,1,3,2])          # 统计每个唯一元素出现的次数
1    4
2    3
3    1
dtype: int64
>>> df1
        A          B     C   D      E    F    G
zhang  60 2021-03-01   9.0  52   test  foo  3.0
li     36 2021-03-02   4.0  52  train  foo  5.0
zhou   45 2021-03-03   9.0  59   test  foo  5.0
wang   98 2021-03-04  16.0  54  train  foo  5.0
>>> df1['D'].value_counts()         # 频次统计，等价于pd.value_counts(df1['D'])
                                    # 也等价于pd.value_counts(df1['D'].values)
52    2
59    1
54    1
Name: D, dtype: int64
```

例 2-3　学生成绩分段统计，输出每个分数段中学生的人数。自行运行程序查看和分析结果，或见配套 PPT。

```
from pandas import cut, value_counts

scores = [89,70,49,87,92,84,73,71,78,81,90,37,
          77,82,81,79,80,82,75,90,54,80,70,68,61]
groups = value_counts(cut(scores,[0,60,70,80,90,101],
                          labels=['不及格','及格','中','良','优秀'],
                          right=False))
print(groups)
```

2.3.9　向量化与唯一元素

视频二维码：2.3.9

```
>>> index, uniques = pd.factorize(list('abcaccccaaab'))        # 向量化
>>> index                   # 原数据中每个元素对应的唯一元素下标
array([0, 1, 2, 0, 2, 2, 2, 2, 0, 0, 0, 1], dtype=int64)
>>> uniques                 # 所有唯一元素，保持在原数据中首次出现的相对顺序
array(['a', 'b', 'c'], dtype=object)
>>> uniques[index]          # 重建原来的数据
array(['a', 'b', 'c', 'a', 'c', 'c', 'c', 'c', 'a', 'a', 'a', 'b'],
      dtype=object)
>>> pd.unique(list('cabcaccccaaab'))     # 唯一元素，保持首次出现的相对顺序
array(['c', 'a', 'b'], dtype=object)
>>> dft = pd.DataFrame({'A': [4, 5, 6], 'B': [4, 1, 1]})
>>> dft['B'].unique()                    # B 列中的唯一元素
array([4, 1], dtype=int64)
>>> dft.apply(pd.unique)                 # 每列中的唯一元素
A    [4, 5, 6]
B       [4, 1]
dtype: object
>>> dft.apply(pd.unique, axis=1)         # 每行中的唯一元素
0       [4]
1    [5, 1]
2    [6, 1]
dtype: object
>>> np.random.seed(246672000)
>>> dft = pd.DataFrame(np.random.randint(1, 10, (5,4)),
                       columns=list('ABCD'))
>>> dft
   A  B  C  D
0  3  2  7  2
1  2  9  3  2
2  7  2  1  2
```

```
3  3  6  7  2
4  9  8  7  6
>>> dft.nunique()                          # 每列唯一元素的数量
A    4
B    4
C    3
D    2
dtype: int64
>>> dft.nunique(axis=1)                    # 每行唯一元素的数量
0    3
1    3
2    3
3    4
4    4
dtype: int64
```

2.3.10　拆分与合并

视频二维码：2.3.10

1. concat() 函数

扩展库 Pandas 提供了 concat() 函数用于合并多个 DataFrame 对象,完整语法如下。

```
concat(objs, axis=0, join='outer', join_axes=None, ignore_index=False,
       keys=None, levels=None, names=None, verify_integrity=False,
       copy=True)
```

其中，参数 objs 表示包含多个 Series、DataFrame 或 Panel 对象的序列；参数 axis 默认为 0，表示按行进行纵向合并和扩展。

```
>>> np.random.seed(246672000)
>>> dft = pd.DataFrame(np.random.randn(10, 4))
>>> p1 = dft[:3]                          # 水平拆分，得到前 3 行数据
>>> p2 = dft[3:7]                         # 获取第 3 到 6 行数据
>>> p3 = dft[7:]                          # 获取下标为 7 之后所有行的数据
>>> dft1 = pd.concat([p1, p2, p3])        # 合并数据行
>>> np.allclose(dft, dft1)                # 检查合并后的数据与原始数据是否相等
True
>>> dft = pd.DataFrame(np.random.randint(1,10,(4,10)))
>>> p1 = dft.iloc[:, :3]                              # 垂直拆分，得到前 3 列数据
>>> p2 = dft.iloc[:, 3:7]                             # 列下标 3 到 6 的数据
>>> p3 = dft.iloc[:, 7:]                              # 列下标 7 之后的所有数据
>>> dft1 = pd.concat([p1, p2, p3], axis=1)            # 左右拼接
```

```
>>> (dft1==dft).all(axis=1)                 # 比较每行是否相同
                                            # axis 的默认值为 0，纵向比较
0    True
1    True
2    True
3    True
dtype: bool
>>> np.random.seed(246672000)
>>> dft1 = pd.DataFrame(np.random.randint(1, 100, (2,5)))
>>> dft2 = pd.DataFrame(np.random.randint(1, 100, (2,5)))
>>> dft1
    0   1   2   3   4
0  50  23   2  98  31
1   3  47  66  23  82
>>> dft2
    0   1   2   3   4
0  62  81  83  58  70
1  94  23  50  57  72
>>> pd.concat([dft1, dft2], axis=0)      # 纵向合并，默认保留原来的行标签
    0   1   2   3   4
0  50  23   2  98  31
1   3  47  66  23  82
0  62  81  83  58  70
1  94  23  50  57  72
>>> pd.concat([dft1, dft2], axis=0, ignore_index=True)        # 忽略原来的行标签
    0   1   2   3   4
0  50  23   2  98  31
1   3  47  66  23  82
2  62  81  83  58  70
3  94  23  50  57  72
>>> dft = pd.DataFrame({'日期': ['2022-05-20', '2022-08-30', '2022-11-11'],
                        '数量': [666, 888, 999]})
>>> dft['日期'].str.rsplit('-', 1)      # 默认得到值为列表的 Series 对象，不是多列
0    [2022-05, 20]
1    [2022-08, 30]
2    [2022-11, 11]
Name: 日期, dtype: object
>>> dft['日期'].str.rsplit('-', 1, expand=True)
                    # 从右向左分割 1 次，拆分成两列，参数 expand=True 表示拆分为单独的列
         0   1
0  2022-05  20
1  2022-08  30
2  2022-11  11
```

```
>>> dft_date = dft['日期'].str.split('-', expand=True)
                                            # 拆分成多列，返回 DataFrame 对象
>>> dft_date.columns = ['年', '月', '日']      # 修改列标签
>>> dft_date = dft_date.applymap(int)          # 把所有列都转换为整数
>>> pd.concat([dft['数量'], dft_date], axis=1)  # 横向拼接两个 DataFrame 对象
   数量    年   月   日
0  666  2022   5  20
1  888  2022   8  30
2  999  2022  11  11
```

2. merge() 方法与 join() 方法

DataFrame 对象的 merge() 方法实现了与另一个 DataFrame 对象的连接，类似于数据库连接。

```
merge(right: 'FrameOrSeriesUnion', how: 'str' = 'inner',
      on: 'IndexLabel | None' = None, left_on: 'IndexLabel | None' = None,
      right_on: 'IndexLabel | None' = None, left_index: 'bool' = False,
      right_index: 'bool' = False, sort: 'bool' = False,
      suffixes: 'Suffixes' = ('_x', '_y'), copy: 'bool' = True,
      indicator: 'bool' = False, validate: 'str | None' = None)
```

其中，参数 right 表示另一个 DataFrame、Series 对象或包含 DataFrame、Series 对象的集合；参数 how 的取值可以是 'left'、'right'、'outer' 或 'inner' 之一，表示数据连接的方式；参数 on 用来指定连接时依据的列名或包含若干列名的列表，要求指定的列名在两个 DataFrame 中都存在，如果没有任何参数指定连接键则根据两个 DataFrame 的列名交集进行连接；参数 left_on 和 right_on 分别用来指定连接时依据的左侧列标签和右侧列标签。Pandas 提供的同名函数也实现了同样的功能，可自行使用 Python 内置函数 help() 查看其语法和功能描述。

```
>>> dft1 = pd.DataFrame({'LKEY': list('abbcaba'), 'data': range(3,10)})
>>> dft2 = pd.DataFrame({'RKEY': list('abc'), 'data': (5,1,3)})
                                  # 自行查看 dft1 和 dft2 的值
>>> pd.merge(dft1, dft2)          # 根据共同的列进行合并，默认使用内连接，交集
                                  # 等价于 pd.merge(dft1, dft2, on='data')
  LKEY  data RKEY
0    a     3    c
1    b     5    a
>>> pd.merge(dft1, dft2, left_on='LKEY', right_on='RKEY')
                                  # 根据不同的列进行合并
  LKEY  data_x RKEY  data_y
0    a       3    a       5
```

```
1    a       7    a       5
2    a       9    a       5
3    b       4    b       1
4    b       5    b       1
5    b       8    b       1
6    c       6    c       3
>>> pd.merge(dft1, dft2, on='data', how='outer')
                                    # how='outer' 时表示外连接，并集
  LKEY  data RKEY
0    a     3    c
1    b     4  NaN
2    b     5    a
3    c     6  NaN
4    a     7  NaN
5    b     8  NaN
6    a     9  NaN
7  NaN     1    b
>>> pd.merge(dft1, dft2, how='cross')
                                    # 交叉连接，此时不能使用参数 on、right_on 或 left_on
                                    # 也不能设置参数 right_index=True 或者 left_index=True
                                    # 略去了部分输出结果，自行运行查看或见配套 PPT
   LKEY  data_x RKEY  data_y
0     a       3    a       5
1     a       3    b       1
2     a       3    c       3
...
19    a       9    b       1
20    a       9    c       3
>>> pd.merge(dft1, dft2, how='left')                      # 左连接
  LKEY  data RKEY
0    a     3    c
1    b     4  NaN
2    b     5    a
3    c     6  NaN
4    a     7  NaN
5    b     8  NaN
6    a     9  NaN
>>> pd.merge(dft1, dft2, how='right')                     # 右连接
  LKEY  data RKEY
0    b     5    a
1  NaN     1    b
2    a     3    c
```

DataFrame 结构的 join() 方法可以实现根据行标签对左表（调用 join() 方法的 DataFrame）和右表进行按列合并，如果右表 other 行索引与左表某列的值相同可以直接连接，如果要根据右表 other 中某列的值与左表进行连接，需要先对右表 other 调用 set_index() 方法设定该列作为索引。

```
join(other, on=None, how='left', lsuffix='', rsuffix='', sort=False)
```

其中，参数 other 表示另一个 DataFrame 结构，也就是右表；参数 on 用来指定连接时依据的左表列名，如果不指定则按左表索引 index 的值进行连接；参数 how 的含义与 merge() 方法的 how 相同；参数 lsuffix 和 rsuffix 用来指定列名的后缀。

```
>>> dft1.join(dft2, rsuffix='_r')        # 根据行标签进行连接，默认使用左连接
  LKEY  data RKEY  data_r
0    a     3    a     5.0
1    b     4    b     1.0
2    b     5    c     3.0
3    c     6  NaN     NaN
4    a     7  NaN     NaN
5    b     8  NaN     NaN
6    a     9  NaN     NaN
>>> dft1.join(dft2, rsuffix='_r', on='data', how='outer')         # 外连接
    LKEY  data RKEY  data_r
0.0    a     3  NaN     NaN
1.0    b     4  NaN     NaN
2.0    b     5  NaN     NaN
3.0    c     6  NaN     NaN
4.0    a     7  NaN     NaN
5.0    b     8  NaN     NaN
6.0    a     9  NaN     NaN
NaN  NaN     0    a     5.0
NaN  NaN     1    b     1.0
NaN  NaN     2    c     3.0
>>> dft1.set_index('data').join(dft2.set_index('data'))         # 重设行标签
     LKEY RKEY
data
3       a    c
4       b  NaN
5       b    a
6       c  NaN
7       a  NaN
8       b  NaN
9       a  NaN
```

2.3.11　分裂操作

视频二维码：2.3.11

DataFrame 对象的 explode() 方法用来把列表中的每个元素转换为一行，对行标签进行复制。

```
explode(column: 'str | tuple | list[str | tuple]',
        ignore_index: 'bool' = False)
```

下面代码演示了该方法的应用。

```
>>> dft = pd.DataFrame({'first': [65,66,67], 'second': [1,2,[3,4,5]]})
>>> dft.explode('second')    # 根据 second 列的值分裂为多行，对行标签的值进行复制
   first second
0     65      1
1     66      2
2     67      3
2     67      4
2     67      5
>>> dft.explode('second', ignore_index=True)    # 忽略原来的索引
   first second
0     65      1
1     66      2
2     67      3
3     67      4
4     67      5
>>> dft.explode('second').reset_index()         # 重建行标签，原来的行标签变为列
   index  first second
0      0     65      1
1      1     66      2
2      2     67      3
3      2     67      4
4      2     67      5
>>> dft.explode('second').reset_index(drop=True)        # 丢弃原来的行标签
   first second
0     65      1
1     66      2
2     67      3
3     67      4
4     67      5
>>> dft = pd.DataFrame({'first': [65,66,67], 'second': [1,2,[3,4,5]],
                        'third': [[1,2,3],4,5]})
>>> dft.explode('second').explode('third')
```

```
   first second third
0     65      1     1
0     65      1     2
0     65      1     3
1     66      2     4
2     67      3     5
2     67      4     5
2     67      5     5
>>> dft = pd.DataFrame({'first': [65,66,67], 'second': [1,2,[3,4,5]],
                        'third': [4,5,[1,2,3]]})
>>> dft.explode(['second','third'])        # 要求两列中的子列表长度相同
   first second third
0     65      1     4
1     66      2     5
2     67      3     1
2     67      4     2
2     67      5     3
>>> df1 = pd.DataFrame({'V': [37,62,28,65,43],
        'S': [','.join(np.random.choice(list('abc'), 8)) for _ in range(5)]})
>>> df1
    V                S
0  37  c,b,b,c,b,b,a,b
1  62  a,a,a,b,a,b,a,a
2  28  c,b,b,c,a,c,b,b
3  65  a,a,c,a,b,b,a,c
4  43  c,a,b,b,b,b,a,b
>>> df1.S.str.split(',')                   # 默认值 expand=False，返回 Series 对象
0    [a, c, c, b, a, c, a, c]
1    [b, b, c, c, b, c, a, c]
2    [c, c, c, c, b, a, b, a]
3    [a, a, c, a, c, b, b, c]
4    [a, b, b, a, a, b, b, a]
Name: S, dtype: object
>>> dft = df1.S.str.split(',', expand=True)
                                           # 分裂为多列，长度不相同时会产生空值
>>> dft
   0  1  2  3  4  5  6  7
0  c  b  b  c  b  b  a  b
1  a  a  a  b  a  b  a  a
2  c  b  b  c  a  c  b  b
3  a  a  c  a  b  b  a  c
4  c  a  b  b  b  b  a  b
>>> df1['SS'] = dft.loc[:,0].str.cat(dft.loc[:,1:], sep=',')
```

```
                                    # 多列合并为一列，非字符串列需要先转换为字符串
>>> df1.drop('S', axis=1)
    V                SS
0  48  a,c,c,b,a,c,a,c
1  60  b,b,c,c,b,c,a,c
2  68  c,c,c,c,b,a,b,a
3  35  a,a,c,a,c,b,b,c
4  35  a,b,b,a,a,b,b,a
>>> pd.concat([df1, df1.S.str.split(',', expand=True)], axis=1)
                                    # 分裂后再连接
    V                S  0  1  2  3  4  5  6  7
0  37  c,b,b,c,b,b,a,b  c  b  b  c  b  b  a  b
1  62  a,a,a,b,a,b,a,a  a  a  a  b  a  b  a  a
2  28  c,b,b,c,a,c,b,b  c  b  b  c  a  c  b  b
3  65  a,a,c,a,b,b,a,c  a  a  c  a  b  b  a  c
4  43  c,a,b,b,b,b,a,b  c  a  b  b  b  b  a  b
>>> pd.concat([df1.V, df1.S.str.split(',', expand=True)], axis=1)
    V  0  1  2  3  4  5  6  7
0  37  c  b  b  c  b  b  a  b
1  62  a  a  a  b  a  b  a  a
2  28  c  b  b  c  a  c  b  b
3  65  a  a  c  a  b  b  a  c
4  43  c  a  b  b  b  b  a  b
```

2.3.12 分组与聚合

视频二维码：2.3.12

分组是数据分类分析和处理的重要技术实现，也是了解数据总体情况的重要手段。例如，超市经理不会关心每天卖了几千克香蕉或者几包卫生纸，他更关心不同大类的商品总销量和分布以及波动情况，组长或楼管则主要关心自己负责的几类商品销售情况。超市交易数据可以按员工工号、月份、年份、周几、商品类别等不同规则进行分组，然后对交易额求和、求平均值、求中值进行深入分析；学校发表论文的数据可以按教师工号、性别、年龄、职称、专业、毕业院校以及论文类别等标准进行分组，然后统计各组中的论文数量；学校科研进账经费数据可以按教师工号、项目类别、年份等标准进行分组，然后统计各组中的经费总额；电信公司对手机用户白天 / 夜间通话时长或本地 / 长途通话时长分析以及白天 / 夜间流量或特定 App 的定向流量分析；全国的降水数据可以按城市、年度、月份等标准进行分组求和之后再进行纵向或横向比较；交通事故的数据可以按城市、交通工具类型、事故严重程度、年份、月份等标准进行分组求和，然后再进行纵向或横向比较；对购物平台的用户登录和交易数据按日期进行分组后统计活动次数，可以用来计算客户留存率（又可以细分为次日留存率、周留存率、月留存率、年留存率等），类似的应用还有很多。

DataFrame 对象的 groupby() 方法可以根据某列或某几列的值对数据进行分组，用来分组的列值相同的放到同一个组中，返回分组对象，通过分组对象的方法可以对其他列的值进一步处理。DataFrame 对象的 groupby() 方法完整语法如下。

```
groupby(by=None, axis: 'Axis' = 0, level: 'Level | None' = None,
        as_index: 'bool' = True, sort: 'bool' = True,
        group_keys: 'bool' = True,
        squeeze: 'bool | lib.NoDefault' = <no_default>,
        observed: 'bool' = False, dropna: 'bool' = True)
```

其中，参数 by 用来指定分组依据，可以为函数、字典、Series 对象、标签或包含多个标签的列表，by 的值为函数时以 index 的值作为参数；参数 as_index=False 时用来分组的列中的数据不作为结果 DataFrame 对象的 index；参数 squeeze=True 时会在可能的情况下降低结果对象的维度。

```
>>> np.random.seed(246672000)
>>> dft = pd.DataFrame({'A':np.random.randint(1,5,8),
                        'B':np.random.randint(10,15,8),
                        'C':np.random.randint(20,30,8),
                        'D':np.random.randint(80,100,8)})
>>> dft
   A   B   C   D
0  3  11  27  91
1  2  11  26  92
2  3  10  25  95
3  2  11  29  96
4  2  12  24  96
5  1  11  20  88
6  3  11  29  91
7  3  10  27  91
>>> dft.groupby('A').sum()                  # A 列值相同的数据行作为一组
                                            # 同组内其他列分别求和
    B    C    D
A
1  11   20   88
2  34   79  284
3  42  108  368
>>> dft.groupby(['A','B']).mean()           # 分组内计算平均值
          C     D
A B
1 11   20.0  88.0
2 11   27.5  94.0
```

```
  12  24.0  96.0
3 10  26.0  93.0
  11  28.0  91.0
>>> dft.groupby(['A','B'], as_index=False).mean()
                                    # 加 as_index=False 参数可防止分组名变为行标签
   A   B     C     D
0  1  11  20.0  88.0
1  2  11  27.5  94.0
2  2  12  24.0  96.0
3  3  10  26.0  93.0
4  3  11  28.0  91.0
>>> dft.groupby(by='A').aggregate({'B':np.sum, 'C':np.mean, 'D':np.min})
                                    # 按 A 列分组，然后 B 列求和，C 列求平均值，D 列求最小值
    B          C   D
A
1  11  20.000000  88
2  34  26.333333  92
3  42  27.000000  91
>>> dft.groupby(dft.B.map(lambda num: '奇数' if num%2 else '偶数')).sum()
                                                         # 按 B 列奇偶分组
      A   B    C    D
B
偶数   8  32   76  282
奇数  11  55  131  458
>>> dft.groupby(list('ababbaaa')).sum()          # 给每行贴上标签再按标签分组
    A   B    C    D
a  13  53  128  456
b   6  34   79  284
>>> dft.groupby('A', as_index=False).nth(0)      # 查看每个分组中的第一个数据
   A   B   C   D
0  3  11  27  91
1  2  11  26  92
5  1  11  20  88
>>> dft.groupby('A', as_index=False).nth(1)      # 查看每个分组中的第二个数据
                                    # 参数为 -1 时查看每组中最后一个数据，其他负整数以此类推
   A   B   C   D
2  3  10  25  95
3  2  11  29  96
>>> dft.groupby('A', as_index=False).nth(2)
   A   B   C   D
4  2  12  24  96
6  3  11  29  91
>>> dft.groupby('A', as_index=False).nth(3)
```

```
   A   B   C   D
7  3  10  27  91
>>> np.random.seed(246672000)
>>> dft = pd.DataFrame(np.random.randint(1, 100, (5,3)))
>>> dft
    0   1   2
0  50  23   2
1  98  31   3
2  47  66  23
3  82  62  81
4  83  58  70
>>> dft[2].rolling(3).sum()   # 每个数值最近的 3 个数值求和，常用于量化交易分析
0      NaN
1      NaN
2     28.0
3    107.0
4    174.0
Name: 2, dtype: float64
>>> dft[2].rolling(3).mean()  # 每个数值最近的 3 个数值求平均
0          NaN
1          NaN
2     9.333333
3    35.666667
4    58.000000
Name: 2, dtype: float64
>>> dft.rolling(3).mean()     # 对每列进行同样处理
           0     1          2
0        NaN   NaN        NaN
1        NaN   NaN        NaN
2  65.000000  40.0   9.333333
3  75.666667  53.0  35.666667
4  70.666667  62.0  58.000000
>>> dft.expanding().mean()    # 每个数值与之前所有数值的平均值，常用于量化交易分析
                              # expanding() 可以忽略空值，rolling() 不行
       0     1          2
0  50.00  23.0   2.000000
1  74.00  27.0   2.500000
2  65.00  40.0   9.333333
3  69.25  45.5  27.250000
4  72.00  48.0  35.800000
>>> dft = pd.DataFrame({'A': range(5),
                        'B': ['2021-07-21', '2021-07-21', '2021-07-21',
                              '2021-08-22', '2021-08-22']})
```

```
>>> grouper = dft.groupby('B')              # 创建分组对象
>>> grouper.first()                         # 返回每个分组中的第一个数据
            A
B
2021-07-21  0
2021-08-22  3
>>> grouper.last()                          # 返回每个分组中最后一个数据
            A
B
2021-07-21  2
2021-08-22  4
>>> grouper.nth(1)                          # 返回每个分组中第二个数据
            A
B
2021-07-21  1
2021-08-22  4
>>> grouper.nth(-2)                         # 返回每个分组中倒数第二个数据
            A
B
2021-07-21  1
2021-08-22  3
>>> grouper.sample(2)                       # 从每个分组中随机选择 2 个数据
   A          B
1  1  2021-07-21
0  0  2021-07-21
3  3  2021-08-22
4  4  2021-08-22
>>> grouper.apply(lambda group:group['A'].sort_values(ascending=False)[:2])
                                            # 每组数据中按 A 列值降序排列然后取前两行
B
2021-07-21  2    2
            1    1
2021-08-22  4    4
            3    3
Name: A, dtype: int64
>>> for group, values in grouper:           # 遍历每个分组以及其中的数据
    print('='*6, group, values, sep='\n')

======
2021-07-21
   A          B
0  0  2021-07-21
1  1  2021-07-21
```

```
2  2  2021-07-21
======
2021-08-22
   A           B
3  3  2021-08-22
4  4  2021-08-22
>>> dict(list(grouper))['2021-07-21']          # 把分组对象转换为字典
   A           B
0  0  2021-07-21
1  1  2021-07-21
2  2  2021-07-21
>>> grouper.groups                             # 每个分组的值和对应的行标签
{'2021-07-21': [0, 1, 2], '2021-08-22': [3, 4]}
>>> grouper.get_group('2021-07-21')            # 获取指定分组对应的数据
   A           B
0  0  2021-07-21
1  1  2021-07-21
2  2  2021-07-21
>>> grouper.ngroup()                          # 为每个数据所属的分组进行编号
0    0
1    0
2    0
3    1
4    1
dtype: int64
>>> grouper.ngroups                            # 分组的数量
2
>>> grouper.size()                             # 每个分组的大小，即组内数据的行数
B
2021-07-21    3
2021-08-22    2
dtype: int64
>>> grouper.nunique()                          # 每个分组中唯一数据的数量
            A
B
2021-07-21  3
2021-08-22  2
>>> grouper.diff()                             # 分组内一阶差分
     A
0  NaN
1  1.0
2  1.0
3  NaN
```

```
4  1.0
>>> grouper.prod()                                  # 分组内数值的乘积
             A
B
2021-07-21   0
2021-08-22  12
>>> grouper.cov()                                   # 每个分组内的方差
                  A
B
2021-07-21 A  1.0
2021-08-22 A  0.5
>>> grouper.idxmax()                                # 每个分组中最大值首次出现的行标签
            A
B
2021-07-21  2
2021-08-22  4
>>> grouper.cumsum()                                # 分组内累加
   A
0  0
1  1
2  3
3  3
4  7
>>> grouper.cumprod()                               # 分组内累乘
    A
0   0
1   0
2   0
3   3
4  12
>>> grouper.rank()                                  # 分组内排名
     A
0  1.0
1  2.0
2  3.0
3  1.0
4  2.0
>>> grouper.rolling(2).sum()                        # 各分组内相邻两行数据的和
                  A
B
2021-07-21 0  NaN
           1  1.0
           2  3.0
```

```
2021-08-22 3  NaN
           4  7.0
>>> grouper.rolling(2).mean()              # 各分组内相邻两行数据的平均值
                  A
B
2021-07-21 0  NaN
           1  0.5
           2  1.5
2021-08-22 3  NaN
           4  3.5
>>> grouper.rolling(2).std()               # 各分组内相邻两行数据的标准差
                         A
B
2021-07-21 0       NaN
           1  0.707107
           2  0.707107
2021-08-22 3       NaN
           4  0.707107
>>> dft.groupby(by=lambda irow: dft.loc[irow,'B'][:7]).sum()
                              # 按月份分组求和，可以实现降采样
                              # 等价于 dft.groupby(by=dft.B.str.slice(0,7)).sum()
         A
2021-07  3
2021-08  7
>>> dft.groupby(by=lambda irow:dft.loc[irow,'B'][:7])['A'].transform('mean')
                                           # 计算每组平均值，对分组进行解封 / 展开
                                           # 与原 DataFrame 对象具有同样行数
0    1.0
1    1.0
2    1.0
3    3.5
4    3.5
Name: A, dtype: float64
>>> dft['group_mean'] = dft.groupby(by=lambda irow: dft.loc[irow,'B'][:7])
['A'].transform('mean')
                              # 增加一列，值为当前行 B 列所属分组的 A 列平均值
>>> dft
   A           B  group_mean
0  0  2021-07-21         1.0
1  1  2021-07-21         1.0
2  2  2021-07-21         1.0
3  3  2021-08-22         3.5
4  4  2021-08-22         3.5
```

```
>>> np.random.seed(246672000)
>>> dft = pd.DataFrame({'A':np.random.randint(1,5,8),
                        'B':np.random.randint(10,15,8),
                        'C':np.random.randint(20,30,8),
                        'D':np.random.randint(80,100,8)})
>>> dft
   A   B   C   D
0  3  11  27  91
1  2  11  26  92
2  3  10  25  95
3  2  11  29  96
4  2  12  24  96
5  1  11  20  88
6  3  11  29  91
7  3  10  27  91
>>> dft.groupby('A').sum()                      # 分组求和
    B    C    D
A
1  11   20   88
2  34   79  284
3  42  108  368
>>> dft.groupby('A').transform('sum')           # 展开，与原 DataFrame 对象具有同样大小
    B    C    D
0  42  108  368
1  34   79  284
2  42  108  368
3  34   79  284
4  34   79  284
5  11   20   88
6  42  108  368
7  42  108  368
>>> dft = pd.DataFrame({'one':['a','a','a','b','b','c'],
                        'two':[1,2,3,4,5,6]})
>>> dft.groupby('one',
                as_index=False).agg({'two':lambda n: ','.join(map(str,n))})
                                    # 同一组中 two 列数字变为字符串后使用逗号连接
  one    two
0   a  1,2,3
1   b    4,5
2   c      6
>>> dict(dft.groupby('one', as_index=False).agg(
                  {'two':lambda n: ','. join(map(str,n))}).values)
                                    # 把分组处理结果转换为字典
```

```
{'a': '1,2,3', 'b': '4,5', 'c': '6'}
>>> dft.groupby('one', as_index=False).agg(sorted)
                                           # 同一组中 two 列数据放到列表中
  one        two
0   a  [1, 2, 3]
1   b     [4, 5]
2   c        [6]
>>> dft.groupby('one', as_index=False).agg(set)
                                           # 同一组中 two 列数据放到集合中
  one        two
0   a  {1, 2, 3}
1   b     {4, 5}
2   c        {6}
>>> dft = pd.DataFrame({'one':['a','a','a','b','b','c'],
                        'two':['1','2','3','4','5','6']})
>>> dft.groupby('one', as_index=False).agg(''.join)
  one  two
0   a  123
1   b   45
2   c    6
>>> dft.groupby('one', as_index=False).agg(','.join)
  one    two
0   a  1,2,3
1   b    4,5
2   c      6
>>> dft = pd.DataFrame({'first': [65,66,67,67,67], 'second': [1,2,3,4,5],
                        'third': [4,5,1,2,3]})
>>> dft.groupby('first', as_index=False).agg(list)
   first     second      third
0     65        [1]        [4]
1     66        [2]        [5]
2     67  [3, 4, 5]  [1, 2, 3]
>>> dft.groupby('first', as_index=False).agg({'second':list, 'third':sum})
                                           # 不同列使用不同的聚合算法
   first     second  third
0     65        [1]      4
1     66        [2]      5
2     67  [3, 4, 5]      6
>>> dft = pd.DataFrame({'A':[1,2,3], 'B':[4,5,6]})
>>> dft.stack()                            # 对轴进行旋转
                                           # 得到层次化的 Series 对象
                                           # 默认把原来的最内层列标签转换为最内层行标签
0  A    1
```

```
   B    4
1  A    2
   B    5
2  A    3
   B    6
dtype: int64
>>> dft.stack().index                          # 多级索引
MultiIndex([(0, 'A'), (0, 'B'), (1, 'A'), (1, 'B'), (2, 'A'), (2, 'B')],)
>>> dft.stack().groupby(level=0).sum()         # 按第一级索引进行分组求和
0    5
1    7
2    9
dtype: int64
>>> dft.stack().groupby(level=1).sum()         # 按第二级索引进行分组求和
A     6
B    15
dtype: int64
>>> dft.stack().unstack()            # stack()和unstack()的参数level的默认值都为-1
   A  B
0  1  4
1  2  5
2  3  6
>>> dft.stack().unstack(level=0)   # 把第一级行标签转换为列标签
   0  1  2
A  1  2  3
B  4  5  6
>>> dft.unstack()                    # 对轴进行旋转，转换为Series对象
                                     # 原列标签转换为第一级行标签
A  0    1
   1    2
   2    3
B  0    4
   1    5
   2    6
dtype: int64
>>> dft.unstack().index
MultiIndex([('A', 0), ('A', 1), ('A', 2), ('B', 0), ('B', 1), ('B', 2)],)
>>> multicol1 = pd.MultiIndex.from_tuples([('weight', 'kg'),
                                           ('weight', 'pounds')])
>>> dft = pd.DataFrame([[1, 2], [2, 4]], index=['cat', 'dog'],
                       columns=multicol1)
                        # 两级列标签的DataFrame对象，第一级列标签一样，自动合并
>>> dft
```

```
    weight
        kg pounds
cat      1      2
dog      2      4
>>> dft.stack()                     # 默认把第二级列标签转换为行标签
            weight
cat kg           1
    pounds       2
dog kg           2
    pounds       4
>>> dft.stack(0)                    # 把第一级列标签转换为行标签
            kg  pounds
cat weight   1       2
dog weight   2       4
>>> dft.stack([0,1])                # 把两级列标签都转换为行标签
                                    # 第一级在前，第二级在后
cat  weight  kg         1
             pounds     2
dog  weight  kg         2
             pounds     4
dtype: int64
>>> dft.stack([1,0])
cat  kg      weight     1
     pounds  weight     2
dog  kg      weight     2
     pounds  weight     4
dtype: int64
>>> dft.unstack()                   # 列标签变为外层行标签
weight   kg       cat     1
                  dog     2
       pounds     cat     2
                  dog     4
dtype: int64
>>> multicol2 = pd.MultiIndex.from_tuples([('weight', 'kg'),
                                           ('height', 'm')])
>>> dft = pd.DataFrame([[1.0, 2.0], [3.0, 4.0]], index=['cat', 'dog'],
                       columns=multicol2)
>>> dft                             # 两级列标签，第一级不一样，不合并
    weight height
        kg      m
cat    1.0    2.0
dog    3.0    4.0
>>> dft.stack()                     # 第一个参数 level 的默认值 -1 表示最后一个级别的索引
```

```
          height  weight
cat kg       NaN     1.0
    m        2.0     NaN
dog kg       NaN     3.0
    m        4.0     NaN
>>> dft.stack(0)                          # 沿第一级列标签进行展开
                 kg    m
cat height   NaN  2.0
    weight   1.0  NaN
dog height   NaN  4.0
    weight   3.0  NaN
>>> dft.stack([0,1])                      # 把两级列标签都转换为行标签
cat  height  m      2.0
     weight  kg     1.0
dog  height  m      4.0
     weight  kg     3.0
dtype: float64
>>> dft.stack([1,0])
cat  kg  weight    1.0
     m   height    2.0
dog  kg  weight    3.0
     m   height    4.0
dtype: float64
>>> index = pd.MultiIndex.from_tuples([('one', 'a'), ('one', 'b'),
                                       ('two', 'a'), ('two', 'b')])
>>> s = pd.Series([3, 7, 8, 1], index=index)          # 两级行标签
>>> s
one  a    3
     b    7
two  a    8
     b    1
dtype: int64
>>> s.unstack(level=0)               # 转换为 DataFrame 对象，第一级行标签转换为列标签
   one  two
a    3    8
b    7    1
>>> s.unstack(level=1)               # 第二级行标签转换为列标签
     a  b
one  3  7
two  8  1
>>> s.unstack().unstack()            # 交换两级行标签
a  one    3
   two    8
```

```
b   one     7
    two     1
dtype: int64
>>> s.unstack(0).unstack()        # 参数 level 的默认值为 -1
one   a     3
      b     7
two   a     8
      b     1
dtype: int64
```

2.3.13　数据差分

视频二维码：2.3.13

DataFrame 对象的 diff() 方法用来计算数据差分，其完整语法如下。

```
diff(periods=1, axis=0)
```

其中，参数 periods 用来指定差分的跨度，当 periods=1 且 axis=0 时表示每一行数据减去紧邻的上一行数据，当 periods=2 且 axis=0 时表示每一行减去上面第二行的数据，以此类推；参数 axis=0 时表示按行进行纵向差分，axis=1 时表示按列横向差分。另外，DataFrame 对象的 pct_change() 方法用例计算涨比，这两个方法的具体用法见下面的代码。

```
>>> np.random.seed(20220629)
>>> dft = pd.DataFrame({'a':np.random.randint(1, 100, 10),
                        'b':np.random.randint(1, 100, 10)},
                       index=map(str, range(10)))
>>> dft
    a   b
0  47   4
1  94  13
2  25  48
...
8   7  56
9  56  63
>>> dft.diff()                    # 纵向一阶差分，每行数据变为该行与上一行数据的差
      a     b
0   NaN   NaN
1  47.0   9.0
2 -69.0  35.0
...
```

```
8 -59.0  -7.0
9  49.0   7.0
>>> dft.diff(axis=1)        # 横向一阶差分
    a   b
0 NaN -43
1 NaN -81
2 NaN  23
...
8 NaN  49
9 NaN   7
>>> dft.diff(periods=2)     # 纵向二阶差分，每行与上面第二行的差
      a     b
0   NaN   NaN
1   NaN   NaN
2 -22.0  44.0
...
8 -32.0   6.0
9 -10.0   0.0
>>> dft.pct_change(1)       # 涨比，每行与上一行进行计算
                            # 以第 2 行为例，(94-47)/47=1.0，(13-4)/4=2.25
          a         b
0       NaN       NaN
1  1.000000  2.250000
2 -0.734043  2.692308
...
8 -0.893939 -0.111111
9  7.000000  0.125000
>>> dft.pct_change(-1)      # 每行与下一行进行计算
                            # 以第一行为例，(47-94)/94=-0.5，(4-13)/13=-0.692308
          a          b
0 -0.500000  -0.692308
1  2.760000  -0.729167
2 -0.107143  -0.500000
...
8 -0.875000  -0.111111
9       NaN        NaN
```

2.3.14 透视表

透视表用来根据一个或多个键进行聚合，把数据分散到对应的行和列上去，是数据分析常用技术之一。

视频二维码：2.3.14

DataFrame 对象提供了 pivot() 方法和 pivot_table() 方法实

现透视表所需要的功能，返回新的 DataFrame。pivot() 方法语法如下。

```
pivot(index=None, columns=None, values=None)
```

其中，参数 index 用来指定使用哪一列数据作为结果 DataFrame 的行标签；参数 columns 用来指定哪一列数据作为结果 DataFrame 的列标签；参数 values 用来指定哪一列数据作为结果 DataFrame 的值。

DataFrame 对象的 pivot_table() 方法提供了更加强大的功能，语法如下。

```
pivot_table(values=None, index=None, columns=None, aggfunc='mean',
            fill_value=None, margins=False, dropna=True,
            margins_name='All', observed=False)
```

其中，参数 values、index、columns 的含义与 DataFrame 结构的 pivot() 方法一样；参数 aggfunc 用来指定数据的聚合方式，例如求平均值、求和、求中值等，可以使用列表指定多种聚合方式；参数 fill_value 用来指定把透视表中的缺失值替换为什么值；参数 margins 用来指定是否显示边界以及边界上的数据；参数 margins_name 用来指定边界数据的索引名称和列名；参数 dropna 用来指定是否丢弃缺失值。

```
>>> np.random.seed(246672000)
>>> dft = pd.DataFrame(np.random.randint(1,10,(4,5)),
                       columns=list('ABCDE'))
>>> dft
   A  B  C  D  E
0  3  2  7  2  2
1  9  3  2  7  2
2  1  2  3  6  7
3  2  9  8  7  6
>>> dft.pivot(index=['A','D'], columns='B', values='C')
B      2    3    9
A D
1 6  3.0  NaN  NaN
2 7  NaN  NaN  8.0
3 2  7.0  NaN  NaN
9 7  NaN  2.0  NaN
>>> dft.pivot(index=['A','D'], columns='B', values=['C','E'])
       C              E
B      2    3    9    2    3    9
A D
1 6  3.0  NaN  NaN  7.0  NaN  NaN
2 7  NaN  NaN  8.0  NaN  NaN  6.0
3 2  7.0  NaN  NaN  2.0  NaN  NaN
```

```
9 7  NaN  2.0  NaN  NaN  2.0  NaN
>>> dft.pivot(index=['A','D'], columns=['B','E'], values='C')
B      2    3    2    9
E      2    2    7    6
A D
1 6  NaN  NaN  3.0  NaN
2 7  NaN  NaN  NaN  8.0
3 2  7.0  NaN  NaN  NaN
9 7  NaN  2.0  NaN  NaN
>>> dft.pivot_table(index='A', columns='B', values='C')
                                                      # 默认对 C 列的值求平均
B    2    3    9
A
1  3.0  NaN  NaN
2  NaN  NaN  8.0
3  7.0  NaN  NaN
9  NaN  2.0  NaN
>>> dft.pivot_table(index='A', columns='B', values='C',
                    aggfunc='count')                  # 统计 C 列值的数量
B    2    3    9
A
1  1.0  NaN  NaN
2  NaN  NaN  1.0
3  1.0  NaN  NaN
9  NaN  1.0  NaN
>>> dft.pivot_table(index='A', columns='B', values='C',
                    aggfunc='count', margins=True)  # 显示边界
B      2    3    9  All
A
1    1.0  NaN  NaN    1
2    NaN  NaN  1.0    1
3    1.0  NaN  NaN    1
9    NaN  1.0  NaN    1
All  2.0  1.0  1.0    4
>>> dft = pd.DataFrame({'A':[1,1,1], 'B':[2,2,2], 'C': [3,4,5]})
>>> dft.pivot('A', 'B', 'C')                         # 行标签有重复数据，失败
ValueError: Index contains duplicate entries, cannot reshape
>>> dft.pivot_table('C', 'A', 'B')                   # A=1、B=2 时 C 列平均值为 4
B  2
A
1  4
>>> dft.pivot_table('C', 'A', 'B', aggfunc='count')
                                                      # A=1、B=2 时 C 列有 3 个值
```

```
B  2
A
1  3
>>> dft.pivot_table('C', 'A', 'B', aggfunc='sum')
                                                # A=1、B=2 时 C 列所有值之和为 12
B   2
A
1  12
```

2.3.15 交叉表

交叉表是一种特殊的透视表，往往用来统计频次，也可以使用参数 aggfunc 指定聚合函数实现其他功能。扩展库 Pandas 提供了 crosstab() 函数根据一个 DataFrame 对象中的数据生成交叉表，返回新的 DataFrame，其完整语法如下。

视频二维码：2.3.15

```
crosstab(index, columns, values=None, rownames=None, colnames=None,
         aggfunc=None, margins=False, dropna=True, normalize=False)
```

其中，参数 values、index、columns 的含义与 DataFrame 结构的 pivot() 方法一样；参数 aggfunc 用来指定聚合函数，默认为统计次数，指定参数 aggfunc 时必须同时指定参数 values；参数 rownames 和 colnames 分别用来指定行索引和列索引的名字，如果不指定则直接使用参数 index 和 columns 指定的列名。

```
>>> np.random.seed(246672000)
>>> dft = pd.DataFrame(np.random.randint(1,5,(4,5)), columns=list('ABCDE'))
>>> dft
   A  B  C  D  E
0  3  2  3  2  2
1  1  3  3  3  2
2  3  2  2  1  2
3  3  2  2  2  3
>>> pd.crosstab(index=dft.A, columns=dft.B)      # 默认用来统计频次
B  2  3
A
1  0  1
3  3  0
>>> pd.crosstab(index=dft.A, columns=dft.B, margins=True)
B    2  3  All
A
1    0  1    1
```

```
3    3  0    3
All  3  1    4
>>> pd.crosstab(index=dft.A, columns=dft.B, values=dft.D, aggfunc='sum')
B    2    3
A
1  NaN  3.0
3  5.0  NaN
>>> pd.crosstab(index=dft.A, columns=dft.B, values=dft.D,
                aggfunc='sum', margins=True)
B      2    3  All
A
1    NaN  3.0    3
3    5.0  NaN    5
All  5.0  3.0    8
>>> pd.crosstab(index=dft.A, columns=dft.B, values=dft.D,
                aggfunc='sum', margins=True, margins_name='Sum')
B      2    3  Sum
A
1    NaN  3.0    3
3    5.0  NaN    5
Sum  5.0  3.0    8
```

2.3.16 哑变量

视频二维码：2.3.16

哑变量是统计学中处理分类型数据的一种方式，对于具有 k 个类别的数据会生成 k 个变量，每个变量的值只会是 0 或 1，其中 0 表示不属于该类别，1 表示属于该类别。

扩展库 Pandas 的函数 get_dummies() 可以用来根据 DataFrame 中的类别变量创建哑变量，其完整用法如下。

```
get_dummies(data, prefix=None, prefix_sep='_', dummy_na: 'bool' = False,
            columns=None, sparse: 'bool' = False,
            drop_first: 'bool' = False, dtype: 'Dtype | None' = None)
```

下面代码演示了该函数的用法。

```
>>> sr = pd.Series(list('abcaa'))           # 请自行查看 sr 的值，或见配套 PPT
>>> pd.get_dummies(sr)                       # 根据 Series 对象创建哑变量
   a  b  c
0  1  0  0
1  0  1  0
```

```
2  0  0  1
3  1  0  0
4  1  0  0
>>> pd.get_dummies(sr, dtype=float)                      # 设置结果为实数
     a    b    c
0  1.0  0.0  0.0
1  0.0  1.0  0.0
2  0.0  0.0  1.0
3  1.0  0.0  0.0
4  1.0  0.0  0.0
>>> np.random.seed(246672000)
>>> dft = pd.DataFrame(np.random.randint(1, 10, (5,3)), columns=list('abc'))
>>> dft
   a  b  c
0  3  2  7
1  2  2  9
2  3  2  7
3  2  1  2
4  3  6  7
>>> pd.get_dummies(dft.c)                                # 列标签为 c 列所有唯一值
   2  7  9
0  0  1  0
1  0  0  1
2  0  1  0
3  1  0  0
4  0  1  0
>>> dft = pd.DataFrame({'key': ['b', 'b', 'a', 'c', 'a', 'b'],
                        'data':range(6)})
>>> pd.get_dummies(dft)                                  # 对字符串数据创建哑变量
   data  key_a  key_b  key_c
0     0      0      1      0
1     1      0      1      0
2     2      1      0      0
3     3      0      0      1
4     4      1      0      0
5     5      0      1      0
>>> pd.get_dummies(dft, prefix='newKey', prefix_sep=':')
                                                         # 设置列标签前缀和分隔符
   data  newKey:a  newKey:b  newKey:c
0     0         0         1         0
1     1         0         1         0
2     2         1         0         0
3     3         0         0         1
```

```
4    4        1        0        0
5    5        0        1        0
>>> pd.get_dummies(dft['key'])                    # 根据指定的列创建哑变量
   a  b  c
0  0  1  0
1  0  1  0
2  1  0  0
3  0  0  1
4  1  0  0
5  0  1  0
>>> pd.get_dummies(dft['data'])
   0  1  2  3  4  5
0  1  0  0  0  0  0
1  0  1  0  0  0  0
2  0  0  1  0  0  0
3  0  0  0  1  0  0
4  0  0  0  0  1  0
5  0  0  0  0  0  1
>>> dummies = pd.get_dummies(dft['key'], prefix='newKey')
>>> dummies
   newKey_a  newKey_b  newKey_c
0         0         1         0
1         0         1         0
2         1         0         0
3         0         0         1
4         1         0         0
5         0         1         0
>>> dft[['data']].join(dummies)                   # 连接两个 DataFrame 对象
                                                  # 这里不能用dft['data'].join(dummies)
                                                  # Series 对象没用 join() 方法
   data  newKey_a  newKey_b  newKey_c
0     0         0         1         0
1     1         0         1         0
2     2         1         0         0
3     3         0         0         1
4     4         1         0         0
5     5         0         1         0
```

2.3.17 相关系数

视频二维码：2.3.17

相关系数是用于反映变量之间相关关系密切程度的统计指标，最早是由统计学家卡尔·皮尔逊设计的，这也是最常用的相关系数计算方法。下面代码略去了输出结果，请自行查看 dft 的值和不同相关系数的计算结果或参考配套 PPT。

```
>>> np.random.seed(246672000)
>>> dft = pd.DataFrame({'A':np.random.randint(1, 100, 10),
                        'B':np.random.randint(1, 100, 10),
                        'C':np.random.randint(1, 100, 10)})
>>> dft.corr()                          # pearson 相关系数
>>> dft.corr('kendall')                 # Kendall Tau 相关系数，需要安装扩展库 scipy
>>> dft.corr('spearman')                # spearman秩相关系数
```

2.3.18　多级索引

DataFrame 结构支持多级索引，既可以在读取数据时使用 index_col 指定多列，也可以通过 groupby() 方法分组时指定多个索引。对于含有多个索引的 DataFrame 对象，在使用 sort_index() 方法按索引排序、使用 groupby() 方法进行分组时，都可以使用参数 level 指定按哪一级索引进行排序或分组。

视频二维码：2.3.18

```
>>> dft = pd.DataFrame(np.random.randint(1,5,(10,5)),
                       columns=list('ABCDE'))
>>> dft
   A  B  C  D  E
0  3  2  3  2  2
1  1  3  3  3  2
2  3  2  2  1  2
3  3  2  2  2  3
4  2  1  4  3  3
5  2  2  1  1  1
6  2  4  4  4  1
7  4  4  4  1  2
8  1  2  3  1  4
9  4  4  2  1  2
>>> dft.groupby(['A','B','C']).sum()          # 按多列分组，创建多级行索引
       D  E
A B C
1 2 3  1  4
  3 3  3  2
2 1 4  3  3
  2 1  1  1
  4 4  4  1
```

```
3 2 2  3  5
    3  2  2
4 4 2  1  2
    4  1  2
>>> dft.groupby(['A','B','C']).sum().xs(2)          # 第一级行标签值为 2 的数据
     D  E
B C
1 4  3  3
2 1  1  1
4 4  4  1
>>> dft.groupby(['A','B','C']).sum().xs((2,4))      # 前两级行标签值为 2、4 的数据
   D  E
C
4  4  1
>>> dft.groupby(['A','B','C']).sum().xs((3,2,3))    # 前三级行标签值为 3、2、3
D    2
E    2
Name: (3, 2, 3), dtype: int32
>>> dft.groupby(['A','B','C']).sum().xs(3, level='B')    # 行标签 B 值为 3 的数据
     D  E
A C
1 3  3  2
>>> dft.groupby(['A','B','C']).sum().xs(3, level='C')    # 行标签 C 值为 3 的数据
     D  E
A B
1 2  1  4
  3  3  2
3 2  2  2
>>> dft.groupby(['A','B','C']).sum().xs((4,4), level=['B','C'])
                                                         # 行标签 B、C 值为 3、4
   D  E
A
2  4  1
4  1  2
>>> multicol = pd.MultiIndex.from_tuples([('weight', 'kg'),
                                          ('weight', 'pounds')])
>>> dft = pd.DataFrame([[1, 2], [2, 4]],
                       index=['cat', 'dog'], columns=multicol)
>>> dft
    weight
        kg pounds
cat      1      2
```

```
dog       2      4
>>> dft.xs('kg', axis=1, level=1)                    # 第二级列标签为 kg 的数据
     weight
cat       1
dog       2
>>> dft.xs('pounds', axis=1, level=1)                # 第二级列标签为 pounds 的数据
     weight
cat       2
dog       4
>>> dft.xs('cat', axis=0)                            # 第一级行标签为 cat 的数据
weight  kg        1
        pounds    2
Name: cat, dtype: int64
>>> np.random.seed(246672000)
>>> dft = pd.DataFrame(np.random.randint(1, 10, (6,4)),
                       columns=list('ABCD'))
>>> dft
   A  B  C  D
0  3  2  7  2
1  2  9  3  2
2  7  2  1  2
3  3  6  7  2
4  9  8  7  6
5  5  1  8  1
>>> dft.groupby('A').agg(['sum','mean'])             # 每列分别求和、求平均值
                                                     # 创建多级列标签
    B         C         D
  sum mean sum mean sum mean
A
2   9  9.0   3  3.0   2  2.0
3   8  4.0  14  7.0   4  2.0
5   1  1.0   8  8.0   1  1.0
7   2  2.0   1  1.0   2  2.0
9   8  8.0   7  7.0   6  6.0
>>> dft.groupby('A').agg(['sum','mean'])['B']        # 根据一级列标签进行选择
   sum  mean
A
2    9   9.0
3    8   4.0
5    1   1.0
7    2   2.0
9    8   8.0
```

```
>>> dft.groupby('A').agg(['sum','mean'])['B']['sum']
                                                   # 根据二级列标签进行选择
A
2    9
3    8
5    1
7    2
9    8
Name: sum, dtype: int32
```

2.3.19 选项设置

本节主要介绍和演示如何设置 DataFrame 对象的显示格式和相关的选项。为忠实呈现运行结果在开发环境中的显示格式，本节直接使用截图，文字版代码见配套 PPT。图 2-3 显示了如何设置实数的小数位数。

视频二维码：2.3.19

```
>>> import numpy as np
>>> import pandas as pd
>>> dft = pd.DataFrame(np.random.random((3, 20)))
>>> dft
         0         1         2  ...        17        18        19
0  0.800499  0.949120  0.491925  ...  0.493792  0.768945  0.061249
1  0.621192  0.066457  0.245537  ...  0.456097  0.468280  0.430114
2  0.755920  0.957464  0.386087  ...  0.015907  0.398954  0.342110

[3 rows x 20 columns]
>>> pd.options.display.precision = 2     # 设置小数位数
>>> dft
     0     1     2     3     4     5  ...    14    15    16    17    18    19
0  0.80  0.95  0.49  0.95  0.73  0.10  ...  0.47  0.04  0.31  0.49  0.77  0.06
1  0.62  0.07  0.25  0.15  0.92  0.34  ...  0.26  0.55  0.93  0.46  0.47  0.43
2  0.76  0.96  0.39  0.93  0.81  0.35  ...  0.57  0.55  0.67  0.02  0.40  0.34

[3 rows x 20 columns]
```

图 2-3　设置实数显示的小数位数

图 2-4 中的设置会使得小于 0.5 的数字显示为 0。

```
>>> pd.set_option('chop_threshold', 0.5)  # 小于0.5的数字显示为0，默认值为None
>>> dft
     0     1    2     3     4    5  ...    14    15    16   17    18   19
0  0.80  0.95  0.0  0.95  0.73  0.0  ...  0.00  0.00  0.00  0.0  0.77  0.0
1  0.62  0.00  0.0  0.00  0.92  0.0  ...  0.00  0.55  0.93  0.0  0.00  0.0
2  0.76  0.96  0.0  0.93  0.81  0.0  ...  0.57  0.55  0.67  0.0  0.00  0.0

[3 rows x 20 columns]
```

图 2-4　设置实数显示为 0 的阈值

图 2-5 演示了如何设置列标签对齐方式。

```
>>> pd.set_option('colheader_justify', 'left')  # 列标签居左显示，默认值为'right'
>>> dft
   0     1     2    3     4     5    ... 14    15    16    17   18    19
0  0.80  0.95  0.0  0.95  0.73  0.0  ...  0.00  0.00  0.00  0.0  0.77  0.0
1  0.62  0.00  0.0  0.00  0.92  0.0  ...  0.00  0.55  0.93  0.0  0.00  0.0
2  0.76  0.96  0.0  0.93  0.81  0.0  ...  0.57  0.55  0.67  0.0  0.00  0.0

[3 rows x 20 columns]
```

图 2-5　设置标签居左对齐

图 2-6 演示了如何设置每行显示的最大列数。

```
>>> pd.set_option('display.max_columns', 6)  # 最多显示6列，其余列使用...表示略过
>>> dft
   0     1     2    ...  17   18    19
0  0.80  0.95  0.0  ...  0.0  0.77  0.0
1  0.62  0.00  0.0  ...  0.0  0.00  0.0
2  0.76  0.96  0.0  ...  0.0  0.00  0.0

[3 rows x 20 columns]
```

图 2-6　设置每行最多显示 6 列

图 2-7 演示了如何设置每个 DataFrame 对象只显示 2 行,需要时可以使用 pd.reset_option('display.max_rows') 或 者 pd.set_option('display.max_rows', None) 恢复默认设置。

```
>>> pd.set_option('display.max_rows', 2)   # 最多显示2行
>>> dft
    0     1     2    ...  17   18    19
0   0.80  0.95  0.0  ...  0.0  0.77  0.0
..  ...   ...   ...  ...  ...  ...   ...
2   0.76  0.96  0.0  ...  0.0  0.00  0.0

[3 rows x 20 columns]
```

图 2-7　设置最多显示 2 行

图 2-8 中代码首先设置显示所有行和列，然后设置每行不换行，可以自行增加代码比较第三行代码中选项的值为 True 和 False 时对显示格式的影响。

```
>>> pd.set_option('display.max_columns', None)  # 显示所有列
>>> pd.set_option('display.max_rows', None)     # 显示所有行
>>> pd.set_option('expand_frame_repr', False)   # 多少列都不换行，默认值为True
>>> dft
   0     1     2    3     4     5    6     7     8    9     10    11    12   13    14    15    16    17   18    19
0  0.80  0.95  0.0  0.95  0.73  0.0  0.82  0.81  0.0  0.00  0.00  0.55  0.0  0.78  0.00  0.00  0.00  0.0  0.77  0.0
1  0.62  0.00  0.0  0.00  0.92  0.0  0.69  0.00  0.0  0.67  0.99  0.87  0.0  0.00  0.00  0.55  0.93  0.0  0.00  0.0
2  0.76  0.96  0.0  0.93  0.81  0.0  0.89  0.00  0.0  0.00  0.59  0.97  0.0  0.00  0.57  0.55  0.67  0.0  0.00  0.0
```

图 2-8　设置每行不管多长都不换行

图 2-9 中的代码设置了实数显示 2 位小数并且使用逗号作千分符。

```
>>> dft = pd.DataFrame(np.random.randint(1e5, 1e8, (3,5)))
>>> dft
          0         1         2         3         4
0  34544081  70547389  88625216  80820200  86492054
1  88866032  96716431   6495007  95720185  96734904
2  71990142  98528938  75270269  91916895  48659108
>>> dft.astype(float)
          0         1         2         3         4
0  3.45e+07  7.05e+07  8.86e+07  8.08e+07  8.65e+07
1  8.89e+07  9.67e+07  6.50e+06  9.57e+07  9.67e+07
2  7.20e+07  9.85e+07  7.53e+07  9.19e+07  4.87e+07
>>> pd.set_option('display.float_format', '{:,.2f}'.format)
>>> dft.astype(float)
              0             1             2             3             4
0 34,544,081.00 70,547,389.00 88,625,216.00 80,820,200.00 86,492,054.00
1 88,866,032.00 96,716,431.00  6,495,007.00 95,720,185.00 96,734,904.00
2 71,990,142.00 98,528,938.00 75,270,269.00 91,916,895.00 48,659,108.00
```

图 2-9　设置千分符和小数位数

图 2-10 演示了如何设置中文列标签对齐方式。

```
>>> dft = pd.DataFrame(np.random.randint(1e5, 1e8, (3,5)), columns=list('一二三四五'))
>>> dft
         一          二          三          四          五
0  74885736  34477150  49332968  96895784  25869397
1  20663114  13714697  22194580  81224355  56038285
2  30409335   6060424  33455826  31532408  51747994
>>> pd.set_option('display.unicode.ambiguous_as_wide', True)    # 设置中文列名对齐
>>> pd.set_option('display.unicode.east_asian_width', True)
>>> dft
         一        二        三        四        五
0  74885736  34477150  49332968  96895784  25869397
1  20663114  13714697  22194580  81224355  56038285
2  30409335   6060424  33455826  31532408  51747994
>>> pd.set_option('colheader_justify', 'right')  # 列标签居右显示
>>> dft
          一        二        三        四        五
0  74885736  34477150  49332968  96895784  25869397
1  20663114  13714697  22194580  81224355  56038285
2  30409335   6060424  33455826  31532408  51747994
```

图 2-10　设置中文列标签对齐方式

其他可能的设置选项还有下面一些，可以自行查阅资料和测试。① compute.[use_bottleneck, use_numba, use_numexpr]；② display.[chop_threshold, colheader_justify, column_space, date_dayfirst, date_yearfirst, encoding, expand_frame_repr, float_format]；③ display.html.[border, table_schema, use_mathjax]；④ display.[large_repr]；⑤ display.latex.[escape, longtable, multicolumn, multicolumn_format, multirow, repr]；⑥ display.[max_categories, max_columns, max_colwidth, max_info_columns, max_info_rows, max_rows, max_seq_items, memory_usage, min_rows, multi_sparse, notebook_repr_html, pprint_nest_depth, precision, show_dimensions]；⑦ display.unicode.[ambiguous_as_wide, east_asian_width]；⑧ display.[width]；⑨ io.excel.ods.[reader, writer]；⑩ io.excel.xls.[reader, writer]；⑪ io.excel.xlsb.[reader]；⑫ io.excel.

xlsm.[reader, writer]；⑬ io.excel.xlsx.[reader, writer]；⑭ io.hdf.[default_format, dropna_table]；⑮ io.parquet.[engine]；⑯ io.sql.[engine]；⑰ mode.[chained_assignment, data_manager, sim_interactive, string_storage, use_inf_as_na, use_inf_as_null]；⑱ plotting.[backend]；⑲ plotting.matplotlib.[register_converters]；⑳ styler.render.[max_elements]；㉑ styler.sparse.[columns, index]。

2.3.20　读写文件

视频二维码：2.3.20

扩展库 Pandas 提供了 read_clipboard()、read_csv()、read_excel()、read_feather()、read_fwf()、read_gbq()、read_hdf()、read_html()、read_json()、read_orc()、read_parquet()、read_pickle()、read_sas()、read_spss()、read_sql()、read_sql_query()、read_sql_table()、read_stata()、read_table()、read_xml() 等大量函数，用来从不同的数据源读取数据并创建 DataFrame 对象，同时还提供了大量对应的函数或方法把 DataFrame 对象写入不同类型的文件。

Pandas 函数 read_excel() 用来读取 Excel 文件，其完整语法如下。

```
read_excel(io, sheet_name=0, header=0, names=None, index_col=None,
           usecols=None, squeeze=False, dtype=None, engine=None,
           converters=None, true_values=None, false_values=None,
           skiprows=None, nrows=None, na_values=None, keep_default_na=True,
           na_filter=True, verbose=False, parse_dates=False,
           date_parser=None, thousands=None, comment=None, skipfooter=0,
           convert_float=True, mangle_dupe_cols=True,
           storage_options: Union[Dict[str, Any], NoneType] = None)
```

其中，参数 io 用来指定要读取的 Excel 文件，可以是字符串形式的文件路径、URL 或文件对象；参数 sheet_name 用来指定要读取的工作表，可以是表示工作表序号的整数或表示工作表名字的字符串，如果要同时读取多个工作表可以使用形如 [0, 1, 'sheet3'] 的列表，如果指定该参数为 None 则表示读取所有工作表并返回包含多个 DataFrame 结构的字典，该参数默认值 0 表示读取第一个工作表中的数据；参数 header 用来指定工作表中表示表头或列名的行索引，默认为 0，如果没有作为表头的行，必须显式指定 headers=None；参数 skiprows 用来指定要跳过的行索引组成的列表；参数 index_col 用来指定作为 DataFrame 行标签的列下标，也可以是包含若干列下标的列表；参数 names 用来指定读取数据后使用的列名，如果文件中没有表头时必须显式设置 header=None；参数 thousands 用来指定文本转换为数字时的千分符，如果 Excel 中有以文本形式存储的数字，可以使用该参数；参数 usecols 用来指定要读取的列的索引或名字；参数 na_values 用来指定哪些值被解释为缺失值；参数 skiprows 用来指定要跳过哪些行，可以是整数、列表或可调用对象；参数 engine 值为 'xlrd' 时支持 .xls 格式的 Excel 文件，值为 'openpyxl' 时支持 Excel 2007 之后的 Excel 文件，值为 'odf' 时支持 .odf、.ods、.odt 格式的 OpenDocument 文件；参数 dtype 用来指定以什么类型读取每列数据，可以适当加快速度。

```
>>> df = pd.read_excel('d:\\test.xlsx', 'dfg',
                       index_col=None, na_values=['NA'])
>>> df.to_excel('d:\\test.xlsx', sheet_name='dfg')
                                       # 将数据保存为 Excel 文件
>>> df = pd.read_csv('d:\\test.csv')    # 读取 csv 文件中的数据
>>> df.to_csv('d:\\test.csv')           # 将数据保存为 csv 文件
>>> dfs = pd.read_html(r'https://mp.weixin.qq.com/s/RtFzEm2TnGHnLTHMz9T4Aw')
>>> dfs = pd.read_html(r'4index.html') # 读取本地或在线网页中的表格
>>> import sqlite3
>>> with sqlite3.connect('data.sqlite') as conn:    # 从 SQLite 数据库中读取数据
    df = pd.read_sql('select * from students', conn)
>>> pd.to_pickle([3, 3.14, 'Python', '董付国', [1,2,3]], 'data.pickle')
>>> pd.read_pickle('data.pickle')
[3, 3.14, 'Python', '董付国', [1, 2, 3]]
>>> df.to_pickle('data.pickle')         # 把 DataFrame 对象写入 pickle 文件
>>> pd.read_pickle('data.pickle')       # 读取 pickle 文件内容，创建 DataFrame 对象
```

例 2-4　使用 Pandas 合并相同结构的 Excel 文件。

```
import pandas as pd

# 依次读取多个相同结构的 Excel 文件并创建 DataFrame
dfs = []
for fn in ('1.xlsx', '2.xlsx', '3.xlsx', '4.xlsx'):
    dfs.append(pd.read_excel(fn))
# 将多个 DataFrame 合并为一个
df = pd.concat(dfs)
# 写入 Excel 文件，不包含索引数据
df.to_excel('result.xlsx', index=False)
```

例 2-5　读取 Excel 文件中多 WorkSheet 中的数据并进行合并。

```
import pandas as pd

df1 = pd.read_excel('学生成绩.xlsx', sheet_name='一班')
df1.columns = ['序号', '一班']
df2 = pd.read_excel('学生成绩.xlsx', sheet_name='二班')
df2.columns = ['序号', '二班']
```

```
df = pd.merge(df1, df2, on='序号')
print(df)
```

例 2-6　多个 DataFrame 对象横向拼接写入同一个 Excel 文件中的同一个工作表中。

```
import numpy as np
import pandas as pd

# 创建写入器对象
writer = pd.ExcelWriter('result.xlsx', engine='openpyxl')
# 第一个 DataFrame 对象写入的起始列序号
start_col = 1
for i in range(500):
    dft = pd.DataFrame(np.random.randint(1, 10, (500,30)))
    dft.to_excel(writer, sheet_name='test',
                 # 指定从哪一列开始写入数据，默认值为 0
                 startcol=start_col,
                 # 丢弃 DataFrame 对象的行标签和列标签
                 header=False, index=False)
    # 修改下一次开始写入数据的列位置
    start_col = start_col + dft.shape[1]
# 保存数据，关闭文件
writer.save()
writer.close()
```

例 2-7　多个 DataFrame 对象纵向拼接写入同一个 Excel 文件中的同一个工作表中。

```
import numpy as np
import pandas as pd

# 创建写入器对象
writer = pd.ExcelWriter('result.xlsx', engine='openpyxl')
# 第一个 DataFrame 对象写入的起始行位置，从第 2 行开始写，第 1 行保留为空行
start_row = 1
for i in range(500):
    dft = pd.DataFrame(np.random.randint(1, 10, (500,3)))
    dft.to_excel(writer, sheet_name='test',
                 # 指定从哪行开始写入数据，默认值为 0，总行数不能超过 1048576
                 startrow=start_row,
                 # 丢弃 DataFrame 对象的行标签和列标签
                 header=False, index=False)
    # 修改下一次开始写入数据的行位置
    start_row = start_row + dft.shape[0]
```

```
# 保存数据，关闭文件
writer.save()
writer.close()
```

2.3.21 设置样式

DataFrame 对象的 style 属性提供了大量方法可以用来设置 DataFrame 对象的样式，例如字体、字号、颜色等。可以使用 Python 内置函数 dir() 查看全部方法清单，然后使用内置函数 help() 查看详细的用法。

视频二维码：2.3.21

```
>>> np.random.seed(20220629)
>>> dft = pd.DataFrame(np.random.standard_normal((5,6)),
                       columns=list('ABCDEF'))
>>> dft.loc[3, 'A'] = np.NaN
>>> dft.loc[4, 'C'] = np.NaN
>>> dft.loc[1, 'E'] = np.NaN
>>> dft.loc[2, 'D'] = np.NaN
>>> dft
          A         B         C         D         E         F
0  0.332428 -0.674672 -1.532199  2.641090  0.223781 -1.504243
1 -2.318484 -0.148910 -0.016936 -0.494814       NaN  1.271666
2  1.007194 -0.591343 -1.454448       NaN  0.286081  0.689320
3       NaN  3.140261  1.642598 -0.921929 -0.174994  1.412283
4  0.497055  0.961609       NaN  0.137224  0.497108 -1.204641
>>> dft.style.highlight_max(axis=1, color='red').to_excel('result.xlsx')
                                 # 高亮显示每行最大值，生成 Excel 文件，如图 2-11 所示
                                 # 需要安装扩展库 JinJa2
>>> print(dft.style.highlight_max(axis=1, color='red').render())
                                 # 查看生成的 HTML 代码和 CSS 样式表，结果略
```

	A	B	C	D	E	F	G
1		A	B	C	D	E	F
2	0	0.332428	-0.67467	-1.5322	2.64109	0.223781	-1.50424
3	1	-2.31848	-0.14891	-0.01694	-0.49481		1.271666
4	2	1.007194	-0.59134	-1.45445		0.286081	0.68932
5	3		3.140261	1.642598	-0.92193	-0.17499	1.412283
6	4	0.497055	0.961609		0.137224	0.497108	-1.20464

图 2-11　每行最大值标红

在 Jupyter Notebook 中可以直接查看结果，不需要导出为 Excel 文件，如图 2-12

所示。

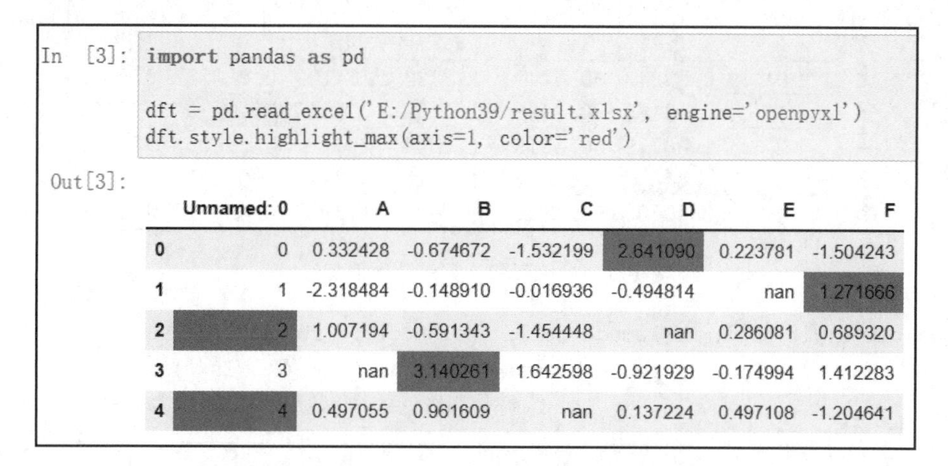

```
In  [3]: import pandas as pd

         dft = pd.read_excel('E:/Python39/result.xlsx', engine='openpyxl')
         dft.style.highlight_max(axis=1, color='red')
Out[3]:
```

	Unnamed: 0	A	B	C	D	E	F
0	0	0.332428	-0.674672	-1.532199	2.641090	0.223781	-1.504243
1	1	-2.318484	-0.148910	-0.016936	-0.494814	nan	1.271666
2	2	1.007194	-0.591343	-1.454448	nan	0.286081	0.689320
3	3	nan	3.140261	1.642598	-0.921929	-0.174994	1.412283
4	4	0.497055	0.961609	nan	0.137224	0.497108	-1.204641

图 2-12　在 Jupyter Notebook 中直接显示的效果

```
>>> dft.style.highlight_max(axis=0, color='yellow').to_excel('result.xlsx')
                                    # 使用黄色高亮显示每列最大值，如图 2-13 所示
```

	A	B	C	D	E	F	G
1		A	B	C	D	E	F
2	0	0.33243	-0.6747	-1.5322	2.64109	0.22378	-1.5042
3	1	-2.3185	-0.1489	-0.0169	-0.4948		1.27167
4	2	1.00719	-0.5913	-1.4544		0.28608	0.68932
5	3		3.14026	1.6426	-0.9219	-0.175	1.41228
6	4	0.49706	0.96161		0.13722	0.49711	-1.2046

图 2-13　每列最大值标黄

```
>>> dft.style.highlight_min(axis=0, color='yellow').to_excel('result.xlsx')
                                    # 高亮显示每列最小值，如图 2-14 所示
```

	A	B	C	D	E	F	G
1		A	B	C	D	E	F
2	0	0.33243	-0.6747	-1.5322	2.64109	0.22378	-1.5042
3	1	-2.3185	-0.1489	-0.0169	-0.4948		1.27167
4	2	1.00719	-0.5913	-1.4544		0.28608	0.68932
5	3		3.14026	1.6426	-0.9219	-0.175	1.41228
6	4	0.49706	0.96161		0.13722	0.49711	-1.2046

图 2-14　每列最小值标黄

```
>>> dft.style.highlight_null(null_color='red',
                             subset=['A', 'E']).to_excel('result.xlsx')
                                    # 高亮显示 A、E 两列的缺失值，如图 2-15 所示
```

	A	B	C	D	E	F	G
1		A	B	C	D	E	F
2	0	0.33243	-0.6747	-1.5322	2.64109	0.22378	-1.5042
3	1	-2.3185	-0.1489	-0.0169	-0.4948		1.27167
4	2	1.00719	-0.5913	-1.4544		0.28608	0.68932
5	3		3.14026	1.6426	-0.9219	-0.175	1.41228
6	4	0.49706	0.96161		0.13722	0.49711	-1.2046

图 2-15　A 列和 E 列的缺失值标红

```
>>> dft.style.applymap(lambda cell: 'color:red;' if cell<0 else
                 'color:black;').to_excel('result.xlsx')
                                # 使用红色显示负数，黑色显示正数，如图 2-16 所示
```

	A	B	C	D	E	F	G
1		A	B	C	D	E	F
2	0	0.33243	-0.6747	-1.5322	2.64109	0.22378	-1.5042
3	1	-2.3185	-0.1489	-0.0169	-0.4948		1.27167
4	2	1.00719	-0.5913	-1.4544		0.28608	0.68932
5	3		3.14026	1.6426	-0.9219	-0.175	1.41228
6	4	0.49706	0.96161		0.13722	0.49711	-1.2046

图 2-16　正数标黑、负数标红

```
>>> dft.style.applymap(lambda cell: 'color:red; font-size:14pt;
                  ' if -0.3<cell<0.3 else 'text-align:left;').to_excel
                 ('result.xlsx')
                                # (-0.3,0.3) 区间的数字红色 14 磅
                                # 其他数字左对齐，如图 2-17 所示
```

	A	B	C	D	E	F	G
1		A	B	C	D	E	F
2	0	0.33243	-0.6747	-1.5322	2.64109	0.2238	-1.5042
3	1	-2.3185	-0.149	-0.017	-0.4948		1.27167
4	2	1.00719	-0.5913	-1.4544		0.2861	0.68932
5	3		3.14026	1.6426	-0.9219	-0.175	1.41228
6	4	0.49706	0.96161		0.1372	0.49711	-1.2046

图 2-17　设置字号和对齐方式

```
>>> dft.style.highlight_between(left=-0.3, right=0.3, props='color:white;
                        background-color:purple;').to_excel
                        ('result.xlsx')
                        # [-0.3,0.3] 区间的数据变为白底紫字，如图 2-18 所示
```

	A	B	C	D	E	F	G
1		A	B	C	D	E	F
2	0	0.33243	-0.6747	-1.5322	2.64109	0.22378	-1.5042
3	1	-2.3185	-0.1489	-0.0169	-0.4948		1.27167
4	2	1.00719	-0.5913	-1.4544		0.28608	0.68932
5	3		3.14026	1.6426	-0.9219	-0.175	1.41228
6	4	0.49706	0.96161		0.13722	0.49711	-1.2046

图 2-18　设置白底紫字

图 2-19 中的代码用来根据数据直接绘制柱状图，需要在 Jupyter Notebook 中运行，Excel 不支持。

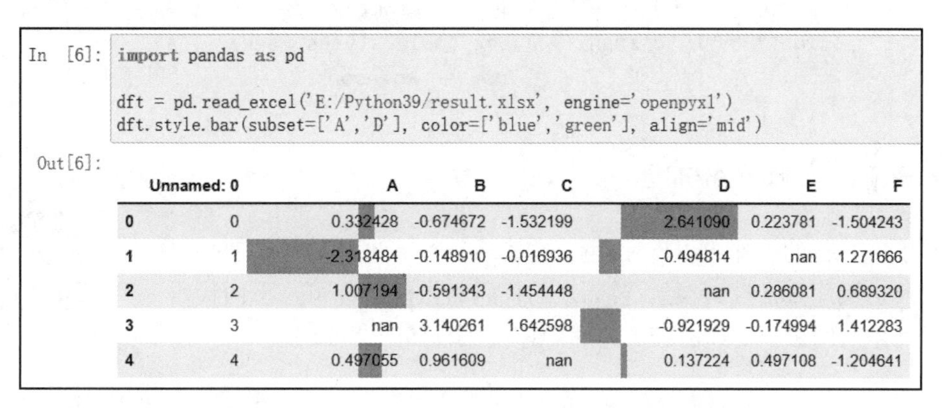

```
In  [6]: import pandas as pd

         dft = pd.read_excel('E:/Python39/result.xlsx', engine='openpyxl')
         dft.style.bar(subset=['A','D'], color=['blue','green'], align='mid')
Out[6]:
```

	Unnamed: 0	A	B	C	D	E	F
0	0	0.332428	-0.674672	-1.532199	2.641090	0.223781	-1.504243
1	1	-2.318484	-0.148910	-0.016936	-0.494814	nan	1.271666
2	2	1.007194	-0.591343	-1.454448	nan	0.286081	0.689320
3	3	nan	3.140261	1.642598	-0.921929	-0.174994	1.412283
4	4	0.497055	0.961609	nan	0.137224	0.497108	-1.204641

图 2-19　在 Jupyter Notebook 中直接绘制柱状图

```
>>> from matplotlib.pyplot import cm
>>> dft.style.text_gradient(cmap=cm.BrBG_r).to_excel('result.xlsx')
                                        # 设置文本渐变色，如图 2-20 所示
```

	A	B	C	D	E	F	G
1		A	B	C	D	E	F
2	0	0.33243	-0.6747	-1.5322	2.64109	0.22378	-1.5042
3	1	-2.3185	-0.1489	-0.0169	-0.4948		1.27167
4	2	1.00719	-0.5913	-1.4544		0.28608	0.68932
5	3		3.14026	1.6426	-0.9219	-0.175	1.41228
6	4	0.49706	0.96161		0.13722	0.49711	-1.2046

图 2-20　设置文本渐变色

下面的代码在 Jupyter Notebook 中运行后，鼠标滑过表格时会动态改变样式，请自行测试，代码中用到的数据文件路径可以根据自己机器上的路径进行修改。

```
import pandas as pd
```

```
from matplotlib.pyplot import cm

def magnify():
    return [dict(selector="th", props=[("font-size", "4pt")]),
            dict(selector="td", props=[('padding', "0em 0em")]),
            dict(selector="th:hover", props=[("font-size", "12pt")]),
            dict(selector="tr:hover td:hover",
                 props=[('max-width', '200px'),
                        ('font-size', '12pt')])]

dft = pd.read_excel(r'result.xlsx', index_col=0)
(dft.style.background_gradient(cmap=cm.BrBG_r, axis=1)
 .set_properties(**{'max-width': '80px', 'font-size': '10pt'})
 .set_caption("Hover to magnify").set_table_styles(magnify()))
                                    # 在 Jupyter Notebook 中运行，鼠标划过时改变样式
```

2.3.22 swifter加速

视频二维码：2.3.22

对于可并行的操作，可以使用扩展库 swifter 进行并行加速，只需要安装扩展库 swifter 之后对原来的代码略做修改即可。下面代码演示了具体的用法。加速前和加速后的速度比较如图 2-21 所示。

```
from time import time
import swifter
import numpy as np
import pandas as pd

df = pd.DataFrame(np.random.randint(1, 100, (1000000, 100)))
start = time()
df.apply(sum)
print(time()-start)

start = time()
df.swifter.apply(sum)
# 下一行代码不显示进度条，但是也丧失了并行加速的作用
# df.swifter.progress_bar(False).apply(sum)
print(time()-start)
```

```
管理员: 命令提示符
C:\Python38>python pandas加速.py
17.368565797805786
Pandas Apply: 100%|████████████████| 100/100 [00:01<00:00, 69.24it/s]
1.4920132160186768

C:\Python38>
```

图 2-21　加速前后的比较

2.3.23 绘制图形

Pandas 的 DataFrame 对象和 Series 对象可以直接通过 plot() 方法（通过参数 kind 设置图形类型）或者 plot 属性的 area()、bar()、barh()、box()、density()、hexbin()、hist()、kde()、line()、pie()、scatter() 等方法自动调用扩展库 Matplotlib 中相应的功能绘制图形，绘制的图形可以通过 Matplotlib 进行控制和进一步美化。

例 2-8 绘制折线图。运行结果如图 2-22 所示。

视频二维码：例 2-8

```
import numpy as np
import pandas as pd
import matplotlib.pyplot as plt

np.random.seed(20220630)
df = pd.DataFrame(np.random.randn(1000, 3), columns=list('ABC')).cumsum()
df.plot.line()                                  # 绘制折线图，以 index 为横坐标
plt.show()
```

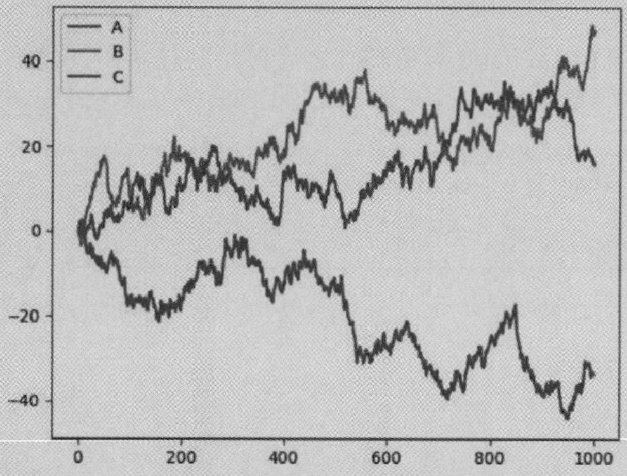

图 2-22 例 2-8 程序运行结果

例 2-9 绘制柱状图。

视频二维码：例 2-9

```
import numpy as np
import pandas as pd
import matplotlib.pyplot as plt

np.random.seed(20220630)
df = pd.DataFrame(np.random.rand(10, 4), columns=['a', 'b', 'c', 'd'])
```

```
df.plot(kind='bar')                # 绘制柱状图，结果如图 2-23 所示
plt.show()
```

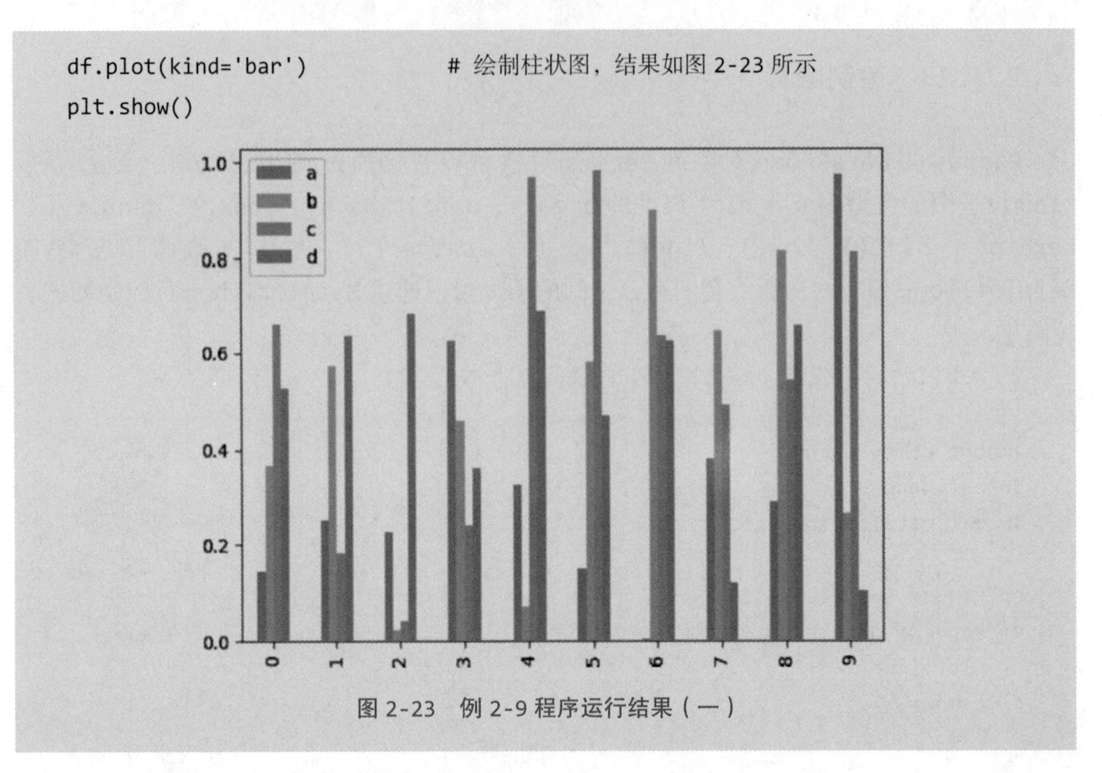

图 2-23　例 2-9 程序运行结果（一）

对上面代码中的 DataFrame 对象转置之后再绘制柱状图，代码如下，运行结果如图 2-24 所示。

```
df.T.plot(kind='bar')
plt.show()
```

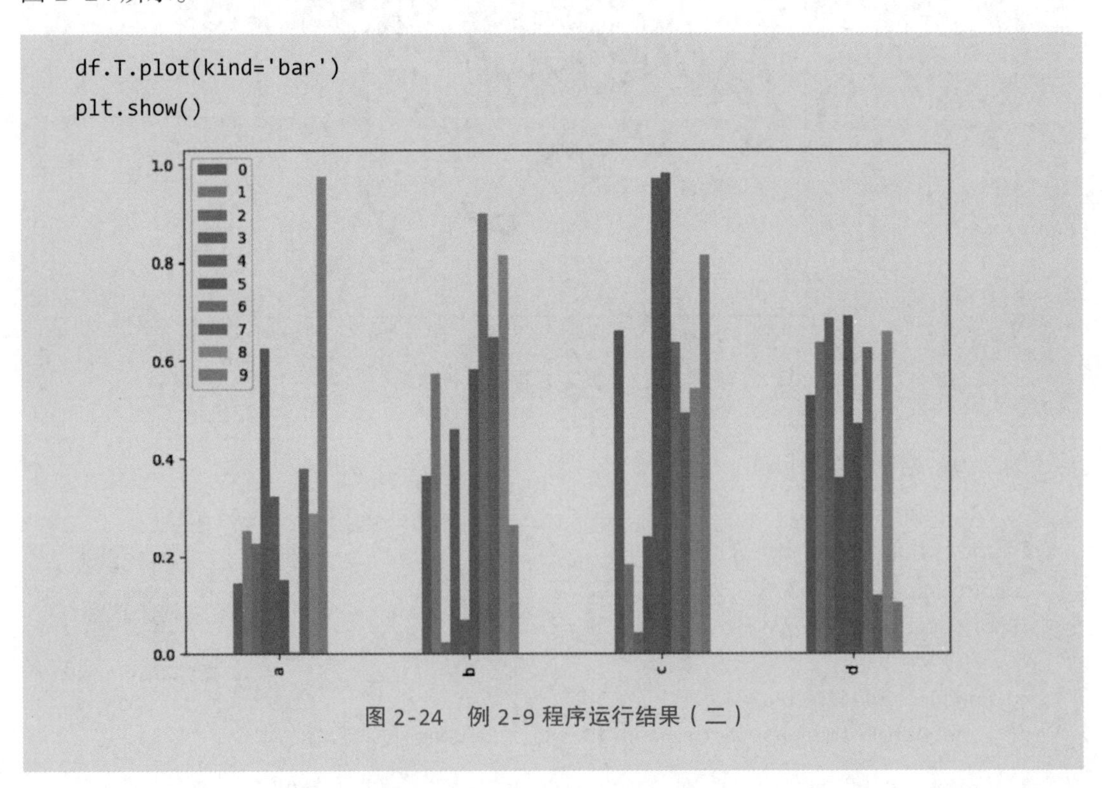

图 2-24　例 2-9 程序运行结果（二）

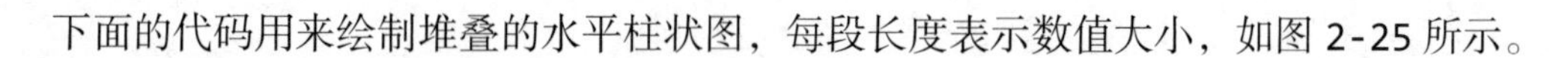

下面的代码用来绘制堆叠的水平柱状图，每段长度表示数值大小，如图 2-25 所示。

```
df.plot(kind='barh', stacked=True)
plt.show()
```

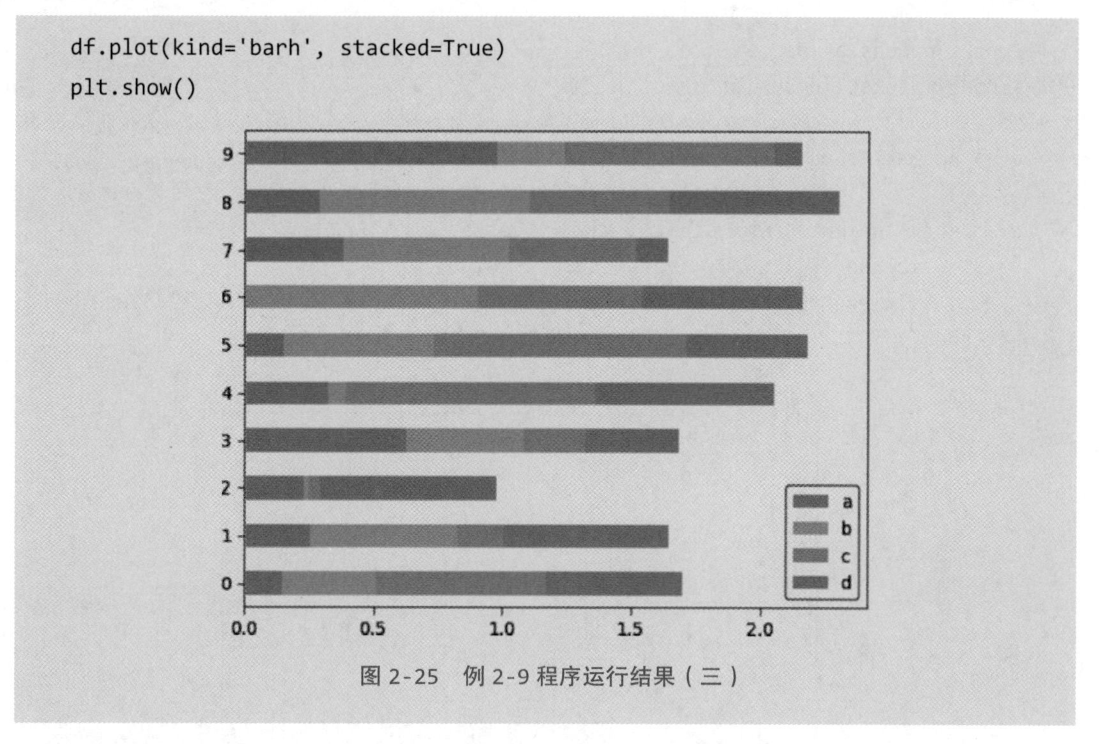

图 2-25　例 2-9 程序运行结果（三）

对 df 进行转置之后再绘制水平的堆叠柱状图，运行结果如图 2-26 所示。

```
df.T.plot(kind='barh', stacked=True)
plt.show()
```

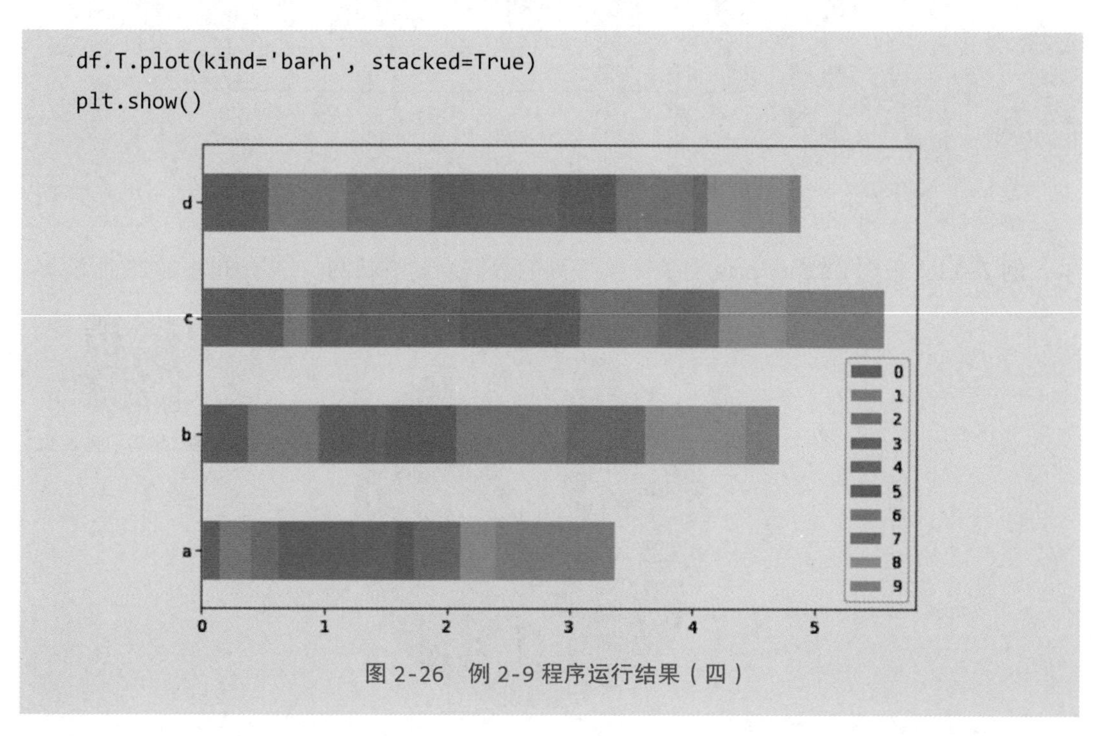

图 2-26　例 2-9 程序运行结果（四）

例 2-10　绘制散点图。运行结果如图 2-27 所示。

```
import pandas as pd
import matplotlib.pyplot as plt

df = pd.DataFrame({'height': [180,170,172,183,179,178,160],
                   'weight': [85,80,85,75,78,78,70]})
df.plot(x='height', y='weight', kind='scatter',
        marker='*', s=60, label='height-weight',
        title='height-weight').axes.title.set_size(20)        # 绘制散点图
plt.show()
```

视频二维码：例 2-10

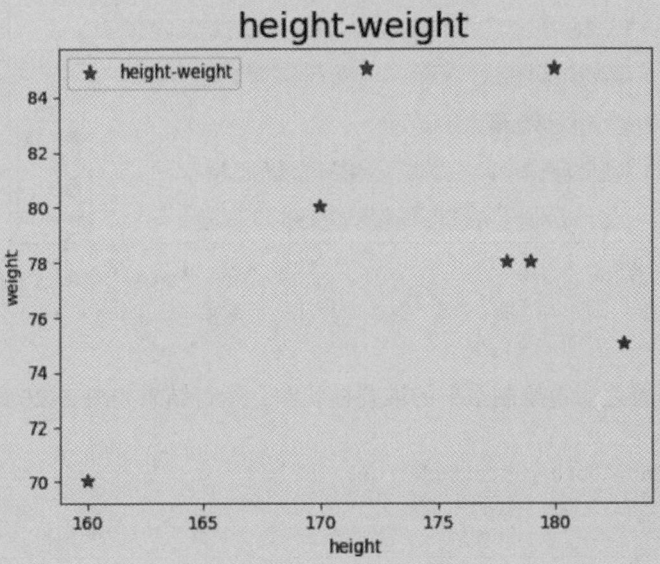

图 2-27　例 2-10 程序运行结果

例 2-11　根据 DataFrame 对象中某一列的数据绘制饼状图。结果如图 2-28 所示。

视频二维码：例 2-11

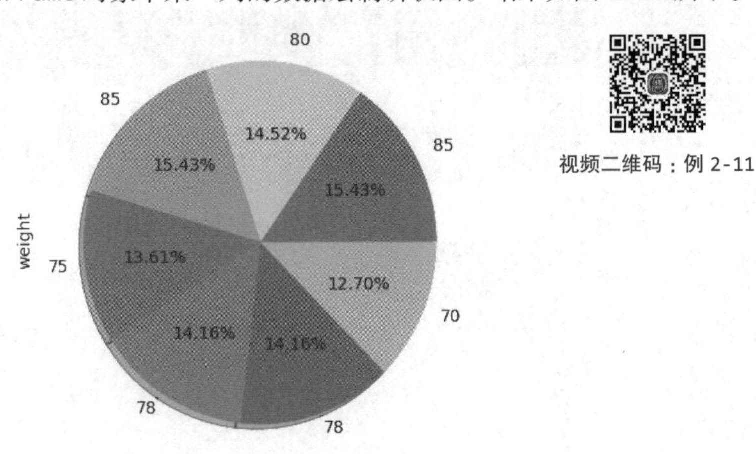

图 2-28　例 2-11 程序运行结果

```
import pandas as pd
import matplotlib.pyplot as plt

df = pd.DataFrame({'height': [180,170,172,183,179,178,160],
                   'weight': [85,80,85,75,78,78,70]})
df['weight'].plot(kind='pie', autopct='{:.2f}%'.format,
                  labels=df['weight'].values, shadow=True)
plt.show()
```

例 2-12 根据 DataFrame 对象所有列的数据绘制多个饼状图。运行结果如图 2-29 所示。

视频二维码：例 2-12

```
from itertools import count
import pandas as pd
import matplotlib
import matplotlib.pyplot as plt

plt.rcParams['font.sans-serif'] = ['FangSong']
plt.rcParams['axes.unicode_minus'] = False
plt.rcParams['axes.labelsize'] = 'larger'

df = pd.DataFrame({'height': [180,170,172,183,179,178,160],
                   'weight': [85,80,85,75,78,78,70]},
                  index=list('一二三四五六七'))
# 创建两个轴域，分别根据一列的数据绘制饼状图
# 默认以 DataFrame 对象的 index 作为每个扇形外侧的标签
ax1, ax2 = df.plot(kind='pie', autopct='{:.2f}%'.format, subplots=True,
                   shadow=True)
# 设置轴域中的图形属性，设置扇形外面的文本
index = count(0, 1)
for c in ax1.get_children():
    if isinstance(c, matplotlib.patches.Wedge):
        c.set_label(f'{c.get_label()}-{df.height.values[next(index)]}')
ax1.legend(loc='upper right')

index = count(0, 1)
for c in ax2.get_children():
    if isinstance(c, matplotlib.patches.Wedge):
        c.set_label(f'{c.get_label()}-{df.weight.values[next(index)]}')
ax2.legend(loc='upper left')
plt.show()
```

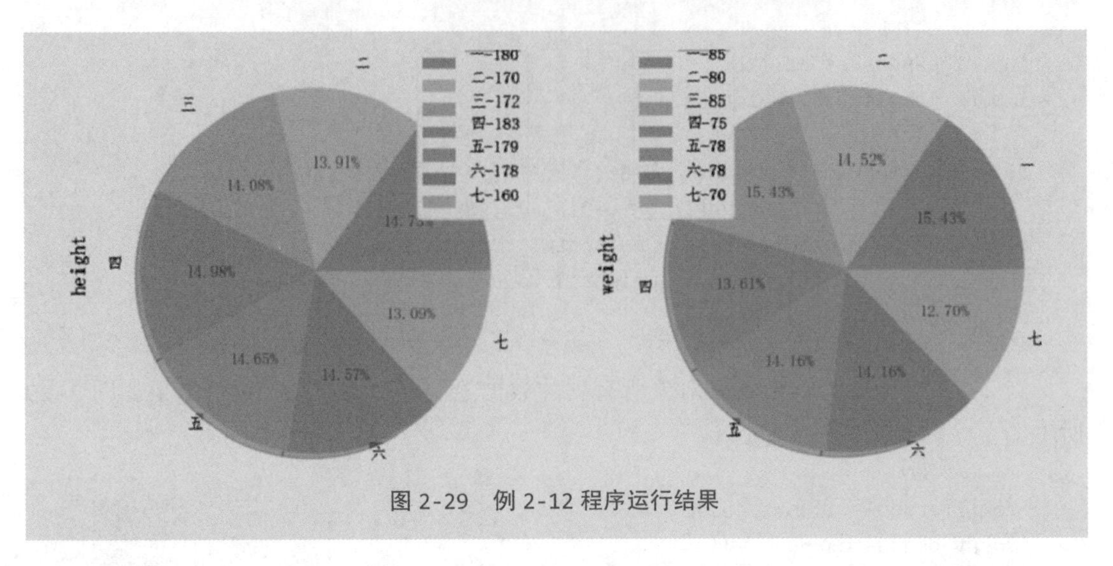

图 2-29　例 2-12 程序运行结果

例 2-13　绘制箱线图。运行结果如图 2-30 所示。

```
import pandas as pd
import matplotlib.pyplot as plt

df = pd.DataFrame({'height': [180,170,172,183,179,178,160,2],
                   'weight': [85,80,85,75,78,78,70,150]})
df.plot(kind='box')                        # 箱图，中间 50% 使用矩形
                                           # 两端的 1/4 使用线段
                                           # 异常值使用 'o' 符号

plt.show()
```

视频二维码：例 2-13

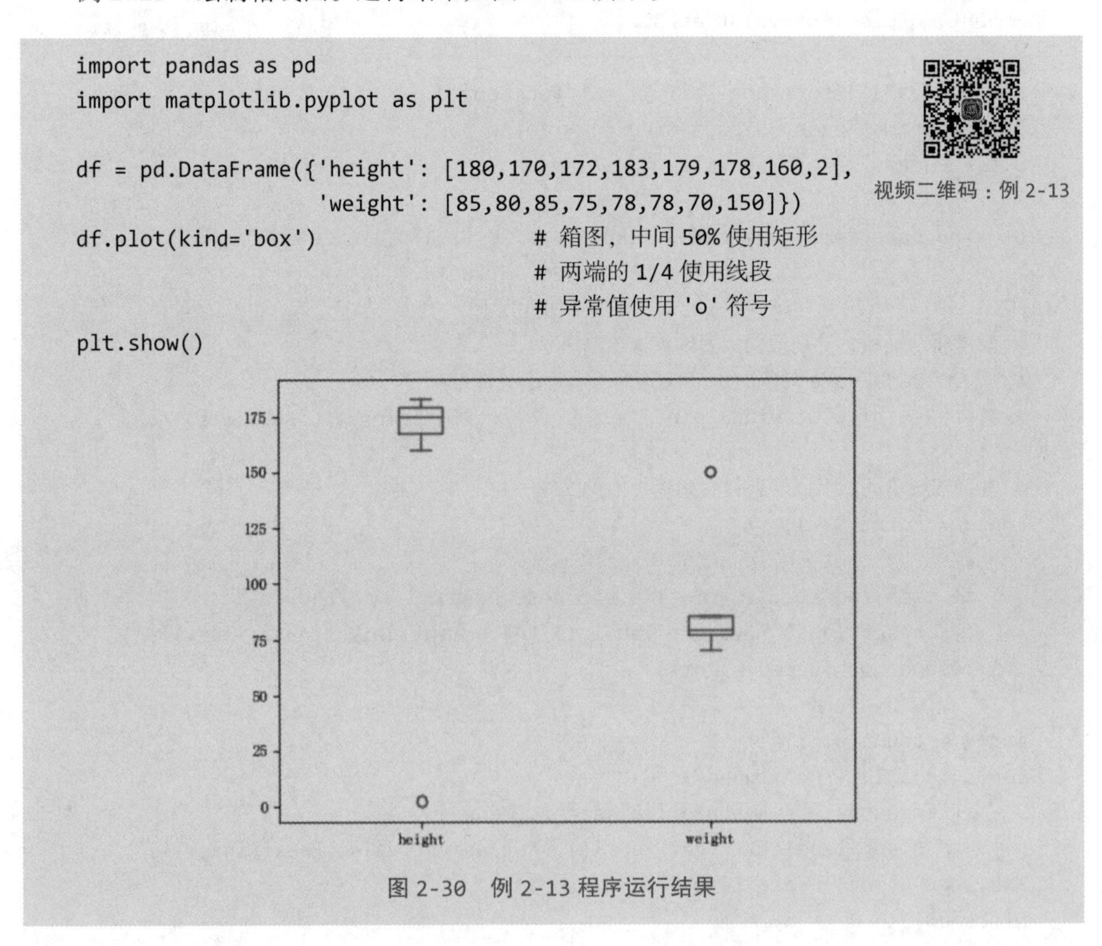

图 2-30　例 2-13 程序运行结果

例 2-14　绘制密度图，本例仍使用前面例 2-11 中的数据，请自行补齐代码，或见配套 PPT。

```
import pandas as pd
import matplotlib.pyplot as plt

df = pd.DataFrame({'height': [180,170,172,183,179,178,160],
                   'weight': [85,80,85,75,78,78,70]})
df['weight'].plot(kind='kde', style='r-.')        # 密度图，结果如图 2-31 所示
plt.show()
```

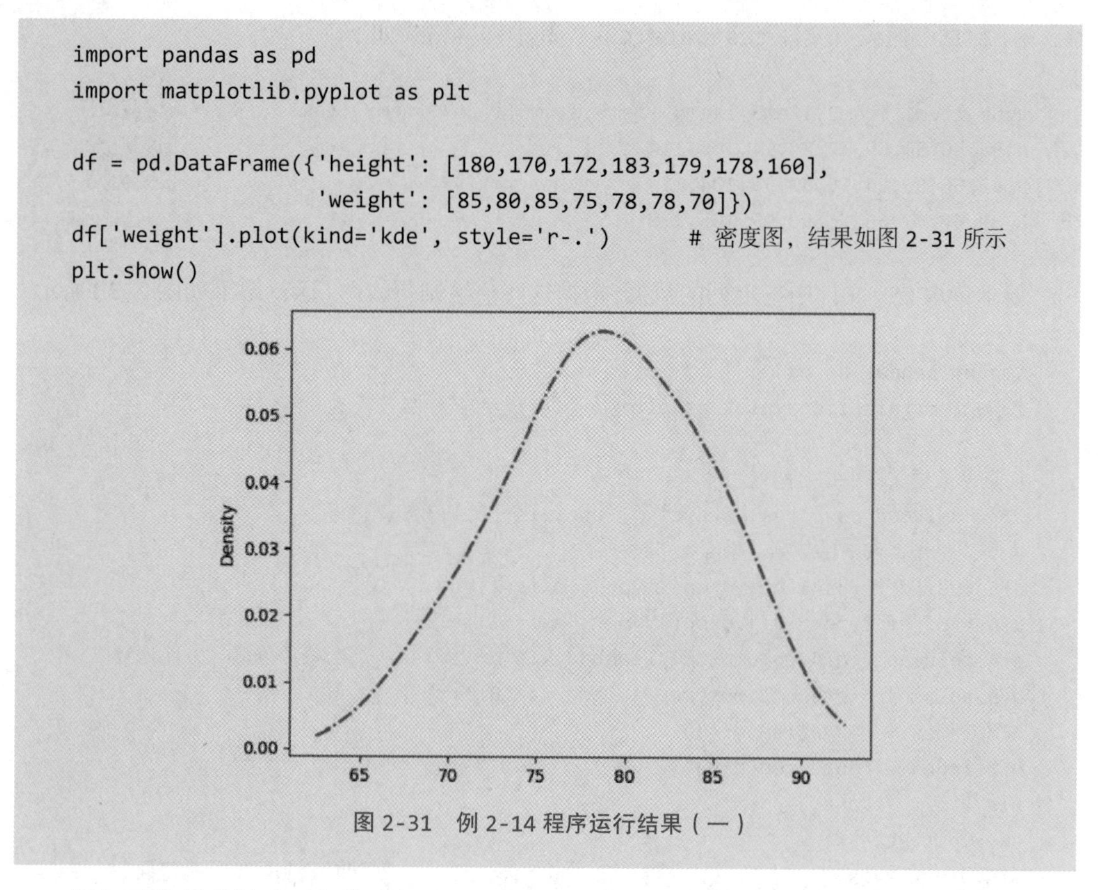

图 2-31　例 2-14 程序运行结果（一）

把上面代码中最后两行修改如下，根据所有列的数据绘制密度图，运行结果如图 2-32 所示。

```
df.plot(kind='kde', style=['r-.', 'g--'])        # 密度图
plt.show()
```

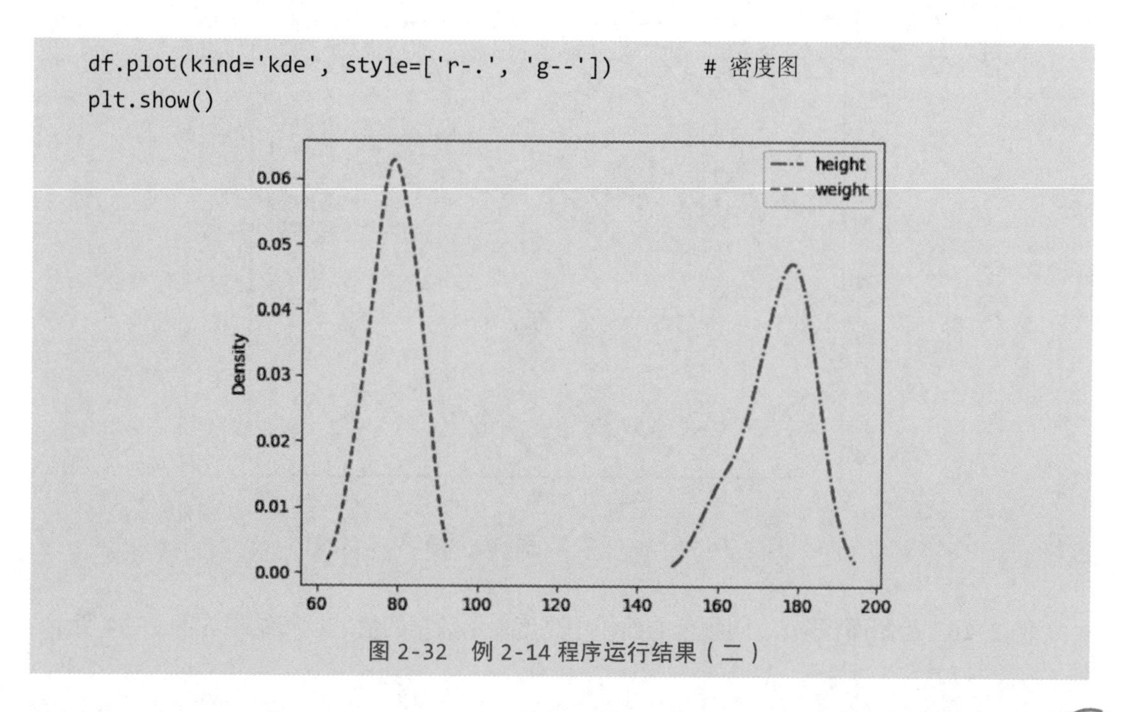

图 2-32　例 2-14 程序运行结果（二）

例 2-15　假设有文件 testData.csv，其中内容格式如下。

```
type,item1,item2,item3,item4,item5,item6,item7,item8,item9
A,34,50,50,69,72,84,94,101,114
B,39,50,50,64,75,82,99,104,114
B,30,47,57,66,71,90,99,105,119
```

视频二维码：例 2-15

要求读取 CSV 文件中特定列的数据，根据这些值绘制折线图。运行结果如图 2-33 所示。

```
import pandas as pd
import matplotlib.pyplot as plt

# 读取数据文件中指定的列
df = pd.read_csv('testData.csv', usecols=[0,1,3,5,7])
# 分离类型 A 和 B 的数据，丢弃 type 列
dfA = df[df.type=='A'].drop('type', axis=1)
dfB = df[df.type=='B'].drop('type', axis=1)
dfA.columns = dfA.columns.map(lambda x: 'A_'+x)        # 修改列名，方便比较
dfB.columns = dfB.columns.map(lambda x: 'B_'+x)
dfA.index = range(len(dfA))
dfB.index = range(len(dfB))
fig = plt.figure()
ax = plt.gca()
dfA.plot(ax=ax)                                         # 绘制图形，指定同一个 ax
dfB.plot(ax=ax)
plt.show()
```

图 2-33　例 2-15 程序运行结果

例 2-16　绘制面积图，不同颜色的面积中高度表示数据的值。运行结果如图 2-34 所示。

```
import numpy as np
import pandas as pd
import matplotlib.pyplot as plt

np.random.seed(20220630)
df = pd.DataFrame(np.random.randint(100, 200, (5,3)),
                  columns=['A','B','C'])
df.plot(kind='area')                              # 绘制面积图
plt.show()
```

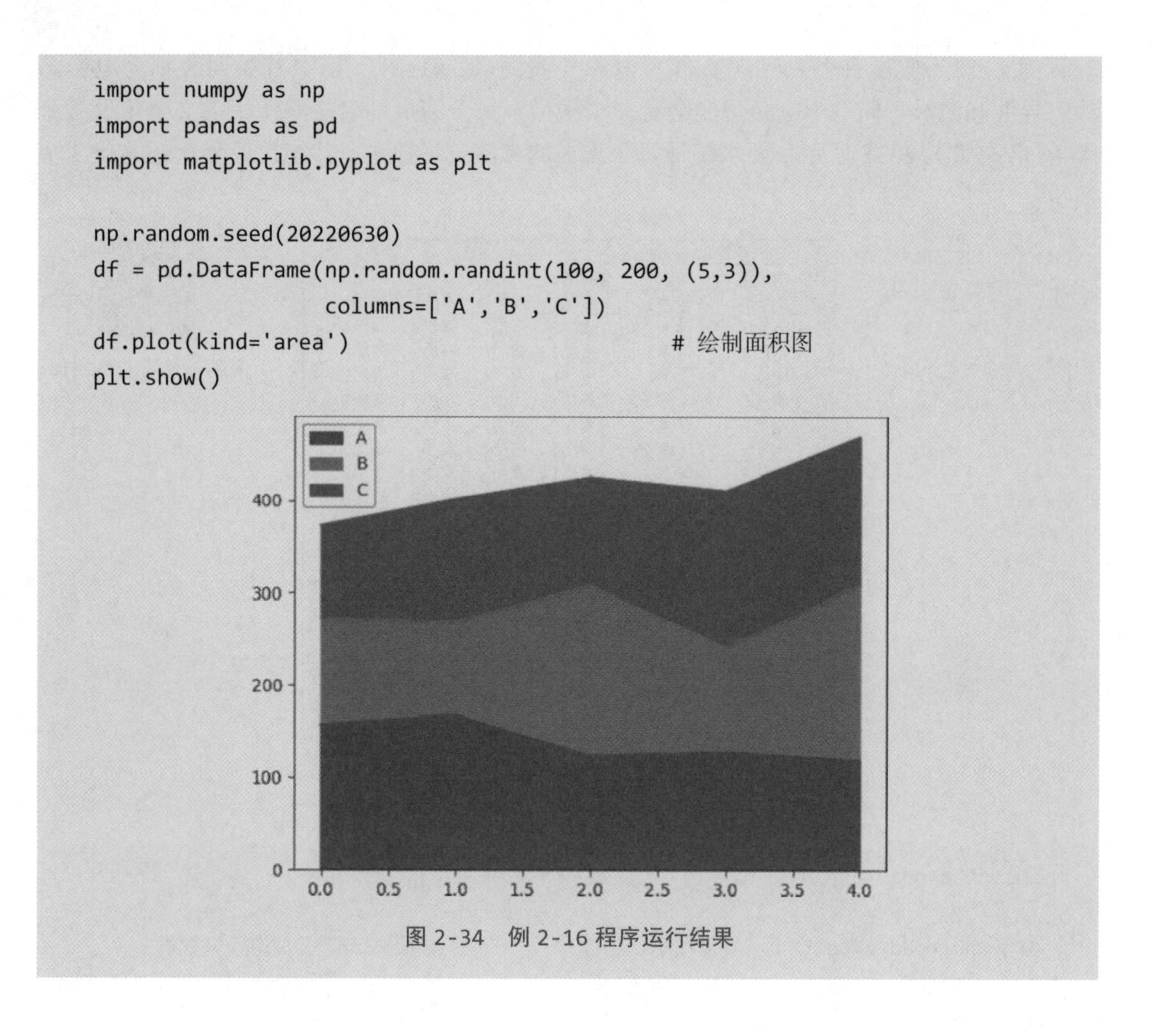

图 2-34　例 2-16 程序运行结果

2.4　Pandas 应用案例

例 2-17　模拟转盘抽奖游戏，统计不同奖项的获奖概率。

```
import numpy as np
import pandas as pd

data = np.random.ranf(100000)                 # 模拟转盘 100000 次
category = (0.0, 0.08, 0.3, 1.0)              # 奖项等级划分
labels = ('一等奖', '二等奖', '三等奖')
result = pd.cut(data, category, labels=labels)
result = pd.value_counts(result)              # 统计每个奖项的获奖次数
print(result)
```

视频二维码：例 2-17

例 2-18　假设有个 Excel 文件“电影导演演员 .xlsx”，其中有 3 列分别为电影名称、导演和演员（同一个电影可能会有多个演员，每个演员姓名之间使用中文全角逗号分隔），格式如图 2-35 所示。要求统计每个演员的参演电影数量，并统计最受欢迎的前 3 个演员。

	A	B	C
1	电影名称	导演	演员
2	电影1	导演1	演员1，演员2，演员3，演员4
3	电影2	导演2	演员3，演员2，演员4，演员5
4	电影3	导演3	演员1，演员5，演员3，演员6
5	电影4	导演1	演员1，演员4，演员3，演员7
6	电影5	导演2	演员1，演员2，演员3，演员8
7	电影6	导演3	演员5，演员7，演员3，演员9
8	电影7	导演4	演员1，演员4，演员6，演员7
9	电影8	导演1	演员1，演员4，演员3，演员8
10	电影9	导演2	演员5，演员4，演员3，演员9
11	电影10	导演3	演员1，演员4，演员5，演员10
12	电影11	导演1	演员1，演员4，演员3，演员11
13	电影12	导演2	演员7，演员4，演员9，演员12
14	电影13	导演3	演员1，演员7，演员3，演员13
15	电影14	导演4	演员10，演员4，演员9，演员14
16	电影15	导演5	演员1，演员8，演员11，演员15
17	电影16	导演6	演员14，演员4，演员13，演员16
18	电影17	导演7	演员3，演员4，演员9
19	电影18	导演8	演员3，演员4，演员10

视频二维码：例 2-18

图 2-35　电影导演演员演示数据

```
import pandas as pd

df = pd.read_excel('电影导演演员 .xlsx')                # 从 Excel 文件中读取数据
                                                        # 可自行查看 df 的值，或见配套 PPT
pairs = []
for i in range(len(df)):                                # 遍历每一行数据
    actors = df.at[i, '演员'].split('，')               # 获取当前行的演员清单
    for actor in actors:                                # 遍历每个演员
        pair = (actor, df.at[i, '电影名称'])
        pairs.append(pair)
pairs = sorted(pairs, key=lambda item:int(item[0][2:]))
                                                        # 按演员编号进行排序
index = [item[0] for item in pairs]
data = [item[1] for item in pairs]
df1 = pd.DataFrame({'演员':index, '电影名称':data})
result = df1.groupby('演员', as_index=False).count()
                                                        # 分组，统计每个演员的参演电影数量
result.columns = ['演员', '参演电影数量']               # 修改列名
print(result.nlargest(3, '参演电影数量'))               # 参演电影数量最多的 3 个演员
```

运行结果如下。

```
      演员   参演电影数量
10  演员4       13
9   演员3       12
0   演员1       10
```

下面代码给出了另外两种更简洁高效的实现方式。

```
import pandas as pd

df = pd.read_excel('电影导演演员.xlsx')
# 方法一
print(pd.value_counts('，'.join(df.演员.values).split('，')).nlargest(3))
# 方法二
df.演员 = df.演员.str.split('，')
print(df.explode('演员').groupby('演员').count()
      .nlargest(3, '电影名称')['电影名称'])
```

例 2-19　运行下面的程序，在当前文件夹中生成饭店营业额模拟数据文件 data.csv。

```
import csv
import random
import datetime

fn = 'data.csv'
with open(fn, 'w', encoding='cp936', newline='') as fp:
    wr = csv.writer(fp)                       # 创建 csv 文件写入对象
    wr.writerow(['日期', '销量'])              # 写入表头
    startDate = datetime.date(2022, 1, 1)
    # 生成 365 个模拟数据，可以根据需要进行调整
    for i in range(365):
        amount = 300 + i*5 + random.randrange(100)
        wr.writerow([str(startDate), amount])
        startDate = startDate + datetime.timedelta(days=1)
```

视频二维码：例 2-19

然后完成下面的任务。

（1）使用 Pandas 读取文件 data.csv 中的数据，创建 DataFrame 对象，并删除其中所有缺失值。

（2）使用 Matplotlib 生成折线图，展示该饭店每天的营业额及其波动情况，并把图形保存为本地文件 first.jpg，如图 2-36 所示。

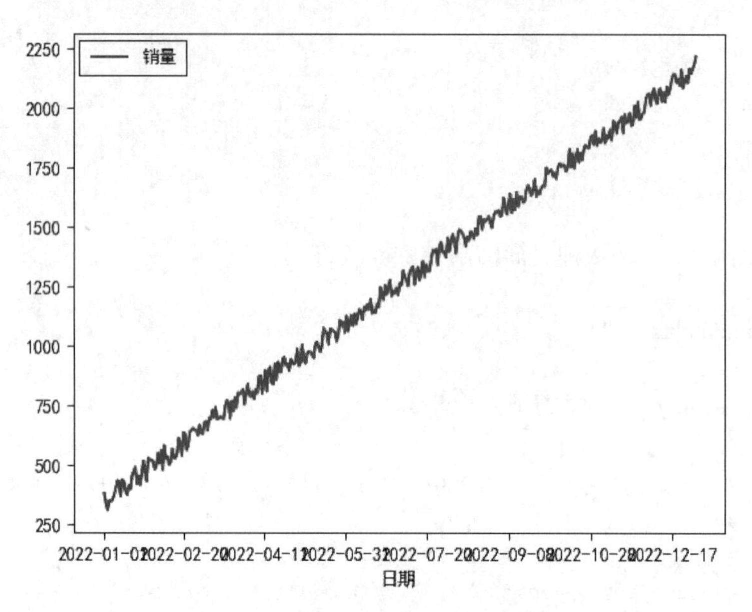

图 2-36　例 2-19 程序运行结果（一）

（3）按月份进行统计，使用 Matplotlib 绘制柱状图显示每个月份的营业额，并把图形保存为本地文件 second.jpg，如图 2-37 所示。

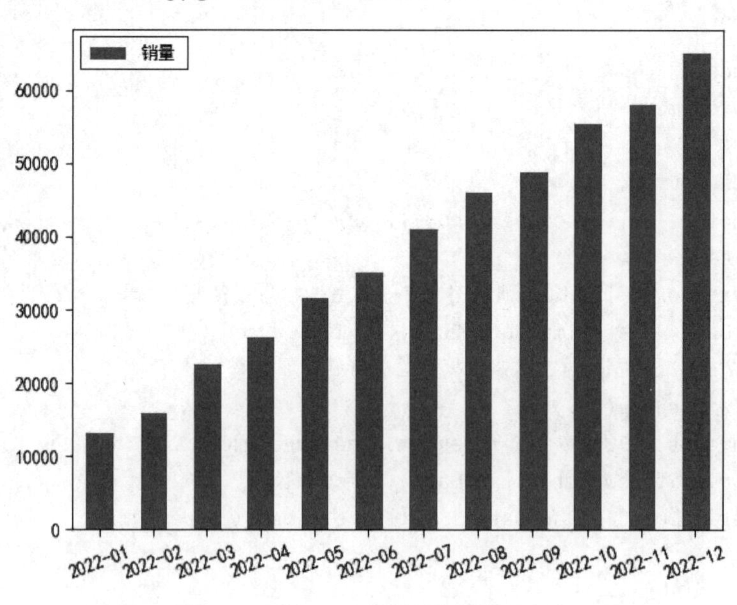

图 2-37　例 2-19 程序运行结果（二）

（4）按月份进行统计，找出相邻两个月最大涨幅，并把涨幅最大的月份写入 maxMonth.txt。

（5）按季度统计该饭店 2022 年的营业额数据，使用 Matplotlib 生成饼状图显示 2022 年 4 个季度的营业额分布情况，并把图形保存为本地文件 third.jpg，如图 2-38 所示。

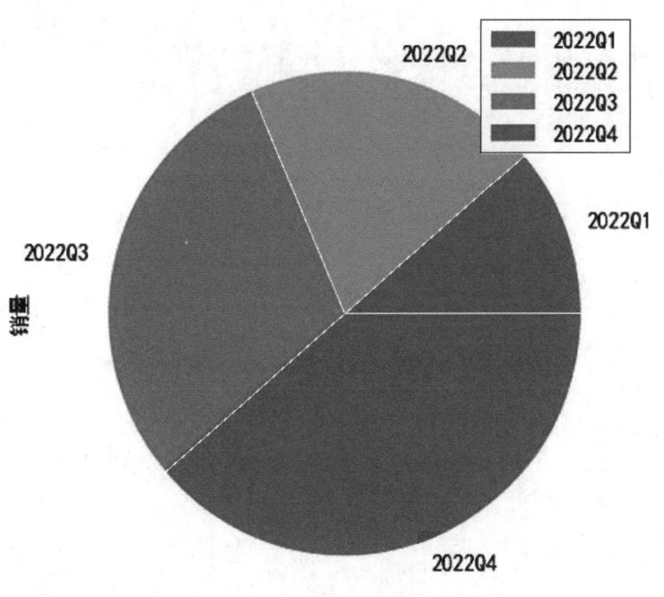

图 2-38　例 2-19 程序运行结果（三）

```
from copy import deepcopy
import pandas as pd
import matplotlib.pyplot as plt

plt.rcParams['font.sans-serif'] = ['simhei']

df = pd.read_csv('data.csv', encoding='cp936')      # 读取数据
df = df.dropna()                                     # 丢弃缺失值

plt.figure()
df.plot(x='日期')                                   # 绘制营业额折线图
plt.savefig('first.jpg')                             # 保存图形

# 按月分组统计，生成并保存柱状图
plt.figure()
df1 = df.groupby(by=lambda irow: df.loc[irow, '日期'][:7]).sum()
df1.plot(kind='bar')
plt.xticks(rotation=20)
plt.savefig('second.jpg')

with open('maxMonth.txt', 'w') as fp:                # 查找涨幅最大的月份，写入文件
    fp.write(df1.diff()['销量'].nlargest(1).keys()[0])

# 按季度统计，生成并保存饼状图
plt.figure()
```

```
df1.index = pd.to_datetime(df1.index).to_period('Q')
df1.groupby(level=0).sum().plot(y='销量', kind='pie')
plt.savefig('third.jpg')
```

例 2-20　爬取网页上的表格，保存为本地 Excel 文件。

视频二维码：例 2-20

```
import pandas as pd

# 要读取的网页 URL 或本地 HTML 文件路径
url = r'https://mp.weixin.qq.com/s/RtFzEm2TnGHnLTHMz9T4Aw'
# 返回包含若干 DataFrame 的列表
# 网页上每个表格对应一个 DataFrame，每个 DataFrame 自动以非负整数作为行标签和列标签
dfs = pd.read_html(url)

# 写入 Excel 文件，每个 DataFrame 对应一个工作表
with pd.ExcelWriter('result.xlsx') as wt:
    for index, df in enumerate(dfs, start=1):
        df.to_excel(wt, sheet_name=f'sheet{index}',
                    index=False, header=False)
```

例 2-21　读取 Excel 文件中学生多次参加多门课程考试的数据，内容格式如下。

视频二维码：例 2-21

```
姓名      课程    成绩
李坤      英语     69
李艳      数学     78
赵坤      数学     82
```

编写程序，统计每个学生每门课程的最高分，写入新的 Excel 文件。

```
import pandas as pd

fn = '学生测试成绩 .xlsx'
df = pd.read_excel(fn)
result = df.groupby(['姓名','课程'], as_index=False).max()
result.to_excel('成绩统计结果.xlsx', sheet_name='各科最高分', index=False)
```

例 2-22　计算信息增益，查找分类或决策树算法中最重要的特征。

信息熵可以用来衡量事件不确定性的大小，熵越大表示不确定性越大。对于特定的随机变量，信息熵定义为每个事件的概率与概率的 2- 对数的乘积的相反数之和，即

$$\text{Infor}(X) = -\sum_{i=1}^{n}\left(p(x_i) \times \log_2 p(x_i)\right)$$

信息增益表示使用某个特征进行分类时不确定性减少的程度，在使用该特征进行分类后，每个子类中该特征的值都是固定的。信息增益的值为分类前信息熵与分类后每个子类的信息熵加权平均的差，即

$$\text{Infor}(X)-\sum_{i=1}^{m}\left(\frac{|X_i|}{|X|}\times\text{Infor}(X_i)\right)$$

如果根据某个特征的值对原始数据进行分类后，信息增益最大，那么该特征为最重要的特征。这种方法会有误差，如果某列特征的唯一值数量非常多，会得到很大的信息增益，可以使用信息增益率进行纠正，请自行查阅更多资料。下面只给出了演示代码，请自行运行程序查看并分析结果，或见配套 PPT。

```
from math import log2
import numpy as np
from random import choices
import pandas as pd

# 设置输出结果列对齐
pd.set_option('display.unicode.ambiguous_as_wide', True)
pd.set_option('display.unicode.east_asian_width', True)

df = pd.DataFrame({'婚否': choices(('是','否'), k=20),
                   '工作否': choices(('是','否'), k=20),
                   '有车否': choices(('是','否'), k=20),
                   '收入水平': choices(('中','高','低'), k=20),
                   '是否有贷款': choices(('是','否'), k=20),
                   '结果': choices(('是','否'), k=20)})
print('==== 原始数据：', df, sep='\n')

total_length = len(df)                  # 原始数据总数量
def get_entropy(values):
    ''' 计算一组数据的熵 '''
    length = len(values)
    data = pd.value_counts(values).values / length
    return -(data * np.log2(data)).sum()

# 计算原始数据的熵
origin_entropy = get_entropy(df. 结果 .values)
print('==== 原始数据的熵：', origin_entropy, sep='\n')
new_entropy = []                        # 存放使用每个列 / 特征进行分类后的信息熵
# 最后一列是分类结果，不用做分类特征
for column in df.columns[:-1]:
    unique_features = df[column].unique()   # 该列所有唯一值
```

```
    every_entropy = 0                              # 使用该特征分类时每个子类的熵之和
    for feature in unique_features:                # 遍历每个唯一值
        # 获取数据，计算该类的熵
        v = df[df[column]==feature].结果 .values
        every_entropy += len(v)/total_length*get_entropy(v)
    new_entropy.append((column, every_entropy))

gain = [(column,origin_entropy-e) for column, e in new_entropy]
print('==== 每个特征的信息增益：', *gain, sep='\n')
best_feature = max(gain, key=lambda item: item[1])[0]
print('==== 最佳分类特征：', best_feature, sep='\n')
print('==== 使用最佳特征进行分类：')
for value in df[best_feature].unique():
    print(df[df[best_feature]==value])
```

例 2-23　读取当前文件夹中文件“小区业主用水情况 .xlsx”的某小区业主用水数据，内容格式如图 2-39 所示。编写程序，查找该小区每年每个楼的用水大王。

	A	B	C
1	日期	房号	用水量（立方）
626759	202212	630602	16
626760	202212	630603	30
626761	202212	630604	14
626762	202212	630701	8
626763	202212	630702	24

视频二维码：例 2-23

图 2-39　小区业主用水情况 .xlsx 文件内容格式

```
import pandas as pd

# 读取数据，指定每列的数据类型，避免自动转换类型，还可以提高读取速度
df = pd.read_excel('小区业主用水情况.xlsx',
                   dtype={'日期':str, '房号':str, '用水量（立方）':float})
# 日期只保留年份，同时把列标签 " 日期 " 改为 " 年份 "
df. 日期 = df. 日期 .str.slice(0, 4)
df.columns = ['年份'] + list(df.columns.values[1:])
# 把用水量一列的缺失值替换为该小区整体月用水平均值
df.iloc[:,2].fillna(round(df.iloc[:,2].mean()), inplace=True)
# 按年份和房号分组，每个月的用水量求和
df = df.groupby(by=['年份', '房号'], as_index=False).sum()
# 查找每年每个楼上用水总量最大的房号
data = []
for year in sorted(df. 年份 .unique()):
    for building_num in sorted(df. 房号 .str.slice(0,2).unique()):
```

```
        # 筛选指定年份和楼号的数据
        df_temp = df[(df.年份 ==year) &
                     (df.房号 .str.startswith(building_num))]
        # 该年份、楼号中，用水总量最大的房号
        data.extend(df_temp.nlargest(1, '用水量（立方）').values)
df_new = pd.DataFrame(data, columns=df.columns)
# 增加一列 "楼号"，即房号的前两位
df_new['楼号'] = df_new.房号 .str.slice(0,2)
print(df_new.pivot(index='楼号', columns='年份', values='房号'))
```

例 2-24　分析小明连续 100 天的一日三餐是否营养均衡。如果蛋白质类食物食用次数与碳水化合物类食物食用次数之差小于 30 则认为营养均衡，否则认为营养不均衡。

视频二维码：例 2-24

```
import csv
from operator import sub
from random import choices
from datetime import date, timedelta
import pandas as pd

# 不同类别包含的食物
foods_category = {'蛋白质': ('牛排','火腿','鸡肉','鱼'),
                  '碳水化合物': ('面包','米饭','苹果','马铃薯','芒果')}
# 不同食物所属的类别
foods_category_reversed = {f: k for k, v in foods_category.items()
                           for f in v}
# 包含所有食物名称的元组
foods = sum(foods_category.values(), ())
# 生成数据写入文件，模拟小明连续 100 天一日三餐的食物
file_path = 'data_foods.csv'
with open(file_path, 'w', encoding='utf8', newline='') as fp:
    fp_csv = csv.writer(fp)
    fp_csv.writerow(('日期','一日三餐'))
    start = date(2022, 11, 1)
    for _ in range(100):
        fp_csv.writerow((str(start), ','.join(choices(foods,k=3))))
        start = start + timedelta(days=1)

df = pd.read_csv(file_path, encoding='utf8')
df['一日三餐'] = df['一日三餐'].str.split(',')
df = df.explode('一日三餐', ignore_index=True).drop('日期', axis=1)

# 下面两种方式是等价的
# 方法一
```

```
dft = (df.groupby(by=lambda i: foods_category_reversed[df.at[i,'一日三餐']])
       .count())
diff = abs(sub(*dft['一日三餐'].values))
print(diff, '营养均衡' if diff<30 else '营养不均衡', sep=':')
# 方法二
df['一日三餐'] = df['一日三餐'].map(foods_category_reversed)
# .value_counts() 的统计结果默认降序排列，计算两大类食物的食用次数之差
diff = sub(*df['一日三餐'].value_counts().values)
print(diff, '营养均衡' if diff<30 else '营养不均衡', sep=':')
```

例 2-25　2024 年普通高考选考科目要求分析。

```
import pandas as pd

df = pd.read_excel('2024 普通高校选考科目 .xlsx')
df. 选考科目要求 = (df. 选考科目要求
                 .map(lambda t:t if t==' 不提科目要求 ' else t[:t.find('(')]))
cond_level = df. 层次 =='本科'
print('省份数量:', len(df. 省份 .unique()))
print('学校数量:', len(df. 学校名称 .unique()))
print('本科学校数量:', len(df[cond_level]['学校名称'].unique()))
print('本科专业数量:', df[cond_level]['专业（类）名称'].unique().size)
print('专科学校数量:', len(df[~cond_level]['学校名称'].unique()))
print('专科专业数量:', df[~cond_level]['专业（类）名称'].unique().size)
print('同时进行本科和专科招生的学校数量:',
      len(set(df[cond_level]['学校名称'].unique()) &
          set(df[~cond_level]['学校名称'].unique())))
print('选考科目要求与数量:')
for subject in sorted(df. 选考科目要求 .unique()):
    print(subject, '='*4, sep='', end='>')
    print('本科专业数量:',
          len(df[cond_level & (df. 选考科目要求 ==subject)]), sep='', end=', ')
    print('专科专业数量:',
          len(df[(~cond_level) & (df. 选考科目要求 ==subject)]), sep='')
```

视频二维码：例 2-25

本章习题

下载“Python 小屋刷题软件客户端”最新版本，在线练习编程题 265、266、315、318、319、320、322、324、325、329、331、373、417、418、419、425、427、453、457、481、483、484、508、511、512、517、518、524。

第3章 Matplotlib数据可视化实战

本章学习目标

（1）熟练掌握扩展库 Matplotlib 及其依赖库的安装方法。
（2）了解 Matplotlib 的绘图一般过程。
（3）熟练掌握折线图的绘制与属性设置。
（4）熟练掌握散点图的绘制与属性设置。
（5）熟练掌握柱状图的绘制与属性设置。
（6）熟练掌握饼状图的绘制与属性设置。
（7）熟练掌握雷达图的绘制与属性设置。
（8）了解三维曲线、曲面的绘制与属性设置。
（9）熟练掌握绘图区域的切分与属性设置。
（10）熟练掌握图例属性的设置。
（11）熟练掌握坐标轴属性的设置。
（12）了解事件响应与处理机制的工作原理。
（13）了解图形填充的方法。
（14）了解保存绘图结果的方法。

3.1 数据可视化库 Matplotlib 基础

视频二维码：3.1

在扩展库 Matplotlib 中有 2 个最常用的绘图模块：pylab 和 pyplot。其中，pylab 中除了包含 pyplot 模块中的函数，还包含了扩展库 NumPy 中的常用函数，可以直接通过 pylab 进行调用，不需要再额外导入 NumPy。

使用 pylab 或 pyplot 绘图的一般过程为：首先生成、读入或计算得到数据，然后根据实际需要绘制折线图、散点图、柱状图、饼状图、雷达图、箱线图、三维曲线 / 曲面以及极坐标系图形，接下来设置坐标轴标签（使用 matplotlib.pyplot 模块的 xlabel()、ylabel() 函数或轴域的 set_xlabel()、set_ylabel() 方法）、坐标轴刻度（使用 matplotlib.pyplot 模块的 xticks()、yticks() 函数或轴域的 set_xticks()、set_yticks() 方法）、图例（可以使用 matplotlib.pyplot 模块的 legend() 函数或轴域的同名方法）、标题（可以使用 matplotlib.pyplot 模块的 title()、suptitle() 函数或轴域的 set_title() 方法）等图形属性，最后显示或保存绘图结果。

每一种图形都有特定的应用场景，对于不同类型的数据和可视化要求，要选择最合适类型的图形进行展示，不能生硬地套用某种图形。

Matplotlib 默认情况下无法直接显示中文字符。如果图形中需要显示中文字符，可以使用 import matplotlib.pyplot as plt 导入模块 pyplot，然后查看 plt.rcParams 字典的当前值并进行必要的修改，也可以通过 pyplot 模块的 xlabel()、ylabel()、xticks()、yticks()、title() 等函数或轴域（也称子图）对象对应的方法的 fontproperties 参数对坐标轴标签、坐标轴刻度、标题单独进行设置；如果需要设置图例中的中文字符字体可以通过 legend() 函数的 prop 参数进行设置。

使用下面的代码可以查看所有的可用字体。

```
from matplotlib.font_manager import fontManager

names = sorted([f.name for f in fontManager.ttflist])
for name in names:
    print(name)
```

如果安装了新字体之后在自己的程序中仍无法使用，可以删除文件 C:/Users/.../.matplotlib/fontlist-v330.json，然后重新运行程序。

在进行可视化时，应尽量避免仅仅依赖于颜色不同来区分同一个图形中的多个线条、柱或面片，还应借助于线型、线宽、端点符号、填充符号等属性来提高区分度。因为有时不仅要在计算机上查看图形，可能还需要打印，但是并不能保证总是有彩色打印机，灰度打印时颜色信息丢失后就很难区分不同颜色的线条、柱或面片了。

同一组数据可以使用不同形式的图形进行可视化，既可以绘制折线图，也可以绘制柱状图、散点图、饼状图等其他图形，具体采用哪种图形最终取决于客户的要求和应用场景，确定之后调用相应的函数即可。

以二维直角坐标系为例，使用 plot() 函数绘制折线图时，数据用来确定折线图上若干采样点的 x、y 坐标，使用直线段依次连接这些顶点，如果顶点足够密集则可以形成光滑曲线。如果使用 scatter() 函数绘制散点图，数据用来确定若干顶点的 x、y 坐标，然后在这些位置上绘制指定大小和颜色的散点符号。如果使用 bar() 函数绘制柱状图，数据用来确定若干柱的位置（x 坐标）和高度（y 坐标）。

绘制图形并设置外围属性之后可以调用 pyplot 模块的 show() 函数直接显示图形，也可以使用 savefig() 函数或图形对象的同名方法保存为图片文件。savefig() 函数完整用法如下。

```
savefig(fname, *, dpi='figure', format=None, metadata=None,
        bbox_inches=None, pad_inches=0.1, facecolor='auto',
        edgecolor='auto', backend=None, **kwargs)
```

savefig() 函数中参数的含义如表 3-1 所示。

表 3-1　savefig() 函数中参数的含义

参数名称	含　义
fname	要保存的文件名
dpi	图形的分辨率（dots per inch，每英寸多少像素），例如 96、300、600，如果不指定则使用 Python 安装目录下配置文件 Lib\site-packages\matplotlib\mpl-data\matplotlibrc 中 savefig.dpi 的值
facecolor、edgecolor	设置图形的背景色和边框颜色，默认均为白色
format	用来指定保存文件的类型和扩展名，可以设置为 'png'、'pdf'、'ps'、'eps'、'svg' 以及 'jpeg'、'jpg'、'tif'、'tiff' 等其他后端所支持的类型。如果不指定该参数，则根据参数 fname 字符串指定的文件扩展名来确定类型
transparent	如果设置为 True 则子图透明，如果此时没有设置 facecolor 和 edgecolor 则整个图形也透明
bbox_inches	用来指定保存图形的哪一部分，如果设置为 'tight' 则使用能够包围图形的最小边框
pad_inches	用来设置当 bbox_inches='tight' 时图形的内边距
bbox_extra_artists	用来指定当 bbox_inches='tight' 时应考虑保存的额外图形元素

Matplotlib 绘制图形有很多种样式和风格，下面代码列出了所有可用的样式。

```
>>> import matplotlib.pyplot as plt
>>> plt.style.available                    # 查看所有可用的图形样式
['bmh', 'classic', 'dark_background', 'fivethirtyeight', 'ggplot', 'grayscale',
 'seaborn-bright', 'seaborn-colorblind', 'seaborn-dark-palette', 'seaborn-dark',
```

```
'seaborn-darkgrid', 'seaborn-deep', 'seaborn-muted', 'seaborn-notebook',
'seaborn-paper', 'seaborn-pastel', 'seaborn-poster', 'seaborn-talk',
'seaborn-ticks', 'seaborn-white', 'seaborn-whitegrid', 'seaborn']
```

下面的代码演示了如何指定图形样式，图 3-1 和图 3-2 分别演示了默认样式和 fivethirtyeight 两种样式的效果，其他样式可以自行测试。

```
import numpy as np
import matplotlib.pyplot as plt

# 指定图形样式
plt.style.use('fivethirtyeight')
x = np.arange(0, 7, 0.01)
y = np.sin(x)
plt.plot(x, y)
plt.show()
```

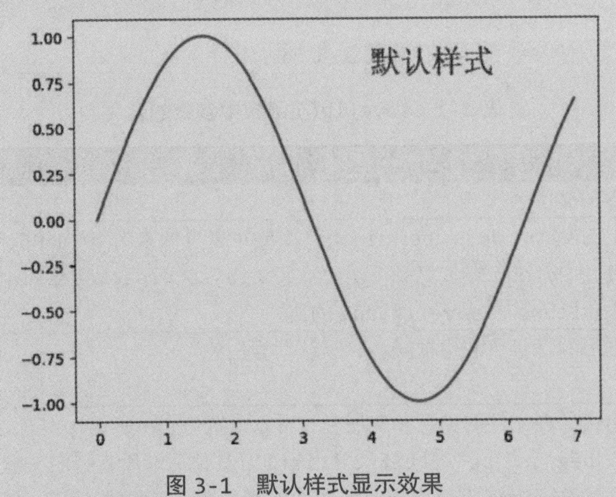

图 3-1　默认样式显示效果

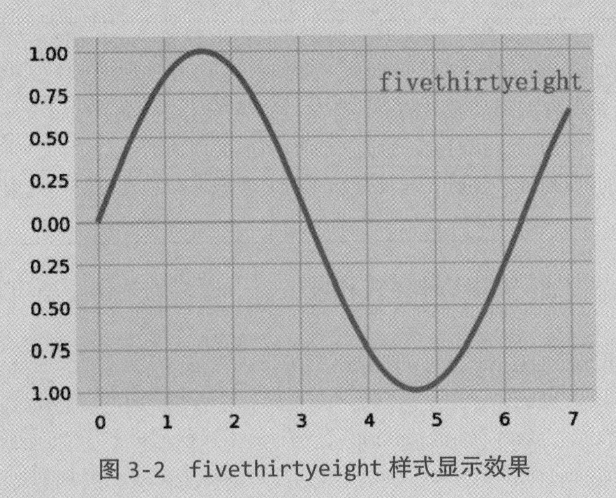

图 3-2　fivethirtyeight 样式显示效果

3.2 绘制折线图

pyplot 模块中的函数 plot() 或者子图对象的同名方法用来绘制折线图，也可以同时或单独绘制采样点，返回包含折线图的列表。完整语法如下。

```
plot(*args, scalex=True, scaley=True, data=None, **kwargs)
```

可能的调用形式如下。

```
plot([x], y, [fmt], *, data=None, **kwargs)
plot([x], y, [fmt], [x2], y2, [fmt2], ..., **kwargs)
```

其中，参数 x、y 用来设置采样点坐标；参数 fmt 用来设置颜色、线型、端点符号，格式为 '[marker][line][color]' 或 '[color][marker][line]'，例如 'ro'、'go-'、'rs'。其他常用的参数还有 color/c、alpha、label、linestyle/ls、linewidth/lw、marker、markeredgecolor/mec、markeredgewidth/mew、markerfacecolor/mfc、markersize、pickradius、snap 等。可使用 help(plt.plot) 查看完整用法和参数含义，其中 marker 和 ls 参数使用较多，ls 参数的值可以为 '-'（表示实心线）、'--'（表示短画线）、'-.'（表示点画线）、':'（表示点线），marker 参数可能的值与含义如表 3-2 所示。

表 3-2 marker 参数取值范围与含义

字　符	含　义	字　符	含　义
.	点	,	像素
o	圆	v	向下的三角形
^	向上的三角形	<	向左的三角形
>	向右的三角形	*	星形
1	向下的三尖形	2	向上的三尖形
3	向左的三尖形	4	向右的三尖形
8	八边形	s	正方形
p	五边形	P	粗加号
h	1 号六边形	H	2 号六边形
+	加号	x	叉号
X	填充的叉号	d	细金刚石
D	金刚石	_	横线
|	竖线		

使用下面的代码可以绘制不同 marker 参数的散点图，显示效果如图 3-3 所示。

```
import numpy as np
import matplotlib.pyplot as plt

markers = '.,ov^<>*12348spPhH+xXdD_|'
x, y = np.mgrid[1:10:5j, 1:10:5j]
for x_pos, y_pos, marker in zip(x.flatten(), y.flatten(), markers):
    plt.scatter(x_pos, y_pos, marker=marker, s=100)
    plt.text(x_pos+0.2, y_pos-0.2, s=repr(marker))
plt.axis('off')
plt.show()
```

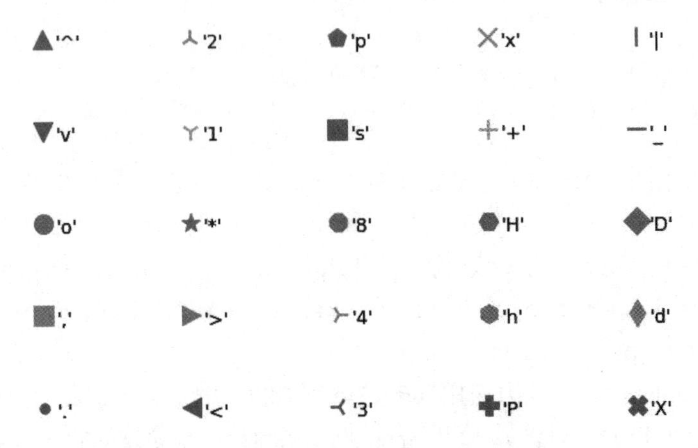

图 3-3　marker 参数不同取值的显示效果

例 3-1　绘制带有中文标题、坐标轴标签和图例的正弦、余弦图像。运行结果如图 3-4 所示。

视频二维码：例 3-1

```
import matplotlib.pylab as pl

t = pl.arange(0.0, 2.0*pl.pi, 0.01)          # 自变量取值范围
s = pl.sin(t)                                # 计算正弦函数值
z = pl.cos(t)                                # 计算余弦函数值
pl.plot(t,                                   # 采样点 x 轴坐标
        s,                                   # 采样点 y 轴坐标
        label='正弦',                        # 标签
        color='red')                         # 红色
pl.plot(t, z, label='余弦',
        lw=3, ls='--', color='blue')         # 3 像素宽，虚线，蓝色
pl.xlabel('x-变量',                          # 标签文本
          fontproperties='STKAITI',          # 字体
          fontsize=18)                       # 字号
pl.ylabel('y-正弦余弦函数值', fontproperties='simhei', fontsize=18)
```

```
pl.title('sin-cos 函数图像',                          # 标题文本
         fontproperties='STLITI',                     # 字体
         fontsize=24)                                 # 字号
pl.legend(prop='STKAITI')            # 创建图例，自动提取图形的线性、颜色、标签等属性
pl.grid(alpha=0.7, ls='-.')                           # 半透明网格线，点画线
pl.show()                                             # 显示绘制的结果图像
```

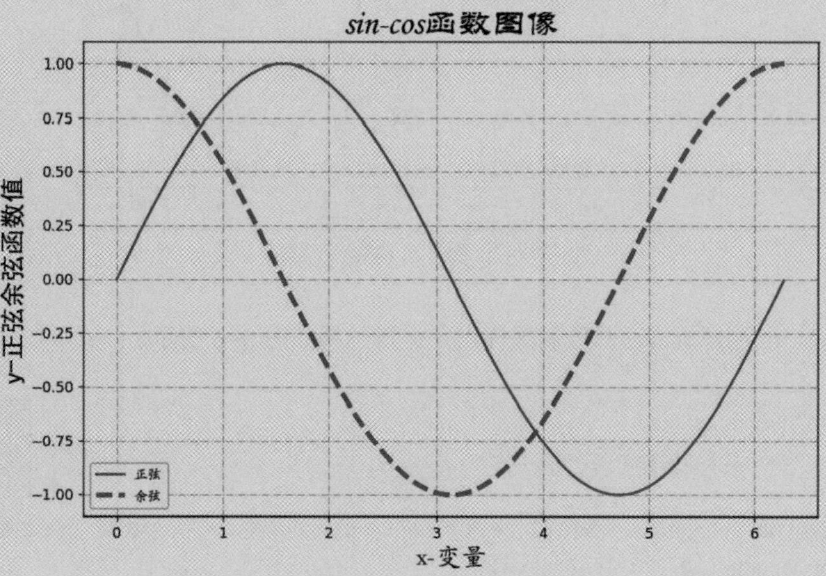

图 3-4　例 3-1 程序运行结果

例 3-2　在绘图结果中添加水平线和垂直线。运行结果如图 3-5 所示。

视频二维码：例 3-2

```
import numpy as np
import matplotlib.pyplot as plt

x = np.linspace(0, 2*np.pi, 100)
y = np.sin(x)
plt.plot(x, y, 'r-', lw=2, label='sin')       # 绘制正弦曲线
# 在纵坐标 -0.5 和 0.5 处绘制两条水平直线，蓝色虚线
plt.axhline(-0.5, color='blue', ls='--', label='axhline')
plt.axhline(0.5, color='blue', ls='--')
# 在横坐标绘制垂直直线，绿色点画线
plt.axvline(np.pi, color='green', ls='-.', label='axvline')
# 设置 y 轴刻度位置和文本
plt.yticks([-1, -0.5, 0, 0.5, 1], ['-1', 'axhline', '0', 'axhline', '1'])
plt.legend()
plt.show()
```

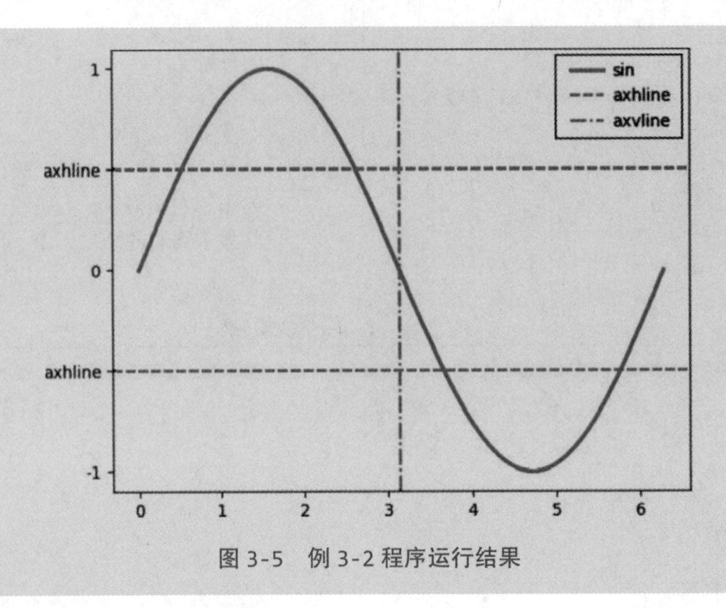

图 3-5　例 3-2 程序运行结果

例 3-3　绘制螺旋线，只绘制采样点。运行结果如图 3-6 所示。

视频二维码：例 3-3

```
import numpy as np
import matplotlib.pyplot as plt

theta = np.arange(0, 8*np.pi, 0.1)  # 4个圆周的角度，单位为弧度
r = np.arange(20, 20+len(theta))
plt.plot(r*np.cos(theta), r*np.sin(theta), 'ro')   # 在采样点位置处绘制红色圆圈
plt.show()
```

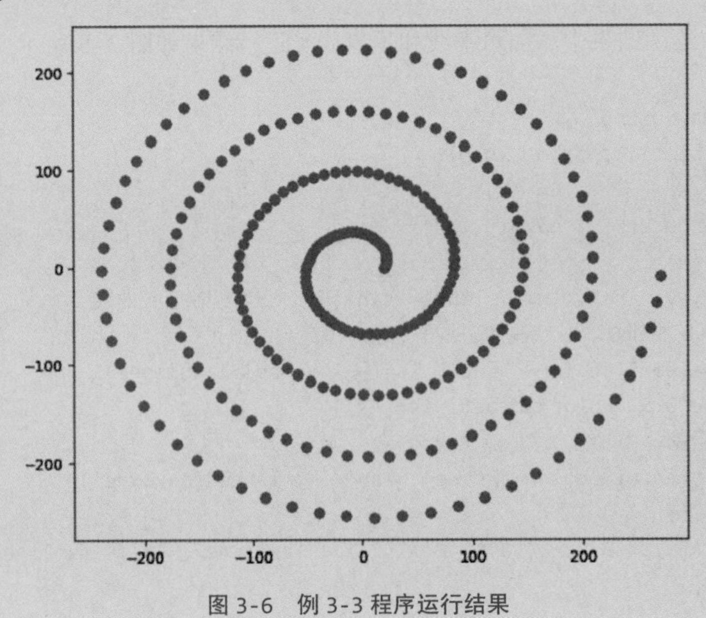

图 3-6　例 3-3 程序运行结果

例 3-4　同时绘制多条折线。运行结果如图 3-7 所示。

```
import numpy as np
import matplotlib.pyplot as plt

x = range(10)
y = np.random.randint(20, 50, (10,3))    # 10行3列位于[20,50)区间的随机数
plt.plot(x, y, label=['a','b','c'])      # 绘制3条折线图，每列数据对应一条折线图
plt.legend()
plt.show()
```

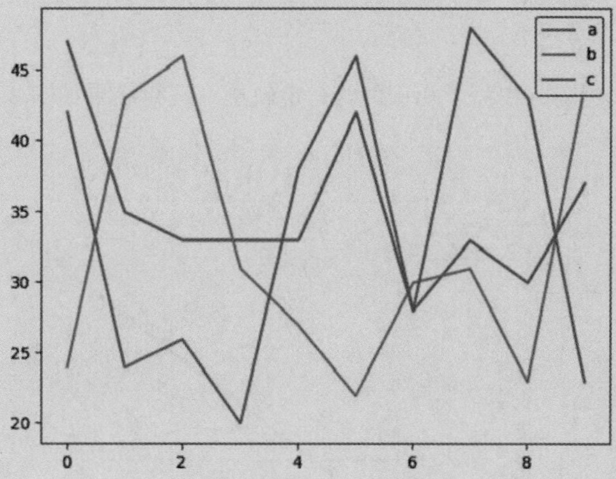

视频二维码：例 3-4

图 3-7　例 3-4 程序运行结果

例 3-5　同时绘制多条曲线。运行结果如图 3-8 所示。

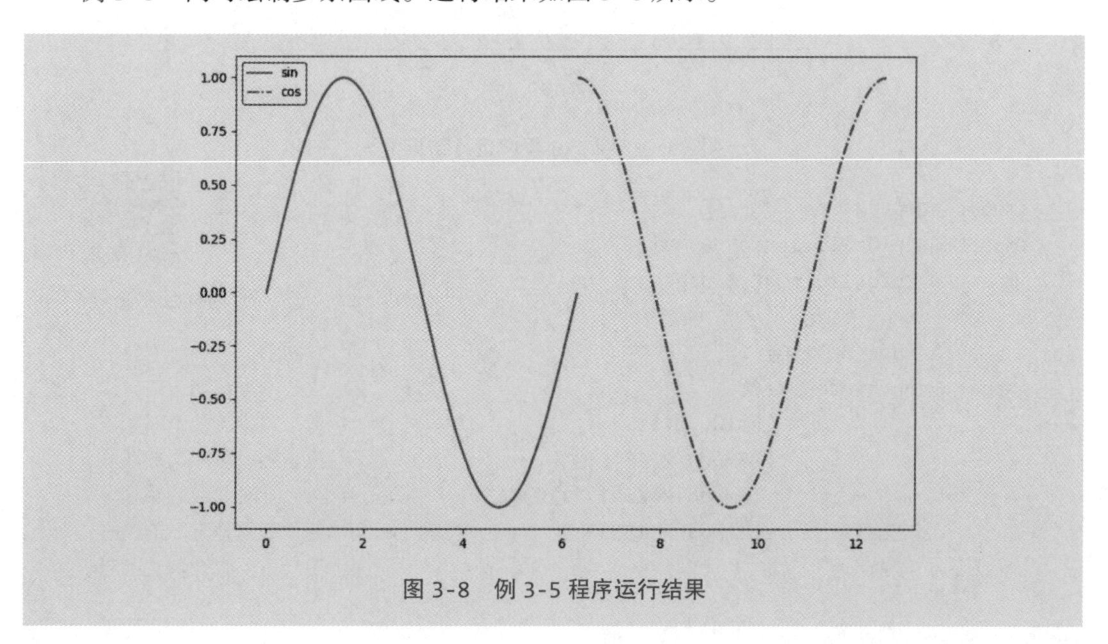

图 3-8　例 3-5 程序运行结果

```
import numpy as np
import matplotlib.pyplot as plt

x1 = np.arange(0, 2*np.pi, 0.01)
y1 = np.sin(x1)
x2 = np.arange(2*np.pi, 4*np.pi, 0.01)
y2 = np.cos(x2)
# 绘制折线图，指定每条曲线的采样点位置和线条属性
lines = plt.plot(x1, y1, 'r-', x2, y2, 'b-.')
plt.legend(lines, ['sin','cos'])        # 为两条曲线创建图例
plt.show()
```

视频二维码：例 3-5

例 3-6　绘制龟兔赛跑中兔子和乌龟的行走轨迹。运行结果如图 3-9 所示。

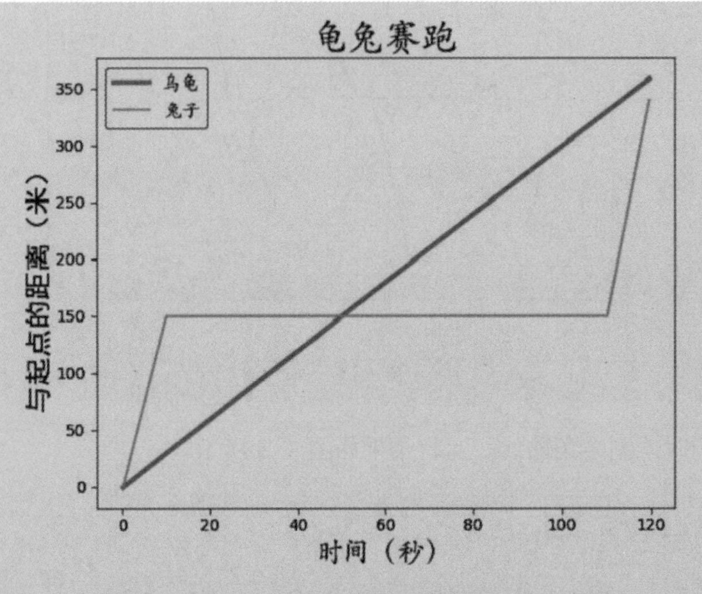

图 3-9　例 3-6 程序运行结果

```
import numpy as np
import matplotlib.pyplot as plt
import matplotlib.font_manager as fm

t = np.arange(0, 120, 0.5)                          # 时间轴
rabbit = np.piecewise(t,                            # 兔子的运行轨迹，分段函数
                      [t<10, t>110],                # 兔子跑步的两个时间段
                      [lambda x:15*x,               # 兔子第一段时间的路程
                       lambda x:20*(x-110)+150,     # 第二个时间段的路程
                       lambda x:150])               # 兔子中间睡觉时的路程
tortoise = 3 * t                                    # 小乌龟一直在匀速前进
```

视频二维码：例 3-6

```
plt.plot(t, tortoise, label='乌龟', lw=3)
plt.plot(t, rabbit, label='兔子')
plt.title('龟兔赛跑', fontproperties='STKAITI', fontsize=24)
plt.xlabel('时间（秒）', fontproperties='STKAITI', fontsize=18)
plt.ylabel('与起点的距离（米）', fontproperties='simhei', fontsize=18)
myfont = fm.FontProperties(fname=r'C:\Windows\Fonts\STKAITI.ttf', size=12)
plt.legend(prop=myfont)                              # 设置图例中的中文字体和字号
plt.show()
```

例 3-7　一笔绘制红色五角星。运行结果如图 3-10 所示。

代码一：

视频二维码：例 3-7

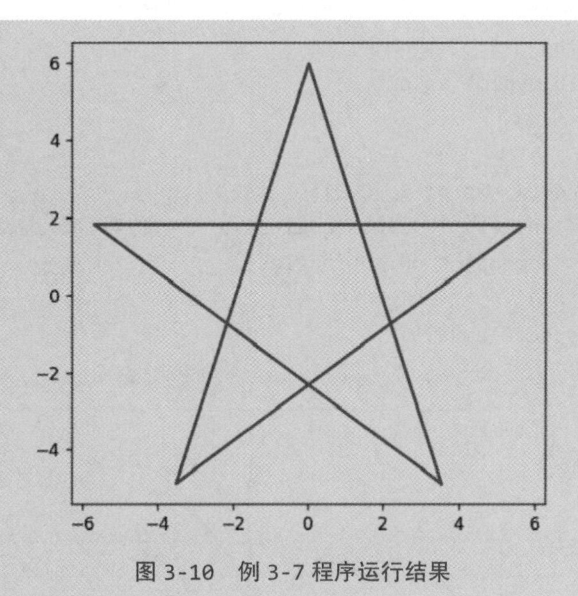

图 3-10　例 3-7 程序运行结果

```
import numpy as np
import matplotlib.pyplot as plt

r = 6                                        # 外接圆半径
angles = np.linspace(0, 2*np.pi, 5, endpoint=False)
x = r * np.sin(angles)
y = r * np.cos(angles)
plt.plot([x[2],x[0],x[3],x[1],x[4],x[2]],
         [y[2],y[0],y[3],y[1],y[4],y[2]], 'r')
plt.gca().set_aspect('equal')          # 设置坐标轴纵横比相等
plt.show()
```

代码二：

```
import numpy as np
```

```
import matplotlib.pyplot as plt

r = 6
angles = np.linspace(0, 4*np.pi, 6)
x = r * np.sin(angles)
y = r * np.cos(angles)
plt.plot(x, y, 'r')
plt.gca().set_aspect('equal')
plt.show()
```

例 3-8　使用三角函数绘制花瓣图案。运行结果如图 3-11 所示。

```
import numpy as np
import matplotlib.pyplot as plt

r = 6
angles = np.arange(0, np.pi*2, 0.01)
x = r * np.cos(4*angles) * np.cos(angles)      # 把 4 改成其他数字可以得到不同图案
y = r * np.cos(4*angles) * np.sin(angles)
plt.plot(x, y, 'r')
plt.gca().set_aspect('equal')
plt.show()
```

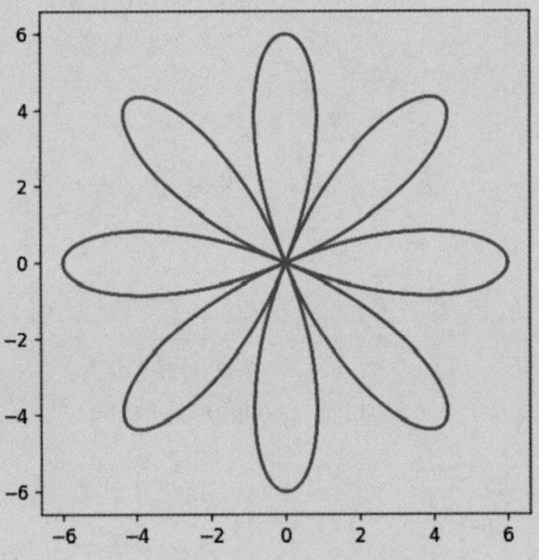

图 3-11　例 3-8 程序运行结果

例 3-9　某质点的初始速度和加速度已知，绘制该质点第 5~20s 速度和位移的曲线。运行结果如图 3-12 所示。

```
import numpy as np
```

```
import matplotlib.pyplot as plt

v0, a = 3, 1.8                              # 初始速度和加速度
t = np.arange(5, 21)                        # 时间轴，第 5~20s
v = v0 + a*t                                # 速度
x = v0*t + 0.5*a*t*t                        # 位移
fig, (ax1, ax2) = plt.subplots(1, 2)        # 创建左、右两个子图
# 设置子图之间的水平间距，wspace 值为子图平均宽度的比例
plt.subplots_adjust(wspace=0.5)
plt.sca(ax1)                                # 选择左边子图为当前子图
plt.plot(t, v, c='red')                     # 在当前子图中绘制折线图
plt.title('时间 - 速度', fontproperties='STKAITI', fontsize=24)
plt.xlabel('时间（s）', fontproperties='STKAITI', fontsize=18)
plt.ylabel('速度（m/s）', fontproperties='STKAITI', fontsize=18)
plt.xlim(5, 21)                             # 设置坐标轴刻度范围
plt.ylim(0, 40)

plt.sca(ax2)                                # 选择右边子图为当前子图
plt.plot(t, x, c='blue')                    # 在当前子图中绘制折线图
plt.title('时间 - 位移', fontproperties='STKAITI', fontsize=24)
plt.xlabel('时间（s）', fontproperties='STKAITI', fontsize=18)
plt.ylabel('位移（m）', fontproperties='STKAITI', fontsize=18)
plt.xlim(5, 21)
plt.ylim(0, 450)
plt.show()
```

视频二维码：例 3-9

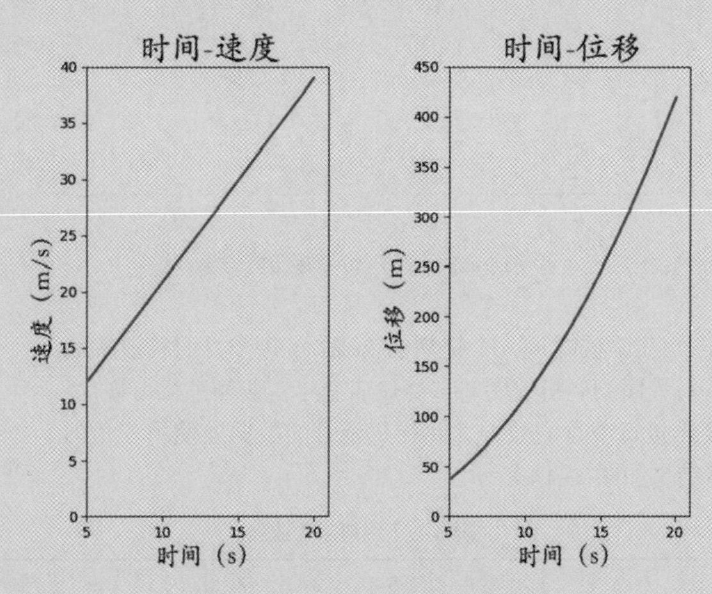

图 3-12　例 3-9 程序运行结果

例 3-10　绘制误差线图。运行结果如图 3-13 所示。

视频二维码：例 3-10

```
import numpy as np
import matplotlib.pyplot as plt

x, y = [1, 3, 5, 8, 9], [5, 9, 3, 5, 10]
plt.errorbar(x, y,                                   # 数据点位置
             xerr=1, yerr=[1,1,1,0.5,0.5],           # 两个方向的误差范围
                     # 设置线条和端点符号
                     # fmt='none' 时表示不绘制数据点及连线，只绘制误差标记
             fmt='-.*',
             ecolor='orange',                        # 误差线颜色
             errorevery=2,                           # 每 2 个数据点绘制一个误差线
             lolims=True,                            # 只绘制上侧的误差线
             xlolims=True)                           # 只绘制右侧的误差线
plt.show()
```

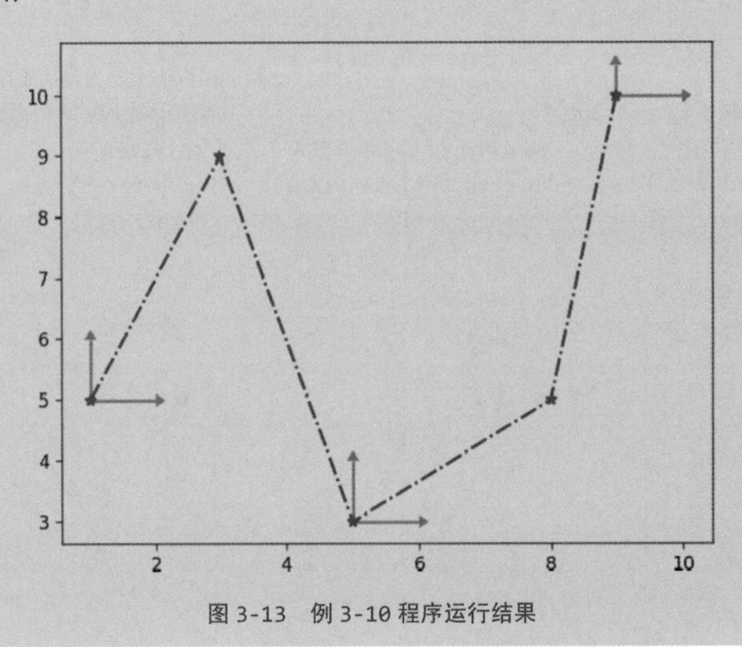

图 3-13　例 3-10 程序运行结果

例 3-11　已知某学校附近一个烧烤店 2022 年每个月的营业额如表 3-3 所示。编写程序绘制折线图对该烧烤店全年营业额进行可视化，使用红色点画线连接每个月的数据，并在每个月的数据处使用三角形进行标记。运行结果如图 3-14 所示。

视频二维码：例 3-11

表 3-3　烧烤店营业额

月份	1	2	3	4	5	6	7	8	9	10	11	12
营业额 / 万元	5.2	2.7	5.8	5.7	7.3	9.2	18.7	15.6	20.5	18.0	7.8	6.9

```
import matplotlib.pyplot as plt

month = range(1, 13)
money = [5.2, 2.7, 5.8, 5.7, 7.3, 9.2, 18.7, 15.6, 20.5, 18.0, 7.8, 6.9]
# 参数 mfc（marker face color）设置散点符号内部颜色
# 参数 mec（marker edge color）设置散点符号边线颜色
plt.plot(month, money, 'r-.v', mfc='b', mec='y')
plt.xlabel('月份', fontproperties='simhei', fontsize=14)
plt.ylabel('营业额（万元）', fontproperties='simhei', fontsize=14)
plt.title('烧烤店 2022 年营业额变化趋势图', fontproperties='simhei',
          fontsize=18)
plt.tight_layout()                          # 紧缩四周空白，扩大绘图区域可用面积
plt.show()
```

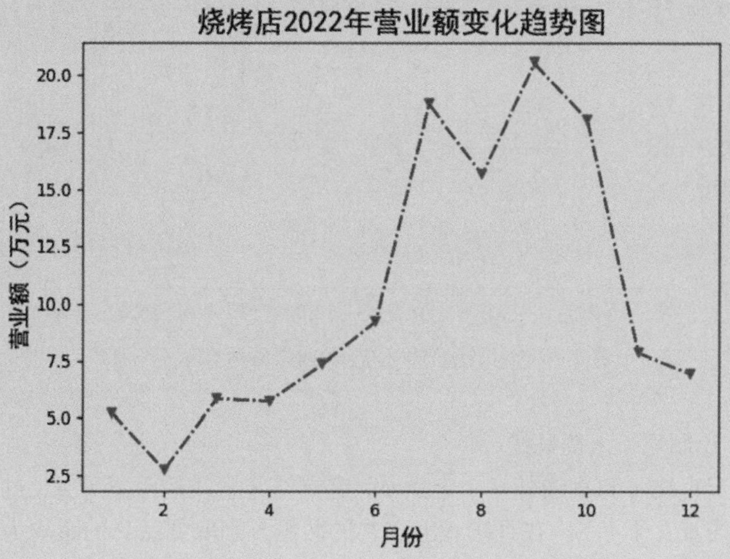

图 3-14　例 3-11 程序运行结果

例 3-12　绘制折线图模拟连续信号与数字信号。运行结果如图 3-15 所示。

视频二维码：例 3-12

```
import numpy as np
import matplotlib.pyplot as plt

t = np.arange(0, 6*np.pi, 0.05)
# 连续信号与数字信号的函数值
t_sin = np.sin(t)
t_digital1 = np.piecewise(t_sin, [t_sin>0, t_sin<0], [1,-1])
t_digital2 = np.round_(t_sin)
# 在标签字符串首尾加 $ 符号可以调用 Latex 引擎渲染为公式
plt.plot(t, t_sin, label='$sin(x)$', color='red', lw=1)
```

```
plt.plot(t, t_digital1, 'b--', label='digital1')
plt.plot(t, t_digital2, 'g-.', label='digital2')
plt.ylim(-2.0, 2.0)
plt.legend()
plt.show()
```

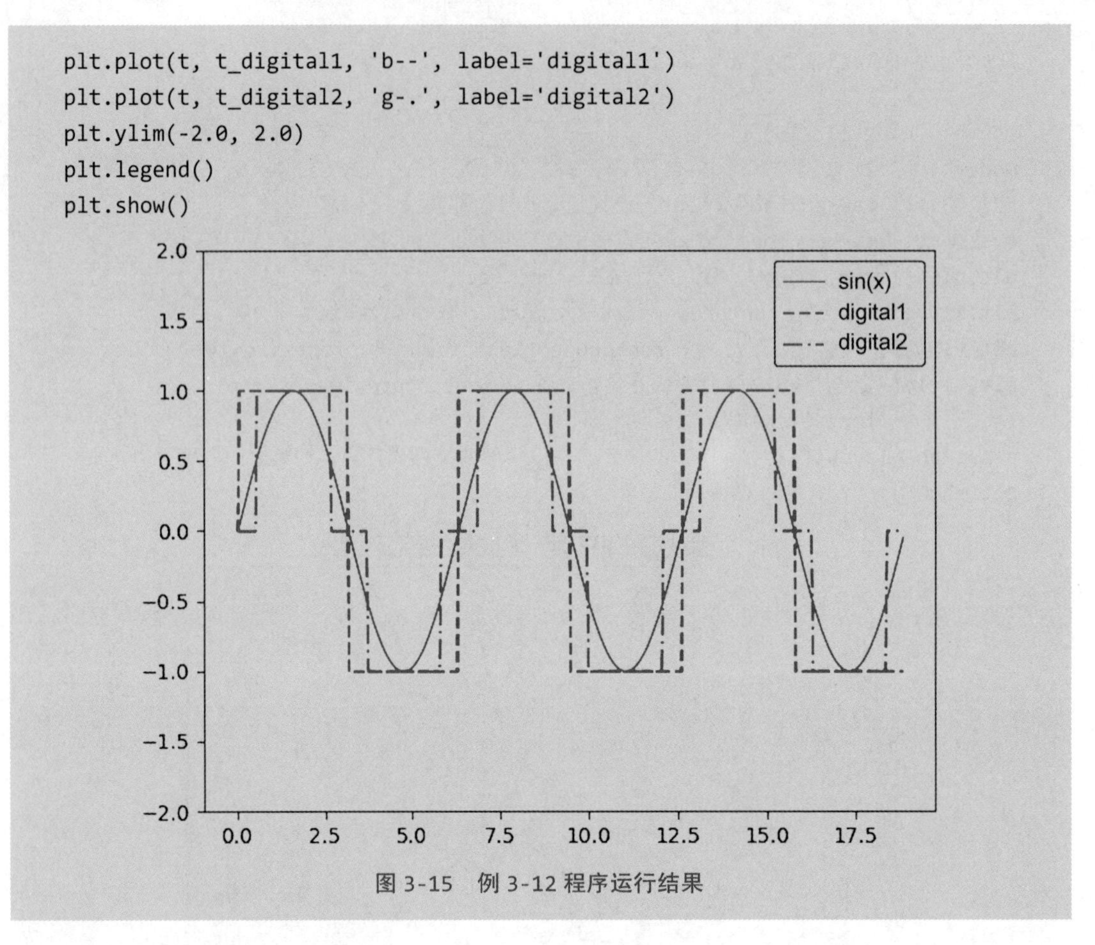

图 3-15　例 3-12 程序运行结果

例 3-13　绘制尼哥米德蚌线。

给定一条定直线 m 和直线外一个定点 O。定点与定直线的距离为 a。过定点 O 作一条直线 n 与定直线 m 交于点 P。在直线 n 上点 P 的两侧分别取到点 P 的距离为 b 的点 Q 和点 Q'。那么，点 P 在直线 m 上运动时，点 Q 和 Q' 的运动轨迹合在一起就叫作尼哥米德蚌线（或尼科梅德斯蚌线）。图 3-16 演示了尼哥米德蚌线的生成原理，分 3 种可能的情况：① a>b 时，蚌线的两支都不经过点 O，如图 3-17 左侧图形所示；② a=b 时，蚌线有一支有一个尖点经过点 O，如图 3-17 中间图形所示；③ a<b 时，蚌线有一支经过点 O 且在 O 处有一个小绕环，如图 3-17 右侧图形所示。

视频二维码：例 3-13

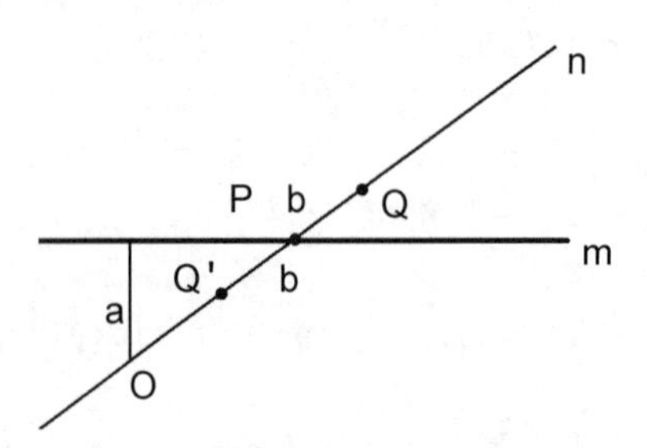

图 3-16　尼哥米德蚌线生成原理

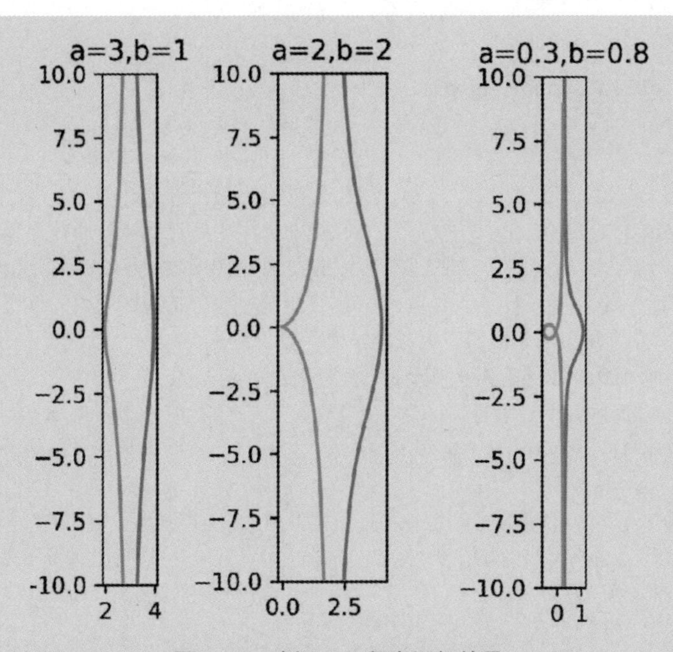

图 3-17　例 3-13 程序运行结果

```
import numpy as np
import matplotlib.pyplot as plt

def draw(a, b):
    plt.figure(figsize=(10, 200), dpi=240)
    t = np.arange(-1.55, 1.55, 0.01)
    x1 = a + b*np.cos(t)
    y1 = a*np.tan(t) + b*np.sin(t)
    x2 = a - b*np.cos(t)
    y2 = a*np.tan(t) - b*np.sin(t)
    plt.plot(x1, y1, x2, y2)
    plt.title(f'{a=},{b=}')
    plt.ylim(-10, 10)
    plt.gca().set_aspect('equal')
    plt.savefig('{},{}.jpg'.format(a,b))

draw(3, 1)
draw(2, 2)
draw(0.3, 0.8)
```

例 3-14　在第一象限中，任意反比例函数 xy=k 与任意矩形 OABC 的两个交点的连线始终与矩形对角线平行，编写程序验证这一点。运行结果如图 3-18 所示。

视频二维码：例 3-14

```
import numpy as np
import matplotlib.pyplot as plt

k = 1                                # 反比例函数 xy=k 的常数 k
m, n = 6, 3                          # 矩形右上角坐标 (m,n)
x = np.arange(0.1, m+0.5, 0.02)      # 第一象限中反比例函数曲线上顶点的 x 坐标
y = k / x                            # 根据反比例函数 xy=k 计算顶点 y 坐标
plt.plot(x, y, 'b')                  # 绘制第一象限指定区间内的反比例函数图像
# 绘制矩形，从左下角出发，向右、上、左、下
plt.plot([0,m,m,0,0], [0,0,n,n,0], 'r')
plt.plot([0,m], [n,0], 'g')                           # 矩形对角线
plt.plot([k/n,m], [n,k/m], 'g')                       # 矩形与反比例函数的交点连线

for x, y, ch in zip([0,m,m,0,k/n,m], [0,0,n,n,n,k/m], 'OABCDE'):
    plt.text(x, y+0.02, ch)                           # 绘制顶点与交点的符号
plt.xlim(-0.1, m+1)                                   # 设置坐标轴跨度
plt.ylim(-0.1, n+1)
plt.title(f'k={k},m={m},n={n}', fontsize=20)          # 设置图形标题
plt.gca().set_aspect(True)                            # 设置图形纵横比相等
plt.show()
```

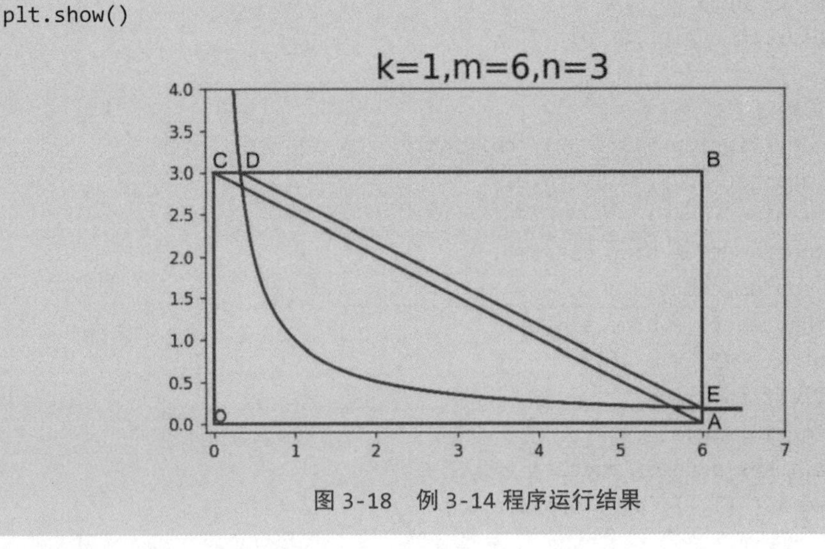

图 3-18　例 3-14 程序运行结果

例 3-15　绘制函数曲线，计算并标记极值。运行结果如图 3-19 所示。

代码一：

```
import numpy as np
import matplotlib.pyplot as plt

start, end = 0, 10                   # 函数自变量取值范围
x = np.arange(start, end, 0.01)      # 计算所有采样点的 x 坐标、y 坐标
```

视频二维码：例 3-15

```
y = 3*np.sin(x) + 5*np.cos(3*x)
s, = plt.plot(x, y, 'r-')                          # 绘制折线图，保存绘制结果
# 设置子区间长度，在每个子区间（不包含端点）内寻找极值
# 调整区间大小时会影响极值数量，应使得每个子区间内都包含波峰和波谷
span = 66

for start in range(0, len(y), span):
    sectionY = y[start:start+span]                 # 每个子区间的自变量与函数值
    sectionX = x[start:start+span]
    localMax = sectionY.max()                      # 局部最大值和局部最小值
    localMin = sectionY.min()

    # 方案一：
    argsort_result = sectionY.argsort()            # 按值大小升序排序的索引
    # 区间内所有最大值的索引和所有最小值的索引
    args_max = argsort_result[-len(sectionY[sectionY==localMax]):]
    args_min = argsort_result[:len(sectionY[sectionY==localMin])]
    args_max = list(set(args_max)-{0,span-1})      # 去除子区间端点
    if args_max:
        s1 = plt.scatter(sectionX[args_max], sectionY[args_max],
                         marker='*', c='b')
    args_min = list(set(args_min)-{0,span-1})
    if args_min:
        s2 = plt.scatter(sectionX[args_min], sectionY[args_min],
                         marker='*', c='g')
    # 方案二：
##    for index, yy in enumerate(sectionY):
##        if yy==localMax and index not in (0, span-1):
##            # 在极大值处绘制一个蓝色五角星
##            s1 = plt.scatter(sectionX[index], yy, marker='*', c='b')
##        elif yy==localMin and index not in (0, span-1):
##            # 在极小值处绘制一个绿色五角星
##            s2 = plt.scatter(sectionX[index], yy, marker='*', c='g')
plt.legend([s,s1,s2], ['curve','local max','local min'])
plt.show()
```

代码二：

```
import numpy as np
import matplotlib.pyplot as plt

start, end = 0, 10
x = np.arange(start, end, 0.01)
```

```
y = 3*np.sin(x) + 5*np.cos(3*x)
s, = plt.plot(x, y, 'r-')

for index, yy in enumerate(y):
    if index == 0:
        if yy > y[1]:
            s1 = plt.scatter(x[index], yy, marker='*', c='b')
        elif yy < y[1]:
            s2 = plt.scatter(x[index], yy, marker='*', c='g')
    elif index == len(y)-1:
        if yy > y[index-1]:
            s1 = plt.scatter(x[index], yy, marker='*', c='b')
        elif yy < y[index-1]:
            s2 = plt.scatter(x[index], yy, marker='*', c='g')
    elif yy>=y[index-1] and yy>=y[index+1]:
        s1 = plt.scatter(x[index], yy, marker='*', c='b')
    elif yy<=y[index-1] and yy<=y[index+1]:
        s2 = plt.scatter(x[index], yy, marker='*', c='g')

plt.legend([s,s1,s2], ['curve','local max','local min'])
plt.show()
```

图 3-19　例 3-15 程序运行结果

例 3-16　使用折线图可视化角谷猜想（给定任意正整数，如果是偶数就除以 2，如果是奇数就乘以 3 再加 1，最终总能得到 1）中正整数变为 1 的过程。运行结果如图 3-20 所示。

视频二维码：例 3-16

```
from random import choice, seed
import matplotlib.pyplot as plt

def check(num):
    times = 0                                   # 变为 1 所需要的次数
    numbers = [num]                             # 变为 1 的过程中的所有数字
    while True:
        times = times + 1
        if num%2 == 0:
            num = num // 2
        else:
            num = num*3 + 1
        numbers.append(num)
        if num == 1:
            break                               # 变为 1 时结束循环
    return range(times+1), numbers

seed(20220702)
for _ in range(6):
    num = choice(range(1, 9999))
    plt.plot(*check(num), label=str(num))

plt.legend()
plt.show()
```

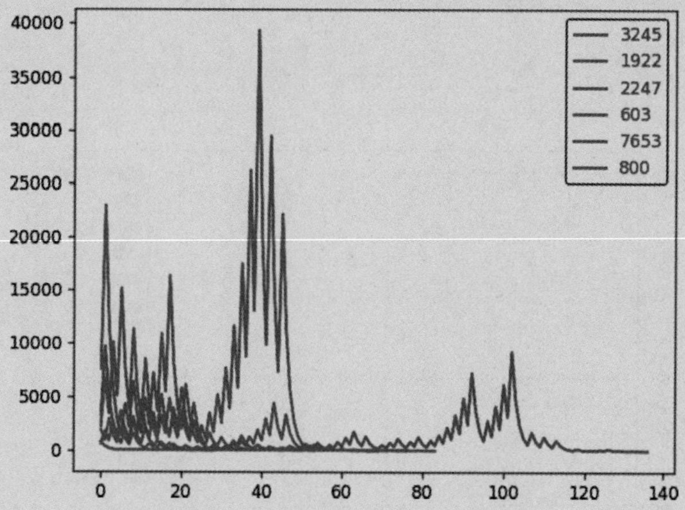

图 3-20　例 3-16 程序运行结果

例 3-17　角谷猜想中正整数最终变为 1 所需要的计算次数。运行结果如图 3-21 所示。

视频二维码：例 3-17

```
from random import randrange, seed
import matplotlib.pyplot as plt

def check(num):
    times = 0
    while True:
        times = times + 1
        if num%2 == 0:
            num = num // 2
        else:
            num = num*3 + 1
        if num == 1:
            break
    return times

ticks = []
seed(20220702)
for _ in range(6):
    num = randrange(1, 9999)
    tick = check(num)
    ticks.append(tick)
    # 第一个参数表示 y 坐标，表示每个柱的位置，对应变为 1 所需要的次数
    # 第二个参数表示长度，对应要变为 1 的数字
    plt.barh(tick, num, label=str(num))
# 在每个柱对应的位置显示刻度
plt.yticks(ticks)
plt.legend()
plt.show()
```

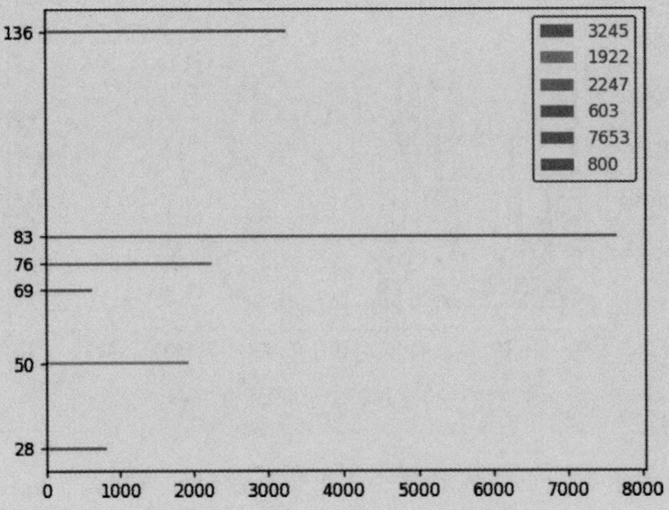

图 3-21　例 3-17 程序运行结果

例 3-18　某商品进价 49 元，建议零售价 75 元，现在商场新品上架搞促销活动，顾客每买一件就给优惠 1%，但是每人最多可以购买 30 件。对于商场而言，活动越火爆商品单价越低，但总收入和盈利越多。对于顾客来说，虽然买得越多单价越低，但是消费总金额却是越来越多，并且购买太多也会因为用不完而导致过期，不得不丢弃造成浪费。现在要求计算并使用折线图可视化顾客购买数量 num 与商家收益、顾客总消费以及顾客省钱情况的关系，并标记商场收益最大的批发数量和商场收益。运行结果如图 3-22 所示。

视频二维码：例 3-18

```
import numpy as np
import matplotlib.pyplot as plt

base_price, sale_price = 49, 75                # 进价与零售价
numbers = np.arange(1, 31)                     # 顾客可能的购买数量，限购 30 件
# 与每个购买数量对应的实际单价
real_price = sale_price * (1 - 0.01*numbers)
# 与每个购买数量对应的商场盈利情况
earns = np.round(numbers * (real_price-base_price), 2)
# 与每个购买数量对应的顾客总消费
total_consumption = np.round(numbers * real_price, 2)
# 与每个购买数量对应的顾客节省情况
saves = np.round(numbers * (sale_price-real_price), 2)
# 绘制商家盈利和顾客节省的折线图
plt.plot(numbers, earns, label='商家盈利', lw=3, color='red')
plt.plot(numbers, total_consumption, ls='--',
         label='顾客总消费', color='#66ff33')
plt.plot(numbers, saves, label='顾客节省', ls='-.', color='#000088')
# 设置坐标轴标签文本
plt.xlabel('顾客购买数量（件）', fontproperties='simhei')
plt.ylabel('金额（元）', fontproperties='simhei')
plt.title('数量-金额关系图', fontproperties='STKAITI', fontsize=20)
plt.legend(prop='STKAITI')

# 计算并标记商家盈利最多的批发数量
maxEarn = earns.max()
bestNumber = numbers[earns==maxEarn][0]
# 散点图，在相应位置绘制一个红色五角星
plt.scatter(bestNumber, maxEarn, marker='*', color='red', s=240)
# 使用 annotate() 函数在指定位置进行文本标注
plt.annotate(xy=(bestNumber,maxEarn),                  # 箭头终点坐标
             xytext=(bestNumber-1,maxEarn+200),        # 箭头起点坐标
             text=str((bestNumber,maxEarn)),           # 显示的标注文本
             arrowprops=dict(width=3,headlength=5))    # 箭头样式
plt.savefig('商场优惠活动.jpg', dpi=480)                # 保存图形
```

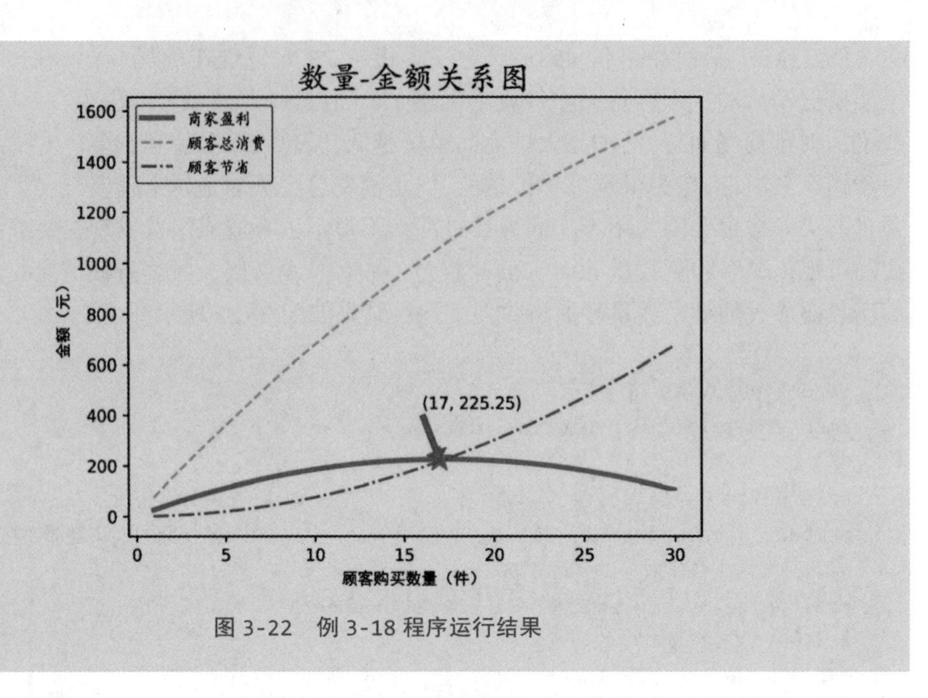

图 3-22　例 3-18 程序运行结果

例 3-19　调用 Matplotlib 内嵌的 Latex 引擎在图形中渲染公式。运行结果如图 3-23 所示。

视频二维码：例 3-19

```
import numpy as np
import matplotlib.pyplot as plt

x = np.linspace(0, 4*np.pi, 300)
y1 = np.sin(x) ** 2
y2 = np.cos(x) ** 3
y3 = np.cos((x+np.pi/2)/2) + 0.3

# 绘制折线图，在 label 属性中使用公式，将会显示在图例中
plt.plot(x, y1, 'r-', lw=2, label='$sin^2(x)$')
plt.plot(x, y2, 'g--', lw=2, label='$cos^3(x)$')
plt.plot(x, y3, 'b-.', lw=1, label=r'$cos(\frac{x+\pi/2}{2})+0.3$')
# 在图形中输出文本和公式，把需要渲染为公式的字符串放在两个 $ 之间
plt.text(0, 1.3, 'Demo Equation:$y=ax^3+bx^2+c$')
plt.text(0, 1.1, (r'Combination Number:$\binom{k}{n}='+
                  r'\binom{k}{n-1}+\binom{k-1}{n-1}$'))
# 在注解中显示公式
plt.annotate('$sin^2(x)$', xy=(12.2,np.sin(12.2)**2), xytext=(11,-0.25),
             arrowprops={'arrowstyle':'-|>'})        # 实心箭头
plt.annotate('$cos^3(x)$', xy=(8,np.cos(8)**3), xytext=(6.5,-0.75),
             arrowprops={'arrowstyle':'->'})         # 空心箭头
plt.ylabel(r'$\frac{\pi}{4}$', rotation=0)           # 在坐标轴标签中显示公式
```

```
plt.title(r'$(a-b)\times(c-d)$')                # 在图形标题中显示公式
plt.legend(loc='lower left')                    # 创建图例，显示在图形左下角
plt.show()
```

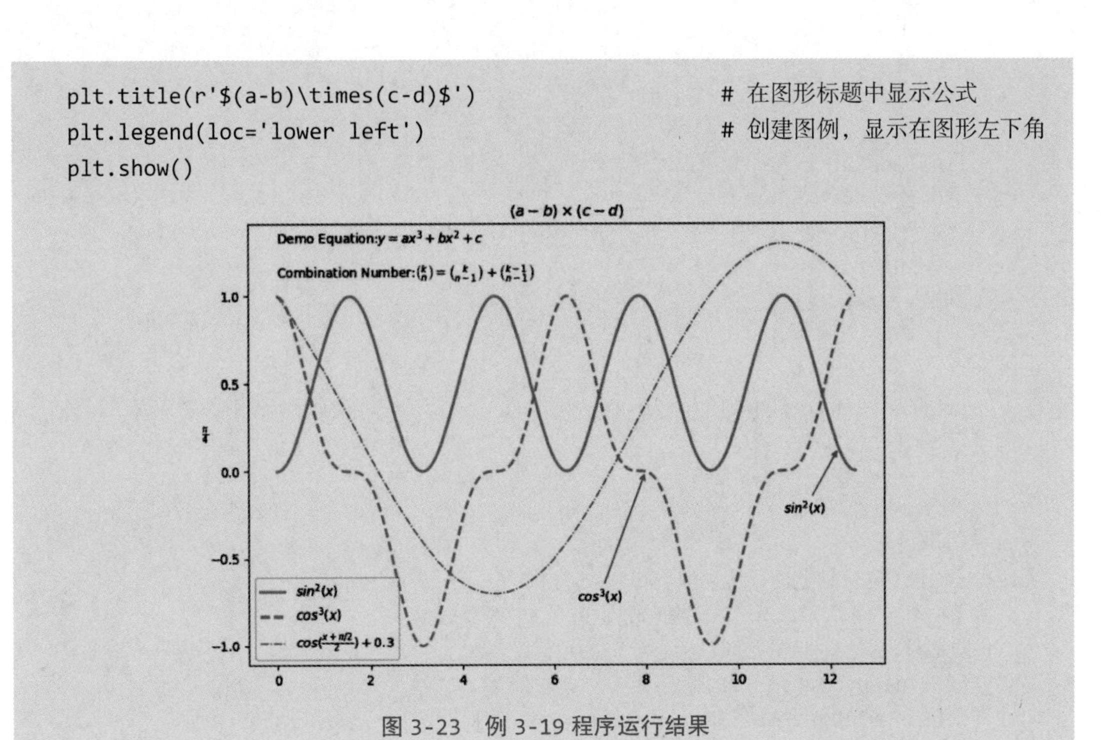

图 3-23　例 3-19 程序运行结果

例 3-20　绘制折线图演示傅里叶变换、反变换和滤波。运行结果如图 3-24 所示。

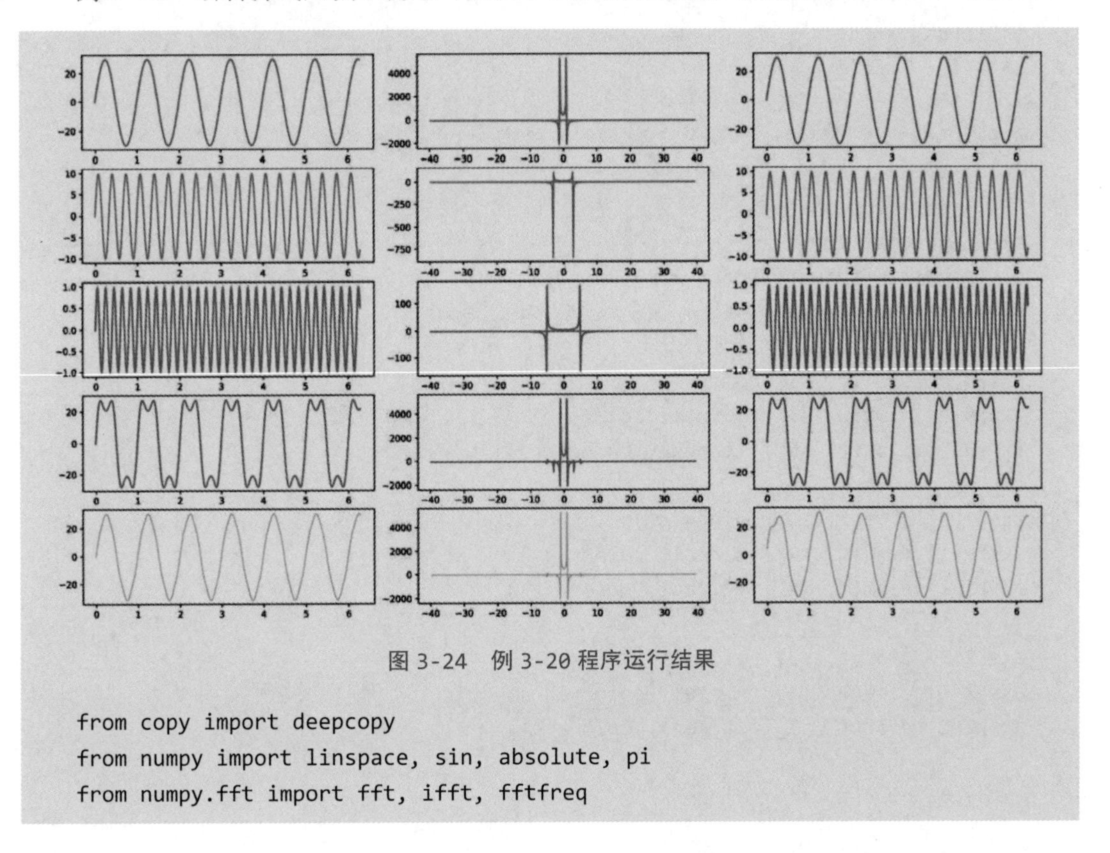

图 3-24　例 3-20 程序运行结果

```
from copy import deepcopy
from numpy import linspace, sin, absolute, pi
from numpy.fft import fft, ifft, fftfreq
```

```
import matplotlib.pyplot as plt

t = linspace(0, 2*pi, 500)
s1 = 30 * sin(1*2*pi*t)
s2 = 10 * sin(3*2*pi*t)
s3 = sin(5*2*pi*t)
s4 = s1 + s2 + s3
s5 = s1 + s3

w = fftfreq(t.size, d=t[1]-t[0])                    # 离散傅里叶变换采样频率
s1_fft = fft(s1)                                     # 计算每个信号的傅里叶变换
s2_fft = fft(s2)
s3_fft = fft(s3)
s4_fft = fft(s4)
# 在 s4_fft 的基础上进行带通滤波得到 s5_fft
# 滤除频率在 (2.5,3.5) 区间的信号，也就是 s2 的数据
# 目的是对比滤波后信号与时域信号叠加的相似度
s5_fft = deepcopy(s4_fft)
s5_fft[(absolute(w)>2.5)&(absolute(w)<3.5)] = 0
s1_ifft = ifft(s1_fft)                               # 计算几个信号的傅里叶反变换
s2_ifft = ifft(s2_fft)
s3_ifft = ifft(s3_fft)
s4_ifft = ifft(s4_fft)
s5_ifft = ifft(s5_fft)

# 5 行 3 列 15 个轴域，设置相邻轴域之间的水平距离和垂直距离
fig = plt.figure(figsize=(16,9))
axs = fig.subplots(5, 3)
plt.tight_layout()
plt.subplots_adjust(wspace=0.15, hspace=0.2)
# 每一行 3 个轴域分别绘制原始信号图像、傅里叶变换频谱
# 以及傅里叶反变换还原的信号图像
axs[0,0].plot(t, s1, color='r')
axs[0,1].plot(w, s1_fft.real, color='r')
axs[0,2].plot(t, s1_ifft.real, color='r')

axs[1,0].plot(t, s2, color='g')
axs[1,1].plot(w, s2_fft.real, color='g')
axs[1,2].plot(t, s2_ifft.real, color='g')

axs[2,0].plot(t, s3, color='b')
axs[2,1].plot(w, s3_fft.real, color='b')
axs[2,2].plot(t, s3_ifft.real, color='b')

axs[3,0].plot(t, s4, color='k')
```

```
axs[3,1].plot(w, s4_fft.real, color='k')
axs[3,2].plot(t, s4_ifft.real, color='k')

axs[4,0].plot(t, s5, color='y')
axs[4,1].plot(w, s5_fft.real, color='y')
axs[4,2].plot(t, s5_ifft.real, color='y')

plt.savefig('fft.jpg', dpi=480)
```

例 3-21　绘制信号的频谱。运行结果如图 3-25 所示。

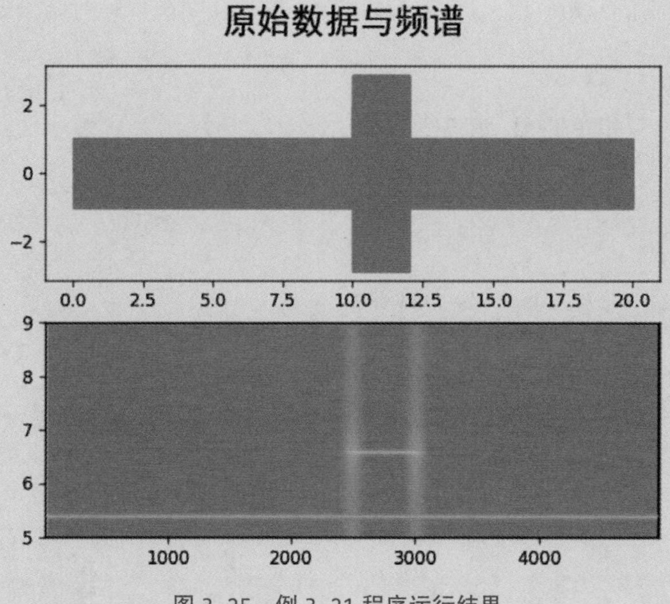

图 3-25　例 3-21 程序运行结果

```
import numpy as np
import matplotlib.pyplot as plt

t = np.arange(0, 20, 0.0005)
s1 = np.sin(2*np.pi*100*t)
s2 = 2 * np.sin(2*np.pi*400*t)
s2[(t<=10)|(t>=12)] = 0
np.random.seed(1650933454)                  # 设置随机数种子，使得运行结果可重现
data = s1 + s2 + np.random.random(len(t))/100

_, (ax1, ax2) = plt.subplots(nrows=2)       # 创建图形和两个子图
# 数据点密集到一定程度，折线图呈现出矩形的图案
ax1.plot(t, data)
ax2.specgram(data,                          # 计算并绘制频谱
```

```
                 NFFT=1024,          # 用来计算 FFT 的每个块中数据点数量，默认值为 256
                 Fs=8,               # 采样频率，默认值为 2
                 # 用来在每段数据计算 FFT 之前删除均值或线性趋势
                 # 可用的值有 'none'、'mean'、'linear'，默认值为 'none'
                 detrend='mean',
                 # 每个块之间重叠的数据点数，默认值为 0 表示相邻块之间不重叠
                 noverlap=2,
                 Fc=5)               # 结果图形中的频率中心，用来调整图形中 x 轴刻度范围
plt.suptitle('原始数据与频谱', fontproperties='simhei', fontsize=20)
plt.show()
```

例 3-22　绘制信号相位谱，即相位值随频率的变化情况。运行结果如图 3-26 所示。

```
import numpy as np
import matplotlib.pyplot as plt

t = np.arange(0, 20, 0.05)
data = np.sin(t*20) + np.cos(t)

_, (ax1, ax2) = plt.subplots(nrows=2)
ax1.plot(t, data)                    # 绘制原始数据图像
ax2.phase_spectrum(data)             # 计算并绘制相位谱
plt.suptitle('原始数据与相位谱', fontproperties='simhei', fontsize=20)
plt.show()
```

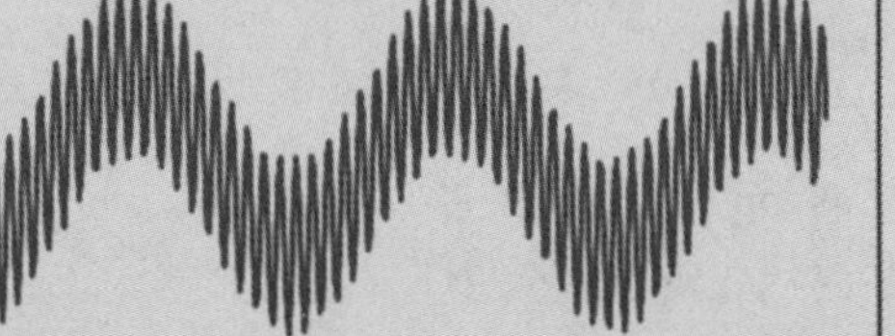

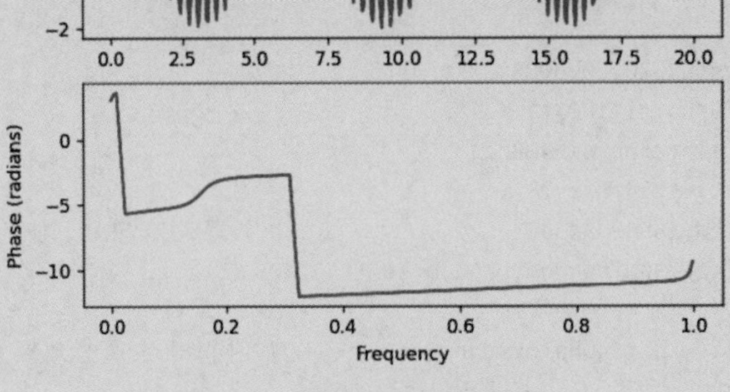

图 3-26　例 3-22 程序运行结果

例 3-23　绘制功率谱密度图像。运行结果如图 3-27 所示。

```
import numpy as np
import matplotlib.pyplot as plt

t = np.arange(0, 20, 0.0005)
s1 = np.sin(2*np.pi*100*t)
s2 = 2 * np.sin(2*np.pi*400*t)
s2[(t<=10)|(t>=12)] = 0
np.random.seed(1650933454)
data = s1 + s2 + np.random.random(len(t))/100

_, (ax1, ax2) = plt.subplots(nrows=2)
ax1.plot(t, data)        # 数据点密集到一定程度，折线图呈现出矩形的图案
ax2.psd(data,            # 绘制功率谱密度，可使用 help() 函数查看详细用法和参数含义
        NFFT=1024,       # 每个用来计算 FFT 的块中数据点数量，默认值为 256
        Fs=8,            # 采样频率，默认值为 2
        # 用来在每段数据计算 FFT 之前删除均值或线性趋势
        # 可用的值有 'none'、'mean'、'linear'，默认值为 'none'
        detrend='mean',
        # 每个块之间重叠的数据点数，默认值为 0 表示相邻块之间不重叠
        noverlap=2,
        Fc=5)            # 结果图形中的频率中心，用来调整图形中 x 轴刻度范围
plt.suptitle('原始数据与功率谱密度', fontproperties='simhei', fontsize=20)
plt.show()
```

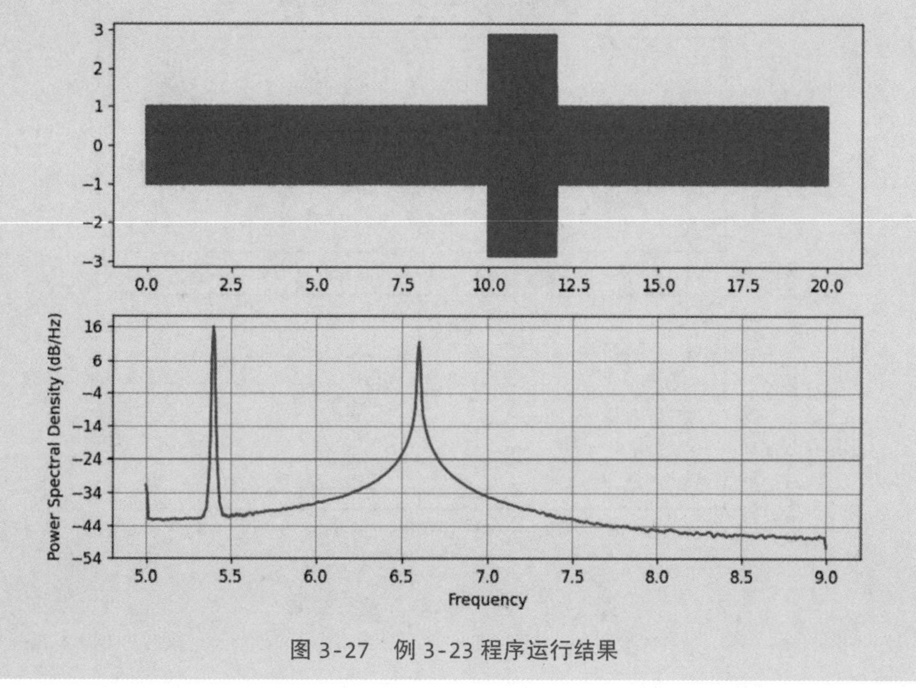

图 3-27　例 3-23 程序运行结果

例 3-24　绘制两个信号的互谱密度。运行结果如图 3-28 所示。

```
import numpy as np
import matplotlib.pyplot as plt

t = np.arange(0, 20, 0.05)
s1 = np.sin(200*t)
s2 = np.sin(200*t) + np.cos(t)

_, (ax1, ax2) = plt.subplots(nrows=2)
# 同时绘制两条折线图，返回列表，在右下角显示图例
lines = ax1.plot(t, s1, t, s2)
ax1.legend(lines, ['s1', 's2'], loc='lower right')
ax2.csd(s1, s2,                 # 绘制互谱密度
        NFFT=32,                # 每个用来计算 FFT 的块中数据点数量，默认值为 256
        Fs=8,                   # 采样频率，默认值为 2
        # 用来在每段数据计算 FFT 之前删除均值或线性趋势
        # 可用的值有 'none'、'mean'、'linear'，默认值为 'none'
        detrend='mean',
        # 每个块之间重叠的数据点数，默认值为 0 表示相邻块之间不重叠
        noverlap=2,
        Fc=5)                   # 结果图形中的频率中心，用来调整图形中 x 轴刻度范围
plt.suptitle('原始数据与互谱密度', fontproperties='simhei', fontsize=20)
plt.show()
```

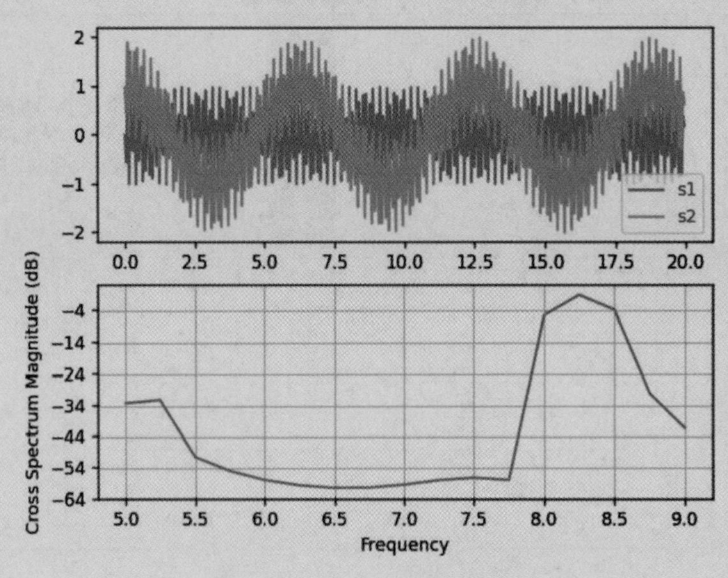

图 3-28　例 3-24 程序运行结果

例 3-25　计算并绘制两个信号的相干性，即规范化的互谱密度。运行结果如图 3-29 所示。

```
import numpy as np
import matplotlib.pyplot as plt

t = np.arange(0, 20, 0.05)
s1 = np.sin(200*t)
s2 = np.sin(200*t) + np.cos(t)

_, (ax1, ax2) = plt.subplots(nrows=2)
lines = ax1.plot(t, s1, t, s2)
ax1.legend(lines, ['s1', 's2'], loc='lower right')
ax2.cohere(s1, s2,                    # 绘制互谱密度
           NFFT=32,                   # 每个用来计算 FFT 的块中数据点数量，默认值为 256
           Fs=8,                      # 采样频率，默认值为 2
           # 用来在每段数据计算 FFT 之前删除均值或线性趋势
           # 可用的值有 'none'、'mean'、'linear'，默认值为 'none'
           detrend='mean',
           # 每个块之间重叠的数据点数，默认值为 0 表示相邻块之间不重叠
           noverlap=2,
           Fc=5)                      # 结果图形中的频率中心，用来调整图形中 x 轴刻度范围
plt.suptitle('原始数据与相干性', fontproperties='simhei', fontsize=20)
plt.show()
```

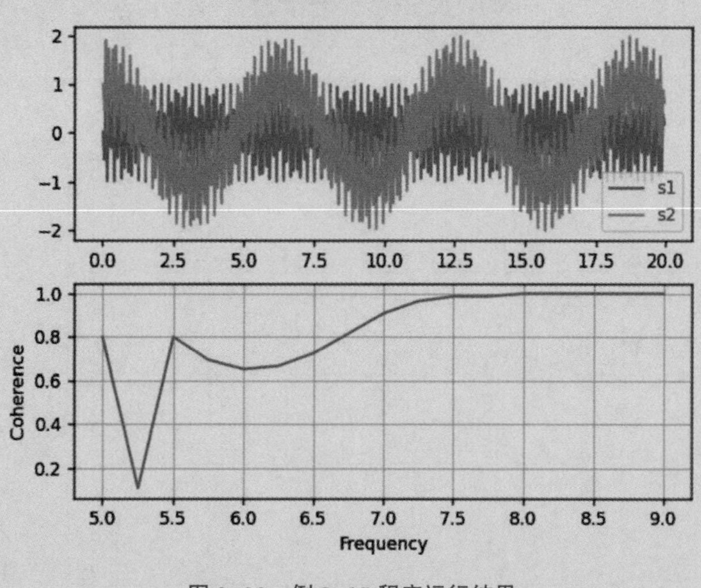

图 3-29　例 3-25 程序运行结果

例 3-26　绘制堆叠面积图，相邻两条折线图之间高度差表示数值大小。运行结果如图 3-30 所示。

```
import numpy as np
import matplotlib.pyplot as plt

np.random.seed(1651020065)
x = np.arange(50)
y = np.random.randint(0, 50, (5,50))
plt.stackplot(x, y, labels=list('abcde'), colors=np.random.random((5,3)))
plt.legend()
plt.show()
```

视频二维码：例 3-26

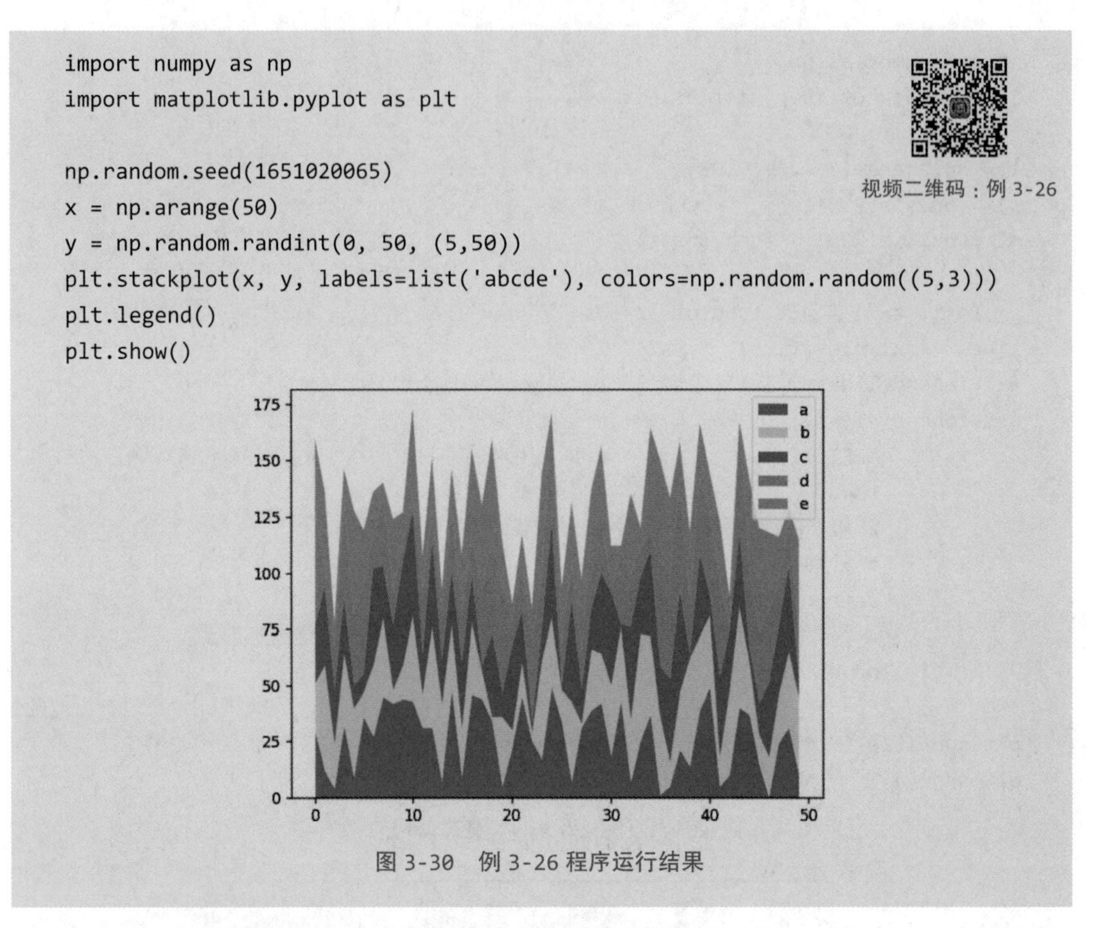

图 3-30　例 3-26 程序运行结果

例 3-27　绘制楼梯台阶图。运行结果如图 3-31 所示。

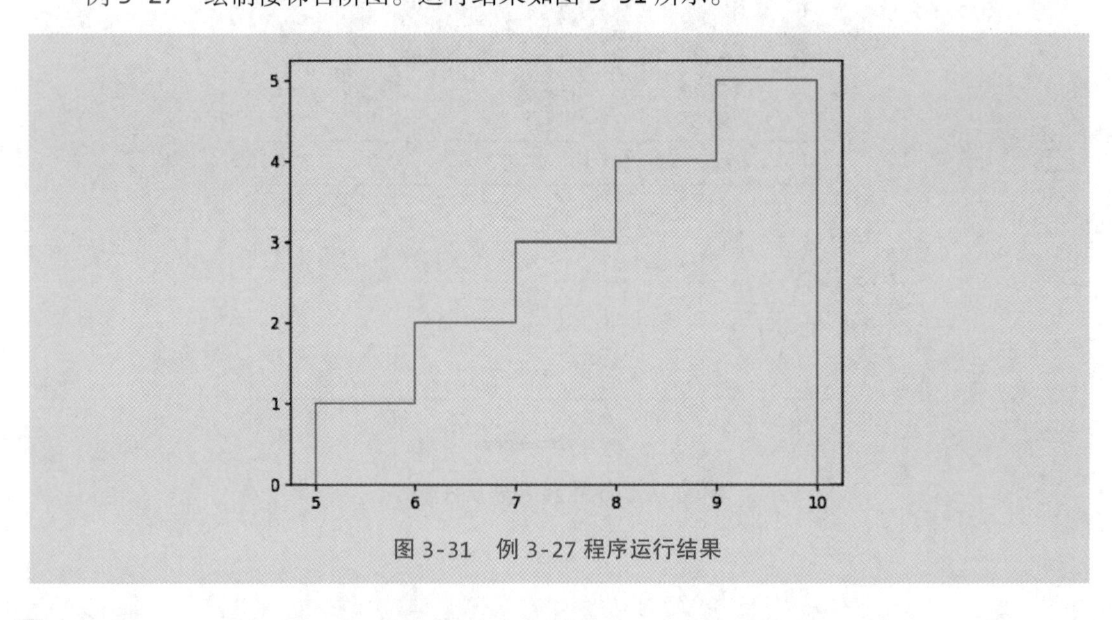

图 3-31　例 3-27 程序运行结果

```
import matplotlib.pyplot as plt

values = [1, 2, 3, 4, 5]
plt.stairs(values, edges=range(5,11), orientation='vertical', fill=False)
plt.show()
```

例 3-28 绘制台阶图。运行结果如图 3-32 所示。

```
import matplotlib.pyplot as plt

# where 参数定义台阶位置，可以为 'pre'、'post'、'mid'，默认值为 'pre'
plt.step(range(10), [3,8,4,7,2,9,3,5,8,5], 'g-.*', where='post')
plt.show()
```

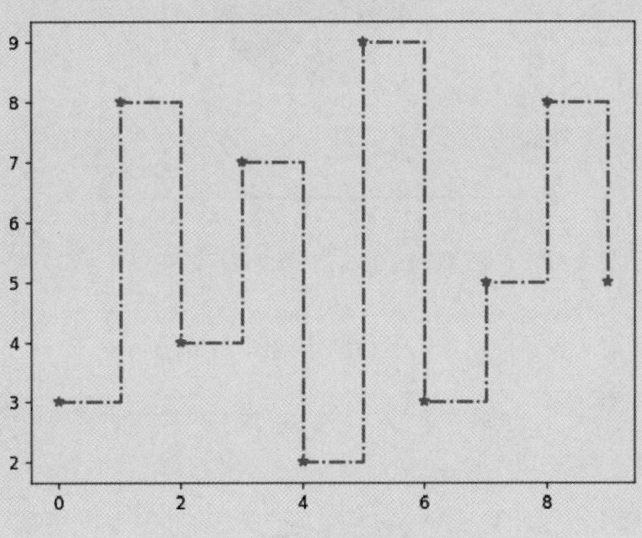

视频二维码：例 3-28

图 3-32 例 3-28 程序运行结果

例 3-29 绘制向量场的流线。运行结果如图 3-33 所示。

```
import numpy as np
from matplotlib import cm
import matplotlib.pyplot as plt
import matplotlib.patches as patches

np.random.seed(165112733)
x, y = np.meshgrid(range(5), range(5))
u = np.random.random((len(x), len(x)))
v = np.random.random((len(x), len(x)))
mask = ((x-2)**2 + (y-2)**2) < 1                    # 屏蔽单位圆内部的区域
u = np.ma.masked_array(u, mask=mask)                # x 方向的速度
```

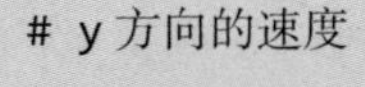

```
v = np.ma.masked_array(v, mask=mask)                        # y方向的速度
plt.streamplot(x, y, u, v, color=u**2+v**3, cmap=cm.BuPu)
circle = patches.Circle((2,2), radius=1)
plt.gca().add_patch(circle)
plt.gca().set_aspect('equal')
plt.show()
```

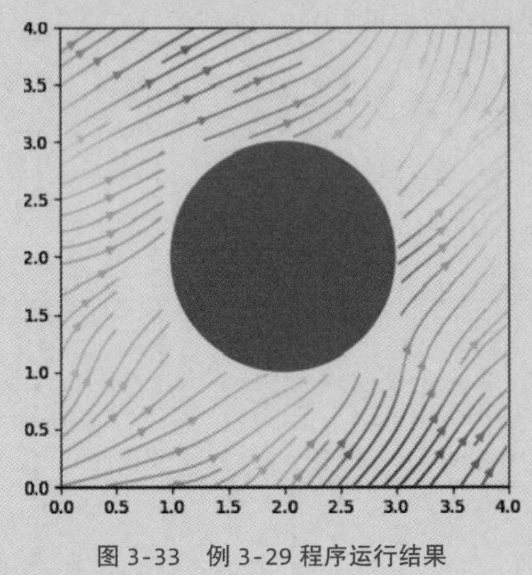

图 3-33　例 3-29 程序运行结果

例 3-30　绘制箭头表示向量场。运行结果如图 3-34 所示。

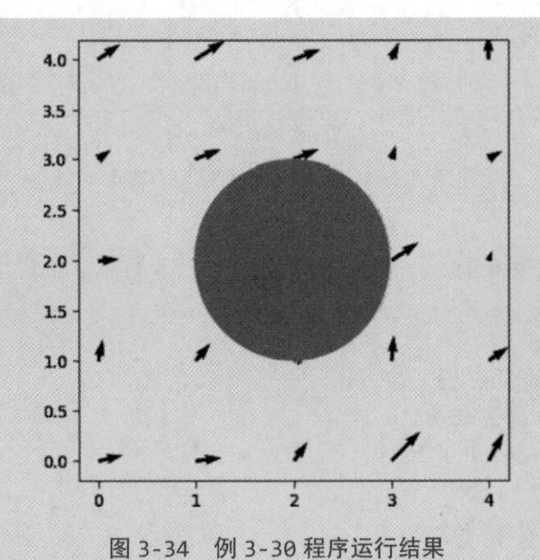

图 3-34　例 3-30 程序运行结果

```
import numpy as np
import matplotlib.pyplot as plt
import matplotlib.patches as patches
```

```
np.random.seed(165112733)
x, y = np.meshgrid(range(5), range(5))
u = np.random.random((len(x), len(x)))
v = np.random.random((len(x), len(x)))
mask = ((x-2)**2 + (y-2)**2) < 1
u = np.ma.masked_array(u, mask=mask)
v = np.ma.masked_array(v, mask=mask)
plt.quiver(x, y, u, v)
circle = patches.Circle((2,2), radius=1)
plt.gca().add_patch(circle)
plt.gca().set_aspect('equal')
plt.show()
```

例 3-31　绘制三角形网格。运行结果如图 3-35 所示。

视频二维码：例 3-31

```
import matplotlib.pyplot as plt
import numpy as np
import matplotlib.colors

# 顶点坐标
points = np.array([[1, 0], [1, 1], [0, 1], [-1, 1], [-1, 0],
                   [-1, -1], [0, -1], [1, -1], [0, 0]])
# 三角形网格的顶点编号
triangles = np.array([[8, 0, 1], [8, 1, 2], [8, 2, 3], [8, 3, 4],
                      [8, 4, 5], [8, 5, 6], [8, 6, 7], [8, 7, 0]])
plt.triplot(points[:,0], points[:,1], triangles, marker='*', markersize=10,
            markerfacecolor='orange', markeredgecolor='red',
            color='blue', lw=0.5)
plt.show()
```

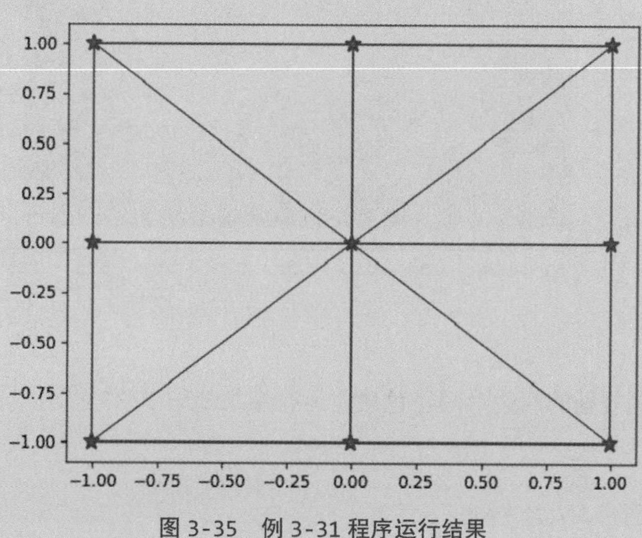

图 3-35　例 3-31 程序运行结果

例 3-32　使用渐变色填充三角形网格。运行结果如图 3-36 所示。

视频二维码：例 3-32

```
import numpy as np
import matplotlib.colors
import matplotlib.pyplot as plt

# 顶点坐标
points = np.array([[1, 0], [1, 1], [0, 1], [-1, 1], [-1, 0],
                   [-1, -1], [0, -1], [1, -1], [0, 0]])
# 三角形网格的顶点编号
triangles = np.array([[8, 0, 1], [8, 1, 2], [8, 2, 3], [8, 3, 4],
                      [8, 4, 5], [8, 5, 6], [8, 6, 7], [8, 7, 0]])
np.random.seed(1651139976)
colors = np.random.random(len(points))                          # 顶点颜色
# 绘制三角形网格，使用位置参数 colors 设置所有顶点的颜色
# 三角形内部和边线颜色根据顶点颜色进行插值计算
# 使用 facecolors=colors 可以指定每个三角形的颜色
# 此时 colors 长度应与三角形数量相等
# shading='flat' 时使用单色填充三角形内部
# shading='gouraud' 时插值计算三角形内部颜色
plt.tripcolor(points[:,0], points[:,1], triangles, colors,
              shading='gouraud')
plt.show()
```

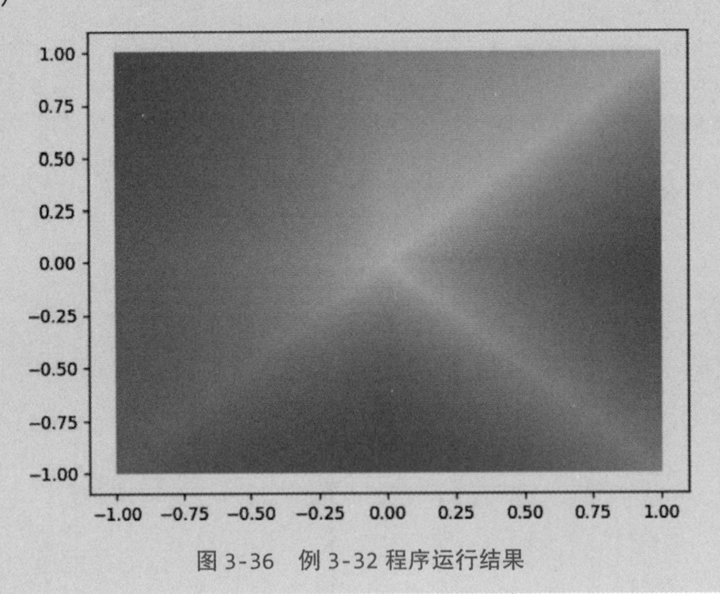

图 3-36　例 3-32 程序运行结果

例 3-33　绘制规则的四边形网格色块。运行结果如图 3-37 所示。

```
import numpy as np
```

```
import matplotlib.pyplot as plt

x, y = np.mgrid[0:50:80j, 0:50:80j]
c = np.sin(x**2-y**2)
plt.pcolormesh(x, y, c, shading='nearest', edgecolors='b', alpha=0.7)
plt.gca().set_aspect('equal')
plt.show()
```

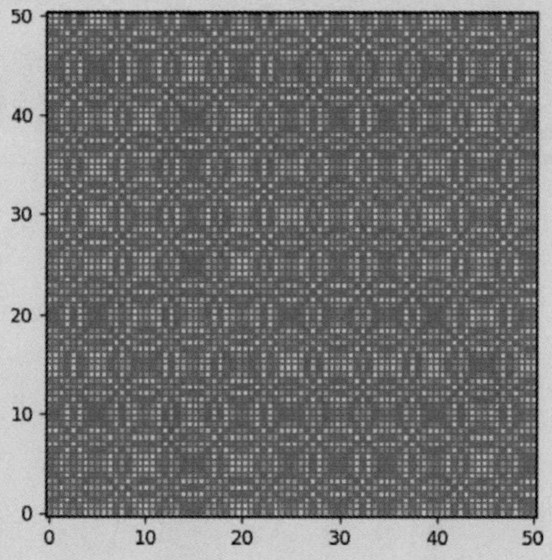

图 3-37 例 3-33 程序运行结果

例 3-34 绘制不规则的四边形网格色块。运行结果如图 3-38 所示。

```
import numpy as np
import matplotlib.pyplot as plt
X = [list(range(0,10,2)), list(range(3,16,3))] * 3     # 顶点 x、y 坐标
Y = [[0]*5, [1]*5, [2]*5, [3]*5, [4]*5, [5]*5]
np.random.seed(1651370849)
C = np.random.random((len(X)-1, len(Y[0])-1))          # 随机颜色
# 绘制多边形，单色填充
plt.pcolormesh(X, Y, C, shading='flat', edgecolors='b', alpha=0.7)
plt.gca().set_aspect('equal')
plt.show()
```

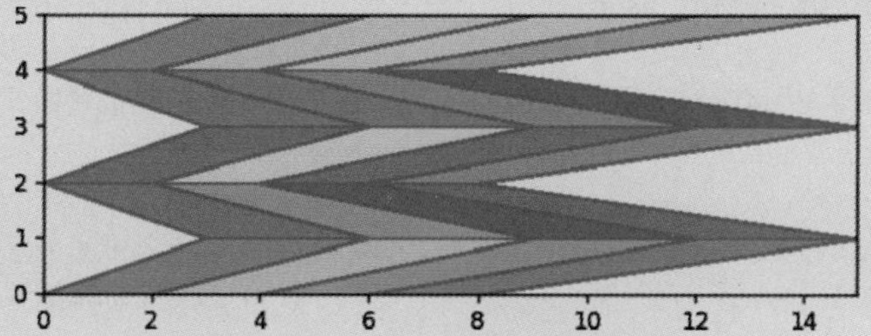

图 3-38 例 3-34 程序运行结果（一）

修改上面的代码，设置参数 shading='gouraud' 可以实现多边形内部的渐变色填充，如图 3-39 所示。

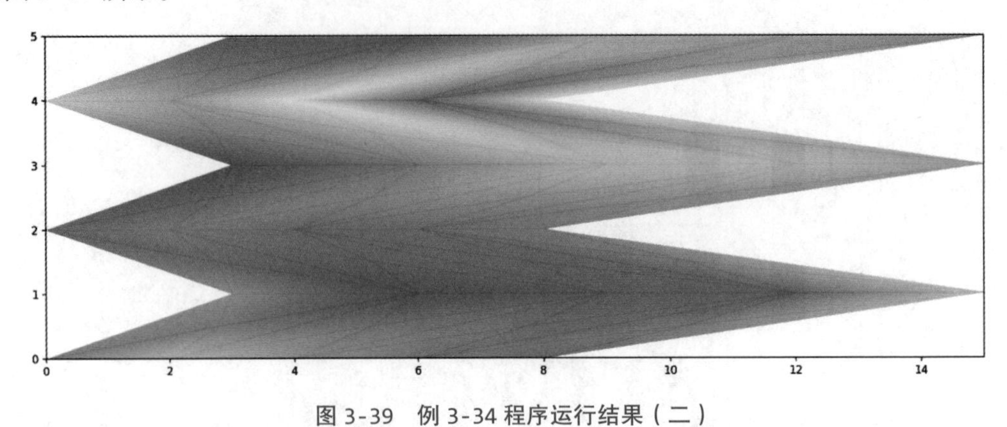

图 3-39　例 3-34 程序运行结果（二）

例 3-35　编写程序，绘制正弦曲线，然后填充特定的区域。运行结果如图 3-40 所示。

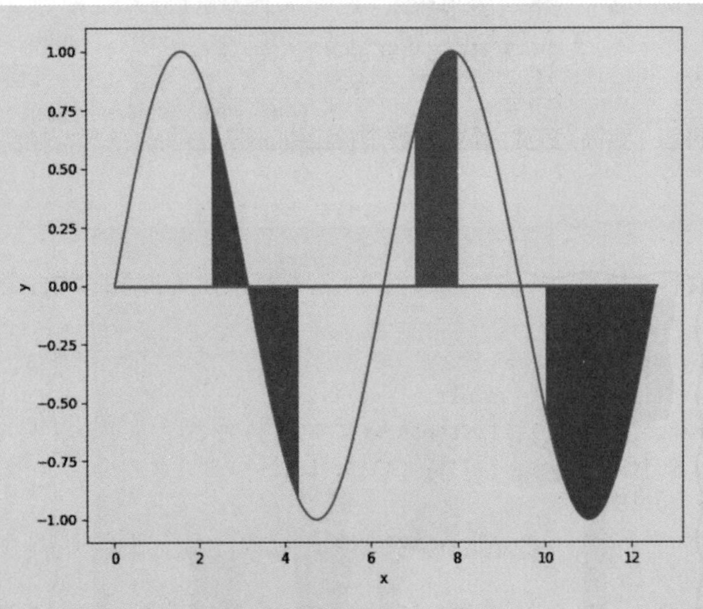

图 3-40　例 3-35 程序运行结果

视频二维码：例 3-35

```
import numpy as np
import matplotlib.pyplot as plt

x = np.arange(0.0, 4.0*np.pi, 0.01)                # 生成模拟数据
y = np.sin(x)
plt.plot(x, y)                                      # 绘制正弦曲线
plt.plot((x.min(),x.max()), (0,0), 'r', lw=2)       # 绘制基准水平直线
plt.xlabel('x')                                     # 设置坐标轴标签
```

```
plt.ylabel('y')
# 填充指定区间内的曲线与 x 轴包围的区域
plt.fill_between(x, y, where=(2.3<x) & (x<4.3) | (x>10), facecolor='purple')
# 可以填充多次
plt.fill_between(x, y, where=(7<x) & (x<8), facecolor='green')
plt.show()
```

例 3-36　编写程序，绘制正弦曲线和余弦曲线，然后填充两条曲线之间的区域。运行结果如图 3-41 所示。

视频二维码：例 3-36

```
import numpy as np
import matplotlib.pyplot as plt

x = np.arange(0.0, 4.0*np.pi, 0.01)           # 生成模拟数据
y = np.sin(x)
z = np.cos(x)
plt.plot(x, y, 'r', lw=2)
plt.plot(x, z, 'g', lw=2)
plt.plot((x.min(),x.max()), (0,0))            # 绘制基准水平直线
plt.xlabel('x')
plt.ylabel('y')
# 填充两条曲线之间包围的部分，参数 hatch 表示填充符号
plt.fill_between(x, y, z, facecolor='purple', hatch='o')
plt.show()
```

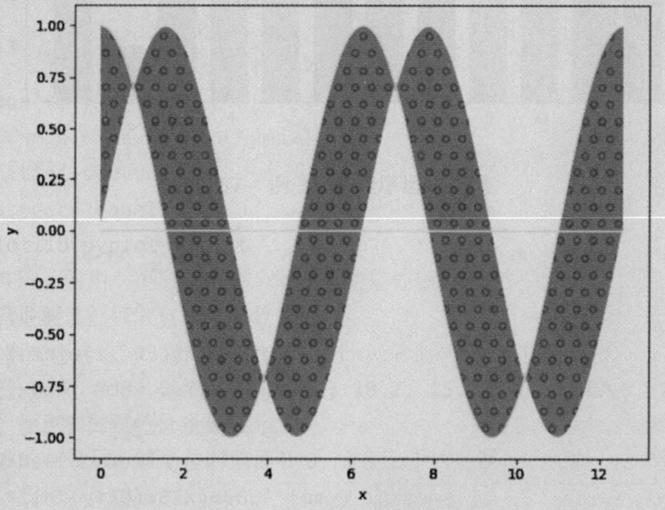

图 3-41　例 3-36 程序运行结果

例 3-37　绘制平行坐标图。运行结果如图 3-42 所示。

```
from numpy.random import randint, seed
from pandas import DataFrame
from pandas.plotting import parallel_coordinates
from matplotlib.pyplot import legend, show, grid, xticks

N = 6
seed(20220703)
base = randint(80, 150, N)
df = DataFrame({'姓名': ['运动员'+str(i) for i in range(1, N+1)],
                '08岁': base,
                '10岁': base+randint(50, 100, N),
                '15岁': base+randint(50, 100, N),
                '20岁': base+randint(50, 100, N),
                '25岁': base+randint(50, 100, N)})
pc = parallel_coordinates(df, '姓名', color=list('rgbcmy'))
line_styles = ('-', ':', '-.', '--', '-', ':')
line_widths = (1, 1, 1, 1, 3, 3)
for child, ls, lw in zip(pc.get_children(), line_styles, line_widths):
    child.set_ls(ls)
    child.set_lw(lw)
xticks(label=df.columns[1:], fontproperties='simhei')
legend(prop='STKAITI', ncol=2)
grid(False)
show()
```

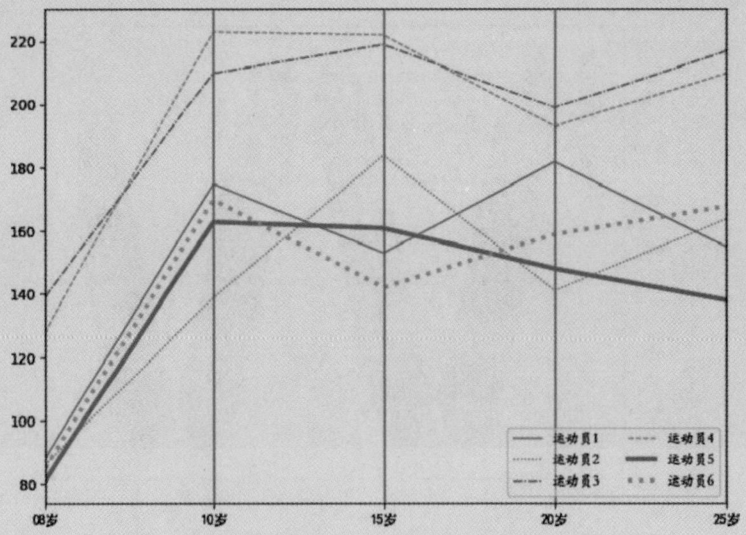

图 3-42 例 3-37 程序运行结果

例 3-38 修改 pandas 绘制的图形属性。运行结果如图 3-43 所示。

视频二维码：例 3-38

```
import numpy as np
import pandas as pd
import matplotlib.pyplot as plt

np.random.seed(20220701)
df = pd.DataFrame({'A': np.arange(20),
                   'B': np.random.randint(5, 20, 20),
                   'C': np.random.randint(15, 40, 20)})
fig = df.plot(x='A', title='two curves')
fig.lines[0].set_linewidth(3)        # 修改线宽
fig.lines[0].set_linestyle('-.')     # 修改线型
plt.ylabel('value')
plt.legend()
plt.show()
```

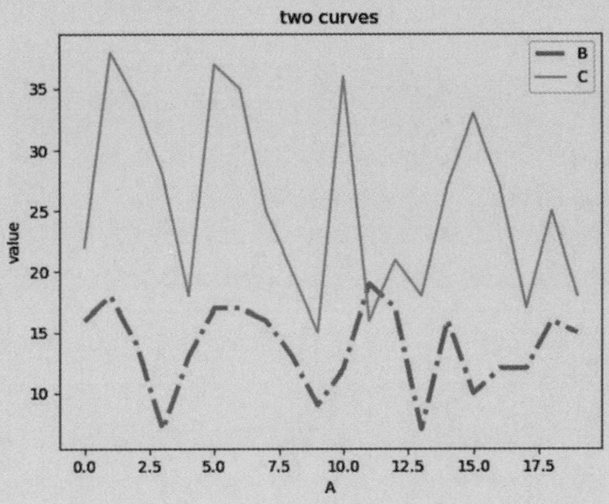

图 3-43　例 3-38 程序运行结果

3.3　绘制散点图

pyplot 模块中的函数 scatter() 用来绘制散点图，适合用来观察数据分布情况以及异常值或离群点，完整语法如下。

```
scatter(x, y, s=None, c=None, marker=None, cmap=None, norm=None,
        vmin=None, vmax=None, alpha=None, linewidths=None, *,
        edgecolors=None, plotnonfinite=False, data=None, **kwargs)
```

其中，参数 x、y 用来指定散点符号的位置，可以为实数或等长的一维实数数组 / 列表；参数 s 用来指定散点符号的大小，可以为实数或与 x、y 等长的一维实数数组 / 列表，数值大小表示散点符号所覆盖点数的平方；参数 c 用来指定散点符号的颜色，可以是颜色值或与 x 等长的颜色数组 / 列表；参数 marker 用来指定散点符号的形状，与 plot() 函数的同名参数含义相同；参数 alpha 用来指定透明度，值为 0~1 的小数；参数 linewidths 用来指定散点符号边缘的线宽，可以为实数或与 x 等长的实数数组；参数 edgecolors 用来指定散点符号的边缘颜色，值可以为 'face'（表示与内部颜色相同）、'none'（表示不绘制边缘）、颜色或与 x 等长的颜色数组。

例 3-39　绘制余弦曲线散点图，设置线宽、散点符号以及散点大小。运行结果如图 3-44 所示。

```
import matplotlib.pylab as pl

x = pl.arange(0, 2.0*pl.pi, 0.1)
y = pl.cos(x)
pl.scatter(x,              # x 轴坐标
           y,              # y 轴坐标
           s=40,           # 散点符号大小
           linewidths=2,   # 加号线条的线宽
           marker='+')     # 散点符号
pl.show()
```

视频二维码：例 3-39

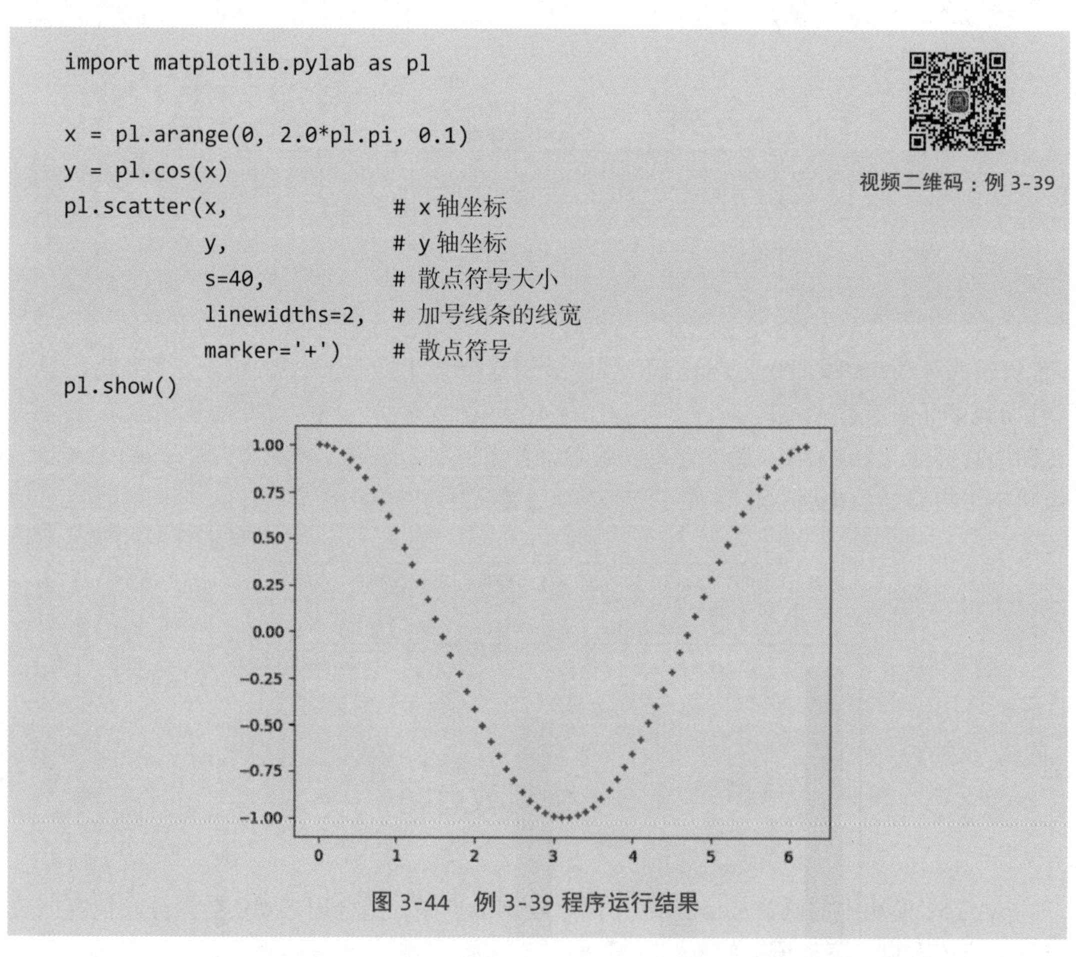

图 3-44　例 3-39 程序运行结果

例 3-40　绘制大小与位置有关的红色散点五角星。运行结果如图 3-45 所示。

```
import matplotlib.pylab as pl

pl.seed(20220703)
```

```
x = pl.randint(10, 30, 50)
y = x + pl.randint(-10, 20, 50)
pl.scatter(x, y,
           s=x*y/2,       # 散点大小与位置有关，越往右上角越大
           c='r',         # 设置散点颜色
           marker='*')    # 设置散点形状为五角星
pl.show()
```

视频二维码：例 3-40

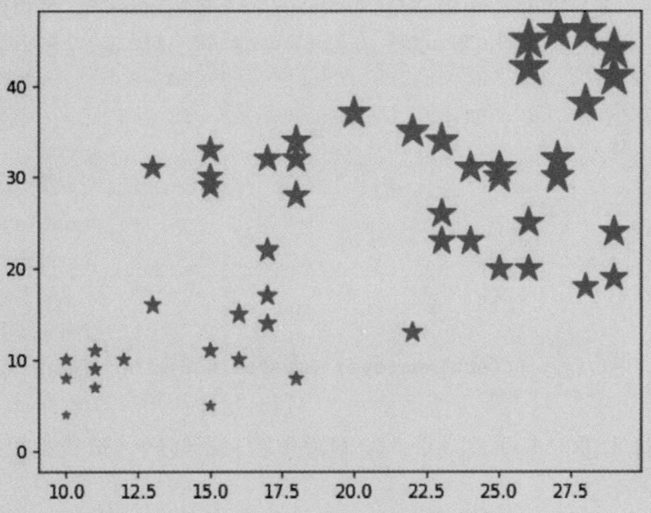

图 3-45　例 3-40 程序运行结果

例 3-41　结合折线图和散点图，重新绘制例 3-11 中要求的图形。使用 plot() 函数依次连接若干端点绘制折线图，使用 scatter() 函数在指定的端点处绘制彩色五角星。运行结果如图 3-46 所示。

```
import numpy as np
import matplotlib.pyplot as plt

month = list(range(1, 13))                # 月份和每月营业额
money = [5.2, 2.7, 5.8, 5.7, 7.3, 9.2, 18.7, 15.6, 20.5, 18.0, 7.8, 6.9]
plt.plot(month, money, 'r-.')             # 绘制折线图，设置颜色和线型
plt.scatter(month, money,                 # 绘制散点图
            # 随机颜色，每个散点符号的颜色不同
            # 每行表示一个散点的颜色，每行 3 个数字分别表示红、绿、蓝分量
            c=np.random.random((len(month),3)),
            marker='*', s=128)            # 散点符号与大小
plt.xlabel('月份', fontproperties='simhei', fontsize=14)
plt.ylabel('营业额（万元）', fontproperties='simhei', fontsize=14)
plt.title('烧烤店 2022 年营业额变化趋势图',
```

视频二维码：例 3-41

```
        fontproperties='simhei', fontsize=18)
plt.tight_layout()                                  # 紧缩四周空白，扩大绘图面积
plt.show()
```

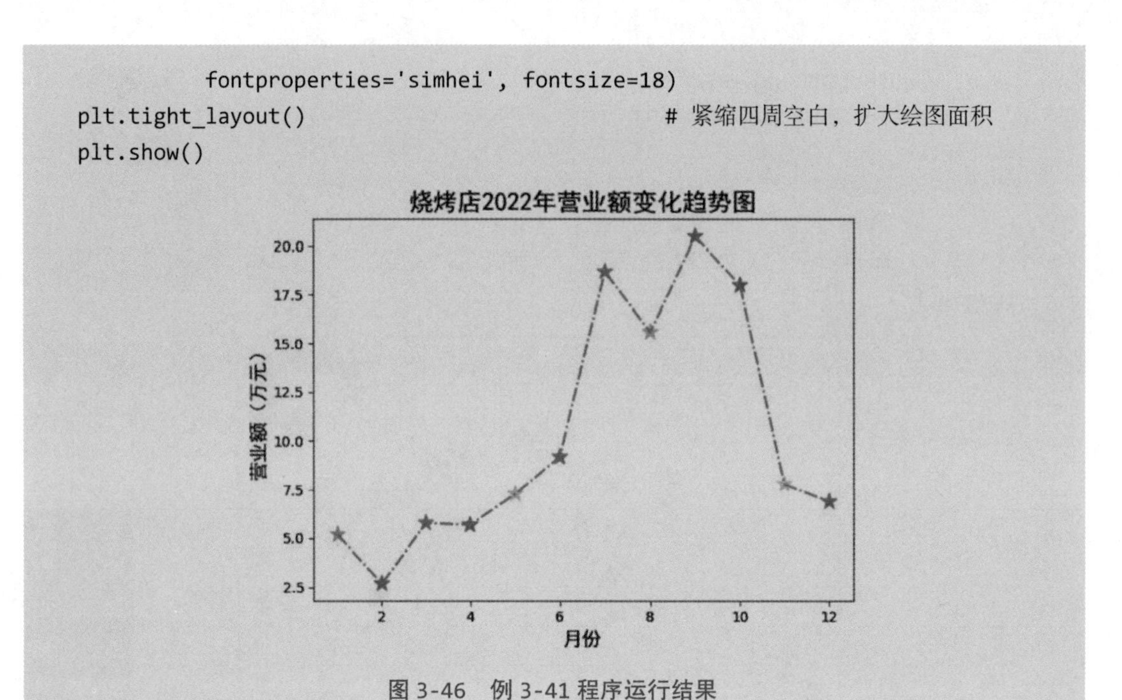

图 3-46　例 3-41 程序运行结果

例 3-42　对样本进行多项式拟合，绘制散点图和折线图。运行结果如图 3-47 所示。

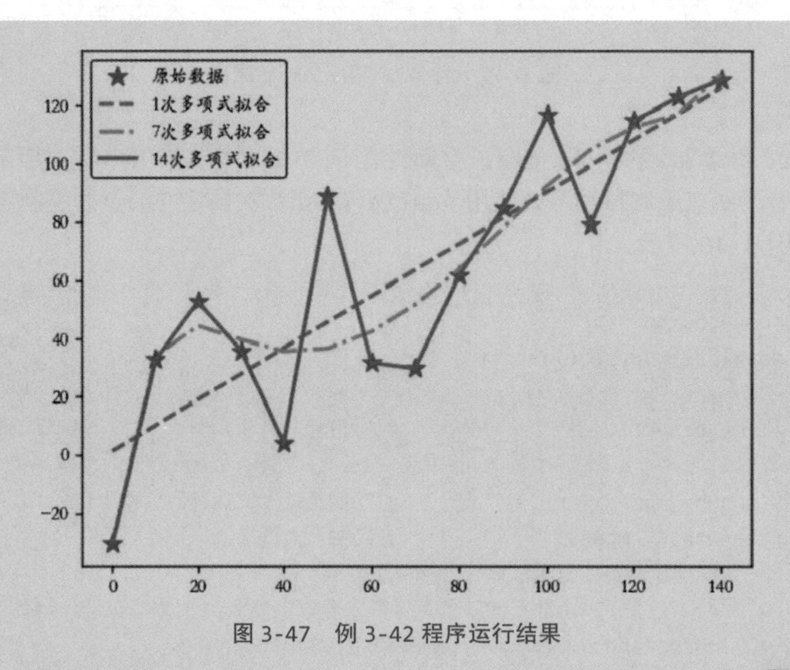

图 3-47　例 3-42 程序运行结果

```
import numpy as np
import matplotlib.pyplot as plt

plt.rcParams['font.sans-serif'] = 'stkaiti'    # 设置中文字体
```

视频二维码：例 3-42

```
np.random.seed(20220702)
x = np.arange(0, 150, 10)
y = x + np.random.randint(-40, 40, len(x))
# 根据原始数据绘制散点图
plt.scatter(x, y, c='b', s=100, marker='*', label='原始数据')

p = np.polyfit(x, y, 1)                          # 使用 1 次多项式拟合，返回多项式系数
# poly1d() 根据给定的系数创建多项式，然后计算多项式的值
plt.plot(x, np.poly1d(p)(x), 'r--', lw=2, label='1 次多项式拟合')
p = np.polyfit(x, y, 7)                          # 使用 7 次多项式拟合
plt.plot(x, np.poly1d(p)(x), 'c-.', lw=2, label='7 次多项式拟合')
p = np.polyfit(x, y, 14)                         # 使用 14 次多项式拟合
plt.plot(x, np.poly1d(p)(x), 'g-', lw=2, label='14 次多项式拟合')
plt.legend()
plt.show()
```

例 3-43　绘制埃尔米特多项式曲线。运行结果如图 3-48 所示。

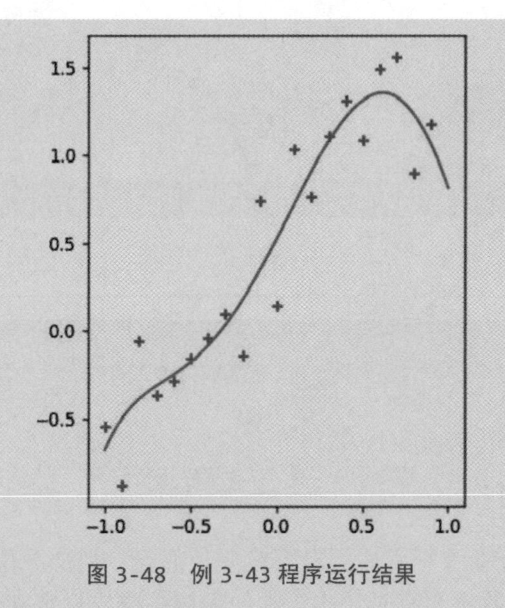

图 3-48　例 3-43 程序运行结果

```
import numpy as np
import matplotlib.pyplot as plt

x = np.arange(-1, 1, 0.1)                        # 给定采样点坐标
y = x + np.random.random(len(x))
plt.scatter(x, y, c='b', marker='+')             # 使用散点图绘制采样点
# 根据给定采样点，使用最小二乘法拟合 5 次埃尔米特多项式，得到多项式系数
coef = np.polynomial.hermite.hermfit(x, y, 5)
# 根据拟合得到的系数创建埃尔米特多项式
```

```
hp = np.polynomial.Hermite(coef, [-1,1])
# 使用折线图绘制拟合得到的 5 次埃尔米特多项式曲线
# linspace(100) 用来在指定的区间中生成 100 个均匀分布的采样点坐标
plt.plot(*hp.linspace(100), 'r-')
plt.gca().set_aspect('equal')
plt.show()
```

例 3-44　使用散点图绘制心形图案。运行结果如图 3-49 所示。

视频二维码：例 3-44

```
import numpy as np
from matplotlib import pyplot as plt

t = np.linspace(0, 8, 100)
x = 8 * np.sin(t) ** 3
y = 15 * np.cos(t) - 5*np.cos(2*t) - 4*np.cos(3*t) - np.cos(4*t)
plt.scatter(x, y, s=60, c='r', alpha=0.6, marker='$\heartsuit$')
plt.axis('off')
plt.show()
```

图 3-49　例 3-44 程序运行结果

视频二维码：例 3-45

例 3-45　某商场开业 3 个月后，有顾客反映商场一楼部分位置的手机信号不好，个别收银台有时无法正常使用微信或支付宝支付，商场内也有些位置手机无法正常联网。为此，商场安排工作人员在不同位置对手机信号强度进行测试以便进一步提高服务质量和用户体验，测试数据保存于文件“商场一楼手机信号强度 .txt”中。文件中每行使用逗号分隔的 3 个数字分别表示商场内一个位置的 x、y 坐标和信号强度，其中 x、y 坐标值以商场西南角为坐标原点且向东为 x 正轴（共 150m）、向北为 y 正轴（共 30m），信号强度以 0 表示无信号，100 表示最强。

编写程序，使用散点图对该商场一楼所有测量位置的手机信号强度进行可视化，既可以直观地发现不同位置信号的强度以便分析原因，也能方便观察测试位置的分布是否合理。在散点图中，使用横轴表示 x 坐标位置，纵轴表示 y 坐标位置；使用五角星标记测量位置，五角星大小表示信号强度，五角星越大表示信号越强，反之表示信号越弱。同时，为了获得更好的可视化效果，信号强度高于或等于 70 的位置使用绿色五角星，低于 70 且高于或等于 40 的使用蓝色五角星，低于 40 的位置使用红色五角星。运行结果如图 3-50 所示。

```
import pandas as pd
import matplotlib.pyplot as plt

df = pd.read_csv(r'商场一楼手机信号强度.txt', header=None,
                 skipinitialspace=True, names=['x','y','s']).dropna()
df['c'] = df['s'].map(lambda x: 'r' if x<40 else ('g' if x>70 else 'b'))
df['s'] = df['s'] * 3
df.plot(x='x', y='y', c='c', s='s', kind='scatter', marker='*')

plt.xlabel('长度坐标',
           fontproperties='simhei',      # 设置中文字体
           fontsize=14)                  # 设置字号
plt.ylabel('宽\n度\n坐\n标',                # 每行显示一个字
          fontproperties='microsoft yahei', fontsize=14,
          labelpad=10,                   # y轴标签与y轴之间的水平距离
          position=(0,0.4),              # y轴标签的垂直位置
          rotation='horizontal')         # 设置文字方向
plt.title('商场内信号强度', fontproperties='stkaiti', fontsize=18)
plt.show()
```

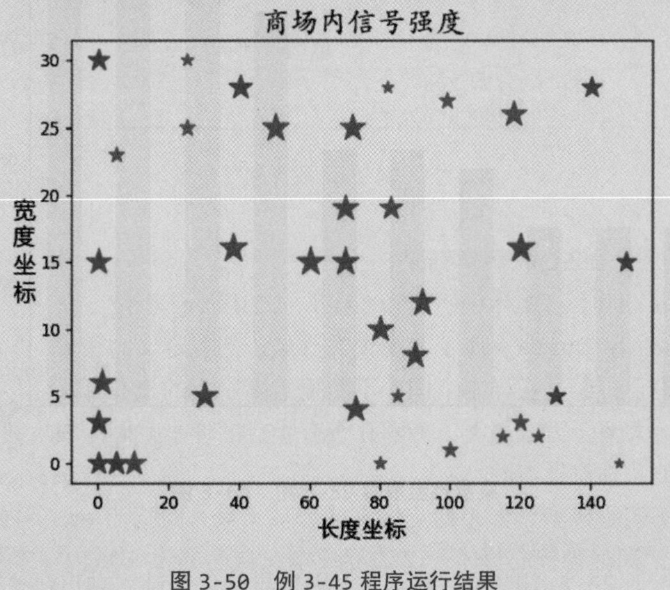

图 3-50　例 3-45 程序运行结果

例 3-46　绘制稀疏矩阵的模式，可视化数组或矩阵中的非 0 值。运行结果如图 3-51 所示。

```
import numpy as np
import matplotlib.pyplot as plt

np.random.seed(1650985040)
data = np.random.randint(0, 100, (50,50))
row = np.random.randint(0, 50, 5000)
col = np.random.randint(0, 50, 5000)
data[row, col] = 0                    # 随机把部分元素值改为 0
# 非 0 元素使用五角星表示，0 使用空白表示
plt.spy(data, marker='*', markersize=4)
plt.show()
```

视频二维码：例 3-46

图 3-51　例 3-46 程序运行结果

例 3-47　可视化 DBSCAN 聚类结果。

DBSCAN（Density-Based Spatial Clustering of Applications with Noise）属于密度聚类算法，把类定义为密度相连对象的最大集合，通过在样本空间中不断搜索高密度的核心样本并进行扩展得到最大集合完成聚类，能够在带有噪点的样本空间中发现任意形状的聚类并排除噪点。

视频二维码：例 3-47

基本概念：①核心样本，如果给定样本的邻域（最大距离为 eps）内样本数量超过阈值 min_samples，则称为核心样本。②边界样本，自己 eps 邻域内样本的数量小于 min_samples，但是落在核心样本的邻域内的样本。③噪声样本，既不是核心样本也不是边界

样本的样本。④直接密度可达，如果样本 q 在核心样本 p 的 eps 邻域内，则称 q 从 p 出发是直接密度可达的。⑤密度可达，对于给定的样本链 p_1、p_2、...、p_n，如果每个样本 p_{i+1} 从 p_i 出发都是直接密度可达的，则称 p_n 从 p_1 出发是密度可达的。⑥密度相连，集合中如果存在样本 o 使得样本 p 和 q 从 o 出发都是密度可达的，则称样本 p 和 q 是密度相连的。

DBSCAN 聚类算法的工作过程如下：①定义邻域半径 eps 和样本数量阈值 min_samples。②从样本空间中选择一个尚未访问过的样本 p。③如果样本 p 是核心样本，进入第④步；否则根据实际情况将其标记为噪声样本或某个类的边界样本，返回第②步。④找出样本 p 出发的所有密度可达样本，构成一个聚类 Cp（该聚类的边界样本都是非核心样本），并标记这些样本为已访问。⑤如果全部样本都已访问，算法结束；否则返回第②步。

扩展库 sklearn.cluster 实现了 DBSCAN 聚类算法，其构造方法语法如下，其中参数含义如表 3-4 所示。DBSCAN 类的常用属性如表 3-5 所示，常用方法如表 3-6 所示。

```
__init__(self, eps=0.5, min_samples=5, metric='euclidean',
         metric_params=None, algorithm='auto', leaf_size=30,
         p=None, n_jobs=1)
```

表 3-4　DBSCAN 类构造方法参数含义

参数名称	含　义
eps	用来设置邻域内样本之间的最大距离，如果两个样本之间的距离小于 eps，则认为其中一个落在另一个的邻域中。参数 eps 的值越大，每个聚类覆盖的样本越多
min_samples	用来设置核心样本的邻域内样本数量的阈值，如果一个样本的 eps 邻域内样本数量超过 min_samples，则认为该样本为核心样本。参数 min_samples 的值越大，核心样本越少，噪声样本越多
metric	用来设置样本之间距离的计算方式
algorithm	用来计算样本之间距离和寻找最近样本的算法，可用的值有 'auto'、'ball_tree'、'kd_tree' 或 'brute'
leaf_size	传递给 BallTree 或 cKDTree 算法的叶子大小，会影响树的构造和查询速度以及占用内存的大小
p	用来设置使用闵可夫斯基距离公式计算样本距离时的幂

表 3-5　DBSCAN 类的常用属性

属　性	含　义
core_sample_indices_	核心样本的索引
components_	通过训练得到的每个核心样本的副本
labels_	数据集中每个点的聚类标签，其中 -1 表示噪声样本

表 3-6　DBSCAN 类的常用方法

方　法	功　能
fit(self, X, y=None, sample_weight=None)	对数据进行拟合，如果构造 DBSCAN 聚类器时设置了 metric='precomputed'，则要求参数 X 为样本之间的距离数组
fit_predict(self, X, y=None, sample_weight=None)	对 X 进行聚类并返回聚类标签

```
import numpy as np
import matplotlib.pyplot as plt
from sklearn.cluster import DBSCAN
from sklearn.datasets import make_blobs

def DBSCANtest(data, eps=0.6, min_samples=8):
    # 聚类
    db = DBSCAN(eps=eps, min_samples=min_samples).fit(data)
    # 聚类标签（数组，表示每个样本所属聚类）和所有聚类的数量，标签 -1 对应的样本表示噪点
    clusterLabels = db.labels_
    uniqueClusterLabels = set(clusterLabels)
    # 标记核心对象对应下标为 True
    coreSamplesMask = np.zeros_like(db.labels_, dtype=bool)
    coreSamplesMask[db.core_sample_indices_] = True

    # 绘制聚类结果，不同聚类使用不同的散点符号和颜色
    colors = ['red', 'green', 'blue', 'gray', '#88ff66',
              '#ff00ff', '#ffff00', '#8888ff', 'black',]
    markers = ['v', '^', 'o', '*', 'h', 'd', 'D', '>', 'x']
    for label in uniqueClusterLabels:
        # label=-1 时对应噪声样本，使用最后一种颜色和符号
        # clusterIndex 是个 True/False 数组
        # 其中 True 表示对应样本为 cluster 类
        clusterIndex = (clusterLabels==label)

        # 绘制当前聚类的核心对象
        coreSamples = data[clusterIndex & coreSamplesMask]
        plt.scatter(coreSamples[:, 0], coreSamples[:, 1],
                    c=colors[label], marker=markers[label], s=100)
        # 绘制当前聚类的非核心对象
        nonCoreSamples = data[clusterIndex & ~coreSamplesMask]
        plt.scatter(nonCoreSamples[:, 0], nonCoreSamples[:, 1],
                    c=colors[label], marker=markers[label], s=20)
    plt.show()

data, labels = make_blobs(n_samples=300, centers=5)
DBSCANtest(data)
```

运行结果如图 3-52 所示。

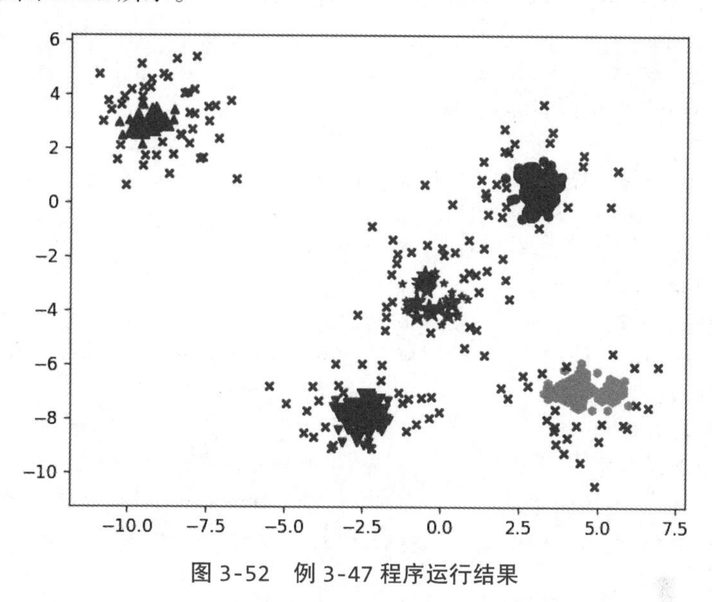

图 3-52　例 3-47 程序运行结果

3.4　绘制柱状图

pyplot 模块的 bar() 函数用来绘制柱状图，完整语法如下。

```
bar(x, height, width=0.8, bottom=None, *, align='center',
    data=None, **kwargs)
```

其中，参数 x 用来指定柱的位置，可以为实数或实数数组；参数 height 用来指定柱的高度，可以为实数或实数数组；参数 width 用来指定柱的宽度，可以为实数或实数数组，默认值为 0.8；参数 bottom 用来指定柱的底面 y 坐标，可以为实数或实数数组，默认值为 0；参数 align 用来指定柱的对齐方式，可以是 'center' 或 'edge'，默认值为 'center'，aligen='center' 时表示 x 指定的是柱的轴中心 x 坐标，align='edge' 且 width>0 时表示 x 指定的是柱的左侧边缘 x 坐标，align='edge' 且 width<0 时表示 x 指定的是柱的右侧边缘 x 坐标；其他常用参数还有 color（值为颜色或颜色数组）、edgecolor（值为颜色或颜色数组）、linewidth（值为实数或实数数组）、tick_label（值为字符串或字符串数组）、hatch（柱状图内部填充符号，可以为 '/'、'\\'、'|'、'-'、'+'、'x'、'o'、'O'、'.'、'*'）。

pyplot 模块中的函数 barh() 用来绘制水平柱状图，完整语法如下，各参数含义与 bar() 类似。

```
barh(y, width, height=0.8, left=None, *, align='center', **kwargs)
```

例 3-48　绘制柱状图并设置图形属性和文本标注。运行结果如图 3-53 所示。

视频二维码：例 3-48

```
import numpy as np
import matplotlib.pyplot as plt

x = np.linspace(0, 10, 11)          # 生成测试数据
y = 11 - x
plt.bar(x, y,                       # 绘制柱状图
        color='#772277',            # 所有柱的颜色相同
        alpha=0.8,                  # 透明度
        edgecolor='blue',           # 边框颜色，呈现描边效果
        linestyle='--',             # 边框样式为虚线
        linewidth=1,                # 边框线宽
        hatch='*')                  # 内部使用五角星填充
for xx, yy in zip(x,y):             # 为每个柱形添加文本标注
    plt.text(xx-0.2, yy+0.2, f'{yy:2.0f}', va='center')
plt.show()
```

图 3-53　例 3-48 程序运行结果

例 3-49　绘制多彩柱状图，指定固定颜色。运行结果如图 3-54 所示。

代码一：逐个绘制。

视频二维码：例 3-49

```
import matplotlib.pyplot as plt

colors = 'bgrcmyk'
for i in range(len(colors)):
```

```
    plt.bar(i, 3*i+1, color=colors[i])
plt.show()
```

代码二：批量绘制。

```
import numpy as np
import matplotlib.pyplot as plt

x = np.arange(7)
y = x*3 + 1
plt.bar(x, y, color=list('bgrcmyk'))
plt.show()
```

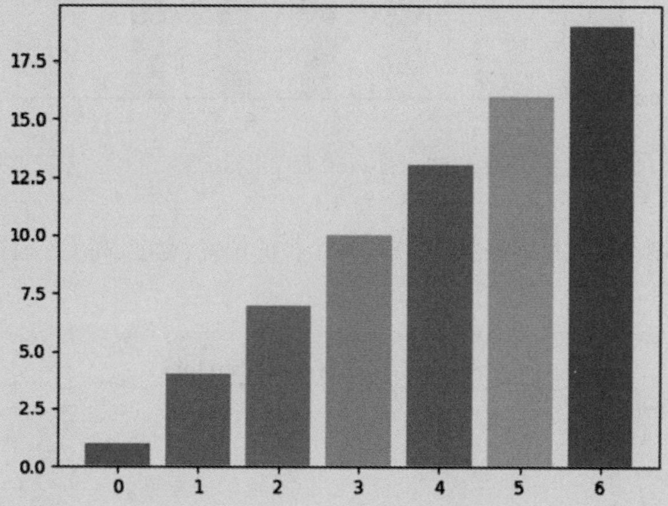

图 3-54　例 3-49 程序运行结果

例 3-50　绘制多彩柱状图，使用随机颜色。运行结果如图 3-55 所示。

```
import numpy as np
import matplotlib.pyplot as plt

x = np.arange(7)
y = x*3 + 1
# 每个柱的左侧从 x 指定的位置开始
bars = plt.bar(x, y, width=0.4, align='edge',
               color=np.random.random((7,3)))
# 在每个柱的上方显示标签
# 默认显示每个柱的高度，可以使用 labels 参数指定显示其他内容
# 默认显示格式为 fmt='%g'
# 默认显示位置为柱的顶部，加 label_type='center' 显示在柱的中间
```

视频二维码：例 3-50

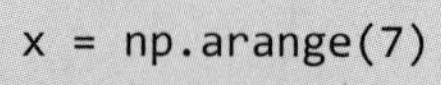

```
plt.bar_label(bars)
plt.show()
```

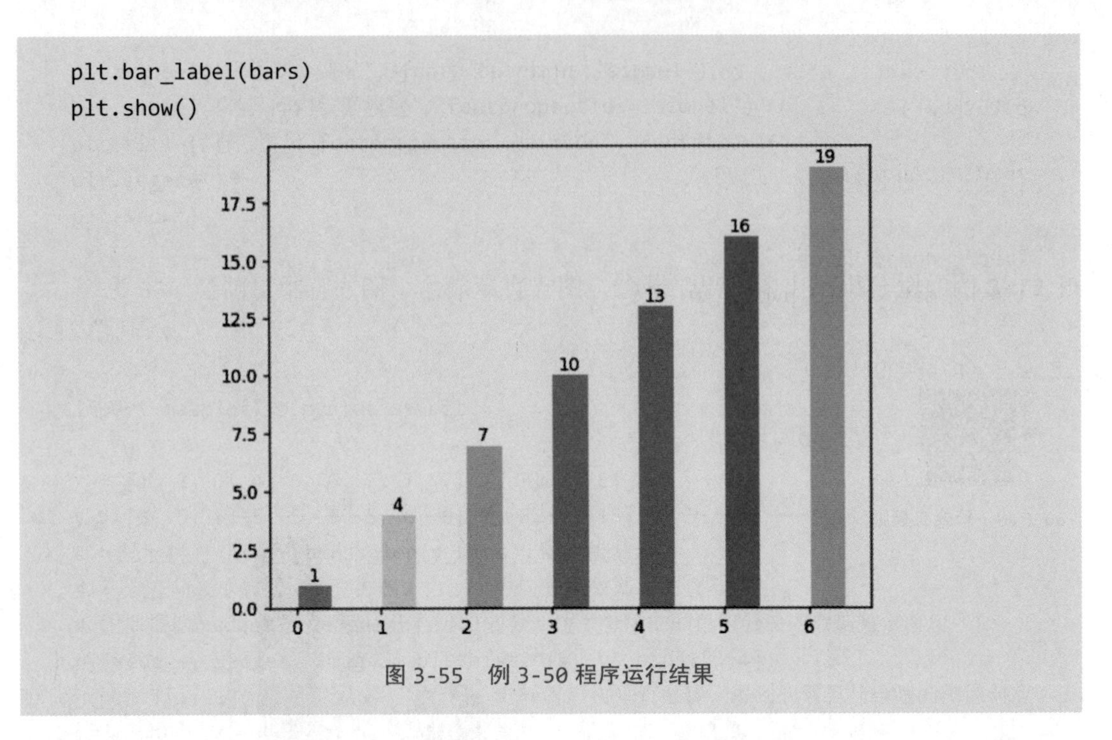

图 3-55　例 3-50 程序运行结果

例 3-51　绘制动漫效果的柱状图，指定每个柱的位置、宽度、高度。运行结果如图 3-56 所示。

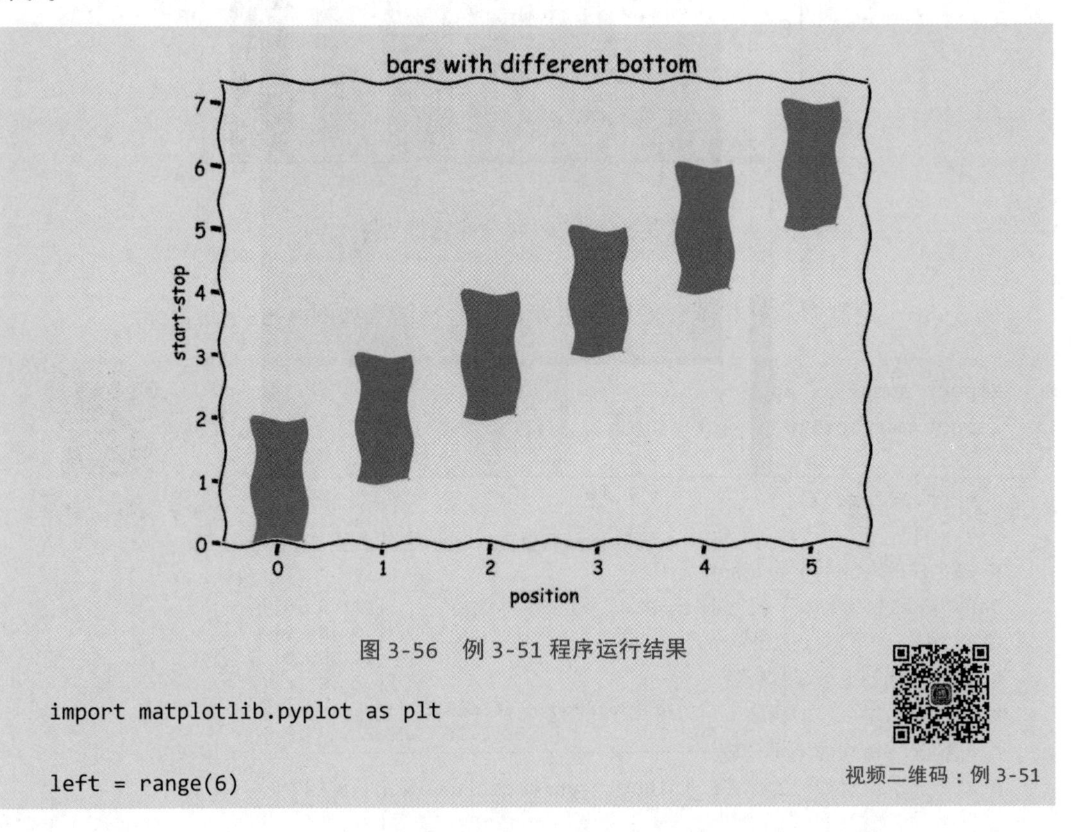

图 3-56　例 3-51 程序运行结果

视频二维码：例 3-51

```
import matplotlib.pyplot as plt

left = range(6)
```

```
bottom = range(6)
width, height = 0.5, 2

# 使用动漫风格，参数表示变形程度
with plt.xkcd(4):
    plt.bar(left, height, width, bottom)
plt.title('bars with different bottom', fontsize=18)
plt.xlabel('position')
plt.ylabel('start-stop')
plt.show()
```

例 3-52　根据例 3-11 中某烧烤店 2022 年的营业数据绘制柱状图，要求可以设置每个柱的颜色、内部填充符号、描边效果和标注文本。运行结果如图 3-57 所示。

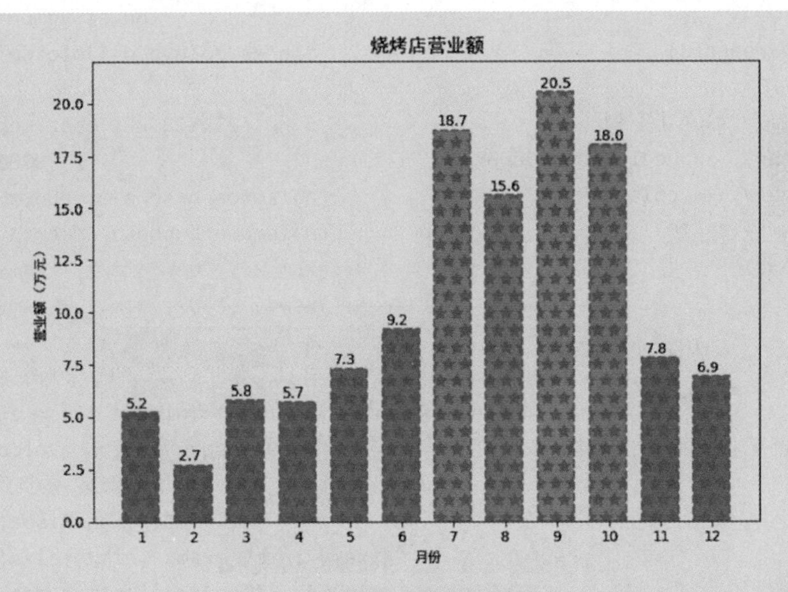

图 3-57　例 3-52 程序运行结果

视频二维码：例 3-52

```
import matplotlib.pyplot as plt

# 月份和每月营业额
month = list(range(1, 13))
money = [5.2, 2.7, 5.8, 5.7, 7.3, 9.2, 18.7, 15.6, 20.5, 18.0, 7.8, 6.9]
# 营业额越高，颜色中的红色分量越大
# 格式字符串中的 0 表示不够 2 位时前面补 0，x 表示十六进制
colors = [f'#{int(y*10):02x}6666' for y in money]
plt.bar(month, money, color=colors, hatch='*', width=0.7,
        edgecolor='b', linestyle='--', linewidth=1.5)
# 在每个柱的正上方绘制文本显示每个月份的营业额
for x, y in zip(month, money):
```

```
    plt.text(x-0.3, y+0.2, f'{y:.1f}')

plt.xlabel('月份', fontproperties='simhei')
plt.ylabel('营业额（万元）', fontproperties='simhei')
plt.title('烧烤店营业额', fontproperties='simhei', fontsize=14)
plt.xticks(month)
plt.ylim(0, 22)
plt.show()
```

例 3-53　绘制对称的水平柱状图。运行结果如图 3-58 所示。

```
import numpy as np
import matplotlib.pyplot as plt

y = np.arange(8)
x = y + 3
# 绘制左右对称的两组柱状图
plt.barh(y, -x, color='#ff000088')
plt.barh(y, x, color='#0000ff88')
plt.xlim(-10, 10)
plt.show()
```

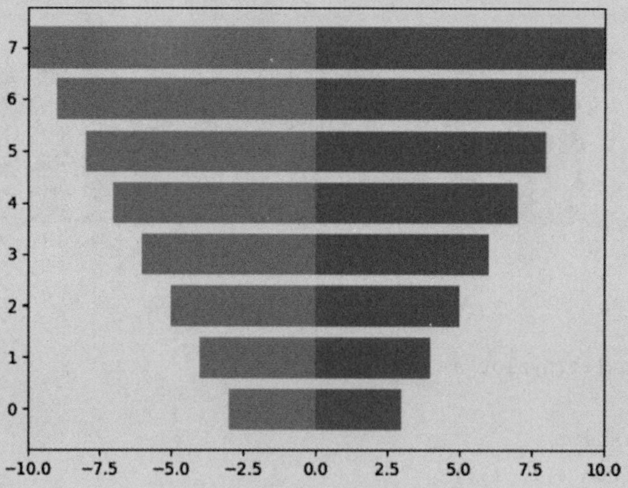

图 3-58　例 3-53 程序设计结果

例 3-54　绘制垂直对称的水平柱状图。运行结果如图 3-59 所示。

```
import numpy as np
import matplotlib.pyplot as plt

y = np.arange(1, 8)
```

```
x = y + 3
# 绘制上下对称的两组柱状图
plt.barh(y, x, color='#ff000088')
plt.barh(-y, x, color='#0000ff88')
plt.xlim(0, 10)
plt.show()
```

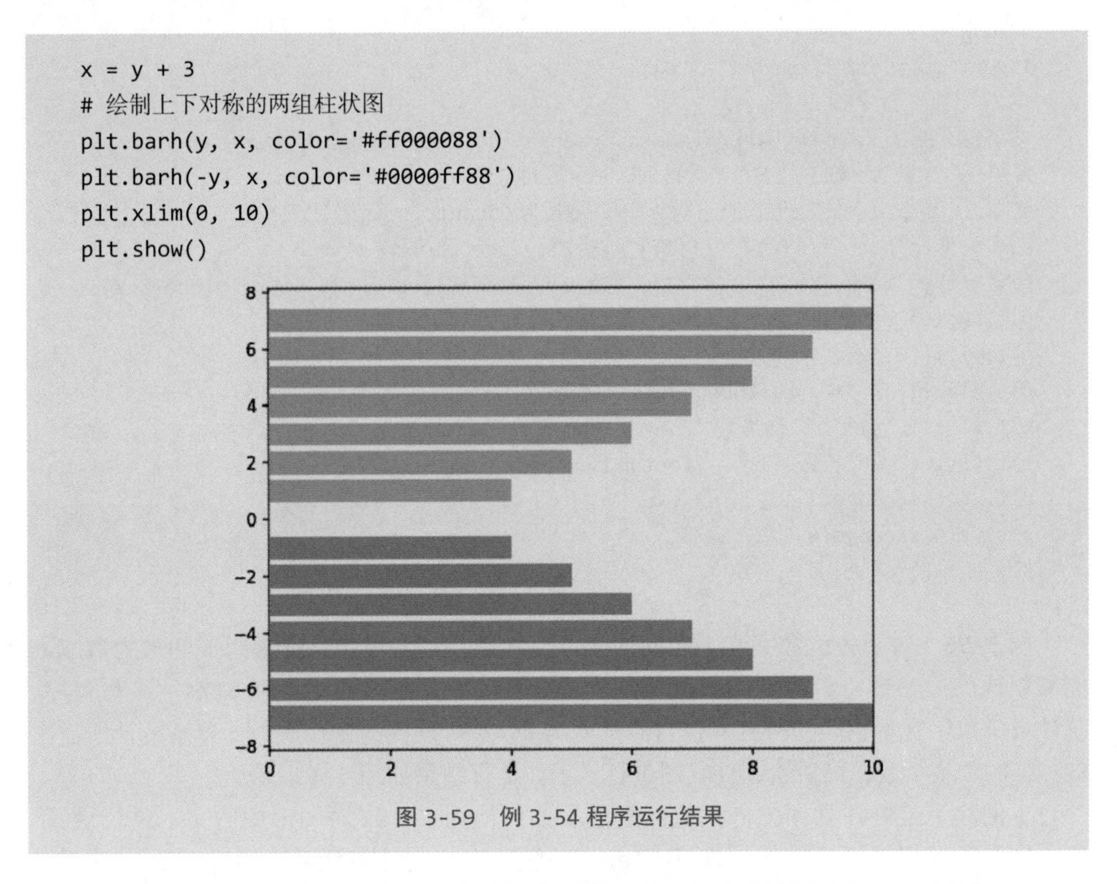

图 3-59 例 3-54 程序运行结果

例 3-55 使用间断柱状图可视化某城市平均温度。运行结果如图 3-60 所示。

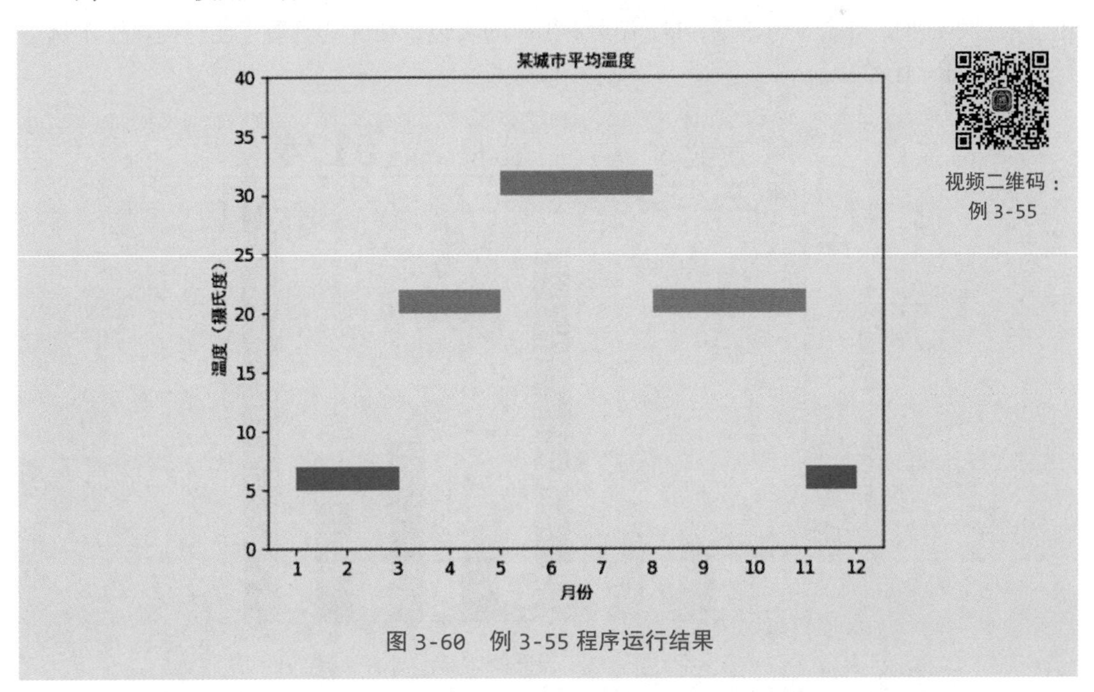

视频二维码：例 3-55

图 3-60 例 3-55 程序运行结果

```
import matplotlib.pyplot as plt

# 函数语法为：broken_barh(xranges, yrange, *, data=None, **kwargs)
# 第一个参数为 x 轴上的多个分段区间，每个区间格式为 (start, width)
# 第二个参数为 y 轴上的起始位置和跨度，格式为 (start, height)
plt.broken_barh([(1,2), (11,1)], (5,2), facecolors='blue')
plt.broken_barh([(3,2), (8,3)], (20,2), facecolors=('r', 'g'), alpha=0.7)
plt.broken_barh([(5,3)], (30,2), facecolors='#668844')
plt.ylim((0,30))
plt.xlabel('月份', fontproperties='simhei')
plt.ylabel('温度（摄氏度）', fontproperties='simhei')
plt.title('某城市平均温度', fontproperties='simhei')
plt.xticks(range(1,13))
plt.yticks(range(0, 45, 5))
plt.show()
```

例 3-56　对于各位数字互不相同的 4 位自然数，其各位数字能够组成的最大数减去能够组成的最小数，对得到的差进行同样的操作，7 次之内必然得到 6174。编写程序，统计各位数字互不相同的所有 4 位自然数变为 6174 所需要的操作次数，分别统计所需次数一样的数字个数，最后绘制柱状图进行显示。运行结果如图 3-61 所示。

本例除了绘制柱状图之外，重点是演示如何使用 Latex 对图形中的文本进行设置。首先安装配套资源里提供的软件 MiKTex，并添加安装文件夹到系统环境变量 Path 中；启动 MiKTex，切换至管理员模式，然后设置检索源为本地文件夹 MiKTex，安装其中的宏包。运行程序时，根据提示信息再按需安装相应的宏包，在配套资源中已经提供了本例运行所需要的所有宏包。

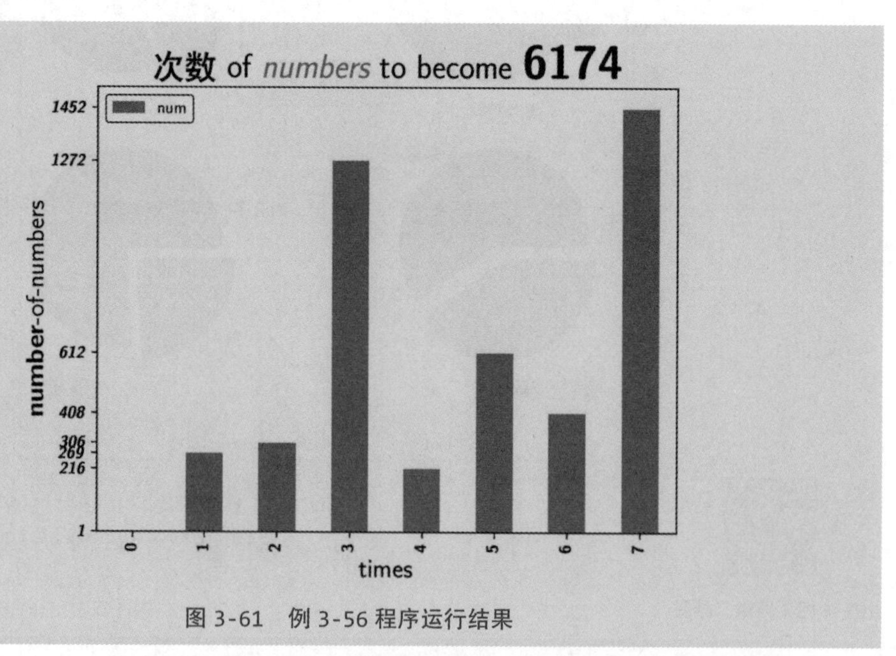

图 3-61　例 3-56 程序运行结果

```
import pandas as pd
import matplotlib as mpl
import matplotlib.pyplot as plt
from matplotlib.backends.backend_pgf import FigureCanvasPgf

plt.rcParams['text.usetex'] = True
plt.rcParams['pgf.rcfonts'] = False
plt.rcParams['pgf.preamble'] = r'\usepackage{color,xeCJK}'
mpl.backend_bases.register_backend('pdf', FigureCanvasPgf)
mpl.use('pgf')

def get_times(num):
    if num == 6174:
        return 0
    num = str(num)
    times = 0
    while True:
        big = int(''.join(sorted(num, reverse=True)))
        little = int(str(big)[::-1])
        diff = big - little
        times = times + 1
        if diff == 6174:
            return times
        num = str(diff)

# 各位数字互不相同的所有 4 位自然数
nums = filter(lambda num: len(set(str(num)))==4, range(1000,10000))
df = pd.DataFrame({'num': list(nums)})
# 增加一列，计算每个 4 位数需要多少次才能变为 6174
df['times'] = df.num.map(get_times)
# 分组，统计每个次数对应的 4 位自然数数量
df = df.groupby(by='times', as_index=False).count()

fig, ax = plt.subplots()
df.plot(x='times', kind='bar', ax=ax)
# 设置 x 轴刻度加粗
plt.xticks(range(8), [rf'\textbf{i}' for i in range(8)])
# 设置 y 轴不均匀刻度、加粗、斜体
plt.yticks(list(df.num.values),
           [r'\textbf{\textit{'+str(i)+'}}' for i in df.num.values])
plt.xlabel('times', fontsize=16)
# y 轴标签第一个单词字体加粗
plt.ylabel(r'\textbf{number}-of-numbers', fontsize=16)
```

```
# 标题第一个单词斜体，第三个单词斜体、标红，最后一组数字加粗、变大
# fontsize 命令第一个参数为字号，第二个参数为行距
plt.title(r'\emph{ 次数 } of \emph{\textcolor{red}{numbers}}'
          r' to become \fontsize{28pt}{24pt}\textbf{6174}', fontsize=20)
# 把绘制结果保存为 PDF 文件
plt.savefig('result.pdf')
```

例 3-57　某商场 2022 年几个部门每个月的业绩如表 3-7 所示。编写程序绘制柱状图可视化各部门的业绩，可以借助于 pandas 的 DataFrame 对象快速绘制图形，并要求坐标轴、标题和图例能够显示中文。运行结果如图 3-62 所示。

表 3-7　某商场 2022 年各部门业绩　　单位：万元

月　份	1	2	3	4	5	6	7	8	9	10	11	12
男　装	51	32	58	57	30	46	38	38	40	53	58	50
女　装	70	30	48	73	82	80	43	25	30	49	79	60
餐　饮	60	40	46	50	57	76	70	33	70	61	49	45
化妆品	110	75	130	80	83	95	87	89	96	88	86	89
金银首饰	143	100	89	90	78	129	100	97	108	152	96	87

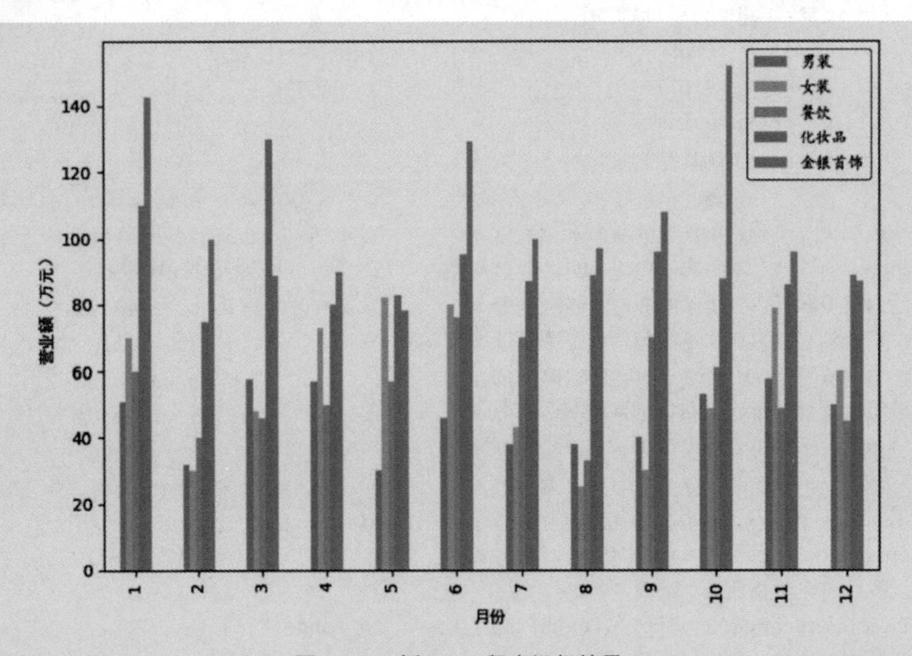

图 3-62　例 3-57 程序运行结果

```
import pandas as pd
import matplotlib.pyplot as plt

data = pd.DataFrame({'月份': [1,2,3,4,5,6,7,8,9,10,11,12],
```

视频二维码：例 3-57

```
                    '男装': [51,32,58,57,30,46,38,38,40,53,58,50],
                    '女装': [70,30,48,73,82,80,43,25,30,49,79,60],
                    '餐饮': [60,40,46,50,57,76,70,33,70,61,49,45],
                    '化妆品': [110,75,130,80,83,95,87,89,96,88,86,89],
                    '金银首饰': [143,100,89,90,78,129,100,97,108,152,96,87]})
# 指定月份一列的数据作为 x 轴，根据其他列的数据绘制柱状图
data.plot(x='月份', kind='bar')
plt.xlabel('月份', fontproperties='simhei')
plt.ylabel('营业额（万元）', fontproperties='simhei')
plt.legend(prop='stkaiti')
plt.show()
```

例 3-58 “集体过马路”是网友对集体闯红灯现象的一种调侃，即“凑够一拨人就可以走了，与红绿灯无关”。出现这种现象的原因之一是很多人认为法不责众，从而不顾交通法规和安全，但这种危险的过马路方式造成了很多不同程度的交通事故和人员伤亡。某城市在多个路口对行人过马路的方式进行了随机观察和汇总，“从不闯红灯”“跟从别人闯红灯”“带头闯红灯”的人数如表 3-8 所示，针对这组调查数据，编写程序绘制柱状图进行展示和对比。运行结果如图 3-63 所示。

视频二维码：例 3-58

表 3-8　过马路方式调查结果　　单位：人

类　别	从不闯红灯	跟从别人闯红灯	带头闯红灯
男士	450	800	200
女士	150	100	300

```
import pandas as pd
import matplotlib.pyplot as plt

plt.rcParams['font.sans-serif'] = ['SimHei']
plt.rcParams['axes.unicode_minus'] = False
fig = plt.figure(facecolor='#eeeeee')                    # 创建图形，设置背景色
# 创建子图，设置背景色，下面两行的方式都可以
# ax = plt.axes(facecolor='#ffaaee')
ax = fig.add_axes((0.1,0.1,0.88,0.82), facecolor='#ffaaee')
df = pd.DataFrame({'男士': (450,800,200), '女士': (150,100,300)})
# 绘制柱状图，以 DataFrame 对象的行标签为每个柱的 x 坐标
df.plot(kind='bar', ax=ax, color=['#ff6666','#6666ff'])

# 设置 x 轴刻度位置和文本
plt.xticks([0,1,2], ['从不闯红灯', '跟从别人闯红灯', '带头闯红灯'],
           color='black', rotation=20)
# 设置 y 轴只在有数据的位置显示刻度
```

```
plt.yticks(list(df['男士'].values) + list(df['女士'].values))
plt.ylabel('人数', fontsize=14)
plt.title('集体过马路方式',  fontsize=20)
plt.legend(fontsize=8)                            # 创建和设置图例字体

# 行标题单元格颜色
rowColours = [[0.6,0.6,0.9], [0.8,0.6,0.8]]
# 列标题单元格颜色
colColours = [[0.69,0.8,0.7], [0.53,0.72,0.82], [0.93,0.73,0.63]]
# 表格主体单元格颜色
cellColours = [['#eeffee','#ffeeee','#eeeeff']] * 2
# 绘制表格
plt.table([df.男士.values, df.女士.values],
          rowLabels=['男士','女士'], rowColours=rowColours,
          colLabels=['从不闯红灯','跟从别人闯红灯','带头闯红灯'],
          colColours=colColours, cellColours=cellColours,
          fontsize=16,                            # 字号
          cellLoc='center',                       # 居中
          bbox=[0.55,0.75,0.45,0.15])             # 表格在图形中的位置和大小
plt.show()
```

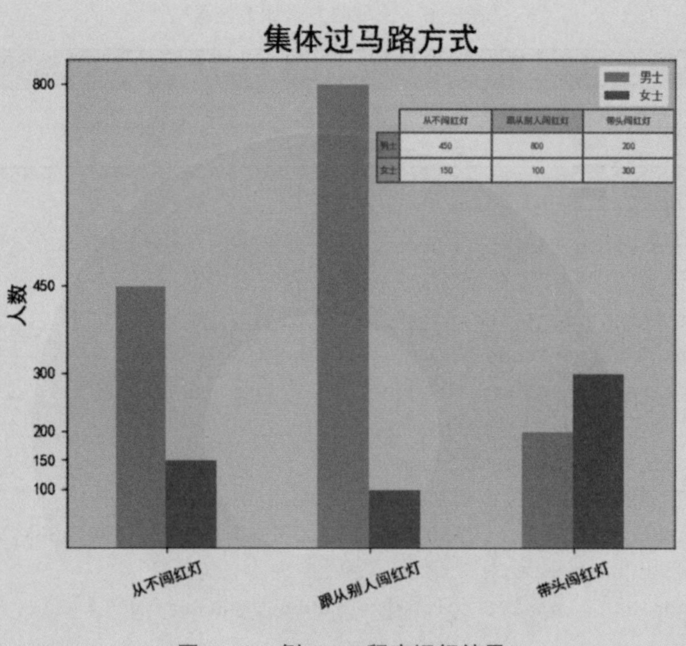

图 3-63　例 3-58 程序运行结果

例 3-59　编写程序，读取配套文件 news.txt 中的内容，统计出现次数最多的前 10 个单词，绘制柱状图显示每个热词的出现次数。运行结果如图 3-64 所示。

视频二维码：例 3-59

```
import logging
from collections import Counter
import jieba
import pandas as pd
import matplotlib.pyplot as plt

jieba.setLogLevel(logging.INFO)                      # 不显示jieba库加载和分词的提示信息
plt.rcParams['font.sans-serif'] = 'stkaiti'   # 中文字体，作用于整个图形

txt_file = 'news.txt'
with open(txt_file, encoding='utf8') as fp:   # 读取文件内容
    content = fp.read()
# 分词，过滤掉标点符号和单个字，然后提取出现次数最多的前10个词
words = filter(lambda word: len(word)>1, jieba.cut(content))
freq = pd.Series(Counter(words)).nlargest(10)
freq.plot(kind='bar')                                # 绘制柱状图
plt.title('十大热词')
plt.xticks(rotation=30)                              # 设置x轴刻度标签旋转30°
plt.ylabel('出现次数')
plt.show()
```

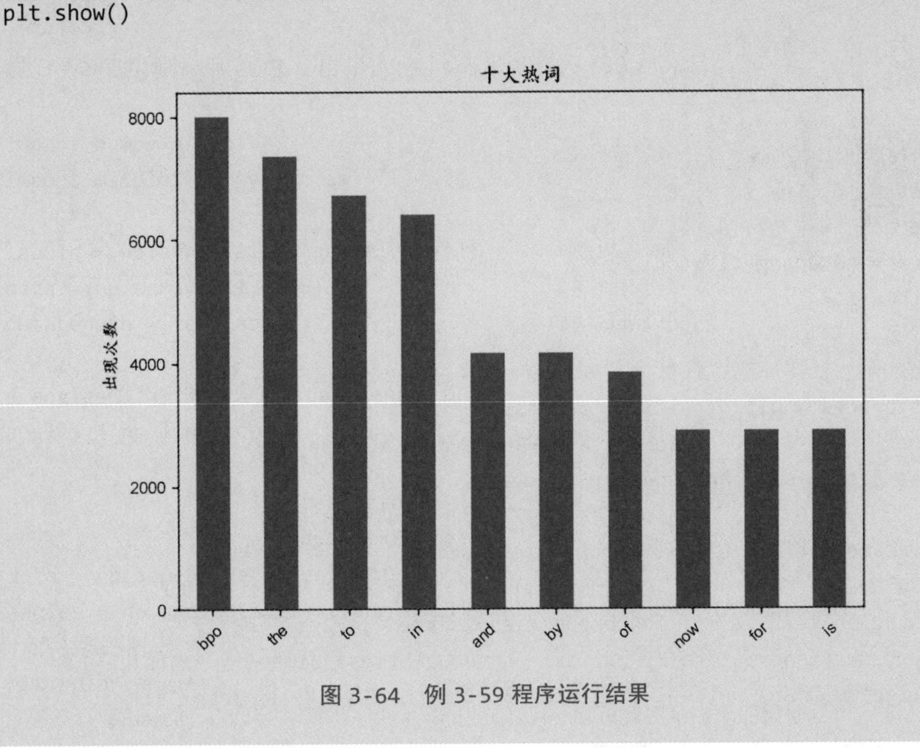

图 3-64　例 3-59 程序运行结果

例 3-60　部分城市收入与房价数据可视化。运行结果如图 3-65 所示。

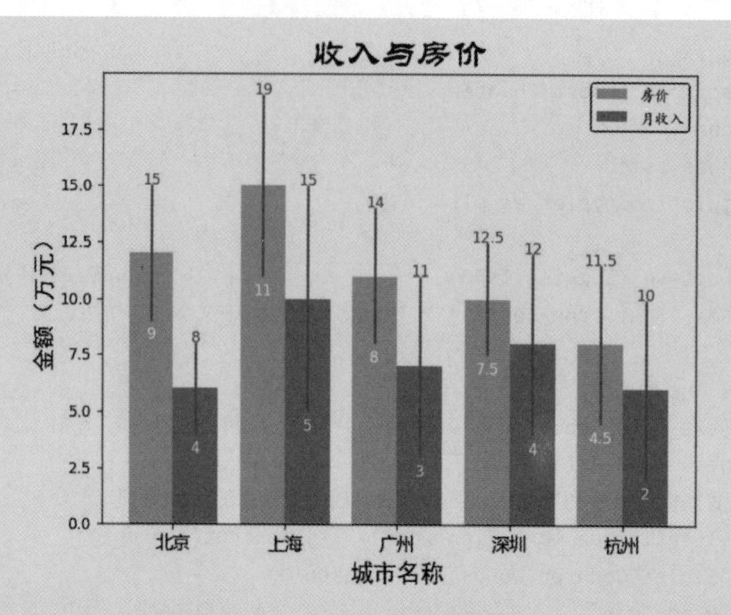

图 3-65　例 3-60 程序运行结果

视频二维码：例 3-60

```
import numpy as np
import matplotlib.pyplot as plt

# 平均房价、波动范围，纯演示数据，不具有实际参考价值
prices = (12, 15, 11, 10, 8)
tolerance_p = (3, 4, 3, 2.5, 3.5)
# 平均月收入、波动范围，纯演示数据，不具有实际参考价值
wages = (6, 10, 7, 8, 6)
tolerance_w = (2, 5, 4, 4, 4)
index = np.arange(len(prices))
width = 0.4
cities = ('北京', '上海', '广州', '深圳', '杭州')
# 绘制房价柱状图和收入柱状图，参数 yerr 用来指定误差范围，与结果图中的竖线对应
bars_prices = plt.bar(index, prices, width,
                      color='#999900', yerr=tolerance_p)
bars_wages = plt.bar(index+width, wages, width,
                     color='#990099', yerr=tolerance_w)
plt.xlabel('城市名称', fontproperties='simhei', fontsize=16)
plt.ylabel('金额（万元）', fontproperties='simhei', fontsize=16)
plt.title('收入与房价', fontproperties='simhei', fontsize=24)
plt.xticks(index+width/2, cities, fontproperties='simhei', fontsize=12)
plt.legend([bars_prices, bars_wages], ['房价','月收入'], prop='simhei')

def add_text(bars, tol):
    for index, bar in enumerate(bars):
```

```
        x = bar.get_x() + width/2
        h = bar.get_height()
        # 在每个柱的误差线上下两侧显示文本，ha、va表示水平、垂直对齐方式
        plt.text(x, h+tol[index], str(h+tol[index]), color='k',
                 ha='center')
        plt.text(x, h-tol[index]-1, str(h-tol[index]), color='w',
                 ha='center', va='bottom')

add_text(bars_prices, tolerance_p)
add_text(bars_wages, tolerance_w)
plt.show()
```

例 3-61　绘制宽度为 30 像素的竖线图，模拟柱状图。运行结果如图 3-66 所示。

视频二维码：例 3-61

```
import numpy as np
import matplotlib.pyplot as plt

np.random.seed(1651229393)
plt.vlines(range(8),                        # x坐标
           np.random.randint(0,10,8),       # 起始y坐标
           np.random.randint(10,20,8),      # 结束y坐标
           lw=30,                           # 宽度
           colors=np.random.random((8,3)))
plt.xlabel('位置', fontproperties='simhei')
plt.ylabel('起止高度', fontproperties='simhei')
plt.title('竖线图', fontproperties='simhei', fontsize=16)
plt.show()
```

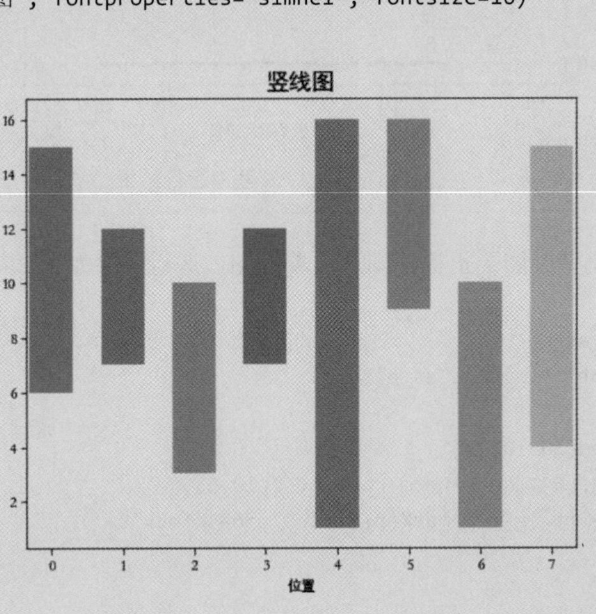

图 3-66　例 3-61 程序运行结果

例 3-62　绘制高度为 1 像素的横线图，模拟水平柱状图。运行结果如图 3-67 所示。

```
import numpy as np
import matplotlib.pyplot as plt

np.random.seed(1651239393)
plt.hlines(range(8),                          # y 坐标
           np.random.randint(0,10,8),         # 起始 x 坐标
           np.random.randint(10,20,8),        # 结束 x 坐标
           colors=np.random.random((8,3)))
plt.xlabel('水平起止位置', fontproperties='simhei')
plt.ylabel('高度', fontproperties='simhei')
plt.title('横线图', fontproperties='simhei', fontsize=16)
plt.show()
```

视频二维码：例 3-62

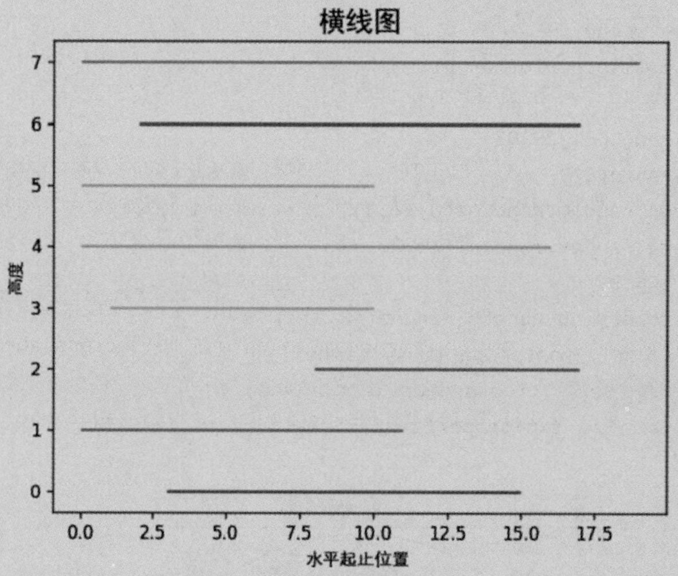

图 3-67　例 3-62 程序运行结果

例 3-63　绘制茎叶图，也称杆图、火柴杆图。运行结果如图 3-68 所示。

```
import numpy as np
import matplotlib.pyplot as plt

np.random.seed(1651024751)
plt.stem(range(6), np.random.randint(1,10,6),
         linefmt='g-.', markerfmt='ro', basefmt='b-')
plt.show()
```

视频二维码：例 3-63

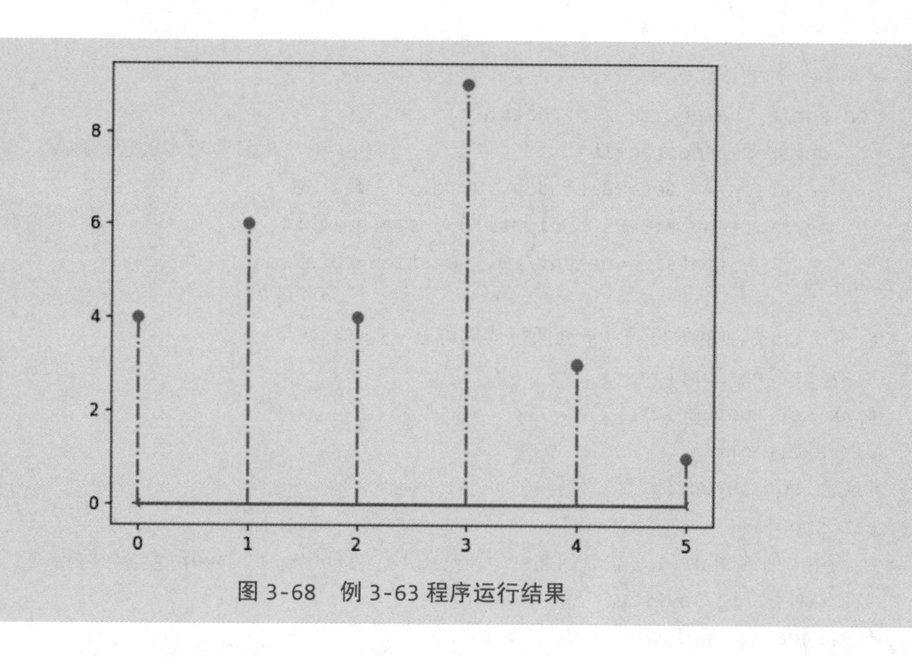

图 3-68　例 3-63 程序运行结果

例 3-64　在极坐标系中绘制柱状图,实现南丁格尔玫瑰图。运行结果如图 3-69 所示。

视频二维码：例 3-64

```
from math import degrees
import numpy as np
import matplotlib.pyplot as plt

# 创建图形，设置尺寸（单位为英寸）
fig = plt.figure(figsize=(10,6))
ax = plt.subplot(111, projection='polar')          # 创建极坐标子图
ax.set_theta_direction(-1)                          # 顺时针绘制
# 设置正上方为 0° ，绘制第一个柱的起始位置
ax.set_theta_zero_location('N')

r = np.arange(100, 800, 20)
theta = np.linspace(0, np.pi*2, len(r), endpoint=False)
np.random.seed(20220704)
# 在极坐标系中绘制柱状图
ax.bar(theta, r,                                    # 角度对应位置，半径对应高度
       width=0.18,                                  # 每个柱的宽度
       color=np.random.random((len(r),3)),          # 随机颜色
       align='edge',                                # 从指定角度的径向开始绘制
       bottom=100)                                  # 柱的底面沿半径方向开始的位置

# 在圆心位置显示文本
ax.text(np.pi*3/2-0.2, 90, 'Origin', fontsize=12)
```

```
# 在每个柱的顶部显示文本表示高度和数值大小
for angle, height in zip(theta, r):
    deg = degrees(angle)                              # 计算文本的旋转角度
    rotation = -deg+90 if deg<180 else -deg-90
    ax.text(angle+0.03, height+105, str(height),
            fontsize=height/80, rotation=rotation)

# 不显示坐标轴和网格线，下面两行代码可以实现同样效果
# ax.set_rgrids([])
# ax.set_thetagrids([])
plt.axis('off')
fig.tight_layout()
plt.show()
# 调用上面的 show() 之后会创建一个新的图形，再调用 plt.savefig() 时会得到空白图形
# 所以使用 fig.savefig() 保存图形
fig.savefig('polarBar.png', dpi=480)
```

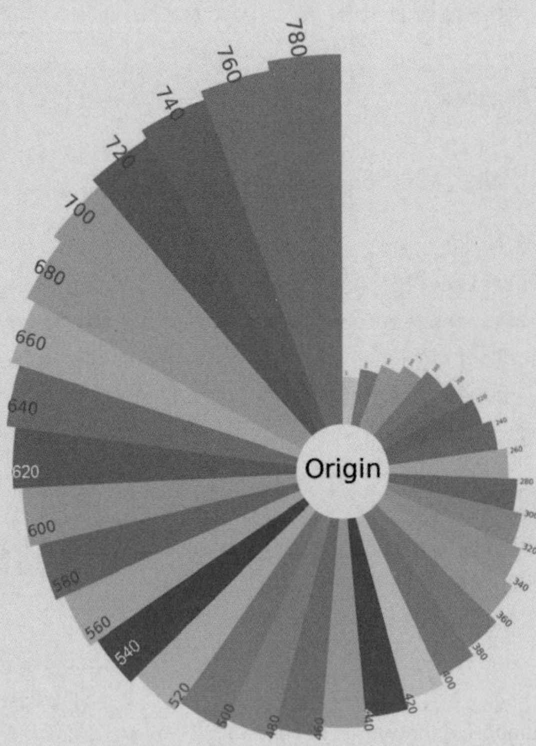

图 3-69　例 3-64 程序运行结果

例 3-65　根据给定的数据绘制直方图。运行结果如图 3-70 所示，修改代码设置参数 histtype='step' 后运行结果如图 3-71 所示。

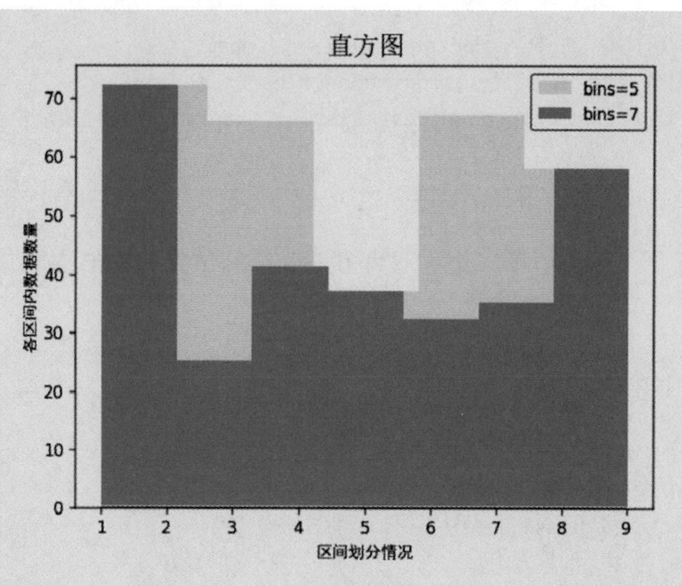

图 3-70　例 3-65 程序运行结果（一）

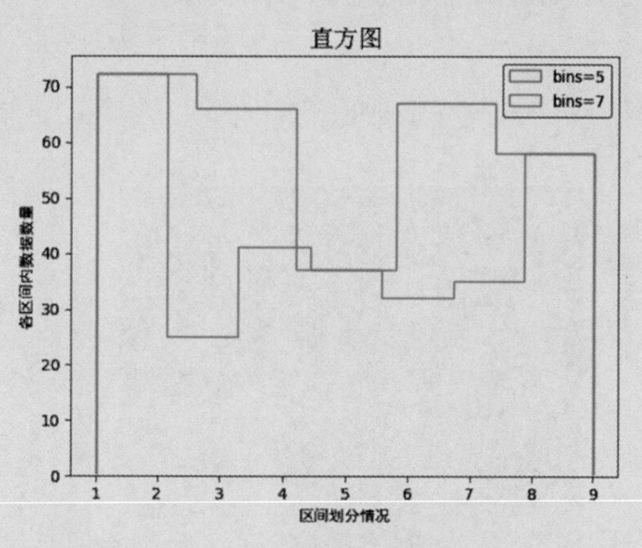

图 3-71　例 3-65 程序运行结果（二）

视频二维码：例 3-65

```
import numpy as np
import matplotlib.pyplot as plt

np.random.seed(1651544461)
data = np.random.randint(1, 10, 300)
# 加参数 histtype='step' 可以绘制不填充的阶梯图
# 参数 histtype='stepfilled' 时可以使用参数 alpha 设置透明度
plt.hist(data, 5, color='blue', label='bins=5')
plt.hist(data, 7, color='purple', label='bins=7')
```

```
plt.xlabel('区间划分情况', fontproperties='simhei')
plt.ylabel('各区间内数据数量', fontproperties='simhei')
plt.title('直方图', fontproperties='simsun', fontsize=16)
plt.legend()
plt.show()
```

例 3-66　绘制二维直方图，也称双直方图。绘制结果和输出结果分别如图 3-72 和图 3-73 所示。

视频二维码：例 3-66

```
import matplotlib.pyplot as plt

x = [1, 2, 3, 4, 5, 6, 7, 7, 7, 7, 7, 7, 8]
y = [5, 5, 5, 5, 5, 5, 5, 6, 6, 7, 8, 9, 15]
# h 是形状为 (len(x_bins),len(y_bins)) 的二维数组
# 一个方向表示数据 x 的直方图，另一个方向表示数据 y 的直方图
# 图像根据 xedges 和 yedges 进行分块划分，每个分块的颜色与分块内数据数量对应
h, xedges, yedges, image = plt.hist2d(x, y, bins=[3,4])
h = h.T[::-1]                    # 转置后再垂直翻转，得到的数组与绘制的图像对应
print(h, xedges, yedges, sep='\n')
plt.colorbar(image).set_label('counts in bins')
plt.show()
```

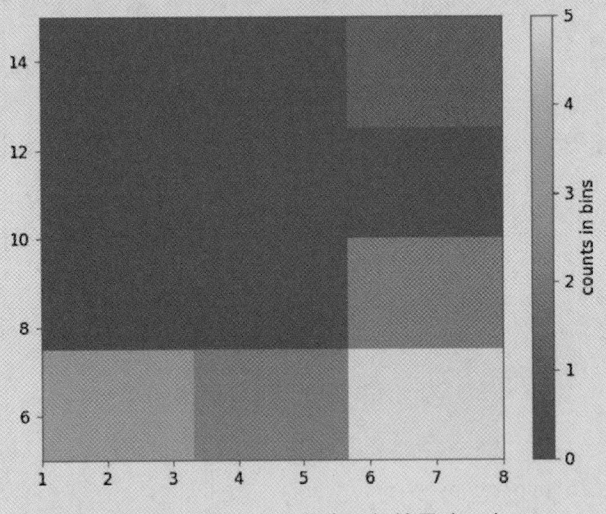

图 3-72　例 3-66 程序运行结果（一）

```
[[0. 0. 1.]
 [0. 0. 0.]
 [0. 0. 2.]
 [3. 2. 5.]]
[1.         3.33333333 5.66666667 8.        ]
[ 5.   7.5 10.  12.5 15. ]
```

图 3-73　例 3-66 程序运行结果（二）

例 3-67 绘制六边形二维直方图。运行结果如图 3-74 所示。

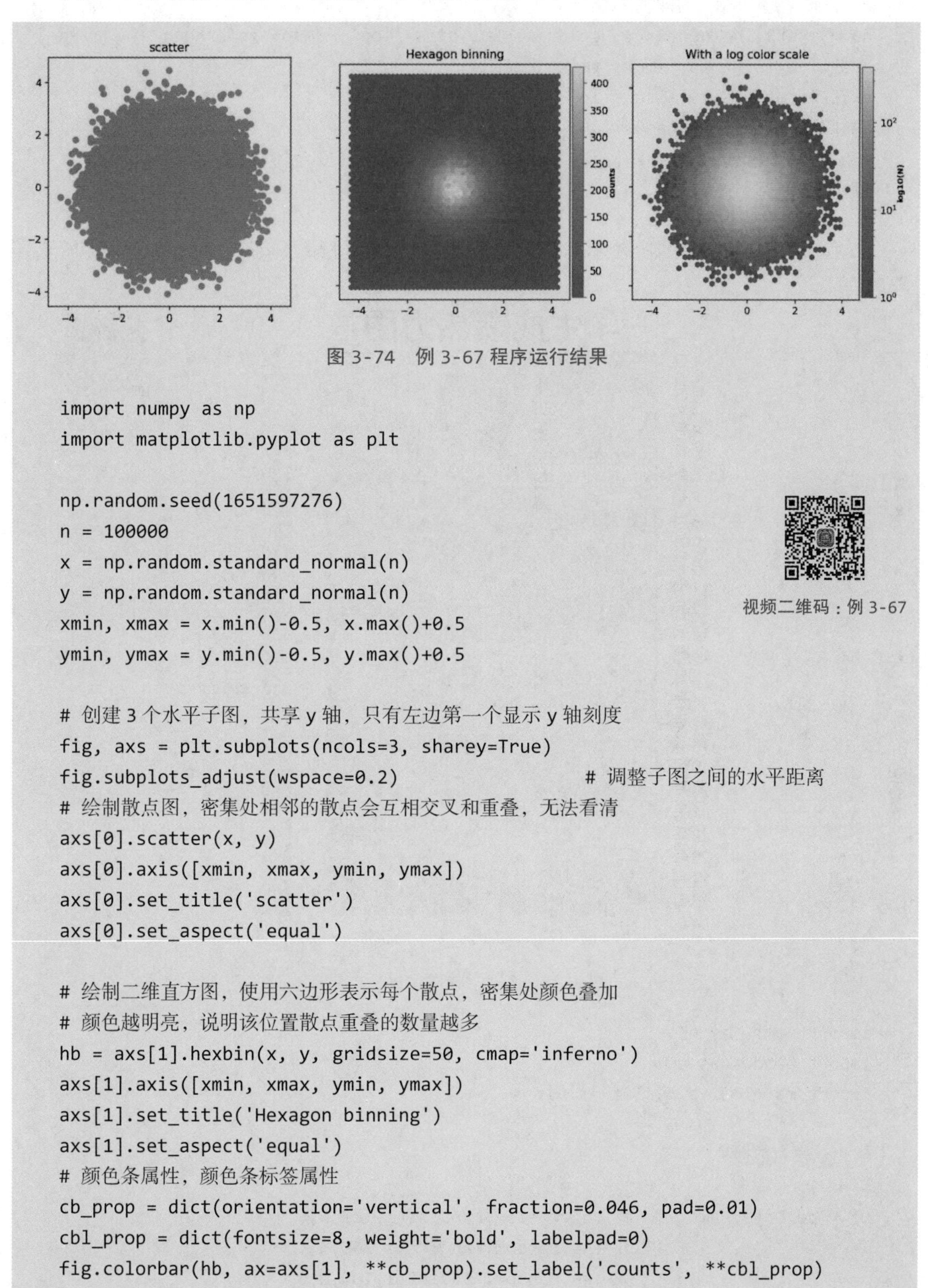

图 3-74 例 3-67 程序运行结果

```
import numpy as np
import matplotlib.pyplot as plt

np.random.seed(1651597276)
n = 100000
x = np.random.standard_normal(n)
y = np.random.standard_normal(n)
xmin, xmax = x.min()-0.5, x.max()+0.5
ymin, ymax = y.min()-0.5, y.max()+0.5

# 创建 3 个水平子图，共享 y 轴，只有左边第一个显示 y 轴刻度
fig, axs = plt.subplots(ncols=3, sharey=True)
fig.subplots_adjust(wspace=0.2)                    # 调整子图之间的水平距离
# 绘制散点图，密集处相邻的散点会互相交叉和重叠，无法看清
axs[0].scatter(x, y)
axs[0].axis([xmin, xmax, ymin, ymax])
axs[0].set_title('scatter')
axs[0].set_aspect('equal')

# 绘制二维直方图，使用六边形表示每个散点，密集处颜色叠加
# 颜色越明亮，说明该位置散点重叠的数量越多
hb = axs[1].hexbin(x, y, gridsize=50, cmap='inferno')
axs[1].axis([xmin, xmax, ymin, ymax])
axs[1].set_title('Hexagon binning')
axs[1].set_aspect('equal')
# 颜色条属性，颜色条标签属性
cb_prop = dict(orientation='vertical', fraction=0.046, pad=0.01)
cbl_prop = dict(fontsize=8, weight='bold', labelpad=0)
fig.colorbar(hb, ax=axs[1], **cb_prop).set_label('counts', **cbl_prop)
```

视频二维码：例 3-67

```
# 绘制二维直方图，对颜色值取对数
hb = axs[2].hexbin(x, y, gridsize=50, bins='log', cmap='inferno')
axs[2].axis([xmin, xmax, ymin, ymax])
axs[2].set_title('With a log color scale')
axs[2].set_aspect('equal')
fig.colorbar(hb, ax=axs[2], **cb_prop).set_label('log10(N)', **cbl_prop)
plt.show()
```

例 3-68　使用热力图比较不同班级相同学号学生的成绩。运行结果如图 3-75 所示。

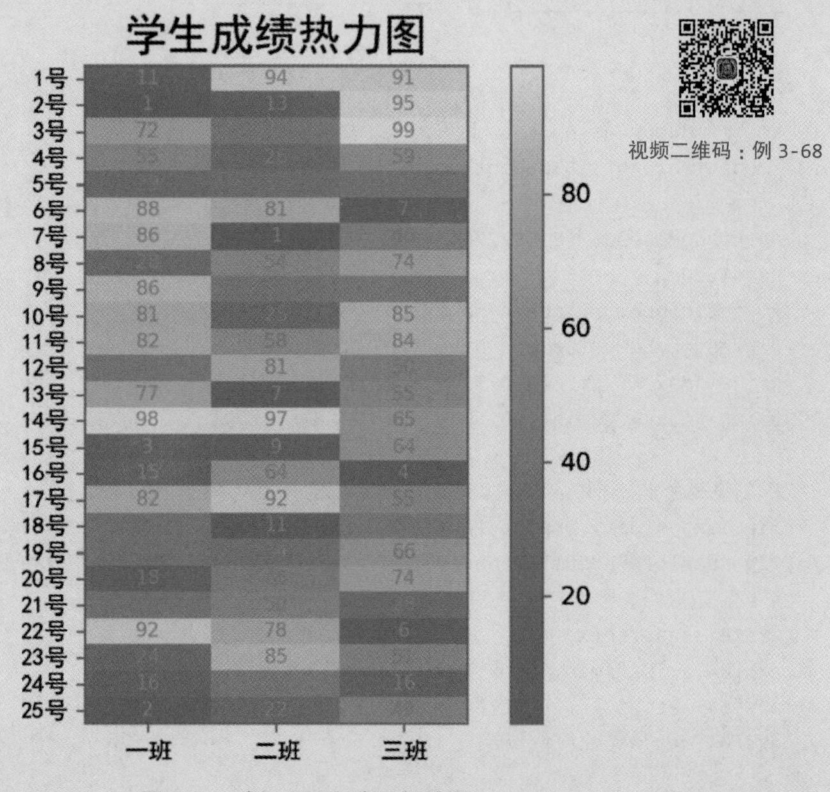

视频二维码：例 3-68

图 3-75　例 3-68 程序运行结果

```
import numpy as np
import pandas as pd
import matplotlib.pyplot as plt

# 生成模拟数据
N = 25
df = pd.DataFrame({'一班':np.random.randint(1,100,N),
                   '二班':np.random.randint(1,100,N),
                   '三班':np.random.randint(1,100,N)})
im = plt.imshow(df.values)              # 绘制图形
```

```
# 设置坐标轴标签和标题
plt.xticks([0,1,2], df.columns, fontproperties='simhei')
plt.yticks(range(25), [f'{i+1}号' for i in range(25)],
           fontproperties='simhei')
plt.title('学生成绩热力图', fontproperties='simhei', fontsize=18)
plt.gca().set_aspect(0.2)          # 设置坐标轴纵横比
for i, row in enumerate(df.values):
    for j, value in enumerate(row):
        plt.text(j, i, value, fontsize=8, color='r',
                 va='center', ha='center')
plt.colorbar(im)                     # 设置颜色条
plt.savefig('test.png', dpi=240)
```

3.5　绘制饼状图

pyplot 模块中的函数 pie() 和子图对象的 pie() 方法用来绘制饼状图，完整语法如下。

```
pie(x, explode=None, labels=None, colors=None, autopct=None,
    pctdistance=0.6, shadow=False, labeldistance=1.1, startangle=0,
    radius=1, counterclock=True, wedgeprops=None, textprops=None,
    center=(0, 0), frame=False, rotatelabels=False, *, normalize=True,
    data=None)
```

其中，参数 x 指定用来绘制饼状图的数据，饼状图中每个扇形区域的面积由 x/sum(x) 确定，如果 sum(x)<1，直接绘制并且留有空白 1-sum(x)；autopct 用来确定每个扇形上显示的文本，可以为 None、字符串或可调用对象；参数 pctdistance 用来确定字符串与饼心的距离，值为表示半径比例的实数；counterclock 用来确定是逆时针绘制还是顺时针绘制；rotatelabels 用来确定是否旋转标签来适应角度的方向。

绘制饼状图时应注意，人眼对面积的大小不敏感，如果饼状图中有两个以上面积相近的扇形，人眼是很难分辨出哪个大哪个小，应在饼状图中同时显示每个扇形区域所占的百分比。

例 3-69　绘制饼状图，设置扇形边线属性和百分比文本属性。运行结果如图 3-76 所示。

视频二维码：例 3-69

```
import matplotlib.pyplot as plt

plt.pie([5, 10, 5, 10], explode=[0, 0, 0, 0.1], labels=list('ABCD'),
```

```
        autopct='{:.2f}%'.format, textprops={'fontsize':18, 'color':'k'},
        wedgeprops={'linewidth': 1, 'edgecolor':  "black" })
plt.axis('equal')                    # 纵横比相等，饼为正圆
plt.show()
```

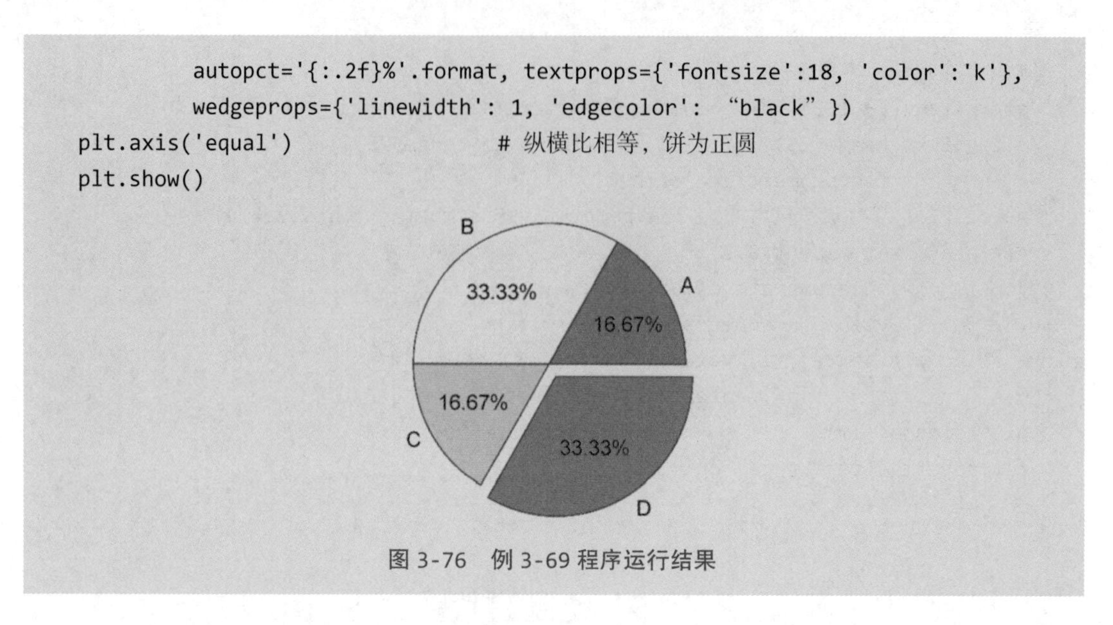

图 3-76　例 3-69 程序运行结果

例 3-70　已知某班级所有同学的数据结构、线性代数、英语和 Python 课程考试成绩，要求绘制饼状图显示每门课的成绩中优（85 分及以上）、及格（60~84 分）、不及格（60 分以下）的占比。运行结果如图 3-77 所示。

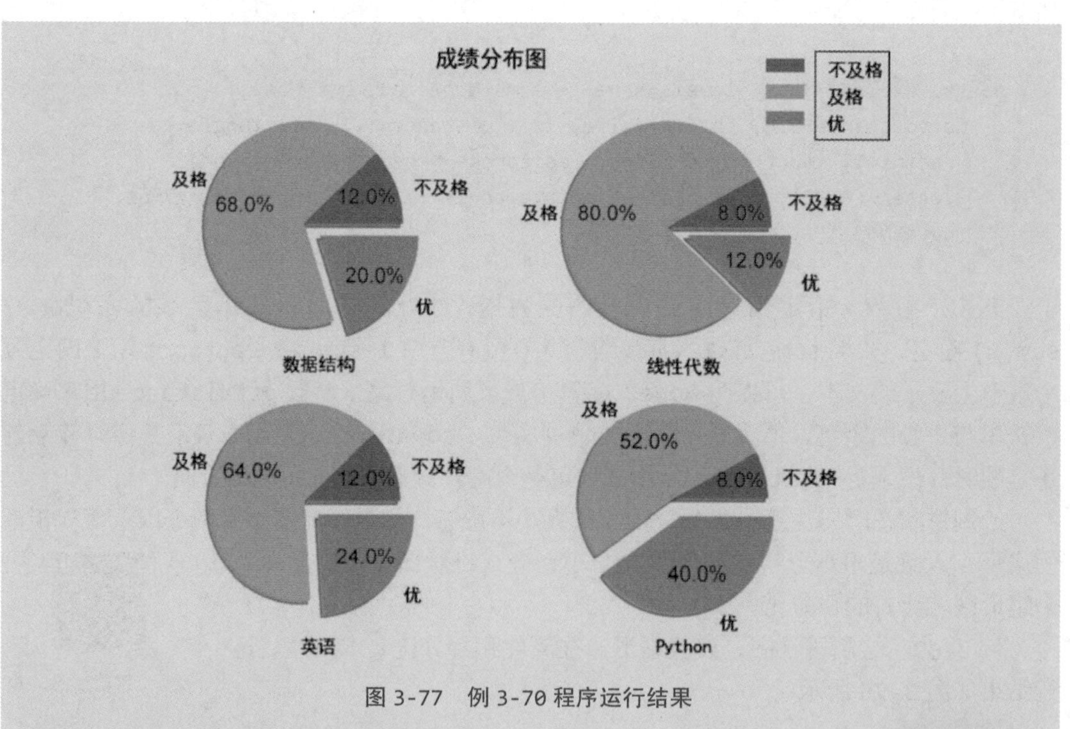

图 3-77　例 3-70 程序运行结果

```
from itertools import groupby
import matplotlib.pyplot as plt

# 设置图形中使用中文字体
```

视频二维码：例 3-70

```
plt.rcParams['font.sans-serif'] = ['simhei']

# 每门课程的成绩
scores = {'数据结构': [89, 70, 49, 87, 92, 84, 73, 71, 78, 81, 90, 37,
                     77, 82, 81, 79, 80, 82, 75, 90, 54, 80, 70, 68, 61],
          '线性代数': [70, 74, 80, 60, 50, 87, 68, 77, 95, 80, 79, 74,
                     69, 64, 82, 81, 78, 90, 78, 79, 72, 69, 45, 70, 70],
          '英语': [83, 87, 69, 55, 80, 89, 96, 81, 83, 90, 54, 70, 79,
                 66, 85, 82, 88, 76, 60, 80, 75, 83, 75, 70, 20],
          'Python': [90, 60, 82, 79, 88, 92, 85, 87, 89, 71, 45, 50,
                     80, 81, 87, 93, 80, 70, 68, 65, 85, 89, 80, 72, 75]}

# 自定义分组函数，在下面的groupby()函数中使用
def splitScore(score):
    if score>=85:
        return '优'
    elif score>=60:
        return '及格'
    else:
        return '不及格'

# 统计每门课程中优、及格、不及格的人数
# ratios的格式为{'课程名称':{'优':3, '及格':5, '不及格':1},...}
ratios = dict()
for subject, subjectScore in scores.items():
    ratios[subject] = {}
    # groupby()函数需要对原始分数进行排序才能正确分类
    for category, num in groupby(sorted(subjectScore), splitScore):
        ratios[subject][category] = len(tuple(num))

# 创建4个子图，axs是包含4个子图的二维数组
fig, axs = plt.subplots(2, 2)
fig.suptitle('成绩分布图')                        # 整个图形的标题
axs.shape = 4,                                    # 把axs改为一维数组
# 依次在4个子图中绘制每门课程的饼状图
for index, subjectData in enumerate(ratios.items()):
    plt.sca(axs[index])                           # 选择子图
    subjectName, subjectRatio = subjectData
    plt.pie(list(subjectRatio.values()),          # 每个扇形对应的数
            labels=list(subjectRatio.keys()),     # 每个扇形的标签
            explode=(0, 0, 0.2),                  # 每个饼状图的第3个扇形偏离饼心
            pctdistance=0.6,                      # 百分比文本与饼心的距离
            autopct='{:.1f}%'.format,             # 百分比显示格式
```

```
            shadow=True)                            # 显示阴影
    plt.xlabel(subjectName)
    plt.axis('equal')
# 4个饼状图共用一个图例
plt.legend(loc='upper right', bbox_to_anchor=(1.2,2.5))
plt.show()
```

例 3-71　饼状图绘制与属性设置。运行结果如图 3-78 所示。

视频二维码：例 3-71

```
import numpy as np
import matplotlib.pyplot as plt

labels = ('Frogs', 'Cats', 'Dogs', 'Horses')
colors = ('#FF0000', 'yellowgreen', 'gold', 'blue')
explode = (0, 0.02, 0, 0.08)          # 使所有饼状图中第2个扇形和第4个扇形裂开

fig = plt.figure(num=1,               # num为数字表示图像编号
                                      # 如果是字符串则表示图形窗口标题
                 figsize=(10,8),      # 图形大小，格式为(宽度,高度)，单位为英寸
                 dpi=110,             # 分辨率
                 facecolor='white')   # 背景色

np.random.seed(20220702)
ax = fig.gca()                        # 获取当前轴域（或子图）
ax.pie(np.random.random(4),           # 4个介于0~1的随机数据
       explode=explode,               # 设置每个扇形的裂出情况
       labels=labels,                 # 设置每个扇形的标签
       labeldistance=1.2,             # 扇形标签到饼心的距离
       colors=colors,                 # 设置每个扇形的颜色
       pctdistance=0.5,               # 设置扇形内百分比文本与中心的距离
       autopct='{:.2f}%'.format,      # 设置每个扇形上百分比文本的格式
       shadow=True,                   # 使用阴影，呈现一定的立体感
       startangle=90,                 # 设置第一块扇形的起始角度
       radius=0.25,                   # 设置饼的半径
       center=(0,0),                  # 设置饼在图形窗口中的坐标
       counterclock=False,            # 顺时针绘制，默认是逆时针
       frame=True)                    # 显示图形边框
ax.pie(np.random.random(4), explode=explode, labels=labels,
       labeldistance=1.4, colors=colors, pctdistance=0.5,
       autopct='{:.2f}%'.format, shadow=True,
       startangle=45, radius=0.25, center=(1, 1), frame=True)
ax.pie(np.random.random(4), explode=explode, labels=labels,
       labeldistance=1.2, colors=colors, pctdistance=0.5,
```

```
        autopct='{:.2f}%'.format, shadow=True,
        startangle=90, radius=0.25, center=(0, 1), frame=True)
ax.pie(np.random.random(4), explode=explode, labels=labels,
        labeldistance=1.2, colors=colors, pctdistance=0.5,
        autopct='{:.2f}%'.format, shadow=False,
        startangle=135, radius=0.35, center=(1, 0), frame=True)
ax.set_xticks([0, 1])                             # 设置 x 轴坐标轴刻度
ax.set_yticks([0, 1])                             # 设置 y 轴坐标轴刻度
ax.set_xticklabels(['Sunny', 'Cloudy'])           # 设置坐标轴刻度上的标签
ax.set_yticklabels(['Dry', 'Rainy'])
ax.set_xlim((-0.6, 1.6))                          # 设置坐标轴跨度
ax.set_ylim((-0.6, 1.6))
ax.set_aspect('equal')                            # 设置纵横比相等
plt.show()
```

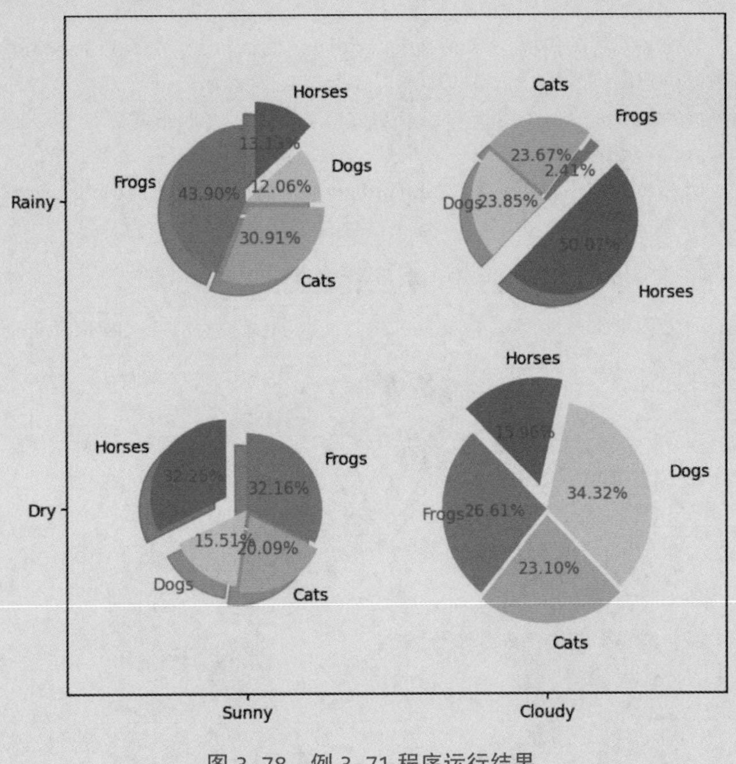

图 3-78　例 3-71 程序运行结果

例 3-72　编写 Python 程序，调用 Matplotlib，绘制嵌套的环状图可视化某商店一年 12 个月的营业额，外圈表示每个月的营业额，内圈表示每个季度的营业额。运行结果如图 3-79 所示。

视频二维码：例 3-72

```
import matplotlib.pyplot as plt
```

```
# 每个月的销售额
month = [5.2, 2.7, 5.8, 5.7, 7.3, 9.2, 18.7, 15.6, 20.5, 18.0, 7.8, 6.9]
# 按季度分组求和
quarter = list(map(lambda i:sum(month[i:i+3]), range(0,len(month),3)))
# 外圈饼状图
plt.pie(month, radius=1, autopct='{:.1f}%'.format, pctdistance=0.85,
        labels=[f'{i}月' for i in range(1,13)],
        labeldistance=1.01, textprops={'family':'simhei'})
# 内圈饼状图
patches, texts, autotexts = plt.pie(quarter, radius=0.7,
                                    autopct='{:.1f}%'.format,
                                    pctdistance=0.7)
# 最内层的空心圆
plt.pie([1], radius=0.4, colors=[plt.gca().get_facecolor()])
# 图形标题
plt.title('月份/季度销售额', fontproperties='simhei', fontsize=18)
# 为中间层的环创建图例
plt.legend(patches, ['一季度', '二季度', '三季度', '四季度'],
           prop='simsun',
           title='内圈图例', title_fontproperties='microsoft yahei')
plt.show()
```

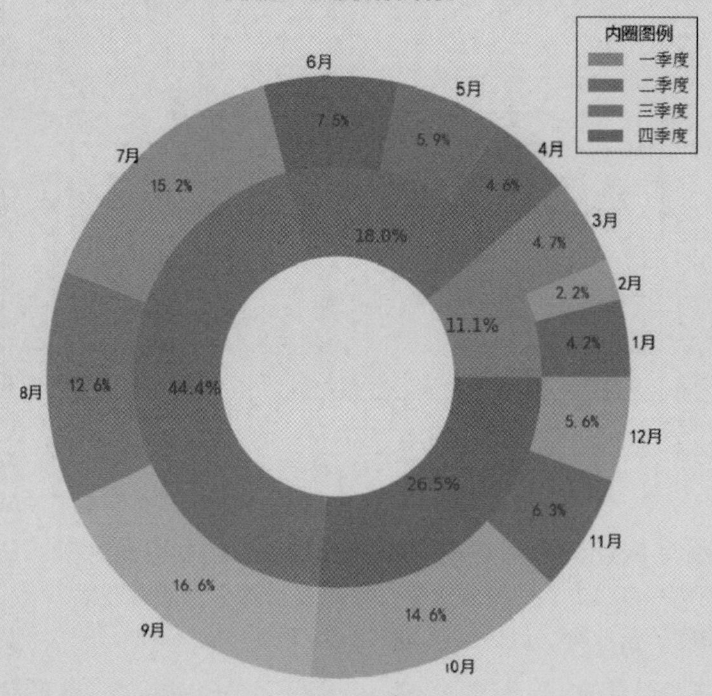

图 3-79　例 3-72 程序运行结果

3.6　绘制雷达图

雷达图是极坐标系图形，也称为戴布拉图、蜘蛛网图、极坐标图、网络图、星图、不规则多边形图或 Kiviat 图。雷达图可以直观地展现多维数据集，查看哪些变量具有相似的值、变量之间是否有异常值，适合用于查看哪些变量在数据集内得分较高或较低，可以很好地展示性能和优势，以及展现某个数据集的多个关键特征，或者展现某个数据集的多个关键特征和标准值的比对，一般适用于比较多组数据在多个维度上的取值。

可以使用 polar() 函数直接创建极坐标系并绘制折线图，例如

```
polar(theta, r, **kwargs)
```

也可以先创建极坐标系，然后再调用子图的 plot()、bar()、pie() 等方法在极坐标系中绘制折线图、柱状图、饼状图等。

```
ax = plt.subplot(111, projection='polar')
ax = plt.subplot(111, polar=True)
```

例 3-73　绘制一颗红色五角星。运行结果如图 3-80 所示。

视频二维码：例 3-73

```
import numpy as np
import matplotlib.pyplot as plt

labels = np.array(list('abcdefghij'))          # 设置标签
data = np.array([11,4]*5)                      # 创建模拟数据
dataLength = len(labels)                       # 数据长度

# angles 数组把圆周等分为 dataLength 份
angles = np.linspace(0,                        # 数组第一个数据
                     2*np.pi,                  # 数组最后一个数据
                     dataLength,               # 数组中数据数量
                     endpoint=False)           # 不包含终点
data = np.append(data, data[0])
angles = np.append(angles, angles[0])          # 首尾相接，使得曲线闭合
# 绘制雷达图
plt.polar(angles,                              # 设置角度
          data,                                # 设置各角度上的数据
          'rv--',                              # 设置颜色、线型和端点符号
          linewidth=2)                         # 设置线宽
```

```
# 设置不同角度的标签
plt.thetagrids(angles[:10]*180/np.pi, labels)
# 设置角度的起始方向和偏移量，正东方然后逆时针旋转 17.5° 开始绘制
plt.gca().set_theta_zero_location('E', offset=17.5)
# 设置填充色
plt.fill(angles,                           # 设置角度
         data,                             # 设置各角度上的数据
         facecolor='r',                    # 设置填充色
         alpha=0.6)                        # 设置透明度
# 标记数值
for theta, r in zip(angles[:10], data[:10]):
    plt.text(theta, r, str(r), ha='center', va='center', color='b')
plt.ylim(0, 12)                            # 设置坐标跨度
plt.grid(False)                            # 不显示内部网格线
# plt.gca().spines['polar'].set_visible(False)       # 不显示最外层网格线
plt.yticks([])                             # 不显示径向的数字
# plt.axis('off')                          # 不显示所有网格线和径向数字
plt.show()
```

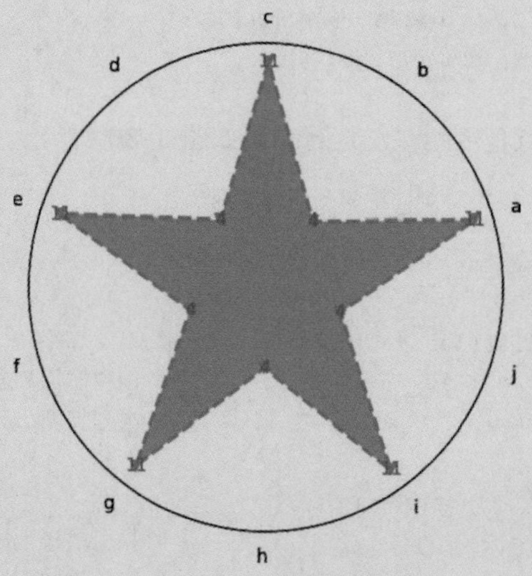

图 3-80　例 3-73 程序运行结果

例 3-74　绘制花瓣图案。运行结果如图 3-81 所示。

```
import numpy as np
import matplotlib.pyplot as plt

ax = plt.subplot(111, polar=True)
theta = np.linspace(0, 2*np.pi, 200)
r = np.sin(6*theta)
```

```
ax.plot(theta, r, color='r', lw=3)
# 设置径向网格线，两行代码等价
# ax.set_rgrids(np.arange(-1,1.1,0.5))
ax.set_yticks(np.arange(-1,1.1,0.5))
# 设置角度方向的网格线
ax.set_xticks(np.arange(0, 2*np.pi, 1))
ax.spines['polar'].set_visible(False)
# plt.axis('off')
plt.show()
```

图 3-81　例 3-74 程序运行结果

视频二维码：例 3-75

例 3-75　很多学校的毕业证和学位证只能体现一种学习经历或者证明达到该学习阶段的最低要求，并不能体现学生的综合能力以及擅长的学科与领域，所以大部分单位在招聘时往往还需要借助于成绩单进行综合考察。但单独的表格式成绩单不是很直观，并且存在造假的可能。在证书上列出学生所有课程的成绩不太现实，可以考虑把每个学生的专业核心课成绩绘制成雷达图印在学位证书上，这样既可以让用人单位非常直观地了解学生的综合能力，也比单独打印的成绩单要权威和正式很多。编写程序，根据两位相同专业学生的部分专业核心课程和成绩绘制雷达图。运行结果如图 3-82 所示。

```
import numpy as np
import matplotlib.pyplot as plt

plt.rcParams['font.sans-serif'] = ['simhei']

# 某学生的课程与成绩
courses = ['C++', 'Python', '高数', '大学英语', '软件工程',
           '组成原理', '数字图像处理', '计算机图形学']
scores1 = [80, 95, 78, 85, 45, 65, 80, 60]
```

```
scores2 = [45, 77, 93, 60, 75, 90, 80, 90]
dataLength = len(courses)                         # 数据长度

# angles 数组把圆周等分为 dataLength 份
angles = np.linspace(0,                           # 数组第一个数据
                     2*np.pi,                     # 数组最后一个数据
                     dataLength,                  # 数组中数据数量
                     endpoint=False)              # 不包含终点
scores1.append(scores1[0])
scores2.append(scores2[0])
angles = np.append(angles, angles[0])             # 闭合
# 绘制雷达图
plt.polar(angles,                                 # 设置角度
          scores1,                                # 设置各角度上的数据
          'r*--',                                 # 设置颜色、线型和端点符号
          linewidth=2,                            # 设置线宽
          label='张三')                           # 设置在图例中显示的标签
# 填充雷达图内部
plt.fill(angles, scores1, facecolor='r', alpha=0.3)
plt.polar(angles, scores2, 'g^--', linewidth=2, label='李四')
plt.fill(angles, scores2, facecolor='g', alpha=0.3)

# 设置角度网格标签，两个同学共用
plt.thetagrids(angles[:8]*180/np.pi, courses)
# 设置图例位置
plt.legend(loc='upper right', bbox_to_anchor=(1.1,1.1))
plt.show()
```

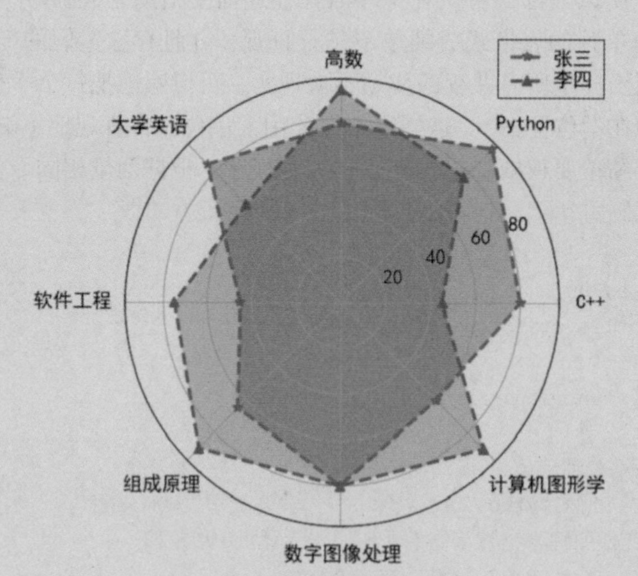

图 3-82　例 3-75 程序运行结果

例 3-76 为了分析家庭开销的详细情况，也为了更好地进行家庭理财，张三对 2022 年每个月的蔬菜、水果、肉类、日用品、旅游、随礼等各项支出做了详细记录，如表 3-9 所示。编写程序，根据张三的家庭开销情况绘制雷达图。运行结果如图 3-83 所示。

表 3-9 张三家庭开销情况 单位：元

月 份	1	2	3	4	5	6	7	8	9	10	11	12
蔬 菜	1350	1500	1330	1550	900	1400	980	1100	1370	1250	1000	1100
水 果	400	600	580	620	700	650	860	900	880	900	600	600
肉 类	480	700	370	440	500	400	360	380	480	600	600	400
日用品	1100	1400	1040	1300	1200	1300	1000	1200	950	1000	900	950
衣 服	650	3500	0	300	300	3000	1400	500	800	2000	0	0
旅 游	4000	1800	0	0	0	0	0	4000	0	0	0	0
随 礼	0	4000	0	600	0	1000	600	1800	800	0	0	1000

```
import numpy as np
import matplotlib.pyplot as plt
import matplotlib.font_manager as fm

# 一年 12 个月每月支出数据
data = {'蔬菜': [1350, 1500, 1330, 1550, 900, 1400, 980, 1100, 1370,
                 1250, 1000, 1100],
        '水果': [400, 600, 580, 620, 700, 650, 860, 900, 880, 900,
                 600, 600],
        '肉类': [480, 700, 370, 440, 500, 400, 360, 380, 480, 600,
                 600, 400],
        '日用品': [1100, 1400, 1040, 1300, 1200, 1300, 1000, 1200, 950,
                  1000, 900, 950],
        '衣服': [650, 3500, 0, 300, 300, 3000, 1400, 500, 800, 2000, 0, 0],
        '旅游': [4000, 1800, 0, 0, 0, 0, 0, 4000, 0, 0, 0, 0],
        '随礼': [0, 4000, 0, 600, 0, 1000, 600, 1800, 800, 0, 0, 1000]}
dataLength = len(data['蔬菜'])                    # 数据长度
# angles 数组把圆周等分为 dataLength 份
angles = np.linspace(0, 2*np.pi, dataLength, endpoint=False)
markers = tuple('*v^Do')                         # 散点符号
for col in data.keys():
    # 使用随机颜色和标记符号，分别绘制极坐标折线图（不闭合）
    color = '#'+''.join(map('{:02x}'.format, np.random.randint(0,255,3)))
    plt.polar(angles, data[col], color=color,
              marker=np.random.choice(markers), label=col)

# 设置角度网格标签
plt.thetagrids(angles*180/np.pi, list(map(lambda i:'%d月'%i, range(1,13))),
```

```
                 fontproperties='simhei')
# 创建和设置图例字体
font = fm.FontProperties(fname=r'C:\Windows\Fonts\simkai.ttf')
plt.legend(prop=font)
plt.show()
```

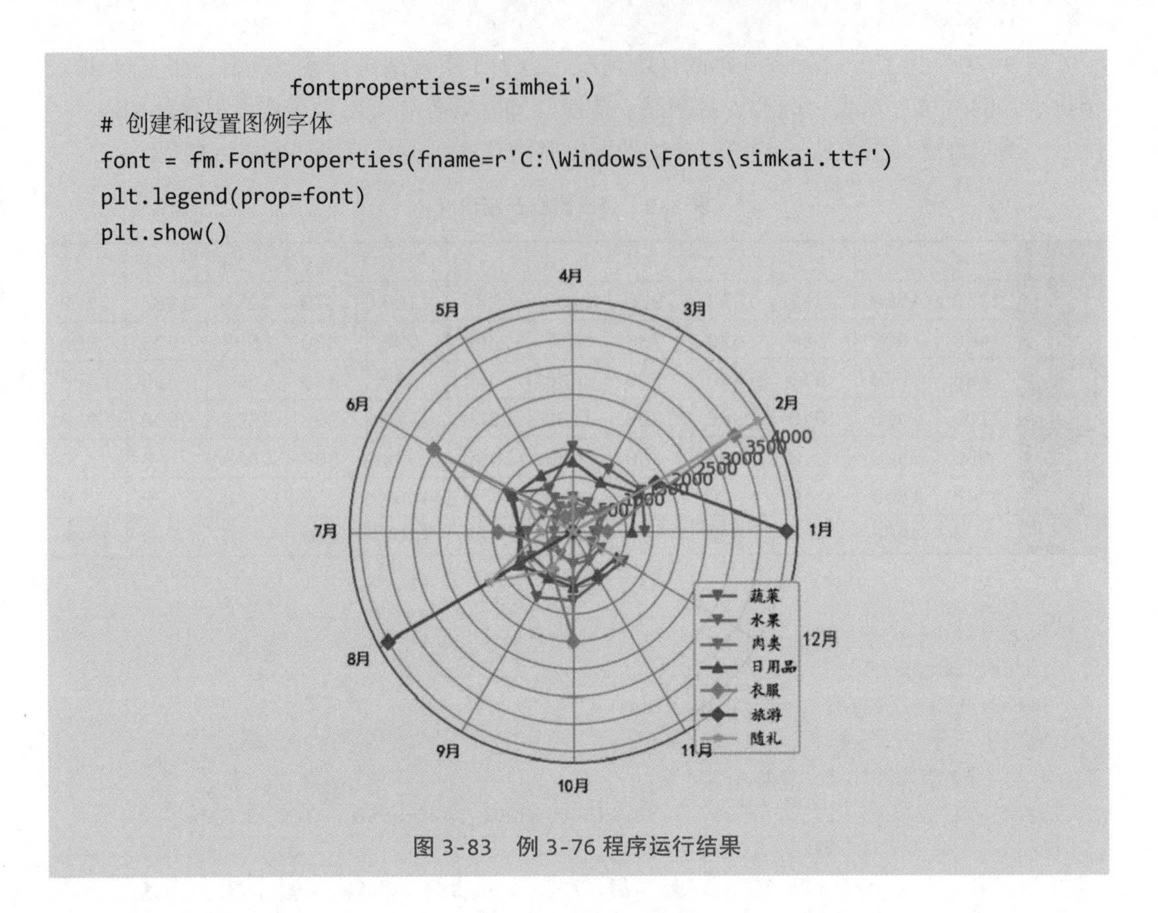

图 3-83　例 3-76 程序运行结果

3.7　绘制箱线图

箱线图是一种用来描述数据分布的统计图形，方便观察数据的中位数、中值、四分位数、最大值（或上边缘）、最小值（或下边缘）和异常值等描述性统计量。

```
boxplot(x, notch=None, sym=None, vert=None, whis=None, positions=None,
        widths=None, patch_artist=None, bootstrap=None, usermedians=None,
        conf_intervals=None, meanline=None, showmeans=None, showcaps=None,
        showbox=None, showfliers=None, boxprops=None, labels=None,
        flierprops=None, medianprops=None, meanprops=None, capprops=None,
        whiskerprops=None, manage_ticks=True, autorange=False,
        zorder=None, *, data=None)
```

例 3-77　编写程序，生成随机数据，然后绘制箱线图。运行结果如图 3-84 所示。

```
import numpy as np
import matplotlib.pyplot as plt
```

```python
np.random.seed(20220704)
data = np.concatenate((np.random.randint(35, 55, 25),
                       np.random.randint(55, 80, 15)))
data[[25,26]] = 10, 99                    # 手动加入异常值
plt.boxplot(data,
            # 显示均值
            showmeans=True,
            # 设置均值为绿色下三角符号
            meanprops={'marker': 'v', 'color':'green'},
            # 使用2像素宽的红色虚线显示中值
            medianprops={'lw':2, 'ls':'--', 'color':'red'},
            # 使用凹凸的形式显示箱线图
            notch=True,
            # 显示橘红色箱体，可以增加线型、线宽等更多属性
            boxprops={'color':'orangered'},
            # 显示异常值
            showfliers=True,
            # 设置异常值的显示形式
            flierprops={'marker':'*', 'markersize':10},
            # 使用蓝色点画线显示箱线图的须
            whiskerprops={'ls':'-.', 'color':'blue'})
plt.yticks(range(0, 101, 20))
plt.show()
```

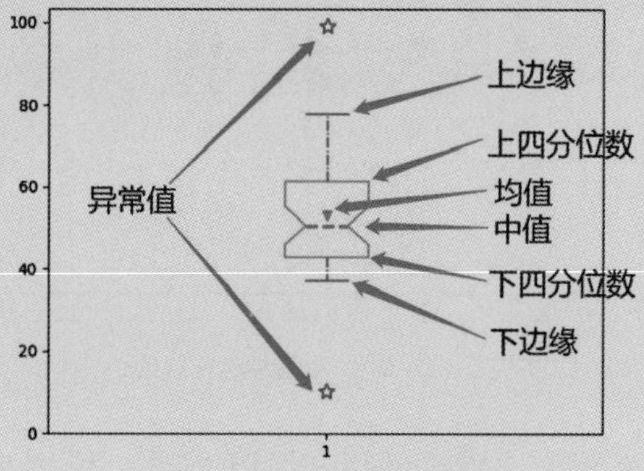

视频二维码：例3-77

图3-84　例3-77程序运行结果

3.8　绘制小提琴图

绘制小提琴图使用的函数如下：

```
violinplot(dataset, positions=None, vert=True, widths=0.5,
           showmeans=False, showextrema=True, showmedians=False,
           quantiles=None, points=100, bw_method=None, *, data=None)
```

该函数返回一个字典，每个“键”对应小提琴图中的一个组成部分，有 'bodies'、'cmeans'、'cmins'、'cmaxes'、'cbars'、'cmedians'、'cquantiles'。

例 3-78　绘制小提琴图，显示指定的分位数。运行结果如图 3-85 所示。

视频二维码：例 3-78

```
import numpy as np
import matplotlib.pyplot as plt

np.random.seed(1651256989)
dataset = np.random.normal(size=(500,1))
# 绘制垂直的小提琴图
parts = plt.violinplot(dataset, quantiles=[0.2,0.4,0.6,0.8])
# 设置分位数线条颜色
parts['cquantiles'].set_colors(['r','g','b','k'])
plt.show()
```

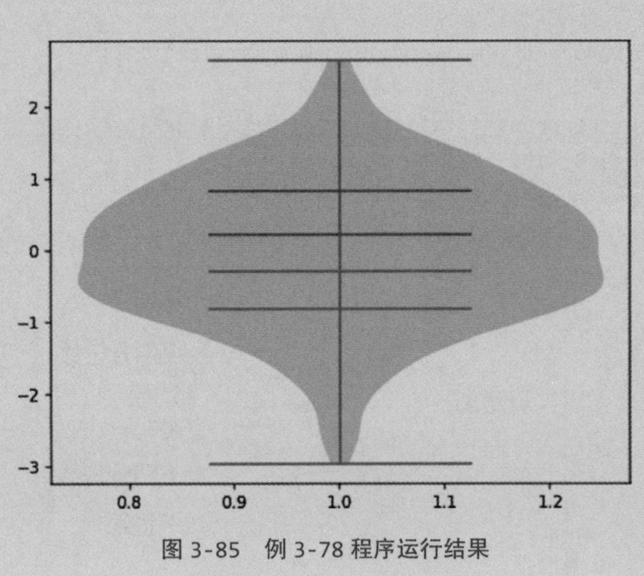

图 3-85　例 3-78 程序运行结果

例 3-79　绘制小提琴图，并设置不同组成部分的属性。运行结果如图 3-86 所示。

视频二维码：例 3-79

```
import numpy as np
import matplotlib.pyplot as plt

np.random.seed(1651256989)
dataset = np.random.normal(size=(500,3))      # 500 行 3 列数据
parts = plt.violinplot(dataset,               # 每列数据一个图
```

```
                         vert=False,              # 水平方向
                         showmeans=True,          # 显示均值
                         showextrema=True,        # 显示最值
                         showmedians=True)        # 显示中值
plt.yticks([1, 2, 3], list('ABC'))
parts['cmins'].set_edgecolor('red')               # 最小值使用红色显示
parts['cmaxes'].set_edgecolor('blue')             # 最大值使用蓝色显示
parts['cmeans'].set_edgecolor('orange')           # 均值使用橙色显示
parts['cmeans'].set_linewidth(0.5)                # 设置均值线宽
parts['cmedians'].set_edgecolor('green')          # 中值使用绿色显示
parts['cmedians'].set_linewidth(0.5)              # 设置中值线宽
parts['cbars'].set_edgecolor('black')             # 设置中间轴线颜色为黑色
# 设置小提琴图主体部分的填充色、填充符号、边线宽度、线型和颜色
parts['bodies'][0].set_facecolor('gray')
parts['bodies'][0].set_alpha(0.4)
parts['bodies'][0].set_hatch('o')
parts['bodies'][0].set_linewidth(2)
parts['bodies'][0].set_linestyle('--')
parts['bodies'][0].set_edgecolor('blue')
plt.show()
```

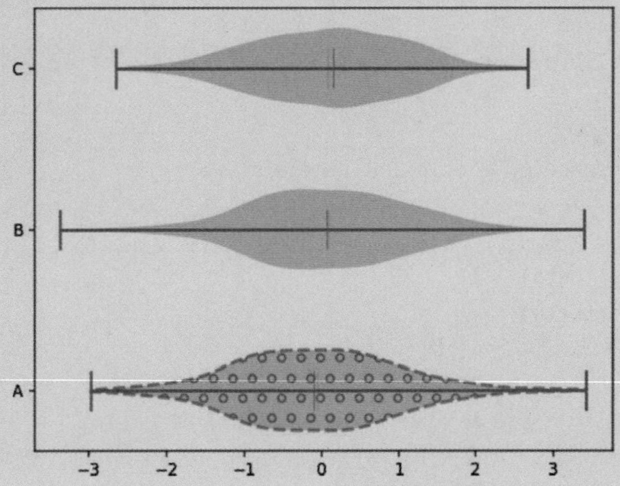

图 3-86　例 3-79 程序运行结果

3.9　绘制风矢量图

函数 barbs([X, Y], U, V, [C], **kw) 用于绘制倒钩图表示风向和风力。其中，参数 X、Y 表示倒钩的位置；参数 U、V 表示倒钩的方向；参数 C 表示倒钩的颜色；参数

barbcolor 表示短线颜色；参数 flagcolor 表示小旗子颜色。

例 3-80　绘制风标图。运行结果如图 3-87 所示。

视频二维码：例 3-80

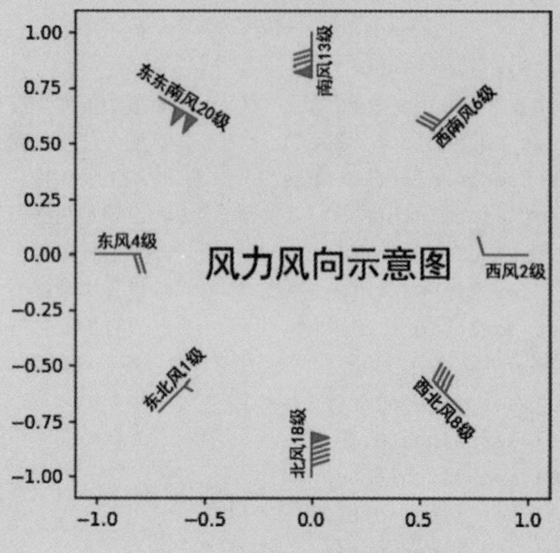

图 3-87　例 3-80 程序运行结果

注：图中的“东东南风”是气象学的叫法，表示东南偏东的风向

```
import numpy as np
import matplotlib.pyplot as plt

# 生成 8 个方向的角度
theta = np.linspace(0, 2*np.pi, 8, endpoint=False)
r = 1
# 每个风矢量的 X、Y 位置
X = r * np.cos(theta)
Y = r * np.sin(theta)
# 每个风矢量表示风向的 X、Y 分量
# X、Y 分量的平方和的平方根（模长）表示风力，等于风标上所有数字之和
# 一个短线表示 5，一个长线表示 10，一个小三角形表示 50
# 例如，第一个风矢量风向向量为 10i+0j，模长为 10，所以会显示 1 个长画线
# 第二个风矢量风向向量为 21.2132034i+21.2132034j，模长为 30，显示 3 个长画线
U = X * np.array([10,30,80,120,20,5,90,40])
V = Y * np.array([10,30,80,70,20,5,90,40])
# 绘制风标图，蓝色倒钩，红色小三角
plt.barbs(X, Y, U, V, barbcolor='blue', flagcolor='red')

# 输出字符串显示风向风速
font = dict(fontproperties='simhei')
plt.text(0.8, -0.1, '西风 2级', **font)
plt.text(0.55, 0.48, '西南风 6级', **font, rotation=45)
```

```
plt.text(0.02, 0.73, '南风 13级', **font, rotation=90)
plt.text(-0.83, 0.55, '东东南风 20级', **font, rotation=-32)
plt.text(-1, 0.03, '东风 4级', **font)
plt.text(-0.8, -0.7, '东北风 1级', **font, rotation=45)
plt.text(-0.1, -1, '北风 18级', **font, rotation=90)
plt.text(0.45, -0.85, '西北风 8级', **font, rotation=-45)
plt.text(-0.5, -0.1, '风力风向示意图', **font, fontsize=20)
plt.gca().set_aspect('equal')
plt.show()
```

例 3-81　绘制风矢量图，使用一维数组确定位置。运行结果如图 3-88 所示。

视频二维码：例 3-81

```
import numpy as np
import matplotlib.pyplot as plt

theta = np.linspace(0, 2*np.pi, 8, endpoint=False)
r = 1
# 每个风矢量的 X、Y 位置
X = r * np.cos(theta)
Y = r * np.sin(theta)
np.random.seed(1652015794)
U = np.random.randint(1, 25, len(X))
V = np.random.randint(1, 25, len(X))
plt.barbs(X, Y, U, V, np.random.random(len(X)))          # 绘制风标图
plt.xlim(-1.5, 1.5)
plt.ylim(-1.5, 1.5)
plt.gca().set_aspect('equal')
plt.show()
```

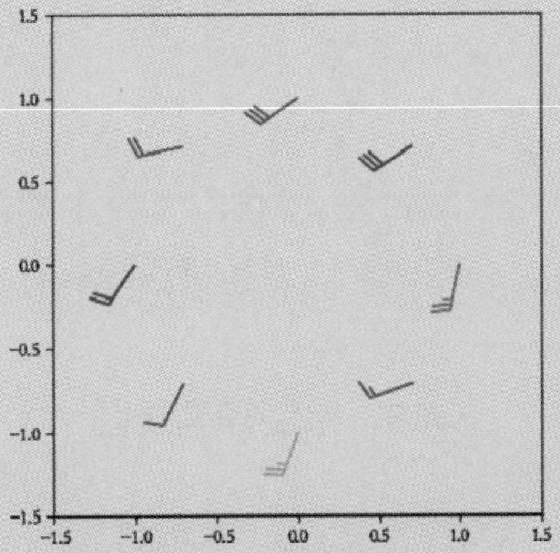

图 3-88　例 3-81 程序运行结果

例 3-82　绘制风矢量图，使用二维数组确定位置。运行结果如图 3-89 所示。

```
import numpy as np
import matplotlib.pyplot as plt

np.random.seed(1652135199)
# 倒钩的位置与方向
X, Y = np.mgrid[-1.2:1.2:5j, -1.2:1.2:5j]
U = np.random.randint(-45, 45, (len(X),len(X[0])))
V = np.random.randint(-45, 45, (len(Y),len(Y[0])))
bb = plt.barbs(X, Y, U, V, np.random.random((len(X),len(Y))))
plt.colorbar(bb)
plt.xlim(-1.6, 1.6)
plt.ylim(-1.6, 1.6)

plt.gca().set_aspect('equal')
plt.show()
```

视频二维码：例 3-82

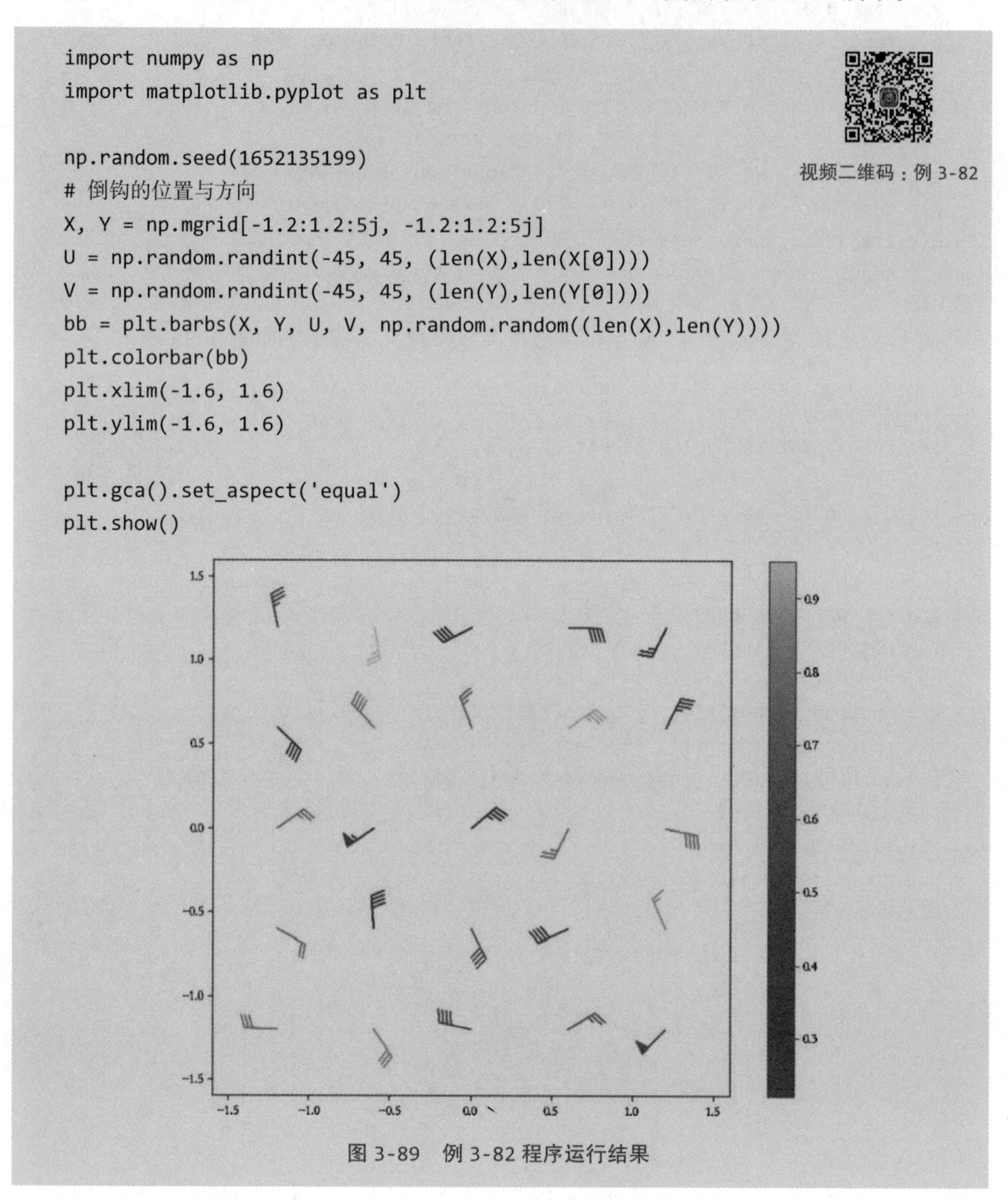

图 3-89　例 3-82 程序运行结果

3.10　绘制等高线图

函数 contour[f]([X, Y,] Z, [levels], **kwargs) 可以用来绘制等高线。其中，参数 X、Y 表示等高线网格点坐标；参数 Z 表示等高线网格点的高度。

例 3-83　绘制填充的等高线。运行结果如图 3-90 所示。

视频二维码：例 3-83

```
import numpy as np
import matplotlib.pyplot as plt
from matplotlib import ticker, cm

x, y = np.mgrid[-3:3:100j, -2:2:100j]
z = np.exp(x**2 - y**2)                              # 以自然常数 e 为底的幂运算

fig, ax = plt.subplots()
cs = ax.contourf(x, y, z, locator=ticker.LogLocator(), cmap=cm.PuBu_r)
cbar = fig.colorbar(cs)                              # 添加颜色条
plt.clabel(cs, fontsize=14, colors='r')              # 在等高线图形中添加标签
plt.show()
```

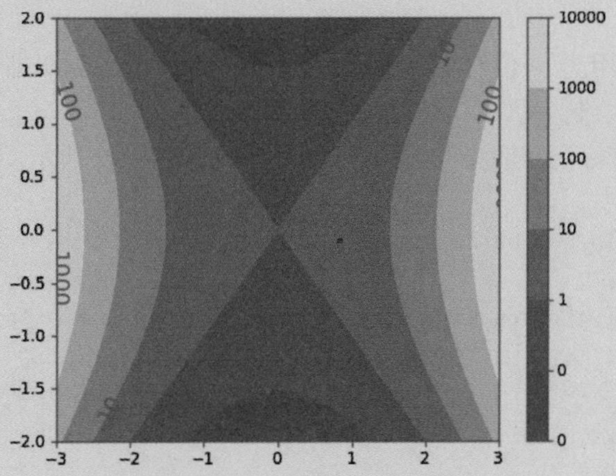

图 3-90　例 3-83 程序运行结果

例 3-84　绘制不填充的等高线。运行结果如图 3-91 所示。

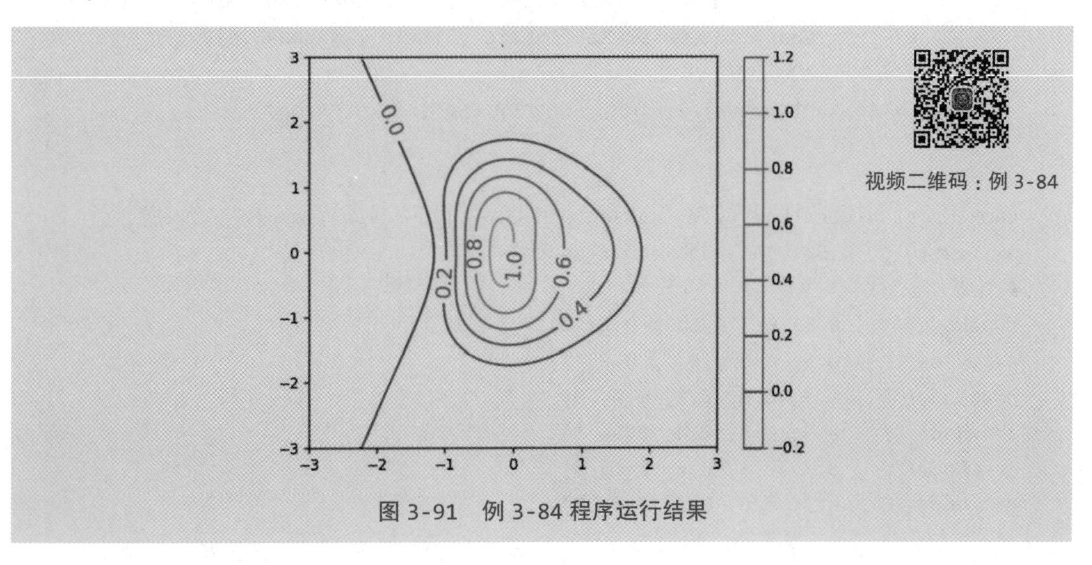

视频二维码：例 3-84

图 3-91　例 3-84 程序运行结果

```
import numpy as np
import matplotlib.pyplot as plt

x, y = np.mgrid[-3:3:256j, -3:3:256j]
z = (1-x/2+x**3+y**2) * np.exp(-x**2-y**2)
ct = plt.contour(x, y, z)
plt.colorbar(ct)
plt.clabel(ct, fontsize=14, colors='r')
plt.show()
```

3.11　绘制树状图

除了本节介绍的用法，还可以使用扩展库 treeplot 来根据机器学习扩展库 sklearn 生成的各种模型快速绘制树状图，请自行查阅资料。

例 3-85　绘制带标记和箭头的树图。运行结果如图 3-92 所示。

视频二维码：例 3-85

```
import matplotlib.pyplot as plt

plt.figure(1, figsize=(8,8))
ax = plt.subplot(111)

def drawNode(text, startX, startY, endX, endY, ann):
    # 绘制带箭头的文本
    ax.annotate(text, xy=(startX+0.01, startY), xycoords='data',
                xytext=(endX, endY), textcoords='data',
                arrowprops=dict(arrowstyle='<-', connectionstyle='arc3'),
                bbox=dict(boxstyle='square', fc='r', alpha=0.6))
    # 在箭头中间位置标记数字
    ax.text((startX+endX)/2+0.02, (startY+endY)/2, str(ann))

# 绘制树根
bbox_props = dict(boxstyle='square,pad=0.3', fc='cyan', ec='b', lw=2)
ax.text(0.5, 0.97, 'A', bbox=bbox_props)
# 绘制其他节点
drawNode('B', 0.5, 0.97, 0.3, 0.8, 0)
drawNode('C', 0.5, 0.97, 0.7, 0.8, 1)
drawNode('D', 0.3, 0.8, 0.2, 0.6, 0)
drawNode('E', 0.3, 0.8, 0.4, 0.6, 1)
drawNode('F', 0.7, 0.8, 0.6, 0.6, 0)
drawNode('G', 0.7, 0.8, 0.8, 0.6, 1)
```

```
drawNode('H', 0.2, 0.6, 0.1, 0.4, 0)
drawNode('I', 0.4, 0.6, 0.3, 0.4, 0)
drawNode('J', 0.4, 0.6, 0.5, 0.4, 1)
drawNode('K', 0.6, 0.6, 0.7, 0.4, 1)
plt.show()
```

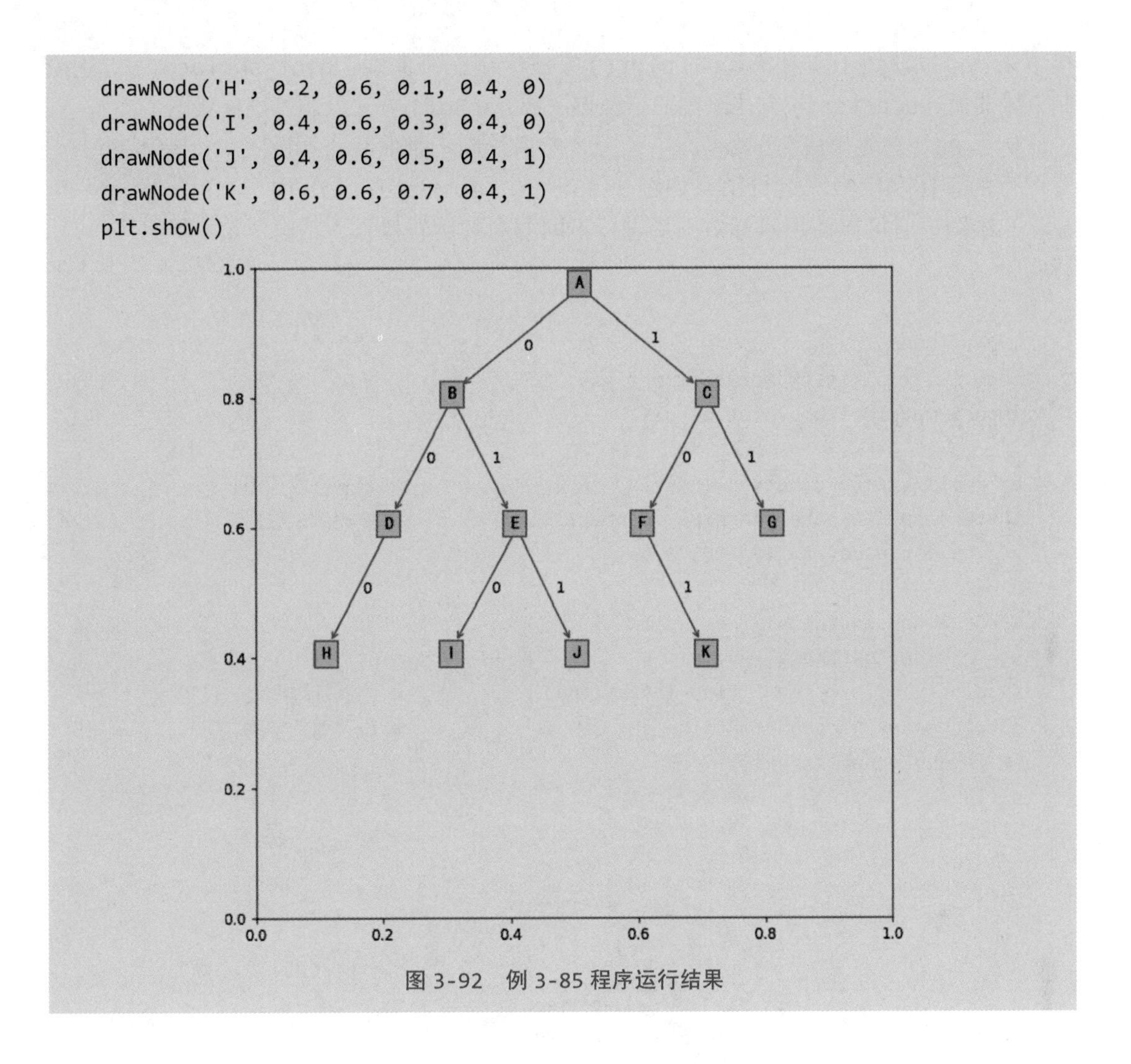

图 3-92　例 3-85 程序运行结果

3.12　绘制三维图形

如果要绘制三维图形，首先需要使用下面两条语句之一导入相应的模块或对象：

```
import mpl_toolkits.mplot3d
from mpl_toolkits.mplot3d import Axes3D
```

然后使用下面两种方式之一声明创建三维子图：

```
ax = fig.gca(projection='3d')
ax = plt.subplot(111, projection='3d')
```

接下来就可以使用子图对象 ax 的 plot() 方法绘制三维曲线、plot_surface() 方法绘制三维曲面、scatter() 方法绘制三维散点图或 bar3d() 方法绘制三维柱状图了。

例 3-86　首先生成测试数据 x、y、z，然后绘制三维曲线，并设置图例的字体和字号。运行结果如图 3-93 所示，在 Matplotlib 中显示三维图形时可以使用鼠标对图形进行不同方向的旋转操作，请自行实验。

视频二维码：例 3-86

```
import numpy as np
from mpl_toolkits.mplot3d import Axes3D
import matplotlib.pyplot as plt

ax = plt.axes(projection='3d')                        # 绘制三维子图
theta = np.linspace(-4*np.pi, 4*np.pi, 100)           # 生成测试数据
z = np.linspace(-4, 4, 100) * 0.3
r = z**4 + 1
x = r * np.sin(theta)
y = r * np.cos(theta)
ax.plot(x, y, z, 'rv-', label='参数曲线')              # 绘制三维曲线，设置标签
plt.rcParams['legend.fontsize'] = 10                  # 设置图例字体、字号，显示图例
ax.legend(prop='simhei')
plt.show()
```

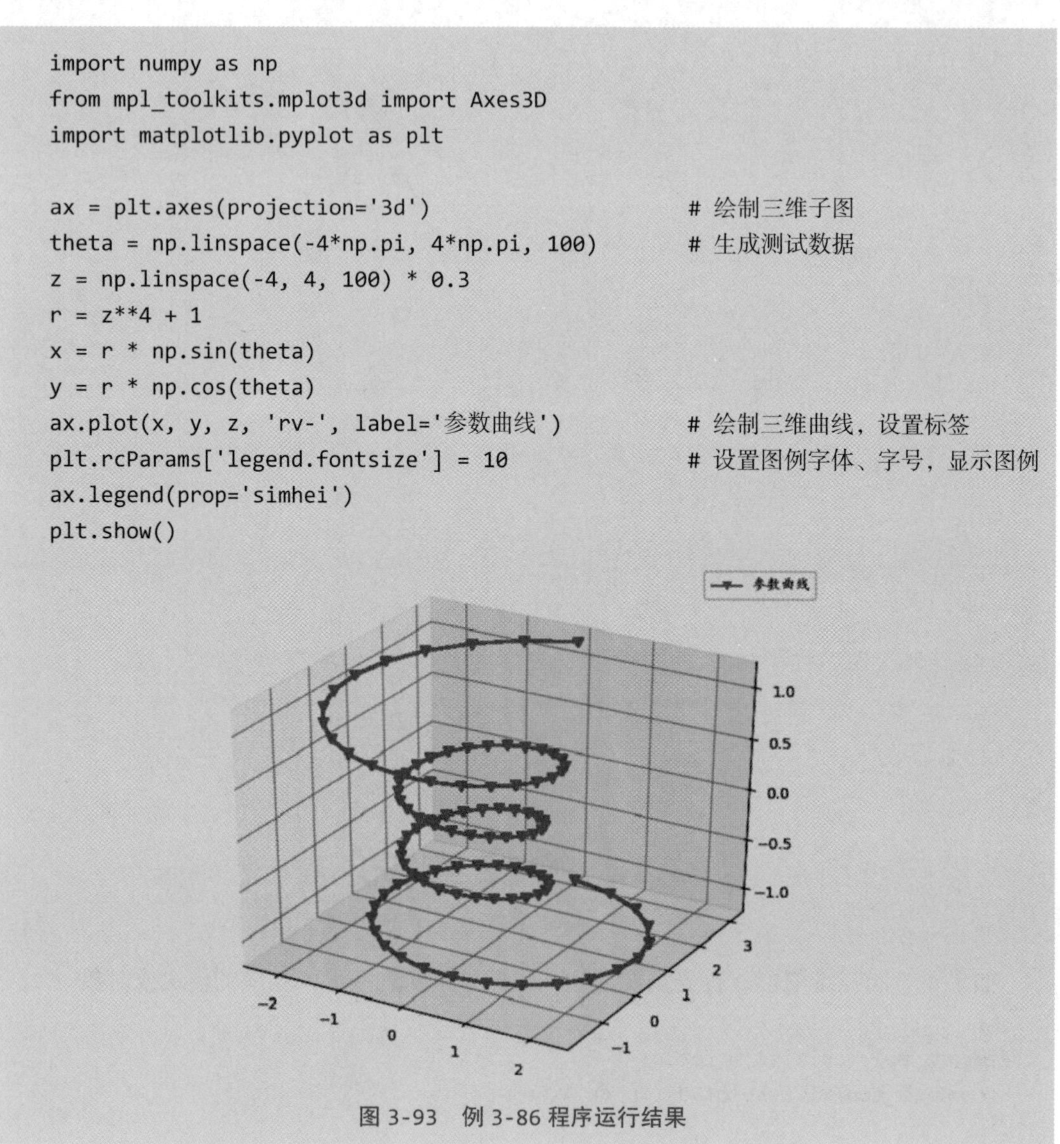

图 3-93　例 3-86 程序运行结果

例 3-87　根据给定的控制点坐标，绘制三维三次贝塞尔曲线。运行结果如图 3-94 所示。

```
import numpy as np
```

```
import matplotlib.pyplot as plt
from mpl_toolkits.mplot3d import Axes3D

# 单条三次贝塞尔曲线的 4 个控制点
P0, P1, P2, P3 = ((40, 20, -30), (50, 130, 10),
                  (120, 150, 0), (245, 30, 30))
t = np.arange(0, 1, 0.01)                     # 参数取值范围
# Bernstein 多项式，三次贝塞尔曲线的 4 个调和函数
a0 = (1-t) ** 3
a1 = 3 * (1-t)**2 * t
a2 = 3 * t**2 * (1-t)
a3 = t ** 3
# 三次贝塞尔曲线上与参数 t 对应的点
x = a0*P0[0] + a1*P1[0] + a2*P2[0] + a3*P3[0]
y = a0*P0[1] + a1*P1[1] + a2*P2[1] + a3*P3[1]
z = a0*P0[2] + a1*P2[1] + a3*P2[2] + a3*P3[2]

ax = plt.axes(projection='3d')                # 绘制三维曲线
ax.plot(x, y, z, lw=2, c='r')
ax.set_xlabel('X', labelpad=5)
ax.set_ylabel('Y', labelpad=5)
ax.set_zlabel('Z', labelpad=5)
ax.set_title('Bezier Curve')
plt.tight_layout()
plt.show()
```

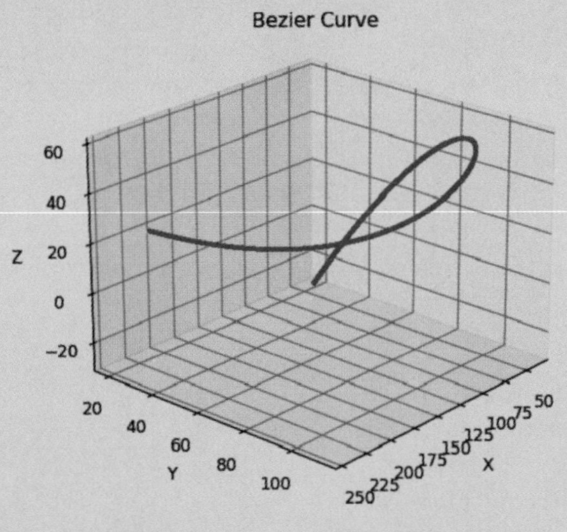

图 3-94　例 3-87 程序运行结果

例 3-88　生成一组测试数据，然后绘制三维曲面，并设置坐标轴的标签和图形标题。运行结果如图 3-95 所示。

```
import numpy as np
import matplotlib.pyplot as plt
import mpl_toolkits.mplot3d

# 生成测试数据，在 x 和 y 方向分别生成 -2~2 的 20 个数
# 步长使用虚数，虚部表示点的个数，并且包含 end
x, y = np.mgrid[-2:2:20j, -2:2:20j]
z = 50 * np.sin(x+y*2)

ax = plt.subplot(111, projection='3d')
# 绘制三维曲面
ax.plot_surface(x, y, z, rstride=3, cstride=2, cmap=plt.cm.coolwarm)
ax.set_xlabel('X')
ax.set_ylabel('Y')
ax.set_zlabel('Z')
# 设置图形标题
ax.set_title(' 三维曲面 ', fontproperties='simhei', fontsize=24)
plt.show()
```

视频二维码：例 3-88

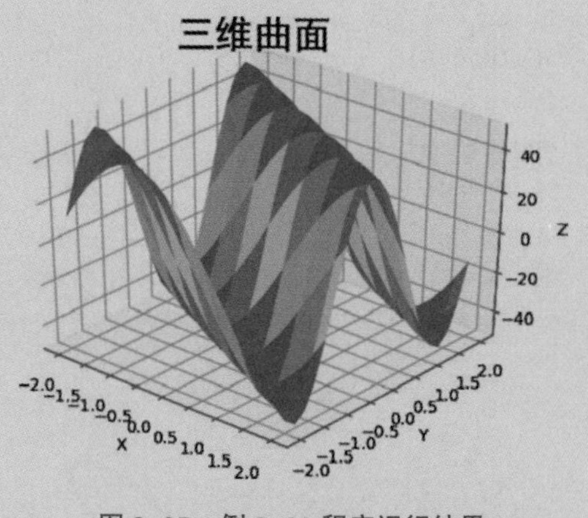

图 3-95　例 3-88 程序运行结果

例 3-89　绘制三维曲面。运行结果如图 3-96 所示。

```
import numpy as np
import matplotlib.pyplot as plt
from mpl_toolkits.mplot3d import axes3d

ax = plt.subplot(projection='3d')
x, y = np.ogrid[-4:4:20j, -4:4:20j]          # 网格数据的另一种表示形式
z = np.sin(x) + np.cos(y)
ax.plot_surface(x, y, z)                     # 自动对 x 和 y 进行广播
plt.show()
```

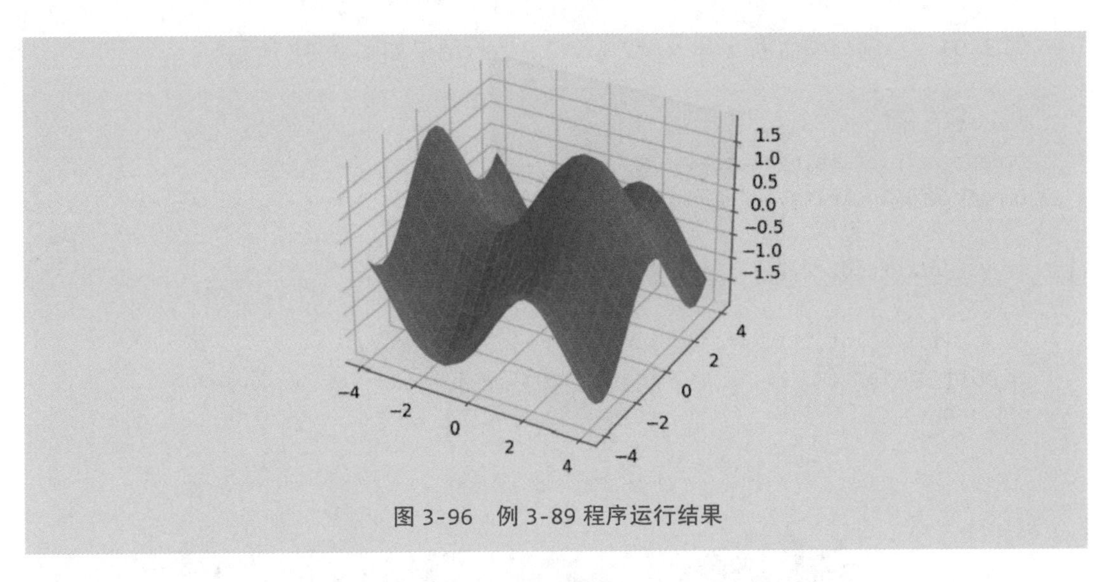

图 3-96　例 3-89 程序运行结果

例 3-90　绘制等电位面图。运行结果如图 3-97 所示。

```
import numpy as np
import matplotlib.pyplot as plt
import mpl_toolkits.mplot3d

x1, x2 = -20, 20                    # 两个电荷分别位于(x1,0)和(x2,0)坐标
Q = 600                             # 两个电荷分别带Q和-Q的电量
x, y = np.mgrid[-50:50:50j, -50:50:50j]
# 计算x、y坐标位置的电位
z = Q * (1/(((x+x1)**2+y**2)**0.5) - 1/(((x+x2)**2+y**2)**0.5))
ax = plt.subplot(projection='3d')
ax.plot_surface(x, y, z)
plt.show()
```

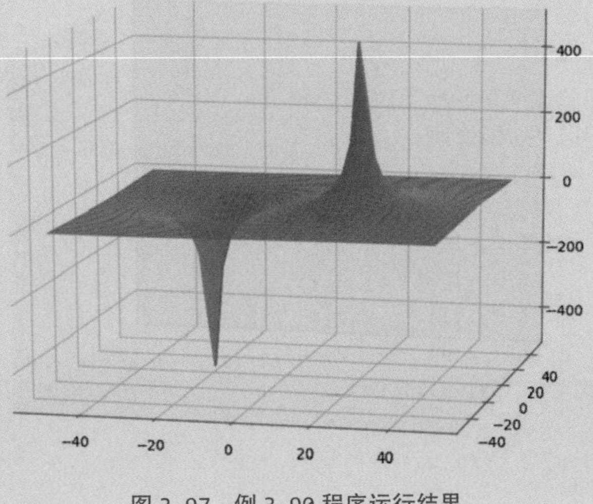

图 3-97　例 3-90 程序运行结果

例 3-91　绘制马鞍曲面 z = x**2-y**2。运行结果如图 3-98 所示。

```
import numpy as np
import matplotlib.pyplot as plt
import mpl_toolkits.mplot3d

x, y = np.mgrid[-2:2:20j, -2:2:20j]
z = x*x - y*y
ax = plt.subplot(111, projection='3d')
ax.plot_surface(x, y, z, rstride=1, cstride=1, cmap=plt.cm.coolwarm)
plt.show()
```

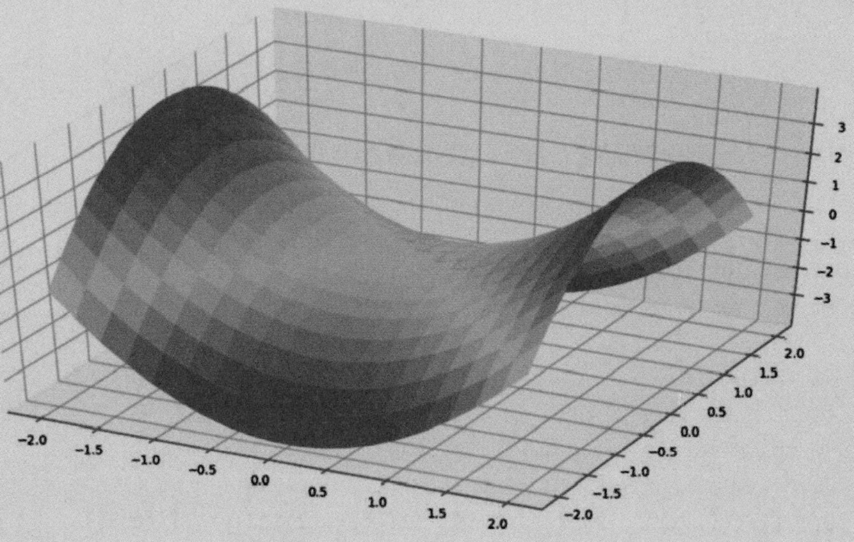

图 3-98　例 3-91 程序运行结果

例 3-92　绘制双三次贝塞尔曲面。运行结果如图 3-99 所示。

```
import numpy as np
import matplotlib.pyplot as plt
import mpl_toolkits.mplot3d

# 4 行 4 列控制点坐标
control_points = (((-2,-2,-4), (-1,-2,4), (1,-2,-4), (2,-2,-4)),
                  ((-2,-1,-1), (-1,-1,-1), (1,-1,-1), (2,-1,-1)),
                  ((-2,1,1), (-1,1,1), (1,1,1), (2,1,1)),
                  ((-2,2,4), (-1,2,-4), (1,2,4), (2,2,4)))
u, v = np.mgrid[0:1:30j, 0:1:30j]                # 两个方向的参数取值范围
# 调和函数的值
biu = ((1-u) ** 3, 3 * (1-u)**2 * u, 3 * u**2 * (1-u), u ** 3)
```

```
bjv = ((1-v) ** 3, 3 * (1-v)**2 * v, 3 * v**2 * (1-v), v ** 3)
x = np.zeros_like(u)
y = np.zeros_like(u)
z = np.zeros_like(u)
for i, row in enumerate(control_points):      # 计算网格点坐标
    for j, point in enumerate(row):
        x = x + point[0] * biu[i] * bjv[j]
        y = y + point[1] * biu[i] * bjv[j]
        z = z + point[2] * biu[i] * bjv[j]
ax = plt.subplot(111, projection='3d')        # 创建三维子图，绘制贝塞尔曲面
ax.plot_surface(x, y, z)
plt.show()
```

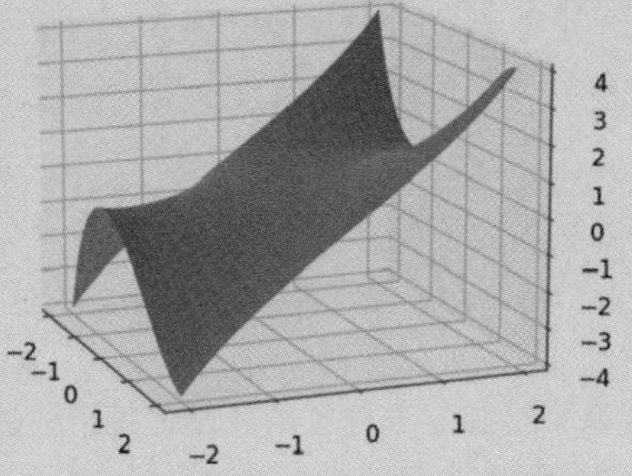

图 3-99　例 3-92 程序运行结果

例 3-93　生成随机测试数据，然后绘制三维柱状图，所有的柱统一使用红色，并且宽度和厚度都为 1。运行结果如图 3-100 所示。

视频二维码：例 3-93

```
import numpy as np
import matplotlib.pyplot as plt
import mpl_toolkits.mplot3d

np.random.seed(20220707)
x = np.random.randint(0, 40, 10)
y = np.random.randint(0, 40, 10)
z = 80 * abs(np.sin(x+y))

ax = plt.subplot(projection='3d')
# 绘制三维柱状图
ax.bar3d(x,                        # 设置 x 轴位置
         y,                        # 设置 y 轴位置
         np.zeros_like(z),         # 设置柱的 z 轴起始坐标为 0
         dx=1,                     # x 方向的宽度
```

```
            dy=1,                # y 方向的厚度
            dz=z,                # z 方向的高度
            color='red')         # 设置面片颜色为红色
    ax.set_xlabel('X')
    ax.set_ylabel('Y')
    ax.set_zlabel('Z')
    plt.show()
```

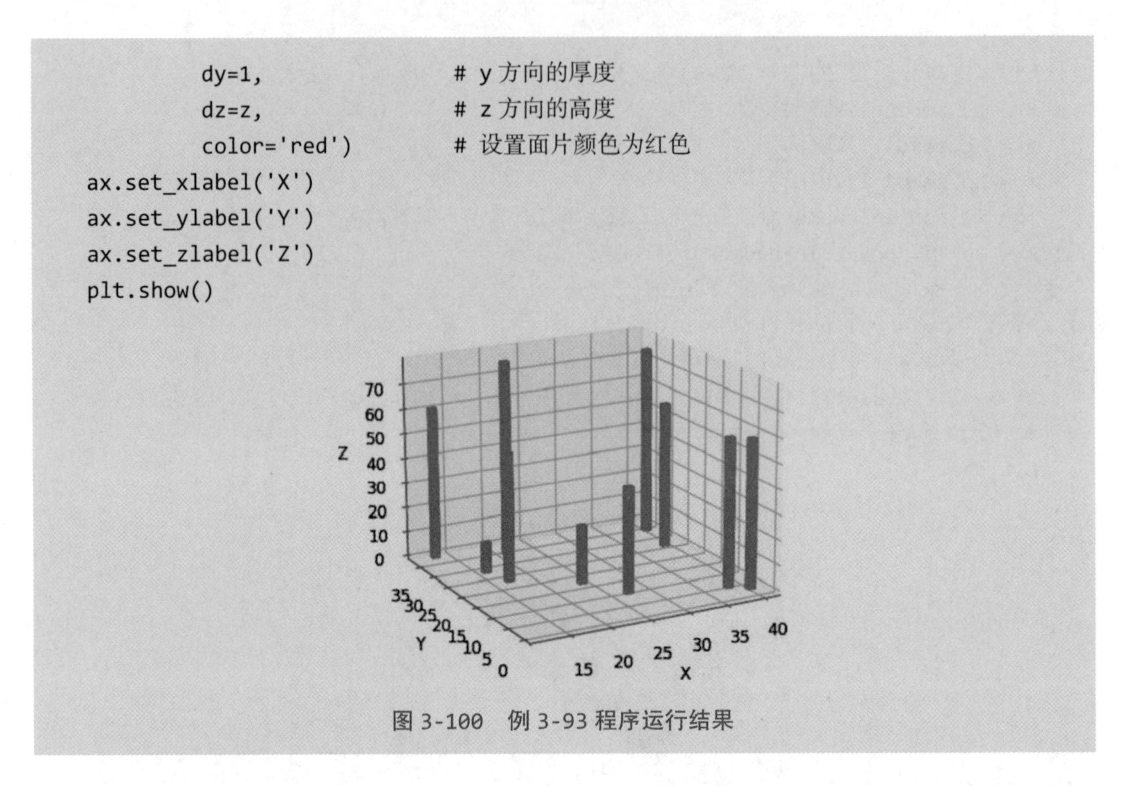

图 3-100　例 3-93 程序运行结果

例 3-94　生成测试数据，绘制三维柱状图，设置每个柱的颜色随机，且宽度和厚度都为 1。运行结果如图 3-101 所示。

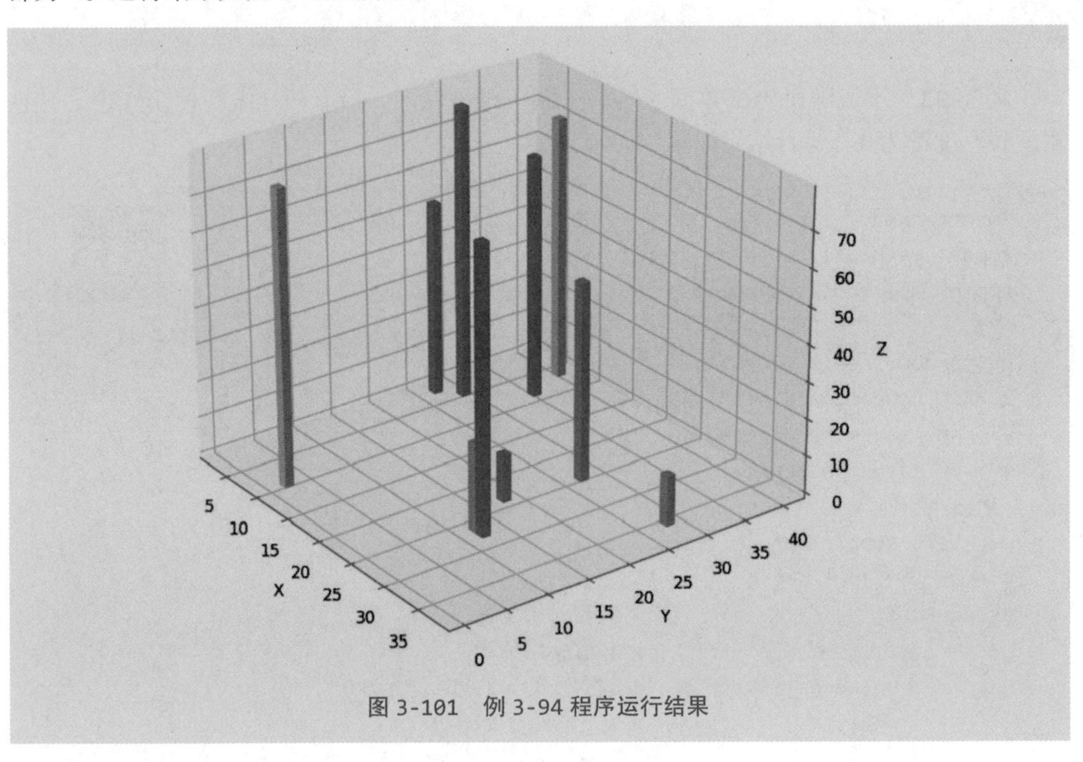

图 3-101　例 3-94 程序运行结果

```
import numpy as np
import matplotlib.pyplot as plt
import mpl_toolkits.mplot3d

np.random.seed(20220708)
x = np.random.randint(0, 40, 10)
y = np.random.randint(0, 40, 10)
z = 80 * abs(np.sin(x+y))
ax = plt.subplot(projection='3d')
ax.bar3d(x, y, np.zeros_like(z), dx=1, dy=1, dz=z,
         color=np.random.random((10,3)))
ax.set_xlabel('X')
ax.set_ylabel('Y')
ax.set_zlabel('Z')
plt.show()
```

例 3-95　根据例 3-58 描述的问题和数据，绘制三维柱状图对数据进行展示。运行结果如图 3-102 所示。

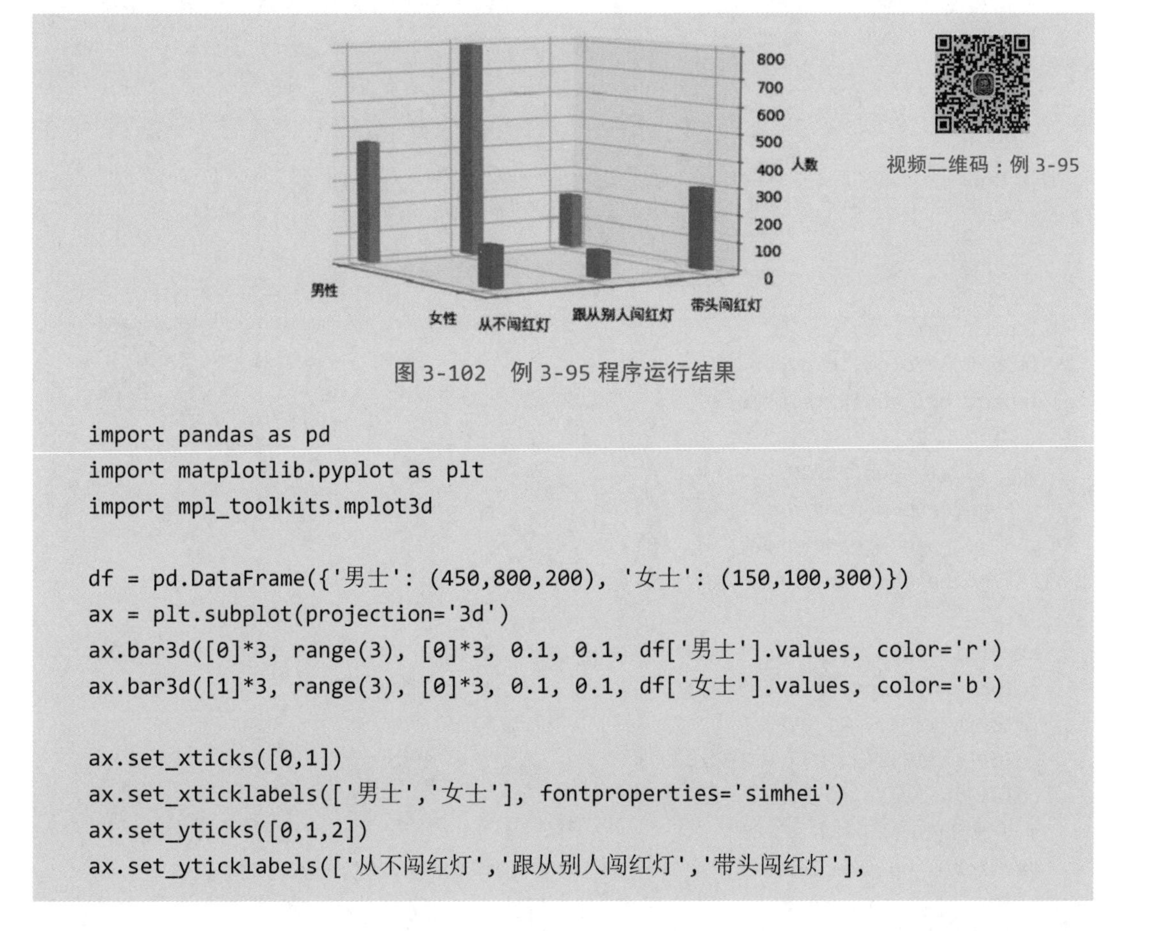

图 3-102　例 3-95 程序运行结果

```
import pandas as pd
import matplotlib.pyplot as plt
import mpl_toolkits.mplot3d

df = pd.DataFrame({'男士': (450,800,200), '女士': (150,100,300)})
ax = plt.subplot(projection='3d')
ax.bar3d([0]*3, range(3), [0]*3, 0.1, 0.1, df['男士'].values, color='r')
ax.bar3d([1]*3, range(3), [0]*3, 0.1, 0.1, df['女士'].values, color='b')

ax.set_xticks([0,1])
ax.set_xticklabels(['男士','女士'], fontproperties='simhei')
ax.set_yticks([0,1,2])
ax.set_yticklabels(['从不闯红灯','跟从别人闯红灯','带头闯红灯'],
```

```
                        fontproperties='simhei')
ax.set_zlabel('人数', fontproperties='simhei')
plt.show()
```

例 3-96　生成三组数据作为 x、y、z 坐标，每组数据包含 30 个在 [0,40) 区间的随机整数，根据生成的数据绘制三维散点图。运行结果如图 3-103 所示。

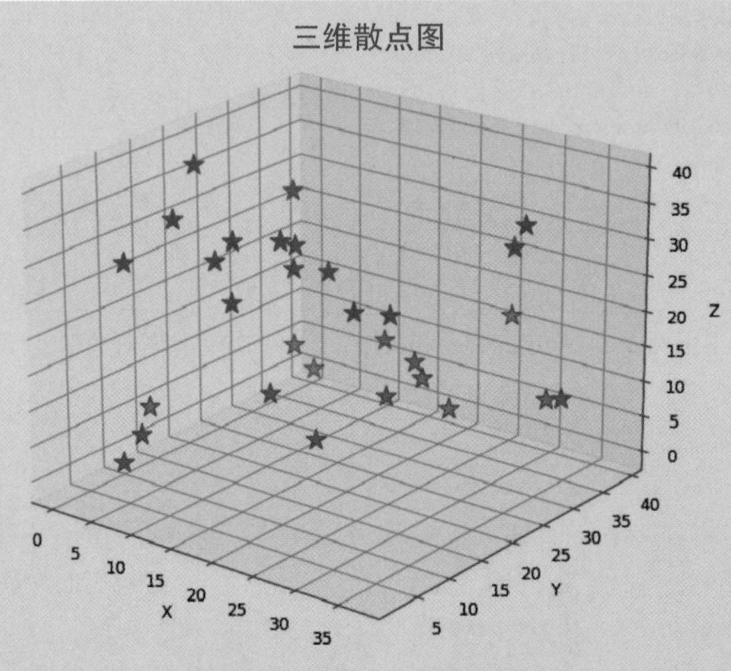

图 3-103　例 3-96 程序运行结果

视频二维码：例 3-96

```
import numpy as np
import matplotlib.pyplot as plt
import mpl_toolkits.mplot3d

np.random.seed(20220709)
x = np.random.randint(0, 40, 30)                # 生成测试数据
y = np.random.randint(0, 40, 30)
z = np.random.randint(0, 40, 30)

ax = plt.subplot(projection='3d')               # 创建三维图形
color = np.empty((len(z),3))                    # 生成指定颜色
color[z<=10] = (1,0,0)
color[(z>10)&(z<20)] = (0,1,0)
color[z>=20] = (0,0,1)
# 生成颜色的另一种方法
##color = np.piecewise(z, [z<10, (z>=10)&(z<20), z>20], [0,1,2])
```

```
# 一次绘制所有散点
ax.scatter(x, y, z, c=color, marker='*', s=160, linewidth=1, edgecolor='b')
ax.set_xlabel('X')                                  # 设置坐标轴标签和图形标题
ax.set_ylabel('Y')
ax.set_zlabel('Z')
ax.set_title('三维散点图', fontproperties='simhei', fontsize=24)
plt.show()
```

3.13　绘图区域切分

默认情况下，图形窗口上只有一个子图。如果需要，也可以创建多个子图，然后在不同的子图中分别绘制图形。

例 3-97　切分绘图区域，在不同的子图中绘制图形。运行结果如图 3-104 所示。

```
import numpy as np
import matplotlib.pyplot as plt

x = np.linspace(0, 2*np.pi, 500)                    # 创建自变量数组
y1 = np.sin(x)                                      # 创建 3 个函数值数组
y2 = np.cos(x)
y3 = np.sin(x*x)

plt.figure()                                        # 创建图形
ax1 = plt.subplot(2,                                # 把绘图区域切分为两行
                  2,                                # 把绘图区域切分为两列
                  1)                                # 选择两行两列 4 个子图中的第一个
ax2 = plt.subplot(2,2,2)                            # 选择两行两列的第二个区域
ax3 = plt.subplot(212,                              # 把绘图区域切分为两行一列
                                                    # 选择两行一列的第二个区域

                  facecolor='y')                    # 设置背景颜色为黄色
plt.sca(ax1)                                        # 选择 ax1 作为当前子图
plt.plot(x, y1, color='red')                        # 在当前子图中绘制红色曲线
plt.ylim(-1.2, 1.2)                                 # 限制当前子图的 y 坐标轴范围
plt.sca(ax2)                                        # 选择 ax2 作为当前子图
plt.plot(x, y2, 'b--')                              # 在当前子图中绘制蓝色虚线
plt.ylim(-1.2,1.2)                                  # 限制当前子图的 y 坐标轴范围
plt.sca(ax3)                                        # 选择 ax3 作为当前子图
plt.plot(x, y3, 'g--')                              # 在当前子图中绘制绿色虚线
plt.ylim(-1.2, 1.2)                                 # 限制当前子图的 y 坐标轴范围
plt.show()
```

视频二维码：例 3-97

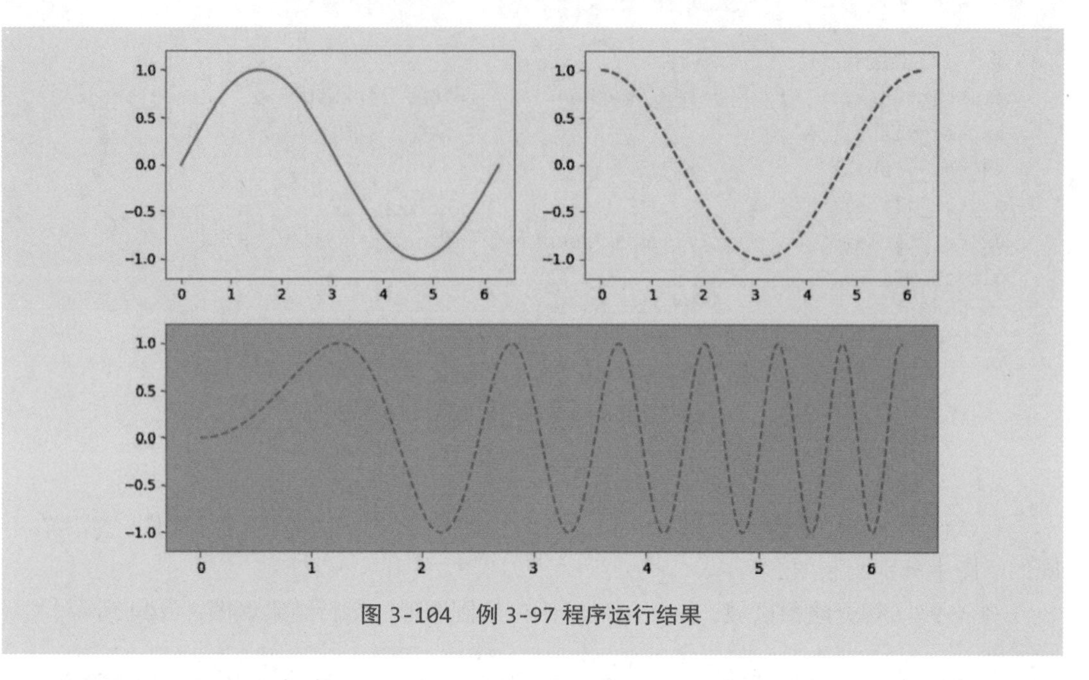

图 3-104　例 3-97 程序运行结果

例 3-98　对绘图区域进行切分，分别创建二维直角坐标系、极坐标系和三维直角坐标系，并在每个子图中绘制图形。运行结果如图 3-105 所示。

视频二维码：例 3-98

```
import numpy as np
import mpl_toolkits.mplot3d
import matplotlib.pyplot as plt

# 创建二维直角坐标系，等价于 ax1 = plt.subplot(241)
ax1 = plt.subplot(2, 4, 1)
# 创建 3 个极坐标系
ax2 = plt.subplot(242, projection='polar')
ax3 = plt.subplot(243, projection='polar')
ax4 = plt.subplot(244, polar=True)          # 等价于设置 projection='polar'

ax5 = plt.subplot(212, projection='3d')     # 创建三维直角坐标系

plt.tight_layout()
plt.subplots_adjust(wspace=0.2, hspace=0.2)

r = np.arange(1, 6, 1)        # 生成测试数据，极坐标系中若干顶点的半径和角度
theta = (r-1) * (np.pi/2)
x = np.arange(1, 7, 0.5)      # 三维直角坐标系中的顶点坐标
y = np.linspace(1, 3, 12)
z = 20 * np.sin(x+y)
```

```
ax1.plot(theta, r, 'b--D')
ax2.plot(theta, r, linewidth=3, color='r')
ax3.scatter(theta, r, marker='*', c='g', s=60)
ax4.bar(theta, r, bottom=3, align='edge')
ax5.plot(x, y, z)
plt.show()
```

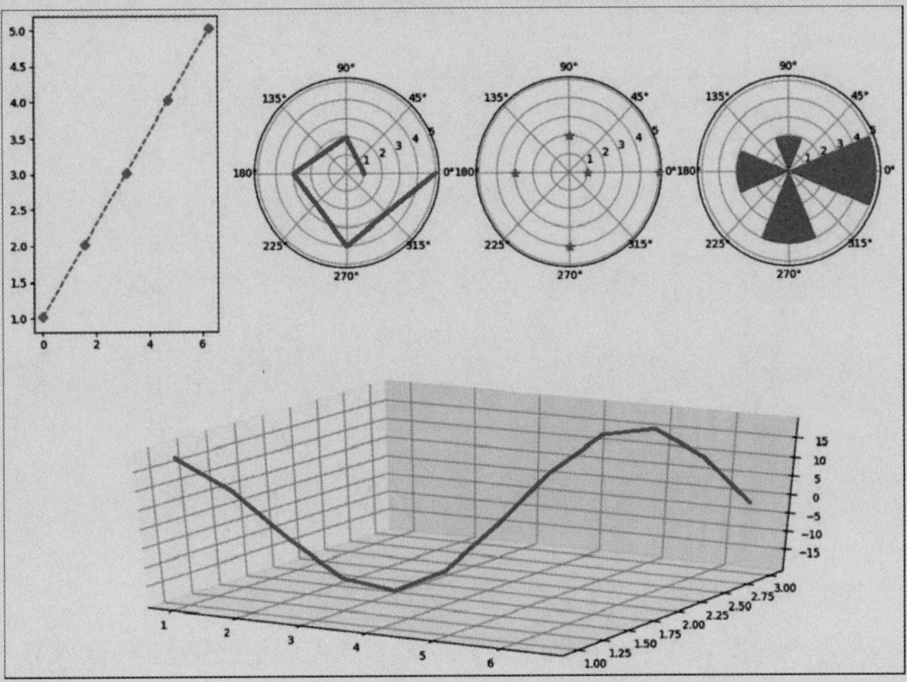

图 3-105　例 3-98 程序运行结果

例 3-99　多轴域共享 x 轴。程序运行结果如图 3-106 所示。

```
import numpy as np
import matplotlib.pyplot as plt

x1 = np.linspace(-2*np.pi, 2*np.pi, 40)
y1 = np.exp(x1)
x2 = np.linspace(-2*np.pi, 2*np.pi, 100)
y2 = np.sin(x2) ** 2

fig = plt.figure()
ax1 = fig.gca()
ax1.set_xlabel('x')
s = ax1.scatter(x1, y1, color='red', marker='*')
ax1.set_ylabel('exp(x)', color='red')
```

视频二维码：例 3-99

```
ax1.tick_params(axis='y', labelcolor='red')

ax2 = ax1.twinx()                  # 创建新轴域，与 ax1 共享 x 轴
line, = ax2.plot(x2, y2, color='#0099ff')
ax2.set_ylabel('$sin^2(x)$', color='#0099ff')
ax2.tick_params(axis='y', labelcolor='#0099ff')
plt.legend([s,line], ['exp', 'sin^2'], loc='upper left')
plt.show()
```

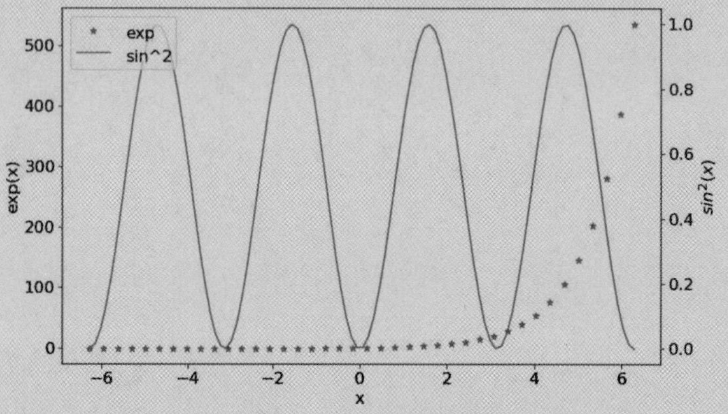

图 3-106　例 3-99 程序运行结果

例 3-100　自定义子图大小和位置。程序运行结果如图 107 所示。

视频二维码：例 3-100

```
import numpy as np
import matplotlib.pyplot as plt

x = np.arange(0, 4*np.pi, 0.1)
y1 = np.sin(x)
y2 = np.cos(x)

ax1 = plt.axes([0.1, 0.15, 0.8, 0.3])  # 创建轴域，设置左、下边距以及宽度、高度
l1, = ax1.plot(x, y1, 'r-', lw=2)      # 在轴域中绘制图形，保存绘制的曲线
ax1.set_xlabel('x', fontsize=14, position=(1,0))    # 设置坐标轴标签字号和位置
# 参数 rotation 控制文字旋转角度，0 表示水平
ax1.set_ylabel('y', fontsize=14, rotation=0, position=(0,1))
ax1.spines['right'].set_visible(False)              # 隐藏右侧坐标轴
ax1.spines['top'].set_visible(False)                # 隐藏上侧坐标轴
# 在轴域下方显示标题
ax1.set_title('sin curve', x=0, y=-0.35, fontsize=18)

ax2 = plt.axes([0.1, 0.6, 0.8, 0.3])                # 图形中上半部分的轴域
l2, = ax2.plot(x, y2, 'g--', lw=2)
```

```
ax2.set_xlabel('x', fontsize=14)
ax2.set_ylabel('y', fontsize=14, rotation=0)

ax1.legend([l1,l2],                          # 显示这两条曲线的图例
           ['sin curve', 'cos curve'],       # 每条曲线的图例文本
           loc='lower right',                # 设置图例右下角位置
           bbox_to_anchor=(1,1.01))          # 相对于轴域 ax1 的坐标
ax2.set_title('cos curve', x=0, y=-0.35, fontsize=18)

# 整个图形的标题，下面两行代码效果类似，但含义不同
# ax2.text(4, 1.2, 'sin-cos curve', fontsize=24)
plt.suptitle('sin-cos curve', fontsize=24)
plt.show()
```

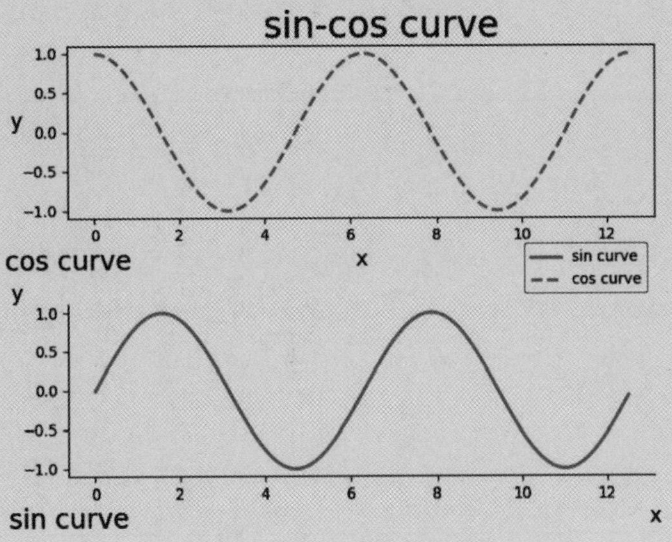

图 3-107　例 3-100 程序运行结果

3.14　设置图例样式

例 3-101　设置图例中的文本显示为公式。运行结果如图 3-108 所示。

```
import numpy as np
import matplotlib.pyplot as plt

x = np.linspace(0, 2*np.pi, 500)
y = np.sinc(x)
```

```
z = np.cos(x*x)
plt.figure(figsize=(8,4))

plt.plot(x, y,
         label='$sinc(x)$',              # 把标签渲染为公式
         color='red', linewidth=2)     # 红色，2 像素宽
plt.plot(x, z, 'b--',                  # 蓝色虚线
         label='$cos(x^2)$')             # 把标签渲染为公式

plt.xlabel('Time(s)')
plt.ylabel('Volt')
plt.title('Sinc and Cos figure using pyplot')
plt.ylim(-1.2, 1.2)
plt.legend()                            # 创建图例，把标签渲染为公式
plt.show()
```

图 3-108　例 3-101 程序运行结果

例 3-102　绘制正弦、余弦图像，然后设置图例字体、标题、位置、阴影、背景色、边框颜色、分栏、符号位置等属性。运行结果如图 3-109 所示。

视频二维码：例 3-102

```
import numpy as np
import matplotlib.pyplot as plt

t = np.arange(0.0, 2*np.pi, 0.01)
s = np.sin(t)
c = np.cos(t)
plt.plot(t, s, label='正弦')
plt.plot(t, c, label='余弦')
```

```
plt.title('sin-cos 函数图像', fontproperties='simhei', fontsize=24)
plt.xlabel('x 坐标', fontproperties='simhei', fontsize=18)
plt.ylabel('正弦余弦值', fontproperties='simhei', fontsize=18)
plt.legend(prop='simhei',                    # 图例字体
           title='Legend',                   # 图例标题
           loc='lower left',                 # 图例左下角坐标设置为(0.43,0.75)
           bbox_to_anchor=(0.43,0.75),
           shadow=True,                      # 显示阴影
           facecolor='yellowgreen',          # 图例背景色
           edgecolor='red',                  # 图例边框颜色
           ncol=2,                           # 显示为两列
           markerfirst=False)                # 图例文字在前，符号在后
plt.show()
```

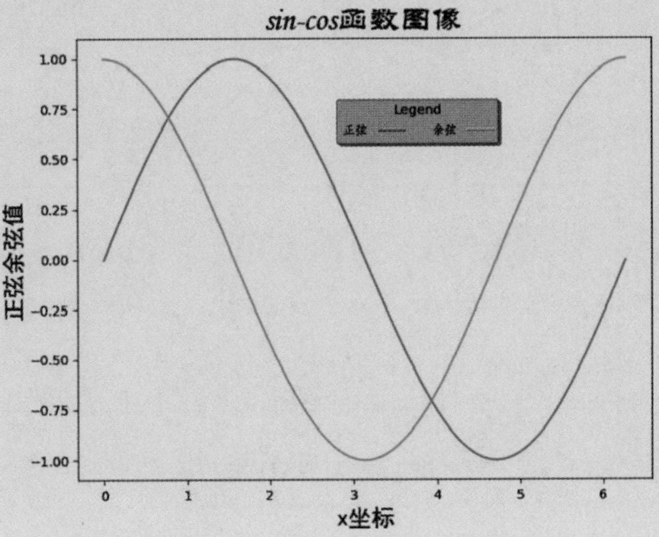

图 3-109　例 3-102 程序运行结果

例 3-103　生成模拟数据，创建两个子图，分别绘制正弦曲线和余弦曲线，把两个子图的图例合并到一起，并显示于子图之外。运行结果如图 3-110 所示。

```
import matplotlib.pyplot as plt
import numpy as np

x = np.arange(0, 2*np.pi, 0.1)              # 生成模拟数据
y1 = np.sin(x)
y2 = np.cos(x)

fig = plt.figure(1)                          # 创建图形
ax1 = plt.subplot(211)                       # 切分绘图区域
```

```
ax2 = plt.subplot(212)                              # 此时 ax2 自动成为当前子图
l1, = ax1.plot(x, y1, 'r--')
l2, = ax2.plot(x, y2, 'b-.')
# 设置并显示图例，使用 bbox_to_anchor 参数使图例显示于子图之外
plt.legend([l1, l2],                                # 需要显示图例的两条曲线
           ['sin curve', 'cos curve'],              # 图例中与两条曲线对应的文本
           loc='lower right',                       # 设置图例右下角位置
           bbox_to_anchor=(1, 2.2))                 # 2.2 是以当前子图为基准的
plt.show()
```

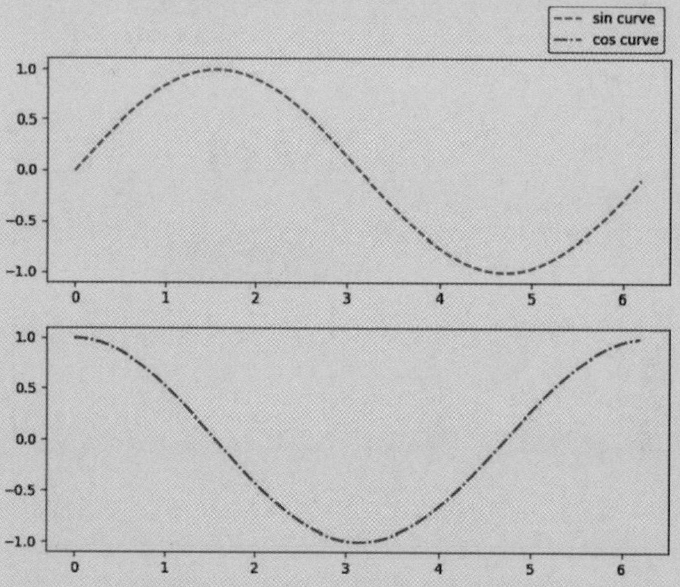

图 3-110　例 3-103 程序运行结果

例 3-104　生成模拟数据，绘制正弦曲线、余弦曲线和两个散点图，然后分别为曲线和散点图设置图例，在一个图形上显示两个图例。运行结果如图 3-111 所示。

视频二维码：例 3-104

```
import numpy as np
import matplotlib.pyplot as plt

x = np.arange(0, 2*np.pi, 0.1)
y1 = np.sin(x)
y2 = np.cos(x)
sin, cos = plt.plot(x, y1, 'r--', x, y2, 'b-.')          # 绘制两条曲线
# 创建第一个图例
legend1 = plt.legend([sin,cos], ['sin','cos'], loc='lower right')

x1 = np.random.randint(0, 6, 10)
x2 = np.random.randint(0, 6, 10)
```

```
y1 = np.random.randint(2, 5, 10)
y2 = np.random.randint(2, 5, 10)
# 绘制两个散点图
scatter1 = plt.scatter(x1, y1, s=20, c='r', marker='*')
scatter2 = plt.scatter(x2, y2, s=30, c='b', marker='v')
# 创建第二个图例
plt.legend([scatter1,scatter2], ['red scatter','blue scatter'],
           loc='lower right', bbox_to_anchor=(1, 0.5))
plt.gca().add_artist(legend1)                          # 增加第一个图例
plt.show()
```

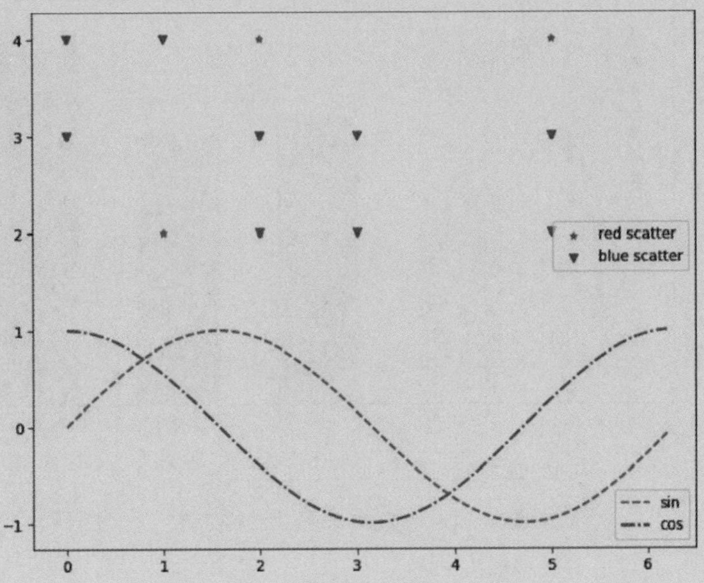

图 3-111　例 3-104 程序运行结果

例 3-105　绘制柱状图，设置图例位于柱状图下方。运行结果如图 3-112 所示。

视频二维码：例 3-105

```
from random import choices
import matplotlib.pyplot as plt

# 创建轴域，设置左边距、下边距、宽度、高度
ax = plt.axes([0.1, 0.2, 0.8, 0.7])
# 每个柱的位置、高度、刻度标签、颜色
x = range(5, 30, 5)
y = choices(range(1000,2000), k=5)
x_ticks = list('abcde')
colors = ('yellowgreen','pink','red','blue','green')
# 绘制每个柱
for xx, yy, cc, tick in zip(x,y,colors,x_ticks):
```

```
    ax.bar(xx, yy, width=3, color=cc, label=tick)

plt.xlabel('X')
plt.ylabel('Y')
plt.xticks(x, x_ticks)
plt.title('Title')
# 设置并显示图例，位于轴域下方
plt.legend(loc='upper left', bbox_to_anchor=(0.2,-0.1), ncol=len(x))
plt.show()
```

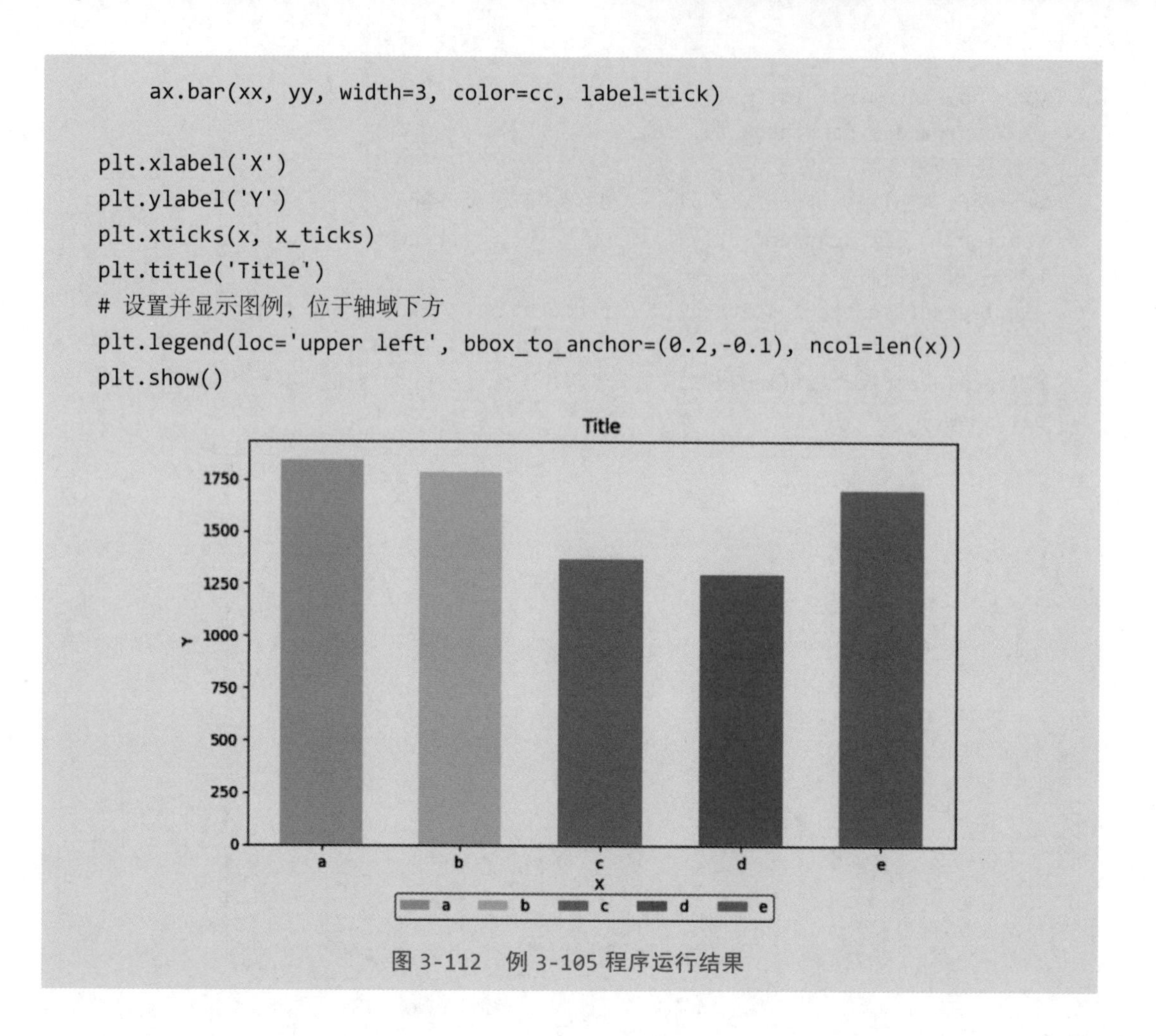

图 3-112　例 3-105 程序运行结果

3.15　设置坐标轴属性

例 3-106　设置坐标轴刻度位置和文本。运行结果如图 3-113 所示。

```
import numpy as np
import matplotlib.pyplot as plt

x = np.arange(0, 2*np.pi, 0.01)
y = np.sin(x)
plt.plot(x, y)
plt.xticks(np.arange(0, 2*np.pi, 0.5))
plt.yticks([-1, -0.5, 0, 0.75, 1],
           ['负一', '负零点五', '零', '零点七五', '一'],
           fontproperties='STKAITI')
```

视频二维码：例 3-106

```
plt.show()
```

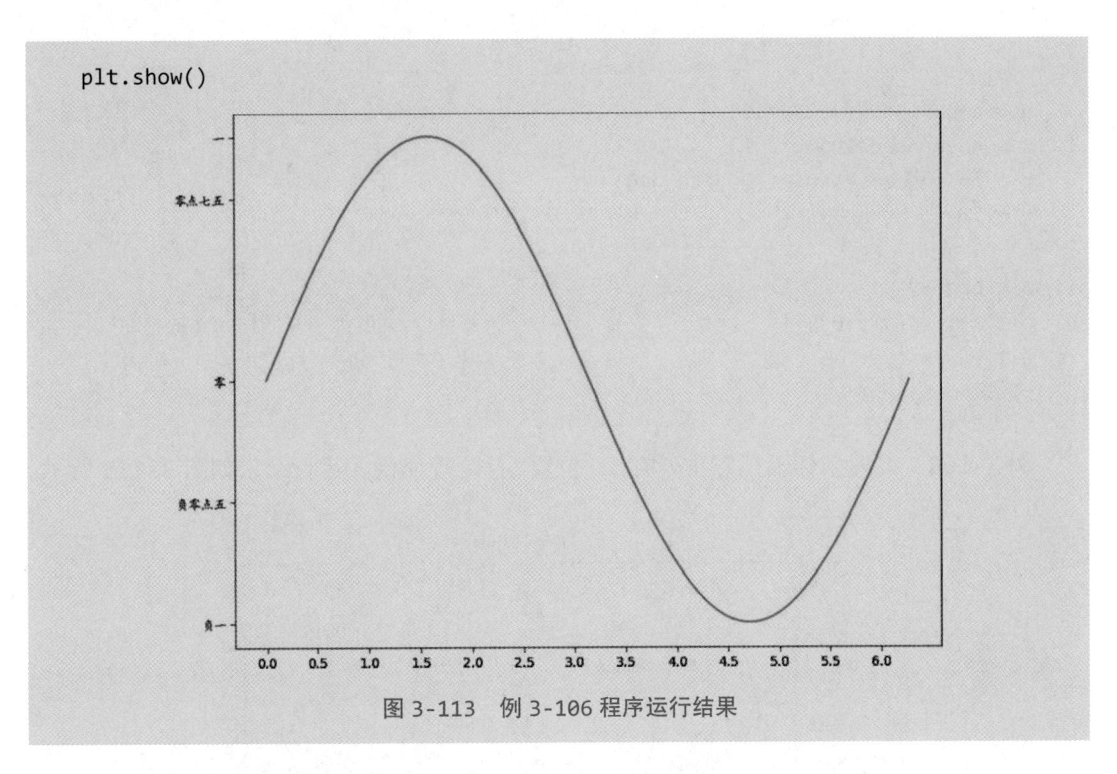

图 3-113 例 3-106 程序运行结果

例 3-107 设置坐标轴刻度位置和文本。运行结果如图 3-114 所示。

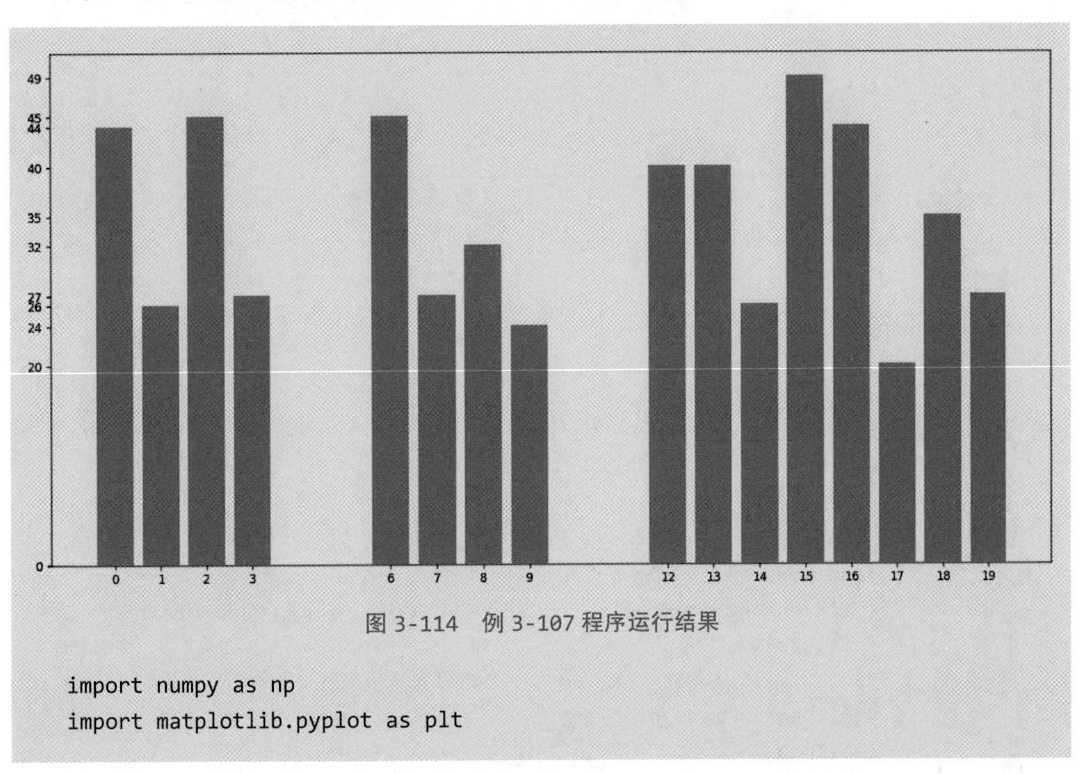

图 3-114 例 3-107 程序运行结果

```
import numpy as np
import matplotlib.pyplot as plt
```

```
np.random.seed(20222713)
x = np.arange(20)
y = np.random.randint(20, 50, 20)
y[np.random.randint(0, 20, 5)] = 0

plt.bar(x, y)
plt.xticks(x[y>0])                        # 只显示高度大于 0 的柱的 x 轴刻度
plt.yticks(y)                             # 只在每个柱的高度位置显示 y 轴刻度
plt.show()
```

视频二维码：例 3-107

例 3-108　设置坐标轴标签排列方式、位置、行距等属性。运行结果如图 3-115 所示。

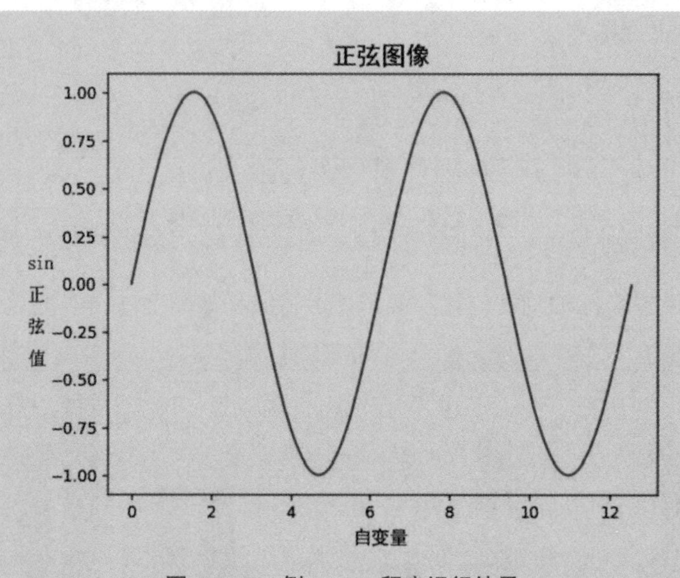

图 3-115　例 3-108 程序运行结果

```
import numpy as np
import matplotlib.pyplot as plt

x = np.arange(0,np.pi*4, 0.01)
y = np.sin(x)
plt.plot(x, y)
plt.ylabel('sin\n正\n弦\n值',                # 坐标轴文本标签
           fontproperties='simsun',           # 中文字体
           rotation='horizontal',             # 文本方向，还可以为 vertical
           fontsize=12,                       # 字号
           verticalalignment='bottom',        # 设置垂直对齐方式
           horizontalalignment='left',
           labelpad=15,                       # 文本与坐标轴之间的距离
           linespacing=2,                     # 行距，单位为 points
```

视频二维码：例 3-108

```
            position=(-10,0.3))          # 垂直方向的位置，可以忽略第一个数
plt.xlabel('自变量', fontproperties='simhei', fontsize=12)
plt.title('正弦图像', fontproperties='simhei', fontsize=16)
plt.show()
```

例 3-109　在坐标轴刻度上显示公式。程序运行结果如图 3-116 所示。

视频二维码：例 3-109

```
import numpy as np
import matplotlib.pyplot as plt

x = np.arange(-10, 10, 0.1)
y = np.sin(x)
plt.plot(x, y)
def func(num):
    pre, aft = f'{num:.2e}'.split('e')
    return f'${float(pre):.1f}x10^'+'{'+str(int(aft))+'}$'

plt.xticks(range(-10,12,3), list(map(func, range(-10,12,3))))
plt.yticks(np.arange(-1,1.1,0.25), list(map(func, np.arange(-1,1.1,0.25))))
plt.show()
```

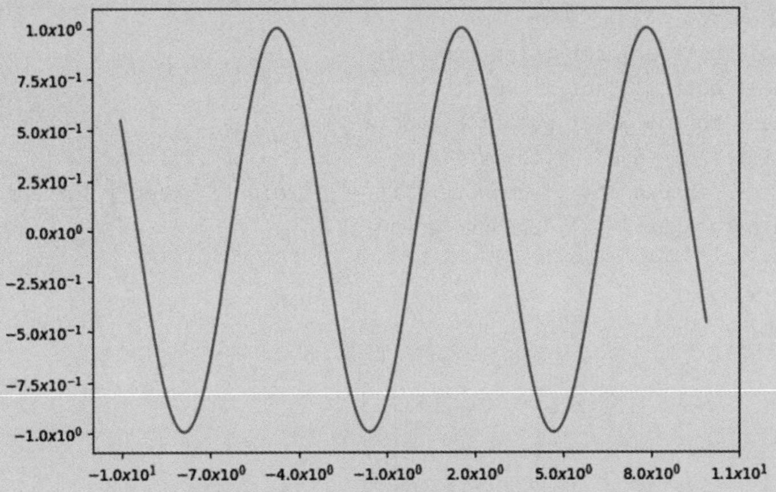

图 3-116　例 3-109 程序运行结果

例 3-110　设置坐标轴颜色、宽度、箭头。运行结果如图 3-117 所示。

视频二维码：例 3-110

```
from numpy import linspace, sin, pi
import matplotlib.pyplot as plt

plt.rcParams['font.sans-serif'] = ['SimHei']        # 统一设置中文字体
plt.rcParams['axes.unicode_minus'] = False          # 用来正常显示负号
```

```
x = linspace(-2*pi, 2*pi, 600)
y = sin(x)

fig = plt.figure()
ax = fig.gca()
ax.spines['right'].set_color('none')                    # 不显示右侧的直线
ax.spines['top'].set_color('none')                      # 不显示上侧的直线
# 设置左边直线（y 轴）的属性
ax.spines['left'].set_color('red')                      # 坐标轴颜色
ax.spines['left'].set_linewidth(2)                      # 坐标轴宽度
ax.yaxis.set_ticks_position('left')                     # 刻度在轴线左侧
ax.yaxis.set_ticks([-1, -0.5, 0, 0.5, 1])               # 显示刻度的位置和文本
ax.yaxis.set_ticklabels(['-1', '-0.5', '0', '零点五', '一'])
ax.tick_params(axis='y', colors='red')                  # 刻度显示为红色
# 设置左侧轴线位置，参数必须是元组 (type, amount)
# ('data',0) 表示数据为 0 的位置
ax.spines['left'].set_position(('data',0))
# 使用 annotate 在 y 轴顶端创建箭头
ax.annotate('', (0,1), xytext=(0,1.2),
            arrowprops={'arrowstyle':'<-', 'color':'red', 'linewidth':2})
# 设置底部直线（x 轴）的属性
ax.spines['bottom'].set_color('green')
ax.spines['bottom'].set_linewidth(2)
ax.spines['bottom'].set_position(('data',0))
ax.annotate('', (6,0), xytext=(7.5,0),
            arrowprops={'arrowstyle':'<-', 'color':'green', 'linewidth':2})
ax.tick_params(axis='x', colors='green')

ax.plot(x, y)
fig.show()
```

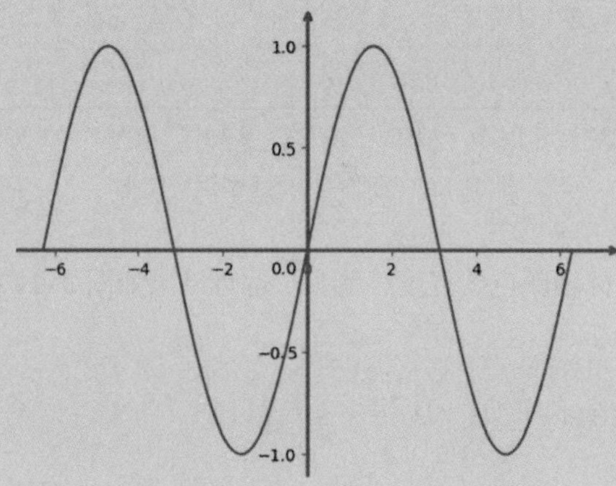

图 3-117　例 3-110 程序运行结果

例 3-111　设置坐标轴箭头样式。运行结果如图 3-118 所示。

视频二维码：例 3-111

```
from numpy import linspace, sin, pi
import matplotlib.pyplot as plt
import mpl_toolkits.axisartist as axisartist

x = linspace(-2*pi, 2*pi, 600)
y = sin(x)

fig = plt.figure()
ax = axisartist.Subplot(fig, 111)
fig.add_axes(ax)
ax.axis[:].set_visible(False)                        # 隐藏原来的所有坐标轴
# 增加自定义坐标轴，(0,0)中的第一个0表示维度，第二个0表示位置
ax.axis['x'] = ax.new_floating_axis(0, 0)
ax.axis['y'] = ax.new_floating_axis(1, 0)
ax.axis['x'].set_axis_direction('top')               # 设置轴上的刻度位置
ax.axis['y'].set_axis_direction('left')
ax.axis['x'].set_axisline_style('->', size=3)        # 空心箭头
ax.axis['y'].set_axisline_style('-|>', size=3)       # 实心箭头
ax.set_yticks([-1,-0.5,0,0.5,1])

ax.plot(x, y)
plt.show()
```

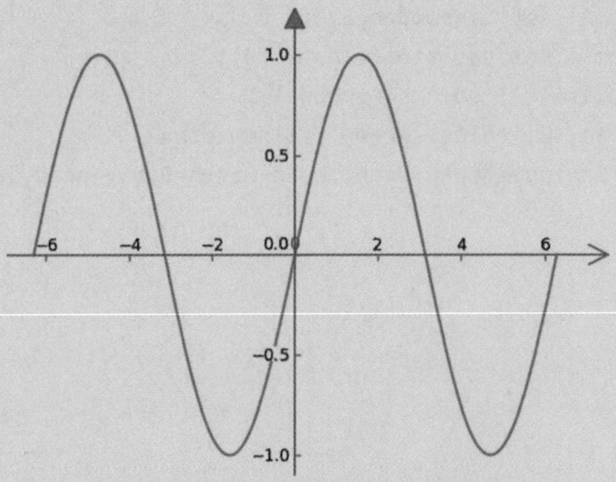

图 3-118　例 3-111 程序运行结果

例 3-112　设置坐标轴箭头样式。运行结果如图 3-119 所示。

```
from numpy import linspace, sin, pi
import matplotlib.pyplot as plt
```

视频二维码：例 3-112

```
# 模拟数据，正弦曲线上的顶点
x = linspace(-2*pi, 2*pi, 600)
y = sin(x)

fig = plt.figure()
ax = fig.gca()
# 隐藏所有坐标轴直线
for key in ['left', 'right', 'top', 'bottom']:
    ax.spines[key].set_color('none')

# 设置左边直线（y 轴）的属性
ax.spines['left'].set_linewidth(2)
ax.yaxis.set_ticks_position('left')            # 刻度在轴线左侧
ax.yaxis.set_ticks([-1, -0.5, 0, 0.5, 1])      # 刻度的位置
ax.tick_params(axis='y', colors='red')          # 刻度显示为红色
# 设置左侧轴线位置，参数必须是元组(type, amount)
# ('data',0)表示数据为0的位置
ax.spines['left'].set_position(('data',0))
# 在坐标轴位置绘制一条带箭头的直线，前4个参数分别为x、y、 dx、 dy
ax.arrow(0, -1.2, 0, 2.4, color='red', linewidth=2,
         length_includes_head=True, head_width=0.2, head_length=0.3)

# 设置底部直线（x 轴）的属性
ax.spines['bottom'].set_linewidth(2)
ax.spines['bottom'].set_position(('data',0))
ax.tick_params(axis='x', colors='green')
ax.arrow(-7, 0, 14, 0, color='green', linewidth=2,
         length_includes_head=True, head_width=0.05, head_length=0.3)

ax.plot(x, y)
fig.show()
```

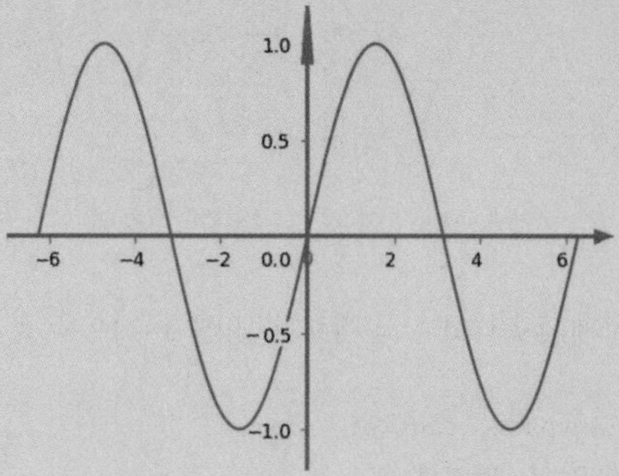

图 3-119　例 3-112 程序运行结果

例 3-113 设置坐标轴比例。运行结果如图 3-120 所示。

```
import numpy as np
import matplotlib.pyplot as plt

x = np.linspace(0, 5, 20, endpoint=False)
y = 3 ** x
_, (ax1, ax2) = plt.subplots(1, 2)
line1, = ax1.plot(x, y, 'r-')
ax1.set_yscale('log', base=2)
ax1.tick_params(axis='y', colors='red')
ax1.set_aspect('equal')
ax1.set_title('base=2')

line2, = ax2.plot(x, y, 'b-.')
ax2.set_yscale('log', base=10)
ax2.tick_params(axis='y', colors='blue')
ax2.set_aspect('equal')
ax2.set_title('base=10')
plt.suptitle('y=3**x', fontsize=16)
plt.show()
```

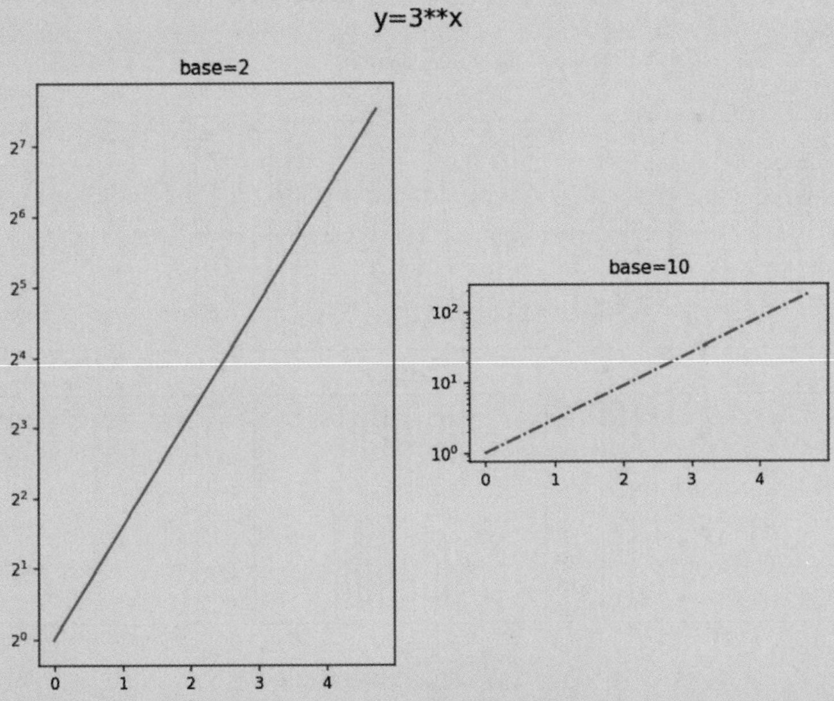

视频二维码：例 3-113

y=3**x

base=2

base=10

图 3-120 例 3-113 程序运行结果

例 3-114　设置坐标轴比例。运行结果如图 3-121 所示，把代码中第 5 行和倒数第 2 行代码解除注释并重新运行，结果如图 3-122 所示。

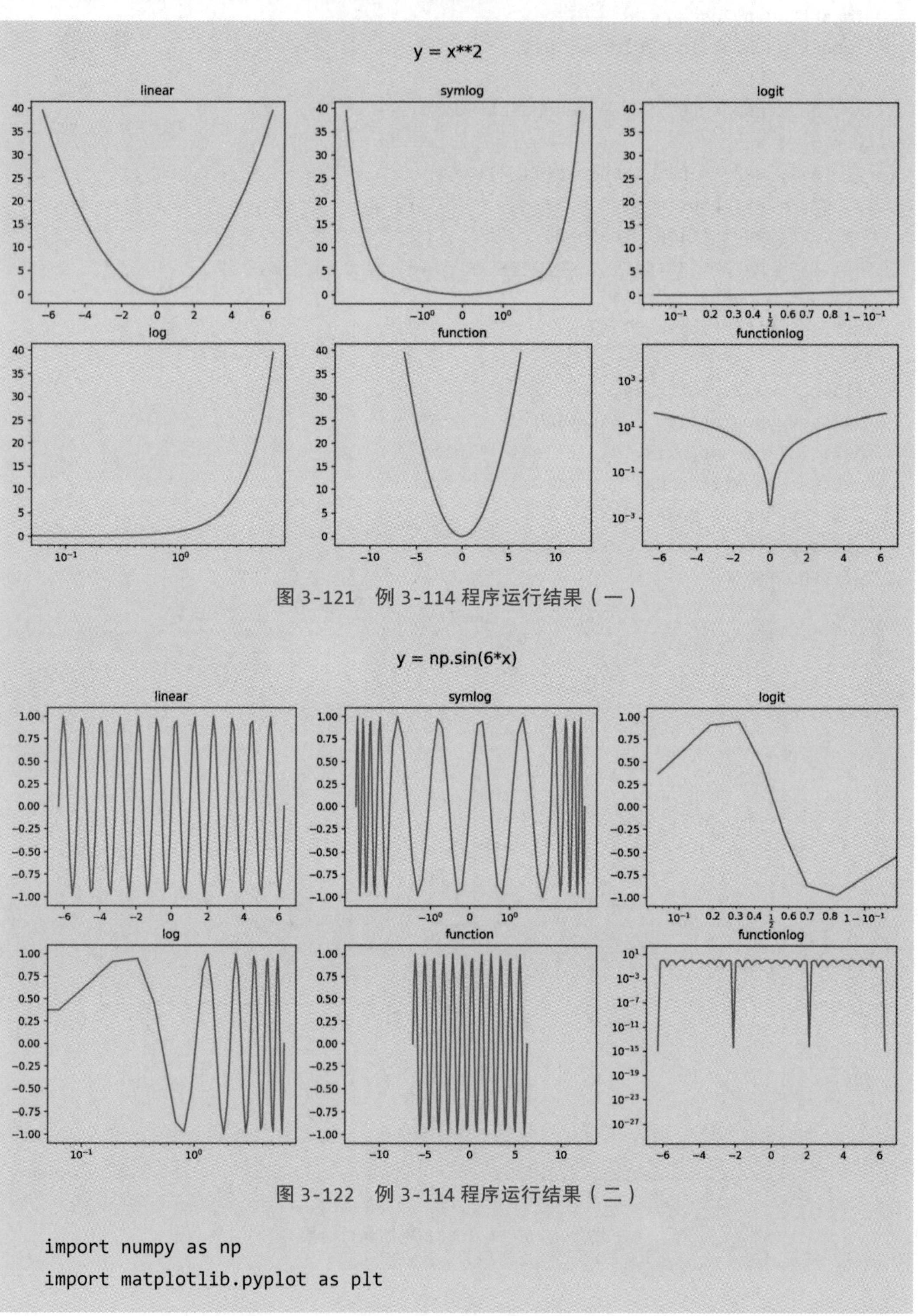

图 3-121　例 3-114 程序运行结果（一）

图 3-122　例 3-114 程序运行结果（二）

```
import numpy as np
import matplotlib.pyplot as plt
```

```
x = np.linspace(-2*np.pi, 2*np.pi, 100)
y = x ** 2
# y = np.sin(6*x)
_, axes = plt.subplots(2, 3)
axes.shape = (6,)
for ax in axes:
    ax.plot(x, y)
axes[0].set_title('linear')                    # 默认坐标轴缩放类型为线性
# 设置轴缩放比例类型
axes[1].set_xscale('symlog')                   # symlog 是 symmetric log 的缩写
axes[1].set_title('symlog')
axes[2].set_xscale('logit')
axes[2].set_title('logit')
axes[3].set_xscale('log')
axes[3].set_title('log')
# functions 参数含义为 (forward, inverse)
axes[4].set_xscale('function', functions=[lambda v: 4*v, lambda v: 0.5*v])
axes[4].set_title('function')
axes[5].set_yscale('functionlog',
                   functions=[lambda v: v**2, lambda v: 10*v])
axes[5].set_title('functionlog')
plt.suptitle('y = x**2', fontsize=16)
# plt.suptitle('y = np.sin(6*x)', fontsize=16)
plt.show()
```

3.16 事件响应与处理

例 3-115 绘制正弦曲线，使图形能够响应鼠标事件，当鼠标进入图形区域时设置背景色为黄色，鼠标离开图形区域时背景色恢复为白色，并且当鼠标接近曲线时自动显示当前位置。运行程序观察鼠标在不同位置时的状态，鼠标靠近曲线时的效果如图 3-123 所示。

视频二维码：例 3-115

```
import numpy as np
import matplotlib.pyplot as plt

def onMotion(event):
    x = event.xdata                            # 获取鼠标位置
    y = event.ydata
```

```
    if event.inaxes == ax:
        # 测试鼠标事件是否发生在曲线上
        contain, _ = sinCurve.contains(event)
        if contain:
            # 设置标注的终点和文本位置，设置标注可见
            annot.xy = (x, y)
            annot.set_text(str(y))      # 设置标注文本
            annot.set_visible(True)     # 设置标注可见
        else:
            annot.set_visible(False)    # 鼠标不在曲线附近，设置标注为不可见
        event.canvas.draw_idle()

def onEnter(event):
    event.inaxes.patch.set_facecolor('yellow')     # 鼠标进入时修改轴的颜色
    event.canvas.draw_idle()

def onLeave(event):
    event.inaxes.patch.set_facecolor('white')      # 鼠标离开时恢复轴的颜色
    event.canvas.draw_idle()

fig = plt.figure()
ax = fig.gca()
x = np.arange(0, 2*np.pi, 0.01)
y = np.sin(x)
sinCurve, = plt.plot(x, y, picker=2)                 # 鼠标距离曲线 2 个像素可识别
# sinCurve.set_pickradius(2)
# 创建标注对象，设置初始不可见
annot = ax.annotate('',
                    xy=(0,0),                              # 箭头位置
                    xytext=(-50,50),                       # 文本相对位置
                    textcoords='offset pixels',            # 相对于 xy 的偏移量单位
                    bbox=dict(boxstyle='round', fc='r'), # 圆角，红色背景
                    arrowprops=dict(arrowstyle='->'))      # 箭头形状
annot.set_visible(False)

# 添加事件处理函数
fig.canvas.mpl_connect('motion_notify_event', onMotion)
fig.canvas.mpl_connect('axes_enter_event', onEnter)
fig.canvas.mpl_connect('axes_leave_event', onLeave)
plt.show()
```

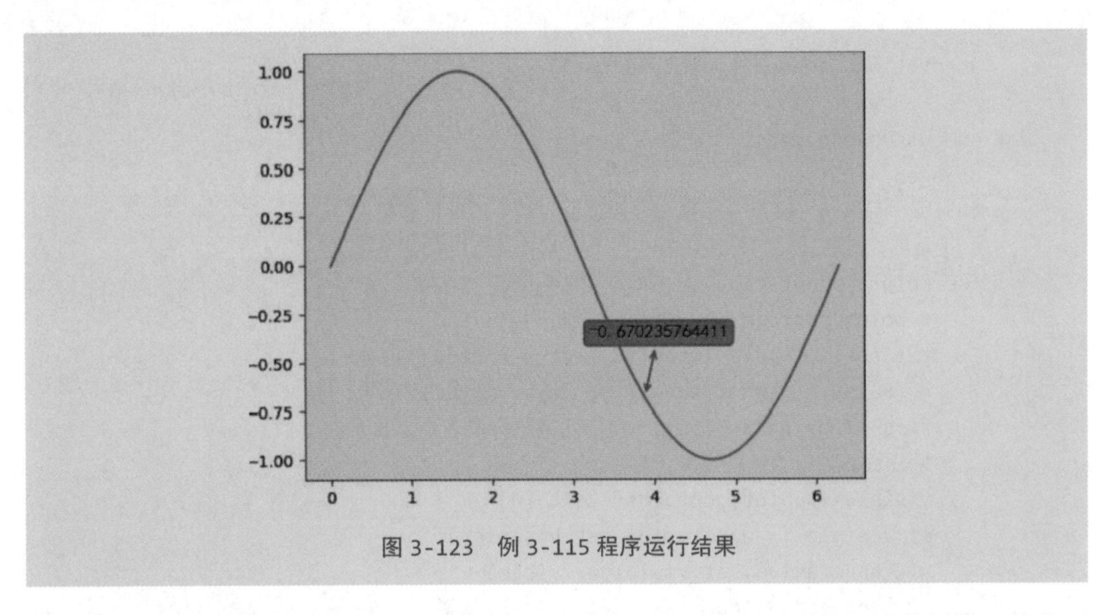

图 3-123　例 3-115 程序运行结果

例 3-116　编写程序，绘制正弦曲线散点图，响应鼠标移动事件，当鼠标靠近某个顶点时，显示文本标注。运行结果如图 3-124 所示。

视频二维码：例 3-116

```
from math import sin
import numpy as np
import matplotlib.pyplot as plt

fig = plt.figure()

annotations = []                               # 存放所有顶点的标注信息
xx = np.arange(0, 4*np.pi, 0.5)
for x in xx:
    y = sin(x)
    # 依次绘制正弦曲线上的每个顶点，每个点作为一条折线图来绘制
    # plot() 函数的参数 pickradius 的默认值为 5
    point, = plt.plot(x, y, 'bo', markersize=5)
    # 为每个顶点创建隐藏的文本标注
    # 参数 xy 表示标注箭头指向的位置，xytext 表示文本起始坐标
    # 参数 arrowprops 表示箭头样式，参数 bbox 表示标注文本的背景色以及边框样式
    annot = plt.annotate(f'{x=},{y=}',
                         xy=(x+0.1, y+0.03), xycoords='data',
                         xytext=(x-2, y+0.2), textcoords='data',
                         arrowprops={'arrowstyle': '->',
                                     'connectionstyle': 'arc3,rad=-0.5'},
                         bbox={'boxstyle': 'round',
                               'facecolor': 'w', 'alpha': 0.6},
                         visible=False)
```

```
    annotations.append([point, annot])

def onMouseMove(event):
    changed = False
    # 遍历所有顶点，检查鼠标当前位置是否与某个顶点足够接近
    # 把足够接近的顶点的标注设置为可见，其他顶点的标注不可见
    for point, annotation in annotations:
        # point.contains()返回值形式如下：
        # (True, {'ind': array([0], dtype=int64)})
        # (False, {'ind': array([], dtype=int64)})
        # 其中True/False表示是否有点距离鼠标位置小于5个点
        # 后面的数组为这些点的下标
        visible = point.contains(event)[0]
        if visible != annotation.get_visible():
            annotation.set_visible(visible)
            changed = True
    if changed:
        # 只在某顶点标注的可见性发生改变之后才更新画布
        plt.draw()

# 响应并处理鼠标移动事件
fig.canvas.mpl_connect('motion_notify_event', onMouseMove)
plt.show()
```

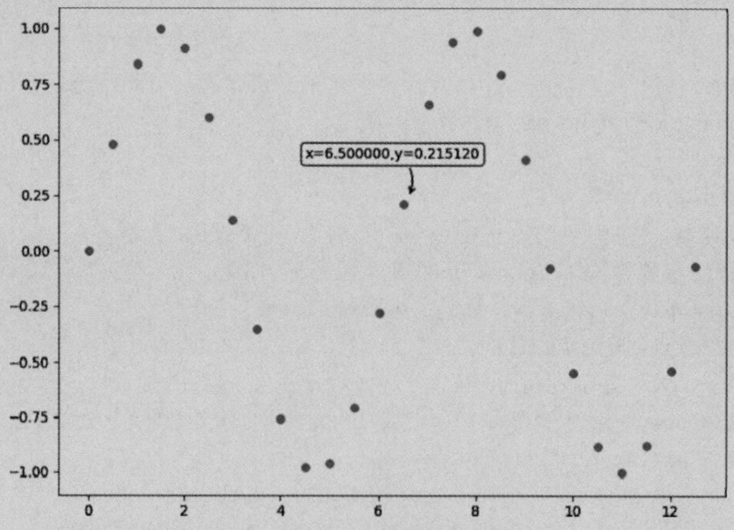

图 3-124　例 3-116 程序运行结果

例 3-117　编写程序，创建图形并响应键盘和鼠标事件，单击时绘制直线段，单击鼠标中键时删除最后绘制的一个直线段，右击时切换颜色，按下键盘上的 C 键时删除画布上

的所有图形。运行结果如图 3-125 所示。

视频二维码：例 3-117

```
from itertools import cycle
import matplotlib.pyplot as plt

x, y = [], []                          # 存储鼠标依次单击的位置
colors = cycle('rgbcmyk')              # 可用颜色和当前颜色
color = next(colors)

def on_mouse_click(event):
    global color
    if event.button == 1:
        x.append(event.xdata)          # 单击，绘制新直线连接最后两个点
        y.append(event.ydata)
        if len(x) > 1:
            plt.plot(x[-2:], y[-2:], c=color, lw=2)
        plt.xticks(range(10))
        plt.yticks(range(10))
    elif event.button == 3:
        color = next(colors)           # 右击，切换颜色
    elif event.button == 2:
        if ax.lines:                   # 单击鼠标中键，删除最后绘制的一个直线段
            ax.lines.remove(ax.lines[-1])
            del x[-1], y[-1]
    event.canvas.draw()

def on_close(event):
    print('closed')

def on_clear(event):
    if event.key == 'c':               # 按下键盘上的 C 键，清除所有端点和已绘制图形
        ax.lines.clear()
        del x[:], y[:]
        event.canvas.draw()            # 更新图形画布

fig = plt.figure()
ax = plt.gca()
plt.xticks(range(10))
plt.yticks(range(10))
fig.canvas.mpl_connect('button_press_event', on_mouse_click)
fig.canvas.mpl_connect('key_press_event', on_clear)
fig.canvas.mpl_connect('close_event', on_close)
plt.show()
```

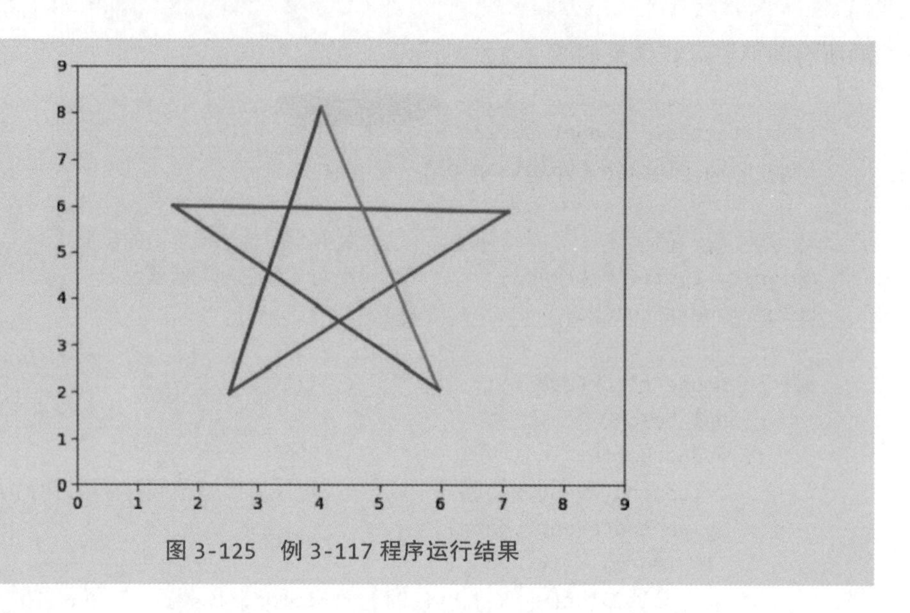

图 3-125　例 3-117 程序运行结果

例 3-118　编写程序，创建图形并响应鼠标的按下和移动事件，当按下鼠标并移动时绘制宽度为 2 的红色曲线，可以模拟铅笔写字。运行结果如图 3-126 所示。

```
import matplotlib.pyplot as plt

x, y = [], []                              # 存储鼠标依次经过的位置

def on_mouse_click(event):
    if event.button == 1:                  # 单击，绘制新直线
        x.clear()
        y.clear()
        x.append(event.xdata)
        y.append(event.ydata)

def on_mouse_move(event):
    x.append(event.xdata)
    y.append(event.ydata)
    if event.button==1 and len(x)>1:
        plt.plot(x[-2:], y[-2:], c='r', lw=2)
        event.canvas.draw()

fig = plt.figure()
plt.xlim(0, 10)
plt.ylim(0, 10)

# 设置响应并处理事件的函数
fig.canvas.mpl_connect('button_press_event', on_mouse_click)
```

视频二维码：例 3-118

```
fig.canvas.mpl_connect('motion_notify_event', on_mouse_move)
plt.show()
```

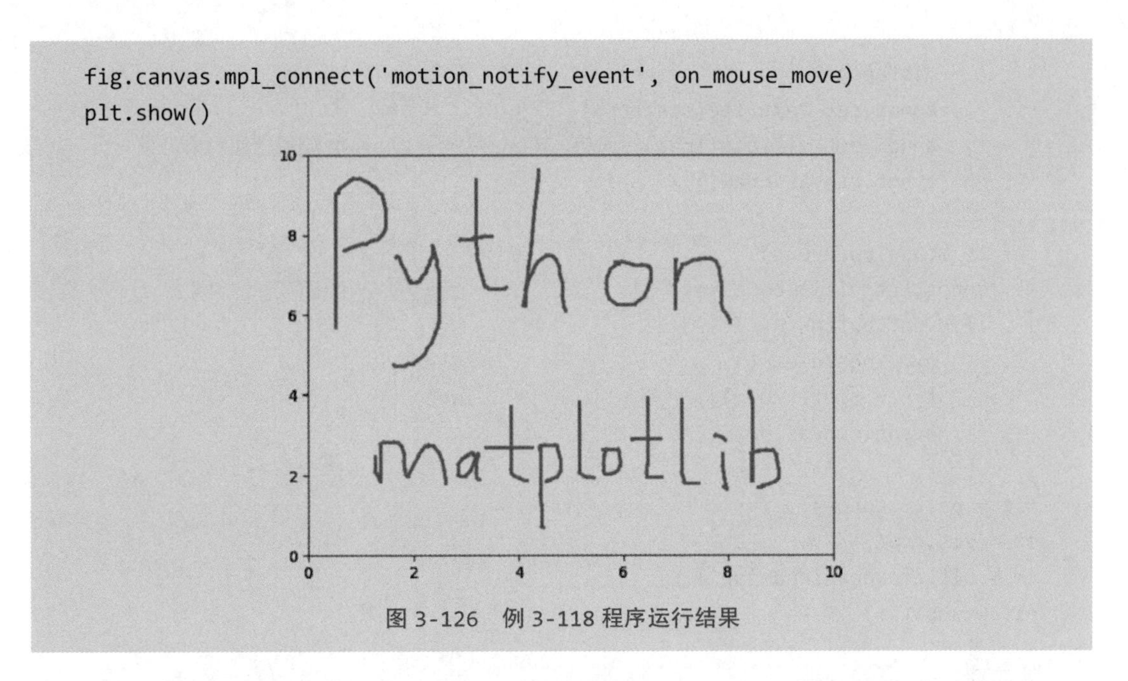

图 3-126　例 3-118 程序运行结果

例 3-119　编写程序，显示一个图像，响应鼠标事件，使得可以在图像上画直线做标记。下面代码以数字图像处理领域公认的经典基准图像 lena 为例，运行结果如图 3-127 所示。

```
import matplotlib.pyplot as plt

def on_mouse_down(event):
    if event.button == 1:                # 单击，绘制新直线，记录直线起点坐标
        global x0, y0
        x0 = event.xdata
        y0 = event.ydata

def on_mouse_move(event):
    global x1, y1
    x1 = event.xdata
    y1 = event.ydata
    if not (x1 and y1):                  # 如果鼠标不在当前图形中，直接返回
        return
    if event.button==1:
        if len(ax.lines) > 1:            # 删除最后绘制的一条直线
            ax.lines.remove(ax.lines[-1])
        # 从起点到当前位置绘制一条直线
        plt.plot([x0,x1], [y0,y1], c='r', lw=2)
        annot.xy = (x1, y1)              # 更新标注对象的当前位置
        # 计算并显示当前位置与按下鼠标的位置的距离
        distance = ((x0-x1)**2 + (y0-y1)**2) ** 0.5
```

视频二维码：例 3-119

```
        distance = round(distance, 2)
        annot.set_text(str(distance))
        annot.set_visible(True)                              # 设置标注对象可见
        event.canvas.draw()

def on_mouse_up(event):
    annot.set_visible(False)                                 # 隐藏标注对象
    if event.button == 1:
        ax.lines.clear()
        # plt.plot([x0,x1], [y0,y1], c='r', lw=2)
        event.canvas.draw()

fig = plt.figure()
ax = plt.gca()
im = plt.imread('lena.jpg')
plt.imshow(im)

annot = ax.annotate('',
                    xy=(0,0),                                # 箭头位置
                    xytext=(-10,10),                         # 文本相对位置
                    textcoords='offset pixels')              # 相对于 xy 的偏移量单位
annot.set_visible(False)

# 设置响应并处理事件的函数
fig.canvas.mpl_connect('button_press_event', on_mouse_down)
fig.canvas.mpl_connect('motion_notify_event', on_mouse_move)
fig.canvas.mpl_connect('button_release_event', on_mouse_up)
plt.show()
```

图 3-127　例 3-119 程序运行结果

例 3-120　编写程序，生成测试数据，绘制水平柱状图，然后每隔 0.5s 更新一次数据并实时根据最新数据绘制水平柱状图。某个时刻的运行结果如图 3-128 所示。

视频二维码：例 3-120

```
import numpy as np
import matplotlib.pyplot as plt

x = np.arange(1, 13)                          # 12 个月份
y = np.random.randint(1, 30, 12)              # 每个月的数据
for i in range(24):
    plt.cla()                                 # 清除当前轴域
    # 按每个月的数值升序排序
    temp = sorted(zip(x,y), key=lambda item:item[1])
    x = [item[0] for item in temp]
    y = [item[1] for item in temp]
    plt.barh(range(1,13), y)                  # 重新绘制水平柱状图
    plt.title(f'20{i:02d}年', fontproperties='simhei', fontsize=20)
    plt.yticks(range(1,13), list(map(lambda i: f'{i}月', x)),
               fontproperties='simhei')
    plt.xticks(range(0,160,20))
    for xx, yy in zip(range(1,13), y):
        plt.text(yy+0.1, xx-0.1, str(yy))
    plt.pause(1)                              # 暂停 1s
    y = y + np.random.randint(0, 10, 12)      # 更新数据
plt.show()
```

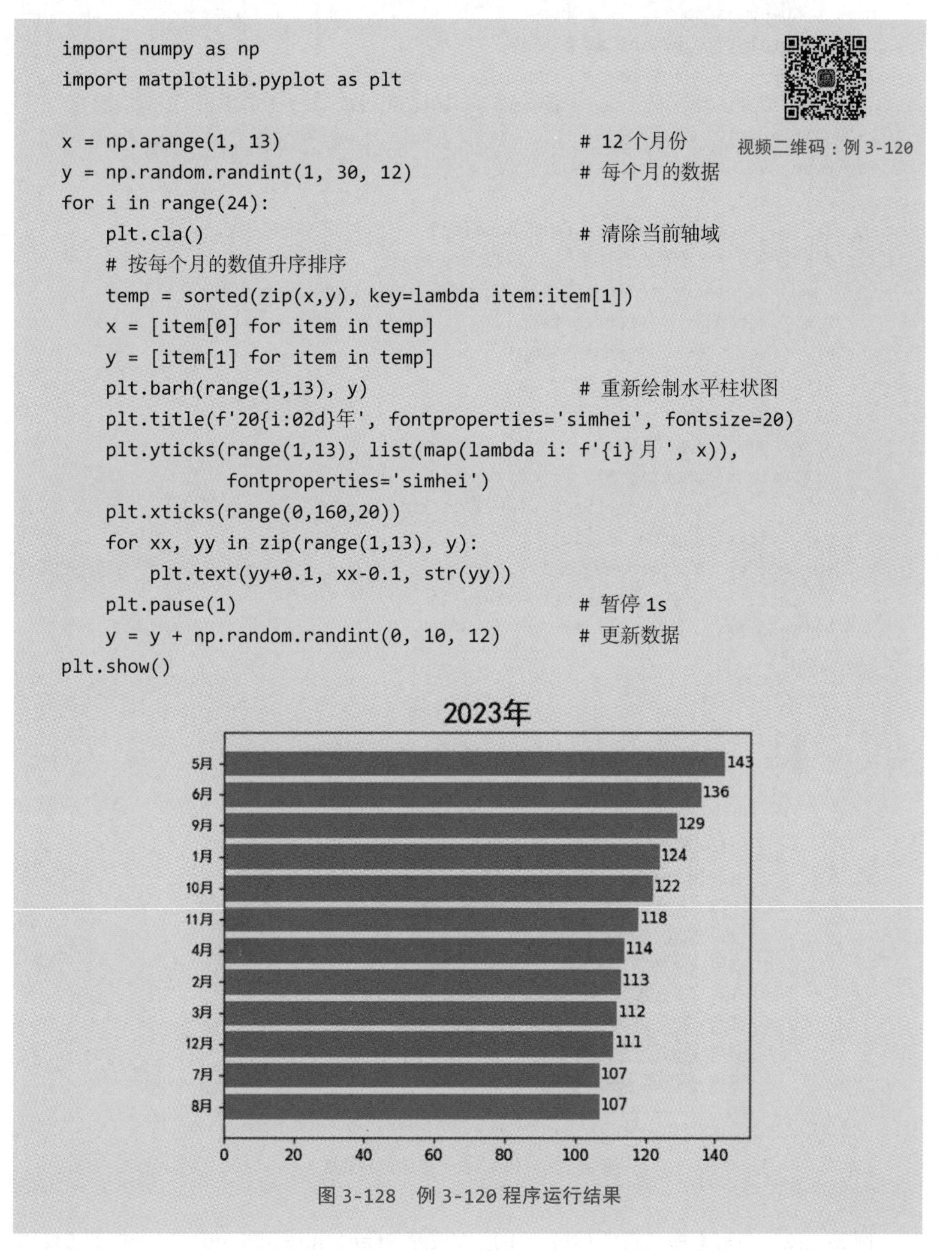

图 3-128　例 3-120 程序运行结果

例 3-121　绘制动态柱状图，显示每年 12 个月的数据变化情况，并动态更换轴域背

景色。某个时刻的运行结果如图 3-129 所示。

```
import numpy as np
import matplotlib.pyplot as plt

data = {f'20{i:02d}年': np.random.randint(30, 80, 12) for i in range(24)}
ax = plt.gca()
for year, values in data.items():
    plt.cla()
    ax.set_facecolor(np.random.random(3))      # 设置轴域背景色
    # 对数据排序，绘制水平柱状图，大数显示在最上面
    temp = sorted(zip(range(1,13),values), key=lambda item:item[1])
    x = [item[0] for item in temp]
    y = [item[1] for item in temp]
    plt.barh(range(1,13), y)
    plt.title(year, fontproperties='simhei', fontsize=24)
    # 设置 y 轴上显示的标签
    plt.yticks(range(1,13), [f'{i}月' for i in x],
               fontproperties='simhei', fontsize=16)
    plt.xticks(range(0,101,10))
    for xx, yy in zip(range(1,13), y):          # 在水平柱状图右侧显示对应的数值
        plt.text(yy+0.1, xx-0.1, str(yy))
    plt.pause(1)
plt.show()
```

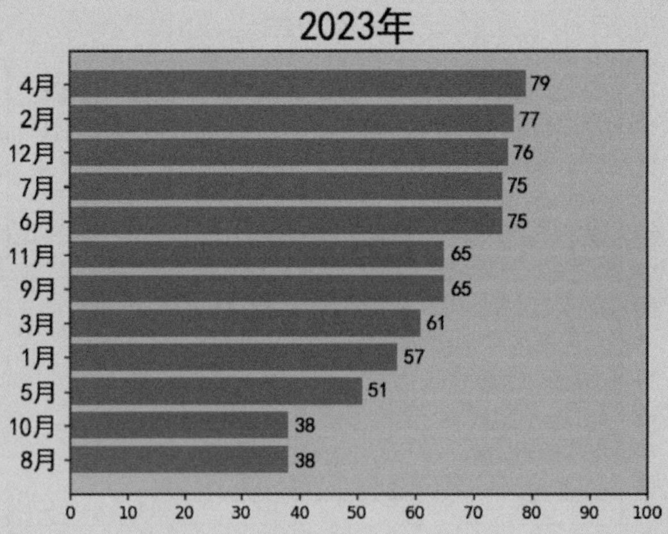

图 3-129　例 3-121 程序运行结果

例 3-122　编写程序，在图形窗口中放置按钮 Start 和按钮 Stop，单击按钮 Start 时绘制从右向左运动的正弦曲线，单击按钮 Stop 时曲线停止运动。运行结果如图 3-130

所示。

视频二维码：例 3-122

```
from time import sleep
from threading import Thread
import numpy as np
import matplotlib.pyplot as plt
from matplotlib.widgets import Button

fig, ax = plt.subplots()
plt.subplots_adjust(bottom=0.2)     # 设置图形显示位置

range_start, range_end, range_step = 0, 1, 0.005
t = np.arange(range_start, range_end, range_step)
s = np.sin(4*np.pi*t)
l, = plt.plot(t, s, lw=2)

class ButtonHandler:                    # 自定义类，用来封装两个按钮的单击事件处理函数
    def __init__(self):                 # 构造方法，初始化数据
        self.flag = False
        self.range_s, self.range_e, self.range_step = 0, 1, 0.005

    def thread_start(self):             # 线程函数，用来更新数据并重新绘制图形
        while self.flag:
            sleep(0.02)
            self.range_s += self.range_step
            self.range_e += self.range_step
            t = np.arange(self.range_s, self.range_e, self.range_step)
            ydata = np.sin(4*np.pi*t)
            l.set_ydata(ydata)      # 更新数据
            plt.draw()              # 重新绘制图形

    def start(self, event):
        if not self.flag:
            self.flag = True
            Thread(target=self.thread_start).start()     # 创建并启动新线程

    def stop(self, event):
        if self.flag:
            self.flag = False
callback = ButtonHandler()

# 创建按钮并设置单击事件处理函数
axStart = plt.axes([0.7, 0.05, 0.1, 0.075])
btnStart = Button(axStart, 'Start', color='0.7', hovercolor='r')
```

```
btnStart.on_clicked(callback.start)
axStop = plt.axes([0.81, 0.05, 0.1, 0.075])
btnStop = Button(axStop, 'Stop')
btnStop.on_clicked(callback.stop)
plt.show()
```

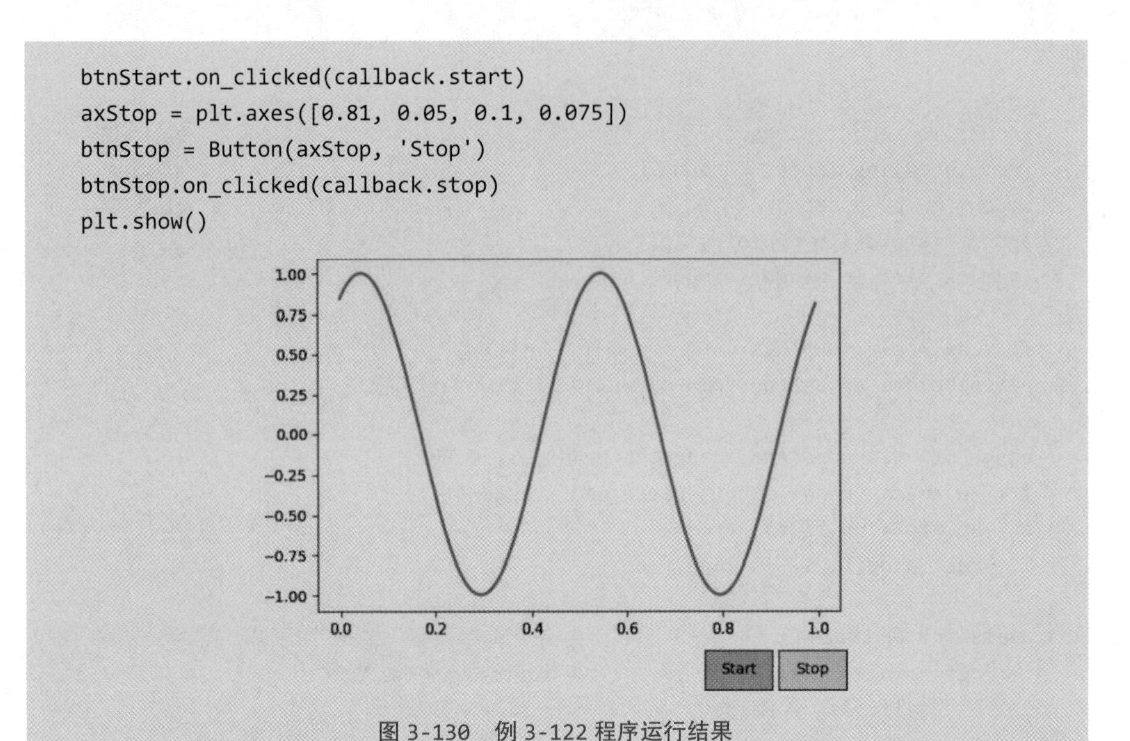

图 3-130　例 3-122 程序运行结果

例 3-123　编写程序，绘制特定振幅和频率的正弦曲线，在图形窗口上创建两个 Slider 组件用来调整正弦曲线的振幅和频率，并创建按钮 Adjust 和按钮 Reset，单击按钮 Adjust 时微调振幅和频率，单击按钮 Reset 时恢复初始振幅和频率。运行结果如图 3-131 所示。

视频二维码：例 3-123

```
import numpy as np
import matplotlib.pyplot as plt
from matplotlib.widgets import Slider, Button
fig, ax = plt.subplots()
plt.subplots_adjust(left=0.1, bottom=0.25)
t = np.arange(0.0, 1.0, 0.001)

# 初始振幅与频率，绘制初始图形
a0, f0 = 5, 3
s = a0*np.sin(2*np.pi*f0*t)
line, = plt.plot(t, s, lw=2, color='red')
# 设置坐标轴刻度范围，参数含义为 [xmin, xmax, ymin, ymax]
plt.axis([0, 1, -10, 10])

axColor = 'lightgoldenrodyellow'
# 创建两个 Slider 组件，分别设置位置 / 尺寸、背景色和初始值
axfreq = plt.axes([0.1, 0.1, 0.75, 0.03], facecolor=axColor)
```

```
sfreq = Slider(axfreq, 'Freq', 0.1, 30.0, valinit=f0)
axamp = plt.axes([0.1, 0.15, 0.75, 0.03], facecolor=axColor)
samp = Slider(axamp, 'Amp', 0.1, 10.0, valinit=a0)


def update(event):
    amp = samp.val                    # 获取两个 Slider 组件的当前值，更新图形
    freq = sfreq.val
    line.set_ydata(amp*np.sin(2*np.pi*freq*t))
    plt.draw()
sfreq.on_changed(update)              # 为 Slider 组件设置事件处理函数
samp.on_changed(update)

def adjustSliderValue(event):         # 增加两个 Slider 的值，自动调整曲线形状
    samp.set_val((samp.val+0.05) % 10)
    sfreq.set_val((sfreq.val+0.5) % 30)
    update(event)
axAdjust = plt.axes([0.6, 0.025, 0.1, 0.04])
buttonAdjust = Button(axAdjust, 'Adjust', color=axColor, hovercolor='red')
buttonAdjust.on_clicked(adjustSliderValue)

# 创建按钮组件，用来恢复初始值
resetax = plt.axes([0.8, 0.025, 0.1, 0.04])
button = Button(resetax, 'Reset', color=axColor, hovercolor='yellow')
def reset(event):
    sfreq.reset()
    samp.reset()
button.on_clicked(reset)
plt.show()
```

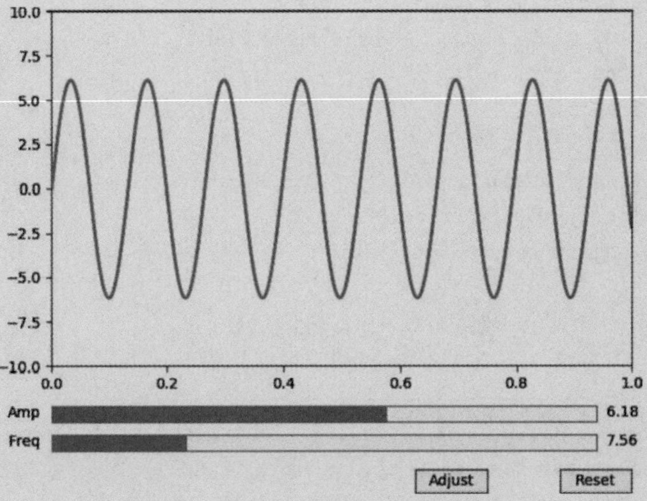

图 3-131　例 3-123 程序运行结果

例 3-124　编写程序，绘制正弦曲线，并在图形窗口上创建单选按钮组件调整曲线的颜色、频率和线型，创建按钮组件实现从固定的几种颜色、频率和线型中随机选择。运行结果如图 3-132 所示。

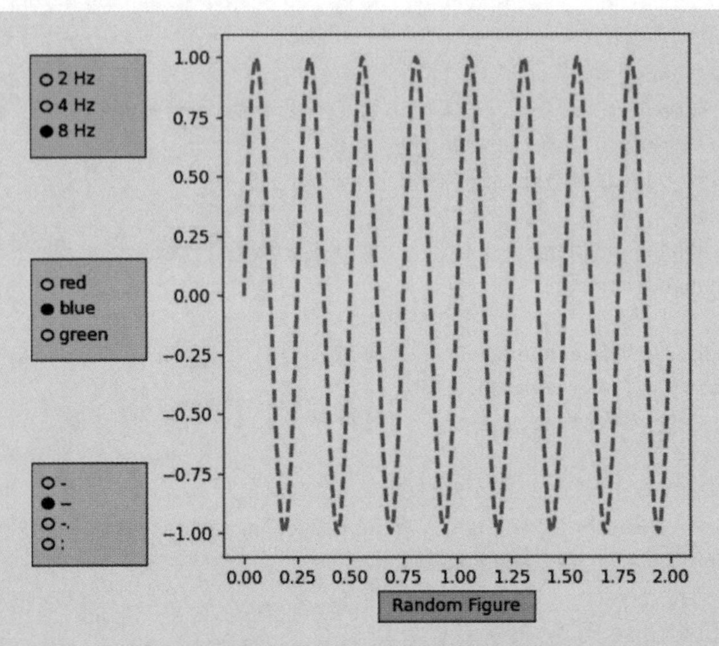

图 3-132　例 3-124 程序运行结果

视频二维码：例 3-124

```
from random import choice
import numpy as np
import matplotlib.pyplot as plt
from matplotlib.widgets import RadioButtons, Button

t = np.arange(0.0, 2.0, 0.01)
s0 = np.sin(2*np.pi*t)          # 3 种不同频率的信号
s1 = np.sin(4*np.pi*t)
s2 = np.sin(8*np.pi*t)

fig, ax = plt.subplots()
line, = ax.plot(t, s0, lw=2, color='red')
plt.subplots_adjust(left=0.3)

# 定义几种频率对应的单选按钮组件以及事件响应代码
# 其中 [0.05, 0.7, 0.15, 0.15] 表示组件在窗口上的归一化位置
axcolor = '#886699'
rax = plt.axes([0.05, 0.7, 0.15, 0.15], facecolor=axcolor)
radio = RadioButtons(rax, ('2 Hz', '4 Hz', '8 Hz'))
hzdict = {'2 Hz': s0, '4 Hz': s1, '8 Hz': s2}
```

```
def freq_func(label):
    ydata = hzdict[label]
    line.set_ydata(ydata)
    fig.canvas.draw()                              # 与plt.draw()功能等价
radio.on_clicked(freq_func)

# 定义几种颜色对应的单选按钮组件以及事件响应代码
rax = plt.axes([0.05, 0.4, 0.15, 0.15], facecolor=axcolor)
colors = ('red', 'blue', 'green')
radio2 = RadioButtons(rax, colors)
def color_func(label):
    line.set_color(label)
    plt.draw()                                     # 重新绘制当前图形
radio2.on_clicked(color_func)

# 定义几种线型对应的单选按钮组件
rax = plt.axes([0.05, 0.1, 0.15, 0.15], facecolor=axcolor)
styles = ('-', '--', '-.', ':')
radio3 = RadioButtons(rax, styles)
def style_func(label):
    line.set_linestyle(label)
    plt.draw()
radio3.on_clicked(style_func)

# 定义按钮单击事件处理函数，并在窗口上创建按钮
def random_fig(event):
    # 随机选择一个频率，同时设置单选按钮的选中项
    hz = choice(tuple(hzdict.keys()))
    hzLabels = [label.get_text() for label in radio.labels]
    radio.set_active(hzLabels.index(hz))
    line.set_ydata(hzdict[hz])
    # 随机选择一种颜色，同时设置单选按钮的选中项
    c = choice(colors)
    radio2.set_active(colors.index(c))
    line.set_color(c)
    # 随机选择一个线型，同时设置单选按钮的选中项
    style = choice(styles)
    radio3.set_active(styles.index(style))
    line.set_linestyle(style)
    plt.draw()

axRnd = plt.axes([0.5, 0.015, 0.2, 0.045])
buttonRnd = Button(axRnd, 'Random Figure',
```

```
                     color='0.6',             # 亮度值，'0' 表示黑色，'1' 表示白色
                     hovercolor='r')          # 鼠标滑过上方时的颜色
buttonRnd.on_clicked(random_fig)
plt.show()
```

例 3-125　编写程序，绘制正弦曲线并设置拾取距离（鼠标与曲线小于这个距离时认为在曲线上），当鼠标靠近曲线并单击时，输出显示当前顶点的编号和坐标。运行结果如图 3-133 所示。

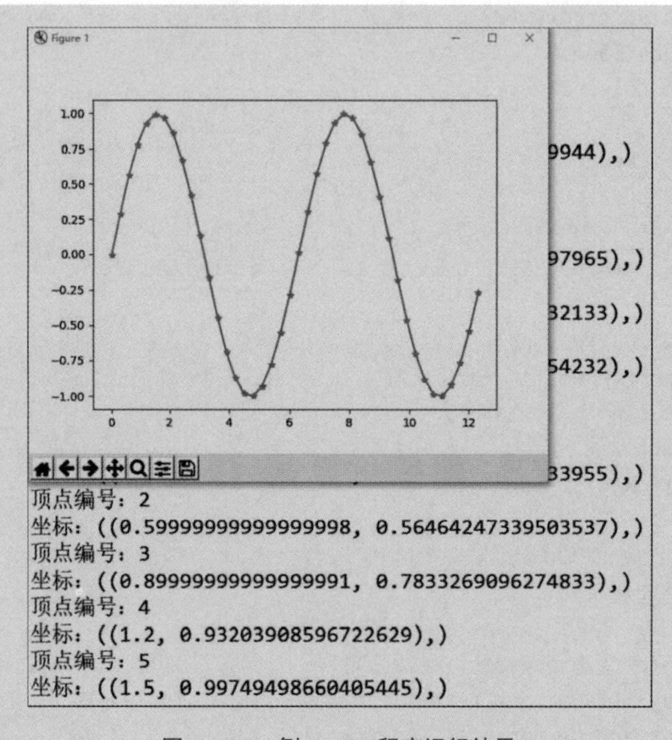

图 3-133　例 3-125 程序运行结果

视频二维码：例 3-125

```
import numpy as np
import matplotlib.pyplot as plt

fig = plt.figure()
ax = fig.gca()

x = np.arange(0, 4*np.pi, 0.3)
y = np.sin(x)
ax.plot(x, y, 'r-*', picker=5)

def onpick(event):
    thisline = event.artist                # 触发事件的图形
```

```
    xdata = thisline.get_xdata()        # 图形上的采样点坐标
    ydata = thisline.get_ydata()
    ind = event.ind                       # 当前拾取到的当前采样点序号
    points = tuple(zip(xdata[ind], ydata[ind]))
    print(f'顶点编号: {ind[0]}\n 坐标: {points}')
fig.canvas.mpl_connect('pick_event', onpick)
plt.show()
```

例 3-126　响应鼠标滚轮操作，向上滚动时图形放大，向下滚动时图形缩小。本例没有提供参考结果，请自行运行程序后滚动鼠标观察效果。

视频二维码：例 3-126

```
import numpy as np
import matplotlib.pyplot as plt

x = np.arange(-2*np.pi, 2*np.pi, 0.05)
y = np.sin(x)

fig = plt.figure()
ax = fig.gca()
plt.plot(x, y, 'r--', lw=2)

def mouse_scroll(event):
    current_ax = event.inaxes                  # 触发事件的轴域
    x_min, x_max = current_ax.get_xlim()     # x 轴的起止范围
    y_min, y_max = current_ax.get_ylim()     # y 轴的起止范围
    x_step = (x_max-x_min) / 10              # 滚动鼠标时坐标轴刻度范围缩放的幅度
    y_step = (y_max-y_min) / 10
    if event.button == 'up':
        # 鼠标向上滚，缩小坐标轴刻度范围，使得图形变大
        current_ax.set(xlim=(x_min+x_step, x_max-x_step),
                       ylim=(y_min+y_step, y_max-y_step))
    elif event.button == 'down':
        # 鼠标向下滚，增加坐标轴刻度范围，使得图形缩小
        current_ax.set(xlim=(x_min-x_step, x_max+x_step),
                       ylim=(y_min-y_step, y_max+y_step))
    fig.canvas.draw_idle()
# 绑定鼠标滚轮事件处理函数
fig.canvas.mpl_connect('scroll_event', mouse_scroll)
plt.show()
```

例 3-127　使用跟随的交叉直线实时显示曲线上与鼠标当前位置 x 坐标对应的点。运行结果如图 3-134 所示。

```
import numpy as np
import matplotlib.pyplot as plt

x = list(np.arange(-2*np.pi, 2*np.pi, 0.05).round(2))
y = np.sin(x)

fig = plt.figure()
ax = fig.gca()
plt.plot(x, y, 'r--', lw=2)

# 临时绘制水平直线和垂直直线
line_y = ax.axhline(y=0, xmin=0, xmax=1, ls='--', color='blue', alpha=0.6)
line_x = ax.axvline(x=0, ymin=0, ymax=1, ls='--', color='blue', alpha=0.6)

def mouse_motion(event):
    # 鼠标不在图形中时 xdata 和 ydata 的值为 None，直接返回
    if not (event.xdata and event.ydata):
        return
    mouse_x = round(event.xdata, 2)
    # 曲线上没有鼠标当前位置对应的点，直接返回
    if mouse_x not in x:
        return
    # 获取曲线上与当前鼠标 x 坐标对应的点，修改水平直线和垂直直线的位置，更新图形
    mouse_y = y[x.index(mouse_x)]
    line_x.set_xdata(mouse_x)
    line_y.set_ydata(mouse_y)
    fig.canvas.draw_idle()
# 绑定鼠标移动事件处理函数
fig.canvas.mpl_connect('motion_notify_event', mouse_motion)
plt.show()
```

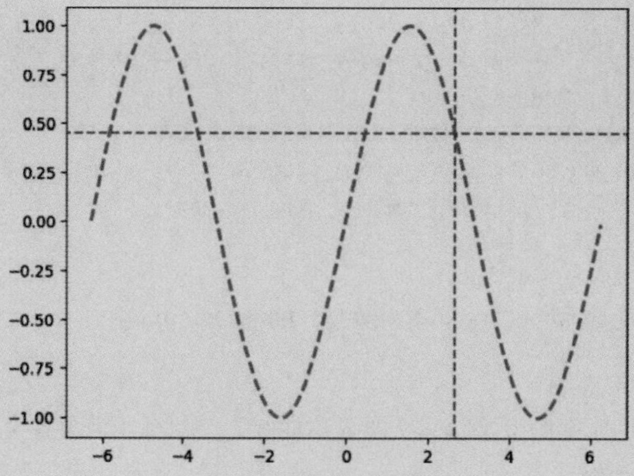

视频二维码：例 3-127

图 3-134　例 3-127 程序运行结果

例 3-128　可视化三次贝塞尔曲线的调和函数。运行结果如图 3-135 所示。

视频二维码：例 3-128

```
import numpy as np
import matplotlib.pyplot as plt

t = np.linspace(0, 1, 101)
b0 = (1-t) ** 3                     # 三次贝塞尔曲线的 4 个调和函数
b1 = 3 * (1-t)**2 * t
b2 = 3 * t**2 * (1-t)
b3 = t ** 3

fig, ax = plt.subplots()
# 使用 Matplotlib 内嵌的 Latex 排版，下画线表示下标
ax.plot(t, b0, 'r:', label='$B_{0,3}(t)$')
ax.plot(t, b1, 'g--', label='$B_{1,3}(t)$')
ax.plot(t, b2, 'b-.', label='$B_{2,3}(t)$')
ax.plot(t, b3, ls='-', color='#ffaaff', label='$B_{3,3}(t)$')
ax.set_xlabel('t')
ax.set_title('三次贝塞尔曲线的 4 个调和函数',
             fontproperties='simhei', fontsize=18)
# 定位图例位置
ax.legend(loc='lower left', bbox_to_anchor=(0.35,0.5))
# 绘制函数图像时应设置坐标轴纵横比相等，否则图像会比例不对
ax.set_aspect('equal')

# 绘制垂直直线
line_x = ax.axvline(x=0, ymin=0, ymax=1, visible=False,
                    ls='--', color='blue', alpha=0.6)
# 在图形顶部显示字符串，初始为空字符串
txt = ax.text(0.08, 0.99, '')

def mouse_motion(event):
    # 鼠标不在图形中，xdata 和 ydata 的值为 None，直接返回
    if not (event.xdata and event.ydata):
        return
    mouse_x = round(event.xdata, 2)
    if mouse_x not in t:          # 曲线上没有鼠标当前位置对应的点，直接返回
        return
    # 获取曲线上与当前鼠标 x 坐标对应的点
    index = t.tolist().index(mouse_x)
    b0_y = b0[index]
    b1_y = b1[index]
    b2_y = b2[index]
    b3_y = b3[index]
```

```
    # 输出文本，4 个函数值的和恒等于 1，与自变量 t 无关
    s = (f'{round(b0_y,5)}+{round(b1_y,5)}+{round(b2_y,5)}+{round(b3_y,5)}='
         f'{round(b0_y+b1_y+b2_y+b3_y,2)}')
    txt.set_text(s)
    line_x.set_xdata(mouse_x)    # 修改垂直直线的位置，更新图形
    line_x.set_visible(True)     # 设置直线可见
    fig.canvas.draw_idle()
# 绑定鼠标移动事件处理函数
fig.canvas.mpl_connect('motion_notify_event', mouse_motion)
plt.show()
```

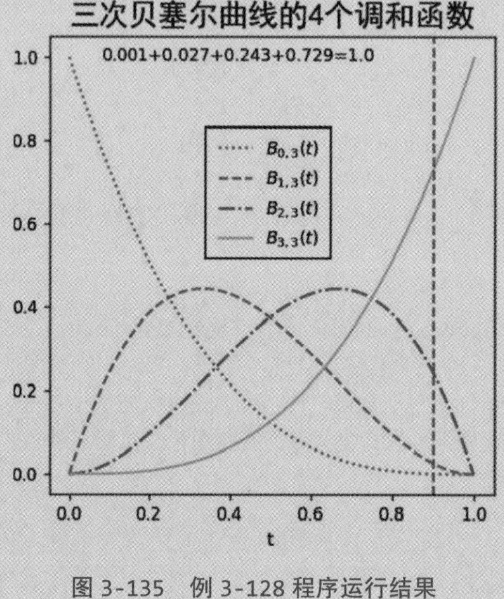

图 3-135　例 3-128 程序运行结果

例 3-129　绘制饼状图，响应鼠标移动事件，鼠标滑过扇形区域时修改扇形颜色和半径，离开扇形时还原为初始颜色和半径。运行结果如图 3-136 所示。

视频二维码：例 3-129

```
import matplotlib.pyplot as plt

fig = plt.figure()
ax = fig.gca()
data = [1, 2, 3, 4]
# 返回包含饼状图中所有扇形区域的列表
sectors = ax.pie(data, labels=tuple(map(str,data)),
                 shadow=True)[0][:len(data)]
colors = [sector.get_facecolor() for sector in sectors]     # 初始颜色

def mouse_motion(event):
    for index, sector in enumerate(sectors):
```

```
        # x 和 y 是鼠标在图形窗口中的位置，图形左上角是 (0,0)
        if sector.contains_point((event.x,event.y)):
            # 修改鼠标正在滑过的扇形区域颜色和半径
            sector.set_facecolor((1,1,0,1))
            sector.set_radius(1.3)
        else:
            # 还原其他扇形区域的颜色和半径
            sector.set_facecolor(colors[index])
            sector.set_radius(1)
    fig.canvas.draw_idle()
# 绑定鼠标移动事件处理函数
fig.canvas.mpl_connect('motion_notify_event', mouse_motion)
plt.show()
```


图 3-136 例 3-129 程序运行结果

例 3-130 使用指令绘制贝塞尔曲线。运行结果如图 3-137 所示。

```
import matplotlib.pyplot as plt
from matplotlib.path import Path
from matplotlib.patches import PathPatch
```

视频二维码：例 3-130

```
fig, ax = plt.subplots()

# 定义绘图指令与控制点坐标
# 其中 MOVETO 表示将绘制起点移动到指定坐标
# CURVE4 表示使用 4 个控制点绘制三次贝塞尔曲线
# CURVE3 表示使用 3 个控制点绘制二次贝塞尔曲线
# LINETO 表示从当前位置绘制直线到指定位置
# CLOSEPOLY 表示从当前位置绘制直线到指定位置，并闭合多边形
path_data = [(Path.MOVETO, (1.58, -2.57)), (Path.CURVE4, (0.35, -1.1)),
             (Path.CURVE4, (-1.75, 2.0)), (Path.CURVE4, (0.375, 2.0)),
             (Path.LINETO, (0.85, 1.15)), (Path.CURVE4, (2.2, 3.2)),
             (Path.CURVE4, (3, 0.05)), (Path.CURVE4, (2.0, -0.5)),
```

```
            (Path.CURVE3, (3.5, -1.8)), (Path.CURVE3, (2, -2)),
            (Path.CLOSEPOLY, (1.58, -2.57))]
codes, verts = zip(*path_data)
path = Path(verts, codes)
# 按指令和坐标进行绘图
patch = PathPatch(path, facecolor='r', alpha=0.9)
ax.add_patch(patch)

x, y = zip(*verts)
ax.plot(x, y, 'go-')                        # 绘制控制多边形和连接点
ax.grid()                                   # 显示网格
ax.axis('equal')
plt.show()
```

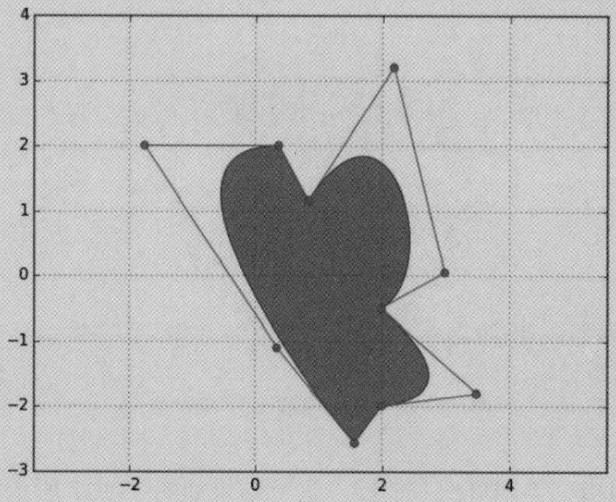

图 3-137　例 3-130 程序运行结果

例 3-131　在 tkinter 界面中显示 Matplotlib 可视化结果。运行结果如图 3-138 所示。

```
import tkinter
from numpy import arange, sin, pi
from matplotlib.figure import Figure
from matplotlib.backend_bases import key_press_handler
from matplotlib.backends.backend_tkagg import (FigureCanvasTkAgg,
                                               NavigationToolbar2Tk)

root = tkinter.Tk()
root.title('matplotlib in TK')

# 设置图形尺寸与质量
fig = Figure(figsize=(5,4), dpi=100)
ax = fig.add_subplot(111)
t = arange(0.0, 3, 0.01)
```

```
s = sin(2*pi*t)
ax.plot(t, s)

# 把绘制的图形显示到 tkinter 窗口上
canvas = FigureCanvasTkAgg(fig, master=root)
canvas.get_tk_widget().pack(side=tkinter.TOP, fill=tkinter.BOTH,
                            expand=tkinter.YES)
# 把 Matplotlib 图形的导航工具栏显示到 tkinter 窗口上
toolbar = NavigationToolbar2Tk(canvas, root)
toolbar.update()
canvas._tkcanvas.pack(side=tkinter.TOP, fill=tkinter.BOTH,
                      expand=tkinter.YES)

def on_key_event(event):
    print(f'you pressed {event.key}')
    # 调用 Matplotlib 工具栏默认快捷键，演示用，可删除
    key_press_handler(event, canvas, toolbar)
canvas.mpl_connect('key_press_event', on_key_event)    # 绑定键盘事件处理函数

# 按钮单击事件处理函数
def quit():
    # 结束事件主循环，并销毁应用程序窗口
    root.quit()
    root.destroy()
button = tkinter.Button(master=root, text='Quit', command=quit)
button.pack(side=tkinter.BOTTOM)

root.mainloop()
```

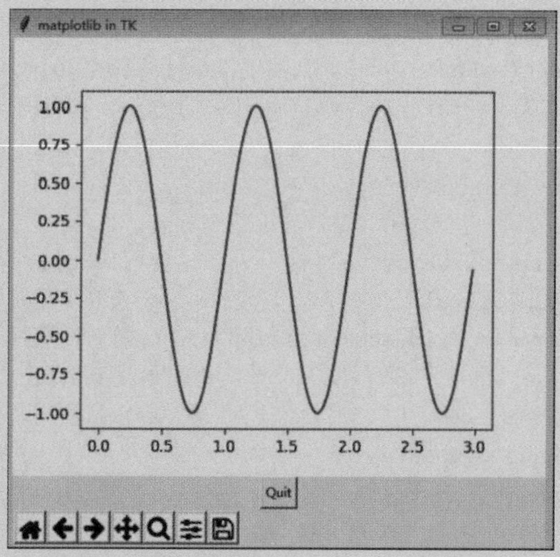

图 3-138　例 3-131 程序运行结果

例 3-132　多用正多边形逼近圆周。运行结果如图 3-139 所示。

视频二维码：例 3-132

```
import numpy as np
import matplotlib.pyplot as plt
from matplotlib.widgets import Slider, Button

def circleXY(r=20, sideNum=6):
    theta = np.linspace(0, 2*np.pi,   # 绘制一个完整的圆
                        sideNum+1,    # 顶点数量
                        True)         # 划分角度时包含终点
    x = r * np.cos(theta)             # 圆周上点的 x 坐标
    y = r * np.sin(theta)             # 圆周上点的 y 坐标
    return (x, y)

fig, ax = plt.subplots()              # 创建图形和轴域
plt.subplots_adjust(bottom=0.25)

x, y = circleXY()
line, = plt.plot(x, y, lw=2,          # 绘制折线图形成闭合多边形
                 color='red')         # 设置线宽和颜色

axColor = 'lightgoldenrodyellow'
# 创建子图，然后在其中创建 Slider 组件，设置位置 / 尺寸、背景色和初始值
axSideNum = plt.axes([0.2, 0.15, 0.6, 0.03], facecolor=axColor)
slideSideNum = Slider(axSideNum, 'side number',
                      valmin=3, valmax=60,    # 最小值、最大值
                      valinit=6,              # 默认值
                      valfmt='%d')            # 数字显示格式
axRadius = plt.axes([0.2, 0.085, 0.6, 0.03], facecolor=axColor)
slideRadius = Slider(axRadius, 'Radius', valmin=10, valmax=40,
                     valinit=20, valfmt='%d')

# 为 Slider 组件设置事件处理函数
def update(event):
    sideNum = int(slideSideNum.val)           # 获取 Slider 组件的当前值
    r = int(slideRadius.val)                  # 获取半径大小
    x, y = circleXY(r=r, sideNum=sideNum)     # 重新计算圆周上点的坐标
    line.set_data(x, y)                       # 更新数据
    plt.draw()                                # 重新绘制多边形
slideSideNum.on_changed(update)
slideRadius.on_changed(update)

# 创建按钮组件，用来恢复 Slider 组件的初始值
resetax = plt.axes([0.45, 0.03, 0.1, 0.04])
```

```
button = Button(resetax, 'Reset', color=axColor, hovercolor='yellow')
def reset(event):
    slideSideNum.reset()
    slideRadius.reset()
button.on_clicked(reset)

ax.set_aspect('equal')
ax.set_xlim(-50, 50)
ax.set_ylim(-50, 50)
plt.show()
```

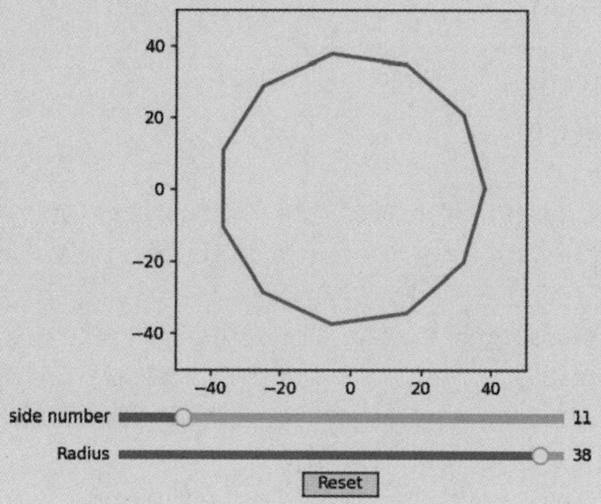

图 3-139　例 3-132 程序运行结果

例 3-133　模拟转盘抽奖游戏中转动指针并慢慢停下的过程。图 3-140 显示了其中 3 种运行结果，更多情况请自行运行程序进行测试和观察。

视频二维码：例 3-133

```
from random import random
from math import sin, cos, pi
from tkinter.messagebox import showinfo
import matplotlib.pyplot as plt
from matplotlib.widgets import Button

# 设置图形上的中文字体，支持在图形上显示中文
plt.rcParams['font.sans-serif'] = ['SimHei']

# 划分转盘上的区域
data = {'一等奖':0.08, '二等奖':0.22, '三等奖':0.7}

fig = plt.figure()
# 创建轴域，用来绘制饼状图和折线图
ax1 = plt.axes([0.1, 0.15, 0.8, 0.8])
```

```
# 绘制饼状图，模拟转盘
ax1.pie(data.values(), labels=data.keys(), radius=1)
ax1.plot([0,1], [0,0], lw=3, color='white')

def start(event):
    buttonStart.set_active(False)      # 禁用按钮，避免重复响应鼠标单击
    position = 0                       # 用来控制指针位置的变量
    step = random() * 2                # 用来控制旋转速度的变量
    ax1.lines.clear()
    ax1.plot([0,cos(position)], [0,sin(position)], lw=3, color='white')
    plt.draw_all(True)                 # 强制更新图形

    # 模拟转盘上指针的转动
    for i in range(150):
        if i%15 == 0:
            step = max(0, step-0.2)    # 不断减小 step 的值，模拟指针越转越慢
        if step < 1e-2:                # 如果已经转得很慢了，提前结束循环
            break
        position = position + step
        plt.pause(0.05)                # 暂停，参数越小，转得越快
        ax1.lines.clear()              # 删除图形上的所有直线
        # 重新绘制一条直线，模拟指针的转动
        # [0, cos(position)] 表示直线起点和终点的横坐标
        # [0, sin(position)] 表示直线起点和终点的纵坐标
        # lw=3 表示设置指针的宽度为 3 像素
        # color='white' 表示绘制白色直线来模拟指针
        ax1.plot([0,cos(position)], [0,sin(position)], lw=3, color='white')
        plt.draw_all(True)
    buttonStart.set_active(True)       # 启用按钮
    position = position % (2*pi)
    ratio = position / (2*pi)
    # 判断所中奖项等级，弹出消息框提示
    if ratio > data['一等奖']+data['二等奖']:
        showinfo('恭喜', '三等奖')
    elif ratio > data['一等奖']:
        showinfo('恭喜', '二等奖')
    else:
        showinfo('恭喜', '一等奖')

# 创建子图，放置按钮
ax2 = plt.axes([0.45, 0.1, 0.1, 0.05])
buttonStart = Button(ax2, 'Start', color='white', hovercolor='red')
buttonStart.on_clicked(start)
```

```
plt.show()
```

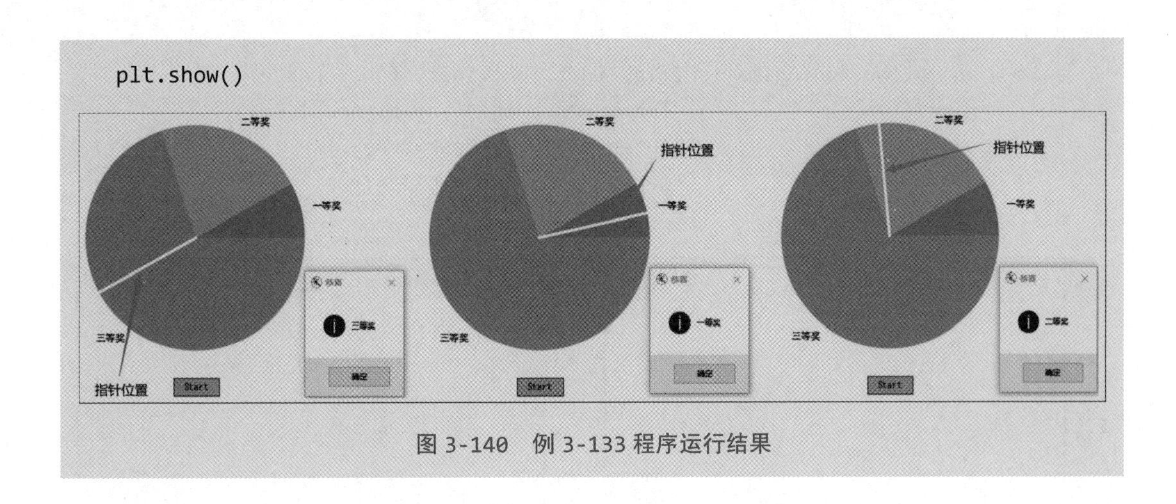

图 3-140　例 3-133 程序运行结果

3.17　绘制动态图形

例 3-134　使用动态散点图模拟余弦曲线。图 3-141 显示了运行结果中两个时刻的效果。

视频二维码：例 3-134

```
import numpy as np
import matplotlib.pyplot as plt
import matplotlib.animation as animation

fig, ax = plt.subplots()
ax.set_xlim(-np.pi, np.pi)
ax.set_ylim(-1.2, 1.2)
x, y = [], []                                      # 存放曲线上采样点坐标的列表
line, = plt.plot(x, y, 'bo', markersize=4)         # 绘制曲线上的采样点

def init():
    x.clear()                                      # 删除所有采样点坐标，更新曲线
    y.clear()
    line.set_data(x, y)
    return line,

def update(frame):
    x.append(frame)                                # 每次更新曲线时增加一个采样点
    y.append(np.cos(frame))
    line.set_data(x, y)
    return line,
```

```
anim = animation.FuncAnimation(fig, init_func=init, func=update,
                               frames=np.arange(-np.pi,np.pi,0.1),
                               interval=10, repeat=True,
                               repeat_delay=500, blit=True)
plt.show()
```

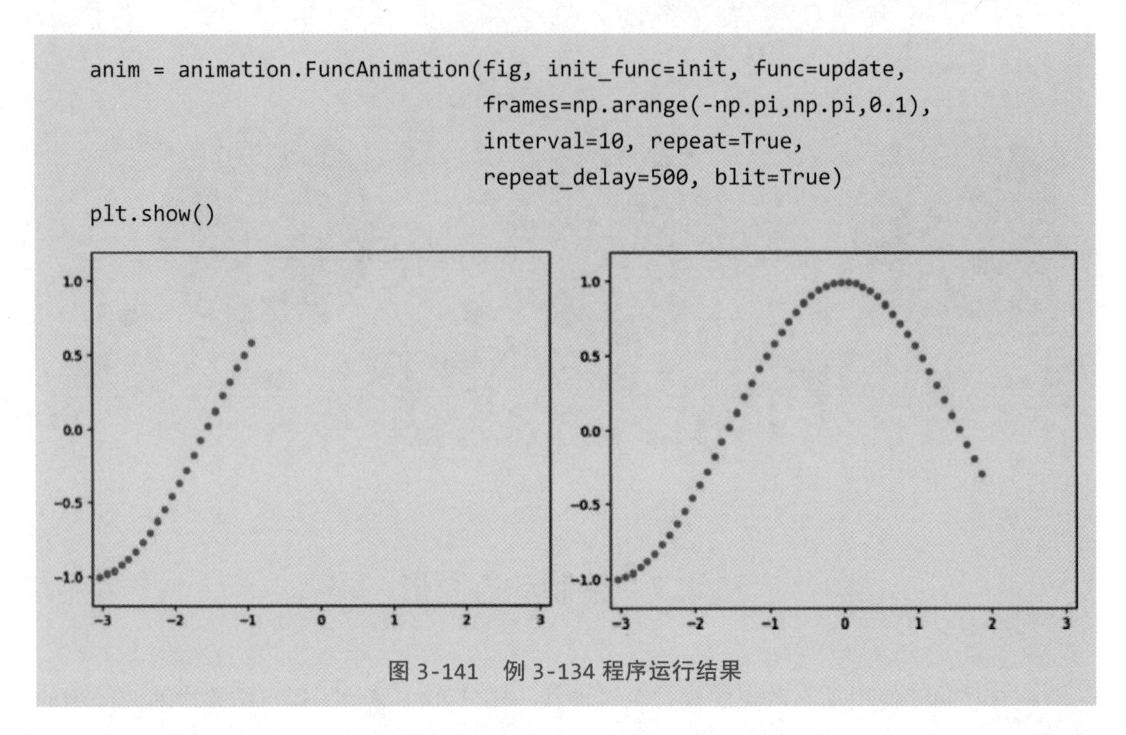

图 3-141　例 3-134 程序运行结果

例 3-135　绘制动态折线图，保存为 GIF 动图。请自行运行程序，然后打开生成的 GIF 文件观察效果。

```
import numpy as np
import matplotlib.pyplot as plt
from matplotlib.animation import FuncAnimation

fig = plt.figure()
ax = plt.axes(xlim=(0,100), ylim=(10,100))
x, y = [], []
line, = plt.plot(x, y)

def init():
    x.clear()
    y.clear()
    line.set_data(x, y)
    return line,

def update(i):
    x.append(i)
    y.append(np.random.randint(30,80))
    line.set_data(x, y)                         # 更新图形数据
    return line,
```

```
ani = FuncAnimation(fig=fig,                      # 创建动画的图形
                    func=update,                  # 用来更新图形的函数
                    frames=range(0,100,5),       # update() 函数的参数范围
                    init_func=init,               # 初始化图形的函数
                    interval=500,                 # 单位为毫秒
                    blit=True)
ani.save('lines.gif', writer='imagemagick')
```

例 3-136 绘制动态柱状图并保存为 GIF 文件。请自行运行程序，然后打开生成的 GIF 文件观察效果。

```
import numpy as np
import matplotlib.pyplot as plt
from matplotlib.animation import FuncAnimation

data = {f'20{i:02d}年': np.random.randint(30, 80, 12) for i in range(25)}
fig, ax = plt.subplots()
bars = ax.barh(range(1,13), [0]*12)

def init():
    return bars

def update(year):
    plt.cla()                               # 清除轴域上的图形
    values = data[year]                     # 获取数据，按数值大小排序
    temp = sorted(zip(range(1,13), values), key=lambda item:item[1])
    x = [item[0] for item in temp]
    y = [item[1] for item in temp]
    plt.barh(range(1,13), y)
    plt.title(year, fontproperties='simhei', fontsize=24)
    plt.xticks(range(0,101,10))
    plt.yticks(range(1,13), [f'{i}月' for i in x],
               fontproperties='simhei', fontsize=16)
    # 在水平柱状图右侧显示对应的数值
    for xx, yy in zip(range(1,13),y):
        plt.text(yy+0.1, xx-0.1, str(yy))
    plt.draw()                              # 重新绘制图形
    return bars

ani = FuncAnimation(fig=fig, func=update, frames=data.keys(),
                    init_func=init, interval=500, blit=True)
ani.save('bars.gif', writer='imagemagick')
```

例 3-137　绘制动态散点图并保存为 GIF 文件。请自行运行程序，然后打开生成的 GIF 文件观察效果。

视频二维码：例 3-137

```
import numpy as np
import matplotlib.pyplot as plt
from matplotlib.animation import FuncAnimation

N = 100          # 散点数量

fig = plt.figure()
ax = plt.axes(xlim=(0,100), ylim=(10,100))
x = np.random.randint(10,90,N)
y = np.random.randint(20,90,N)
scatters = plt.scatter(x, y, marker='*', s=120)

def init():
    return scatters,

def update(i):
    # 对散点符号的颜色、大小、边线颜色进行调整和变化
    scatters.set_facecolor(np.random.random((N,3)))
    scatters.set_sizes(np.random.randint(50,200,N))
    scatters.set_edgecolors(np.random.random((N,3)))
    return scatters,

ani = FuncAnimation(fig=fig, func=update, frames=range(0,100,1),
                    init_func=init, interval=500, blit=True)
ani.save('scatters.gif', writer='imagemagick')
```

例 3-138　绘制动态散点图模拟随机游走的布朗运动。第一段代码实现了一个重复的动画，第二段代码实现了任意长度动画的保存功能，分别对应配套资源中的“例 3-138-3.py”和“例 3-138-4.py”，配套资源中还给出了另外两个参考程序，请自行查看和运行。某个时刻的运行结果如图 3-142 所示。

代码一：

视频二维码：例 3-138

```
from tkinter.messagebox import showinfo
import numpy as np
import matplotlib.pyplot as plt
import matplotlib.animation as animation

r, c = 2, 30
fig, ax = plt.subplots()
positions = np.random.randint(-10, 10, (r, c))
```

```
colors = np.random.random((c,3))
scatters = ax.scatter(*positions, marker='*', s=60, c=colors)
plt.xlim(-40, 40)
plt.ylim(-40, 40)

def init():
    showinfo('hi', 'a new animation - dongfuguo')
    global positions, stop_positions, scatters
    # 散点初始位置和预期停靠位置
    positions = np.random.randint(-10, 10, (r, c))
    stop_positions = np.random.randint(-39, 39, (r, c))
    scatters.set_offsets(positions.T)
    return scatters,

def update(i):
    global positions
    # 随机游走，两个方向随机加减 1，都限定在 [-39,39] 区间
    offsets = np.random.choice((1,-1), (r,c))
    # 已经到达指定坐标的散点不再移动
    offsets[positions==stop_positions] = 0
    if offsets.any():
        # 还有没到达预定停靠位置的散点，修改其位置
        positions = positions + offsets
        positions[positions>39] = 39
        positions[positions<-39] = -39
        scatters.set_offsets(positions.T)               # 更新散点位置
        return scatters,
    else:
        init()                        # 全部到达预定停靠位置，开始一个新的动画

ani = animation.FuncAnimation(fig, init_func=init, func=update,
                              interval=0.5, blit=False)
plt.show()
```

代码二（需要再安装扩展库 gif）：

```
import gif
import numpy as np
import matplotlib
import matplotlib.pyplot as plt

r, c = 2, 30
positions = np.random.randint(-10, 10, (r,c))
```

```
stop_positions = np.random.randint(-39, 39, (r,c))
colors = np.random.random((c,3))

# 选择后端渲染引擎，这一句非常重要，否则会因为内存不足而中途结束
matplotlib.use('Agg')

@gif.frame
def draw():
    plt.scatter(*positions, marker='*', s=60, c=colors)
    plt.xlim(-40, 40)
    plt.ylim(-40, 40)

frames = []
while True:
    offsets = np.random.choice((1,-1), (r,c))
    offsets[positions==stop_positions] = 0
    if offsets.any():
        positions = positions + offsets
        positions[positions>39] = 39
        positions[positions<-39] = -39
        frame = draw()
        frames.append(frame)
    else:
        break
# 保存为 GIF 动图，需要 10~30min
gif.save(frames, 'brown1.gif')
```

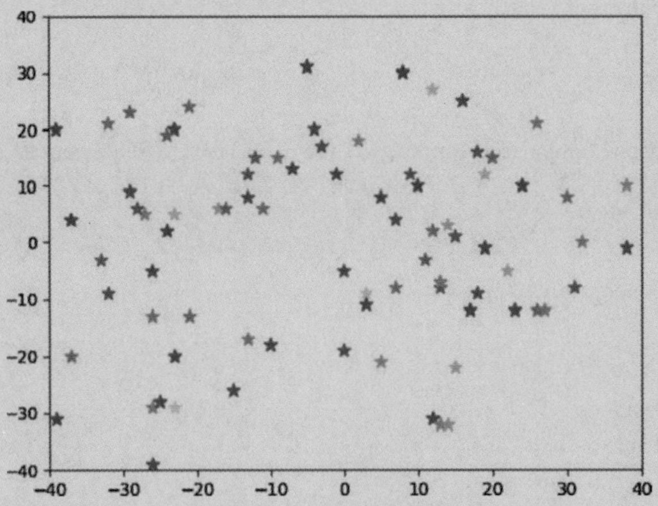

图 3-142　例 3-138 程序运行结果

例 3-139　在 tkinter 界面中同时显示多个 Matplotlib 动画。某个时刻的运行结果如图 3-143 所示。

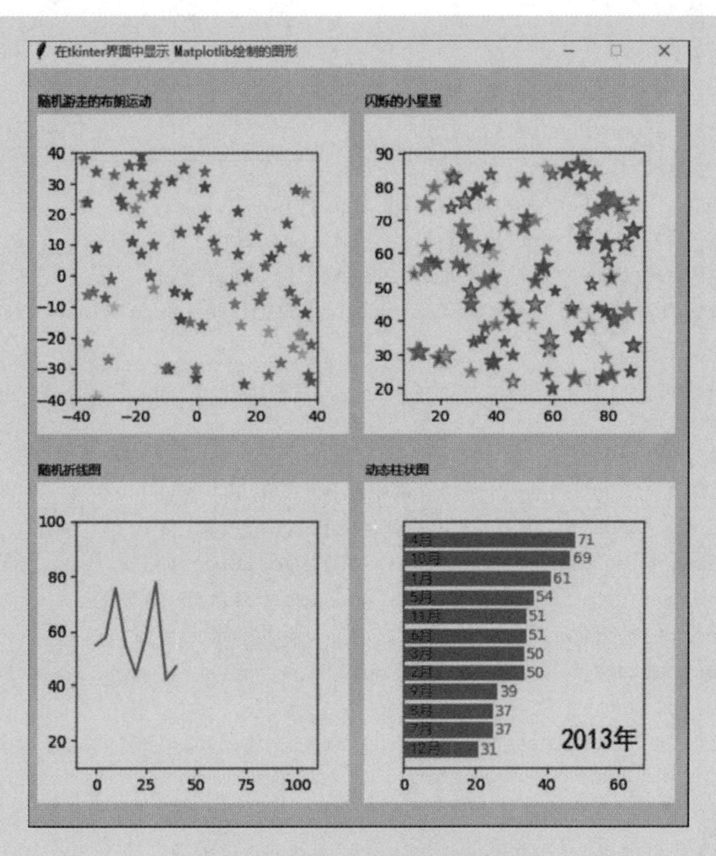

图 3-143　例 3-139 程序运行结果

视频二维码：例 3-139

```
import tkinter
import numpy as np
import matplotlib.pyplot as plt
from matplotlib.animation import FuncAnimation
from matplotlib.backends.backend_tkagg import (FigureCanvasTkAgg,
                                               NavigationToolbar2Tk)

root = tkinter.Tk()
root.title('在tkinter界面中显示Matplotlib绘制的图形')
root.geometry('630x700+100+100')
root.resizable(False, False)              # 两个方向都不允许修改大小

(tkinter.Label(root, anchor='w', text='随机游走的布朗运动')
 .place(x=10, y=20, width=300, height=20))
# 第一个动画，使用 Label 组件显示动画
```

```
lbFig1 = tkinter.Label(root)
lbFig1.place(x=10, y=40, width=300, height=300)
r, c = 2, 80                              # c 表示散点的数量
# 散点初始位置，第一行为横坐标，第二行为纵坐标
positions = np.random.randint(-10, 10, (r, c))
colors = np.random.random((c,3))          # 每个散点的颜色，随机彩色
fig1, ax1 = plt.subplots()
scatters = ax1.scatter(positions[0], positions[1],
                       marker='*', s=60, c=colors)
canvas1 = FigureCanvasTkAgg(fig1, master=lbFig1)
canvas1.get_tk_widget().pack(fill=tkinter.BOTH, expand=tkinter.YES)
ax1.set_xlim(-40, 40)
ax1.set_ylim(-40, 40)
def update(i):
    global positions
    # 随机游走，两个方向随机加减 1，都限定在 [-39,39] 区间
    positions = positions+np.random.choice((1,-1), (r,c))
    positions = np.where((positions>-39)&(positions<39),
                         positions, np.sign(positions)*39)
    scatters.set_offsets(positions.T)     # 更新散点位置
    return scatters,
# 创建动画，100ms 刷新一次
ani_scatters = FuncAnimation(fig1, update, interval=100, blit=True)

# 第二个动画
(tkinter.Label(root, anchor='w', text='闪烁的小星星')
 .place(x=320, y=20, width=300, height=20))
lbFig2 = tkinter.Label(root)
lbFig2.place(x=320, y=40, width=300, height=300)
N = 100                                        # 散点数量
x = np.random.randint(10, 90, N)
y = np.random.randint(20, 90, N)
fig2, ax2 = plt.subplots()
scatters2 = ax2.scatter(x, y, marker='*', s=120)
canvas2 = FigureCanvasTkAgg(fig2, master=lbFig2)
canvas2.get_tk_widget().pack(fill=tkinter.BOTH, expand=tkinter.YES)
def update2(i):
    # 对散点符号的颜色、大小、边线颜色进行调整和变化
    scatters2.set_facecolor(np.random.random((N,3)))
    scatters2.set_sizes(np.random.randint(50,200,N))
    scatters2.set_edgecolors(np.random.random((N,3)))
    return scatters2,
ani_scatters2 = FuncAnimation(fig2, update2, interval=300, blit=True)
```

```
# 第三个动画
(tkinter.Label(root, anchor='w', text='随机折线图')
 .place(x=10, y=360, width=300, height=20))
lbFig3 = tkinter.Label(root)
lbFig3.place(x=10, y=380, width=300, height=300)
fig3, ax3 = plt.subplots()
ax3.set_xlim(-10, 110)
ax3.set_ylim(10, 100)
x3, y3 = [], []
line, = ax3.plot(x3, y3)
canvas3 = FigureCanvasTkAgg(fig3, master=lbFig3)
canvas3.get_tk_widget().pack(fill=tkinter.BOTH, expand=tkinter.YES)
def init3():
    x3.clear()
    y3.clear()
    line.set_data(x3, y3)
    return line,
def update3(i):
    x3.append(i)
    y3.append(np.random.randint(30,80))
    line.set_data(x3, y3)
    return line,
ani_line = FuncAnimation(fig=fig3, func=update3, frames=range(0,100,5),
                         init_func=init3, interval=500, blit=True)

# 第四个动画
(tkinter.Label(root, anchor='w', text='动态柱状图')
 .place(x=320, y=360, width=300, height=20))
lbFig4 = tkinter.Label(root)
lbFig4.place(x=320, y=380, width=300, height=300)
data = {f'20{i:02d}年': np.random.randint(30, 80, 12) for i in range(25)}
fig4, ax4 = plt.subplots()
ax4.set_yticks([])
ax4.set_yticklabels([])
canvas4 = FigureCanvasTkAgg(fig4, master=lbFig4)
canvas4.get_tk_widget().pack(fill=tkinter.BOTH, expand=tkinter.YES)
def init4():
    bars = ax4.barh(range(1,13), data['2000年'])
    return bars

def update4(year):
    ax4.cla()
```

```
    values = data[year]
    temp = sorted(zip(range(1,13), values), key=lambda item:item[1])
    x = [item[0] for item in temp]
    y = [item[1] for item in temp]
    title = ax4.text(65, 1, str(year), fontproperties='simhei', fontsize=18)
    ax4.set_xlim(0, 100)
    bars = ax4.barh(range(1,13), y)
    # 在水平柱状图右侧显示对应的数值，每个柱的左边显示月份
    texts = []
    for xx, yy in zip(range(1,13),y):
        texts.append(ax4.text(yy+0.1, xx-0.1, str(yy)))
        texts.append(ax4.text(3, xx-0.2, f'{x[xx-1]}月',
                                fontproperties='simhei'))
    return list(bars) + [title] + texts
ani_bars = FuncAnimation(fig=fig4, init_func=init4, func=update4,
                         frames=data.keys(), interval=1000, blit=True)
root.mainloop()
```

本章习题

1. 编写程序，使用 Matplotlib 绘制粗细渐变的正弦曲线与余弦曲线，如图 3-144 所示。

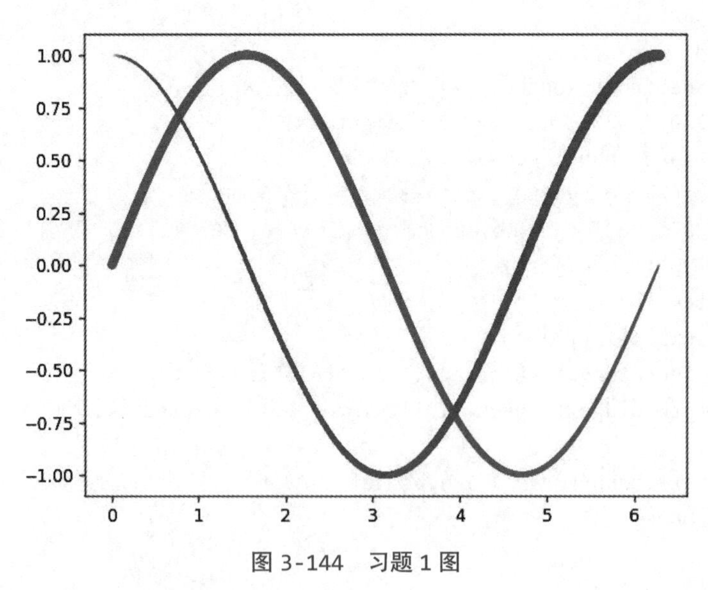

图 3-144　习题 1 图

2. 重做例 3-45，要求不能使用 Pandas。

3. 修改例 3-3 的代码，使得螺旋线反方向旋转。

4. 修改例 3-7 的代码，在五角星内部再画一个小的五角星，要求小五角星不超出内部五边形的区域并且尽可能大一些。

5. 修改例 3-14 的代码，使得程序运行后可以使用鼠标移动矩形的 B 点位置，从而修改矩形形状，验证矩形不同形状时是否仍满足例 3-14 描述的结论。

6. 修改例 3-40 的代码，使得红色五角星从左上到右下越来越小。

7. 修改例 3-46 的代码，要求不能使用 spy() 函数，使用 scatter() 函数实现同样效果。

8. 修改例 3-63 的代码，交换火柴头和火柴杆的颜色。

9. 修改例 3-72 的代码，取消图例，为内环设置标签，预期效果如图 3-145 所示。

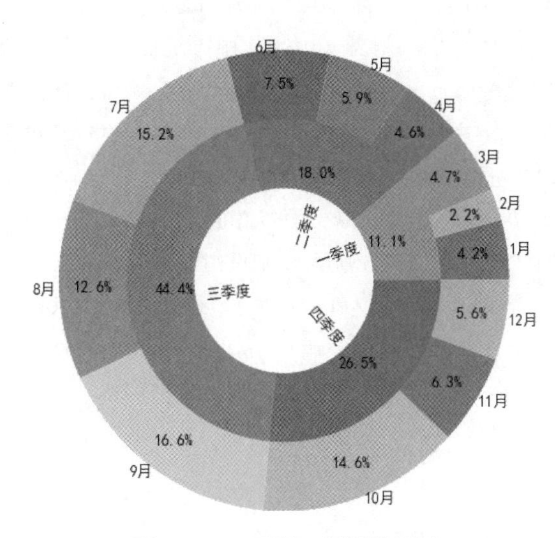

图 3-145　习题 9 预期效果图

10. 修改例 3-86 的代码，使得曲线上的端点符号改为蓝色。

11. 修改例 3-107 的代码，使得左侧坐标轴上的刻度文本显示为红色。

12. 修改例 3-115 的代码,使得鼠标靠近曲线时显示的标注文本中保留最多 3 位小数。

13. 修改例 3-120 的代码，使得运行后能够保留所有绘制过的直线。

14. 修改例 3-132 的代码，使得 side number 滑动条的步长为 6，Radius 滑动条的步长为 3。

参 考 文 献

[1] 董付国. Python 程序设计 [M]. 3 版 . 北京 : 清华大学出版社，2020.

[2] 董付国. Python 程序设计基础（微课版·公共课版·在线学习软件版）[M]. 3 版 . 北京 : 清华大学出版社，2022.

[3] 董付国. Python 程序设计实用教程 [M]. 北京 : 北京邮电大学出版社，2020.

[4] 董付国. Python 程序设计入门与实践 [M]. 西安 : 西安电子科技大学出版社，2021.

[5] 董付国. Python 数据分析、挖掘与可视化（慕课版）[M]. 北京 : 人民邮电出版社，2020.

[6] 董付国. Python 程序设计实例教程 [M]. 北京 : 机械工业出版社，2019.

[7] 董付国. 大数据的 Python 基础 [M]. 北京 : 机械工业出版社，2019.

[8] 董付国，应根球. Python 编程基础与案例集锦（中学版）[M]. 北京 : 电子工业出版社，2019.

[9] HORSTMANN C, NECAISE R. Python 程序设计 [M]. 董付国，译 . 北京 : 机械工业出版社，2018.

[10] 董付国，应根球. 中学生可以这样学 Python（微课版）[M]. 北京 : 清华大学出版社，2020.

[11] 董付国. Python 可以这样学 [M]. 北京 : 清华大学出版社，2017.

[12] 董付国. Python 程序设计开发宝典 [M]. 北京 : 清华大学出版社，2017.

[13] 董付国. Python 也可以这样学 [M]. 新北 : 博硕文化股份有限公司，2017.

[14] 董付国. Python 程序设计基础与应用 [M].2 版 . 北京 : 机械工业出版社，2022.

[15] 董付国. Python 网络程序设计（微课版）[M]. 北京 : 清华大学出版社，2021.